AF565984

Die Kanarischen Inseln
Natur- und Kulturlandschaften

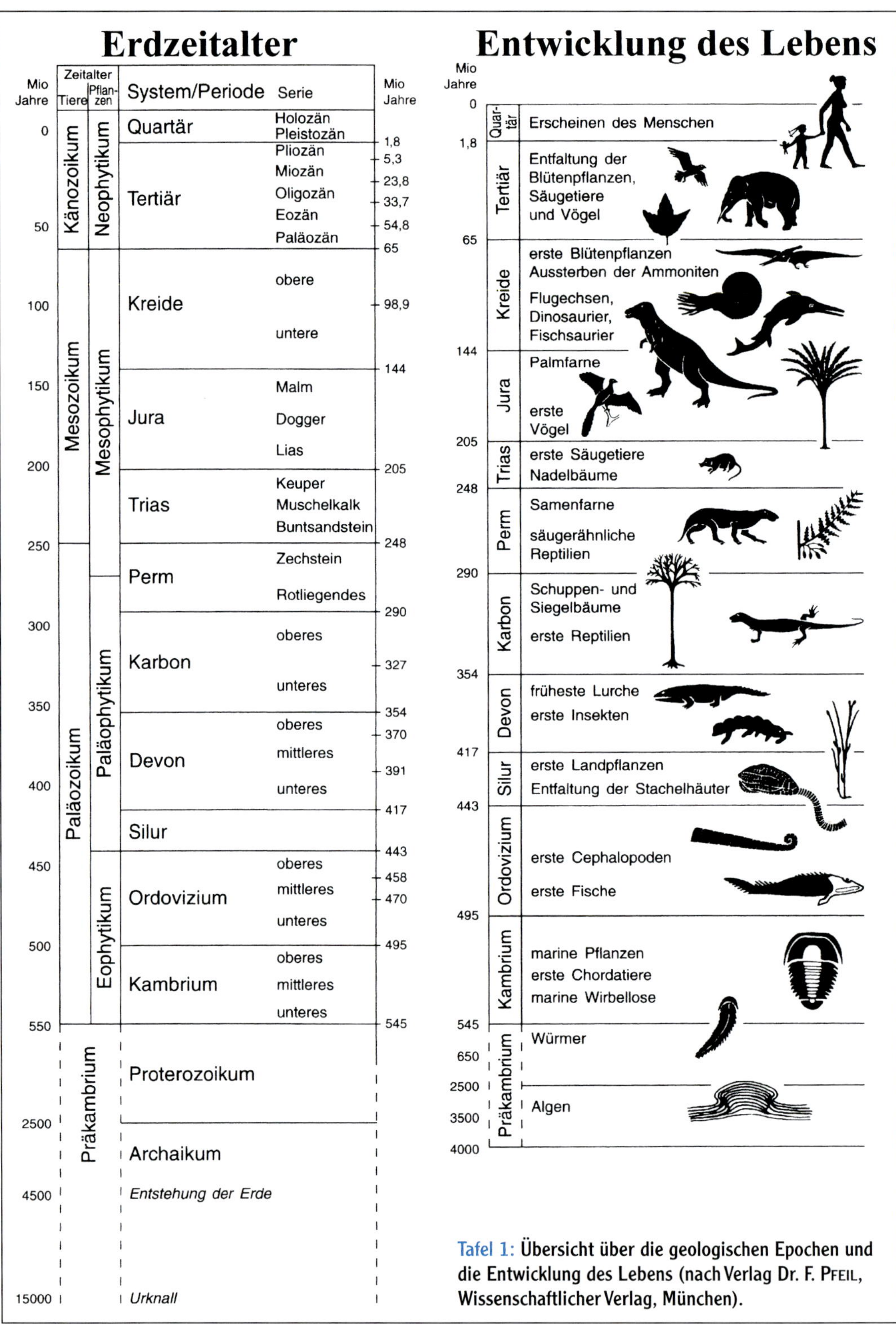

Tafel 1: **Übersicht über die geologischen Epochen und die Entwicklung des Lebens (nach Verlag Dr. F. Pfeil, Wissenschaftlicher Verlag, München).**

• Richard Pott
• Joachim Hüppe
• Wolfredo Wildpret de la Torre

Die Kanarischen Inseln

Natur- und Kulturlandschaften

295 Farbfotos
28 Farbgrafiken
3 Tabellen

Ulmer

Umschlagfotos: Oben von links nach rechts: *Canarina canariensis* (Abb. 128). Casa Colón in Las Palmas de Gran Canaria (Abb. 295). *Juniperus turbinata* ssp. *canariensis* (Abb. 163).
Großes Foto: Nordküste von Gran Canaria (Abb. 131). Foto Umschlagrückseite: *Greenovia diplocycla* (Abb. 224).

Prof. Dr. Richard Pott (geb. 1951 in Brochterbeck, Kreis Steinfurt) ist Direktor und Geschäftsführender Leiter des Institutes für Geobotanik der Universität Hannover.
Studium der Biologie und Geographie an der Westfälischen Wilhelms-Universität in Münster. 1979 Promotion, 1985 Habilitation und Privatdozent für Landschaftsökologie und Vegetationsgeographie, seit 1987 Universitätsprofessor in Hannover. Forschungsschwerpunkte sind alle Bereiche der historischen und angewandten Geobotanik, besonders Gewässerökologie, Vegetationsgeschichte, Biogeographie sowie die Entstehung von Kulturlandschaften unter dem Einfluss des Menschen.

Prof. Dr. Joachim Hüppe (geb. 1953 in Ibbenbüren, Kreis Steinfurt) ist Akademischer Direktor am Institut für Geobotanik der Universität Hannover.
Studium der Biologie und Geographie an der Westfälischen Wilhelms-Universität in Münster. 1980 Referent für Landschaftsökologie beim Westfälischen Amt für Landespflege des Landschaftsverbandes Westfalen-Lippe. 1985 Promotion, 1995 Habilitation und Privatdozent für „Geobotanik", seit 1999 Außerplanmäßiger Professor. Forschungsgebiete sind insbesondere Pflanzensoziologie und Agrogeobotanik sowie die Entstehung und Veränderung von Natur- und Kulturlandschaften unter dem Einfluss des Menschen.

Prof. Dr. Wolfredo Wildpret de la Torre (geb. 1933 in Santa Cruz de Tenerife) ist Direktor des Departamento de Biología Vegetal, Universidad de La Laguna, Tenerife. Tätigkeitsgebiete: Catedrático an den Fakultäten Biologie, Pharmazie und Agrarwissenschaften der Universität von La Laguna.
Forschungsgebiete: Flora und Vegetation der Kanaren, Natur- und Umweltschutz.

Bibliografische Information Der Deutschen Bibliothek
Die Deutsche Bibliothek verzeichnet diese Publikationen in der Deutschen Nationalbibliografie; detaillierte bibliografische Daten sind im Internet über http://dnb.ddb.de abrufbar.
ISBN 3-8001-3284-2

Wollgrasweg 41, 70599 Stuttgart (Hohenheim)
E-Mail: info@ulmer.de
Internet: www.ulmer.de
Lektorat: Dr. Nadja Kneissler
Herstellung: Ulla Stammel
Umschlagentwurf: Atelier Reichert, Stuttgart
Satz und Repro: Typomedia GmbH, Ostfildern
Druck und Bindung: Passavia Druckservice, Passau
Printed in Germany

Inhalt

Einleitung

Rechte Seite: Der Gipfel des höchsten Vulkans der Kanaren, des Teide, ist im Winter regelmäßig schneebedeckt.

Jährlich reisen Millionen von Touristen auf die Kanarischen Inseln, wo auch im europäischen Winter ein frühlingshaftes Klima herrscht. Oft beherrscht der Reiseprospekt die Phantasie: Urlaub unter Palmen am Meer, einsame Strände und immerwährendes angenehmes Klima; man fliegt hin, um dieses klassische Urlaubsmotiv auf den Kanaren zu finden. Doch nicht immer sind Wunsch und Wirklichkeit identisch... Die Lufttemperatur auf den Inseln beträgt normalerweise 20 bis 23 °C im Jahresmittel, und selbst im Winter ist das Wasser des Atlantischen Ozeans mit 18 °C wohltemperiert, und fast 200 Sonnentage im Jahr bilden den „solaren Rohstoff" der Insulaner; garantiert ist jedoch der ewigblaue Postkartenhimmel nicht, wie wir später sehen werden. Auch die weißen Sandstrände der Reisekataloge gibt es nicht überall; auf den meisten Inseln muss man mit schwarzem Lavasand, mit dunklem Geröll oder mit scharfkantigem Blockmaterial an den Stränden vorlieb nehmen, vielerorts dominieren sogar unzugängliche Steilküsten. Dennoch gibt es kaum einen Archipel, dessen Landschaften, Vegetation, Flora und Fauna so einzigartig und so mannigfaltig und erlebnisreich sind wie auf den Kanarischen Inseln.

Ob Teneriffa, Gran Canaria oder Lanzarote – besonders im Winter zieht es sonnenhungrige Urlauber auf die sieben großen Inseln (Teneriffa – 2036 km^2, 3718 m maximale Höhe; Fuerteventura – 1662 km^2, 807 m; Gran Canaria – 1532 km^2, 1950 m; Lanzarote – 862 km^2, 671 m; La Palma – 706 km^2, 2423 m; La Gomera – 373 km^2, 1484 m; El Hierro – 287 km^2, 1501 m), die zusammen mit vier kleinen Inseln (La Graciosa – 27 km^2, Alegranza – 10 km^2, Lobos – 15 km^2 und Montaña Clara – 1 km^2) und einer Reihe von kleinen Felsenklippen (Roque de Este, Roque de Oeste, Roques de Anaga, Roque de Garachico und Roques de Salmor) den insgesamt ca. 7500 km^2 großen Archipel bilden. Dieser liegt zwischen 27°37′ und 29°25′ nördlicher Breite und 13°20′ und 18°10′ westlicher Länge. Nur etwa 115 km von der Küste Nordwest-Afrikas bei Kap Juby und damit sozusagen vor der Haustür der Sahara gelegen, nehmen die Kanarischen Inseln inmitten des Atlantischen Ozeans eine bevorzugte Stellung ein.

Die Kanarischen Inseln stellen innerhalb der Europäischen Union ein Gebiet dar, dessen Biodiversität sich durch zahlreiche Besonderheiten und einen außerordentlichen Reichtum an Endemiten auszeichnet. Trotz aller Forschungsfortschritte der letzten Jahrzehnte sind wir am Anfang des 21. Jahrhunderts immer noch weit davon entfernt, den Archipel als Ganzes zu verstehen. Beispielsweise wird durchschnittlich alle 5,4 Tage eine neue Art der Invertebratenfauna für die Kanarischen Inseln beschrieben, wie es noch jüngst Wolfredo WILDPRET & Victoria Eugenia MARTÍN-OSÓRIO (2000) hervorheben.

Die Biodiversität dieses relativ kleinen, immer noch vulkanisch aktiven Gebietes mit etwa 10 bedeutenden Eruptionen während der letzten 500 Jahre wird im Wesentlichen von folgenden fünf Faktoren beeinflusst:

Linke Seite: ***Greenovia aurea*** **und** ***Euphorbia atropurpurea*** **im Teno-Massiv auf Teneriffa.**

- der Nähe zum Afrikanischen Kontinent,
- dem Relief,
- der Aufteilung in isolierte Inseln,
- einer großen Vielfalt unterschiedlich alter vulkanischer Gesteinsformationen,
- sowie die Vielfalt an Mikroklimaten, die eine entsprechende ökologische Vielfalt hervorgebracht haben.

Nicht vergessen darf man darüber hinaus den stetigen Zustrom neuer Pflanzen, Tiere und Mikroorganismen von außerhalb, der dazu beiträgt, die Artenzahlen des Archipels fortwährend zu vergrößern. Allerdings trägt dieses unablässige Einwandern auch zur Verdrängung heimischer Arten bei und bedroht die bereits angewandten Maßnahmen zur Erhaltung und zum Schutz des kanarischen Naturerbes. MACHADO & OROMI (2000) geben in ihrer Arbeit über die Biodiversität der Kanarischen Inseln einen Schätzwert von ungefähr 23 000 Arten für die gesamte Fauna und Flora an. Davon sind ca. 14 500 Land- und 7000 Meereslebewesen. Hinzu kommen weitere 1500 Arten an Haustieren und kultivierten Pflanzen. Der Anteil der Endemiten wird auf etwa 3500 Arten geschätzt.

Mittlerweile gibt es um die 5000 Literaturzitate, vor allem mit direktem Bezug zu Pflanzen und Tieren der Kanarischen Inseln sowie weitere, zum Teil versteckte Angaben in Beiträgen, die in einer Vielzahl von Zeitschriften mit teilweise geringer Auflage publiziert worden sind. Wenn man bedenkt, dass diese Literatur außerdem teilweise schwer einzusehen oder aufzufinden ist, kann man sich vorstellen, dass es fast eine unmögliche Aufgabe ist, eine komplette Zusammenstellung und Auswertung all dieser Daten zu erreichen. Glücklicherweise hat die für den Umweltschutz verantwortliche Behörde der Kanarischen Regierung „Consejería de Política Territorial y Medio Ambiente“ gegenwärtig die Aufgabe übernommen, eine Datenbank zur Biodiversität zu erstellen. Diese Datenbank ist in das internationale Forschungsprogramm zur Erfassung der natürlichen Lebensraum- und Artenvielfalt, das so genannte BIOTA-Projekt integriert, welches eine Verknüpfung von genetischen Daten mit Daten zum Lebensraum einzelner Lebewesen auf dem Kanarischen Archipel vorsieht (s. WILDPRET & MARTIN-OSORIO 2000).

Die Kanarischen Inseln gehören politisch zu Spanien. 1982 gestand ihnen die Zentralregierung in Madrid den Autonomiestatus zu. Von der Oberfläche her gesehen ist Teneriffa die größte Insel, während Gran Canaria mit seiner Einwohnerzahl und Bevölkerungsdichte an erster Stelle steht. Beide Inseln zusammen bilden den wirtschaftlichen und kulturellen Kernraum des Archipels, jede von ihnen ist Zentrum einer eigenen Provinz (Abb. 1). Die westliche Provinz, Santa Cruz de Tenerife mit den Inseln Teneriffa, La Palma, Gomera und Hierro, hat eine Flächengröße von 3441 km² und ca. 800 000 Einwohner; die östliche Provinz Las Palmas de Gran Canaria mit den Inseln Gran Canaria, Fuerteventura und Lanzarote ist 4058 km² groß und weist eine ähnlich hohe Bevölkerungszahl auf. Überraschend ist die geringe Bevölkerungsdichte der zweitgrößten Insel Fuerteventura. Ein landschaftlicher Ungunstraum und geringe Verdienstmöglichkeiten haben hier wie auch auf den Inseln Hierro, Gomera und La Palma in der Vergangenheit zu starken Abwanderungen zu den Hauptinseln, in die Karibik oder sogar nach Südamerika geführt.

Alle Kanarischen Inseln profitieren von einem als ausgesprochen angenehm empfundenen Klima, das seinesgleichen in der Welt sucht und oft mit dem Attribut „Ewiger Frühling" versehen wird – glaubt man den Versprechungen der zahlreichen Reiseveranstalter. Während der oftmals heißen Wochen im Juli und August, wo die Nordseiten der Inseln oft tagelang wolkenbehangen sind, oder den niederschlagsreichen Monaten im Winter, in denen in höheren Lagen durchaus auch einmal Schnee fallen kann, werden viele Besucher andere Erfahrungen gemacht haben. Dennoch hat die gelegentliche Diskrepanz zwischen Prospekt und Realität der Beliebtheit der Kanarischen Inseln für Urlauber aus aller Welt keinen Abbruch getan. Hier ist sie zugegebenermaßen auch viel geringer als an anderen angepriesenen Urlaubsparadiesen. Hinzu kommt der schon legendäre Ruf der faszinierenden und einzigartigen Flora und Vegetation der Kanarischen Inseln, der einen Besuch zu jeder Jahreszeit lohnend macht. Um das gegenwärtige Aussehen der Inseln richtig verstehen und einordnen zu können, erscheint es angebracht, zunächst einige historische, geographische und ökonomische Aspekte voranzustellen.

In den letzten Jahrzehnten hat sich auf den Kanarischen Inseln eine Kompensation durch den Ausfall in der agrarischen Produktion in einer neuen, quasi industriellen Produktion ergeben, nämlich im Tourismus. In den 40 Jahren seit dem Beginn der Charterflüge hat sich die Zahl der herbeiströmenden Touristen stetig erhöht. Die Zahl erreicht zur Zeit etwa 15 Mio. pro Jahr für alle Kanarischen Inseln im Jahre 2001, davon allein auf Teneriffa 8 Mio. mit offenbar langfristig immer noch steigender Tendenz.

Wenngleich dieser Boom, unter wirtschaftlichen Aspekten betrachtet, positiv für die Kanarischen Inseln ist, so kann doch nicht verschwiegen werden, dass dadurch auch neue Probleme geschaffen wurden und werden. Die Infrastruktur der Inseln muss stetig an die neuen Bedürfnisse angepasst werden, was nicht selten zur Beeinträchtigung oder zum Verlust bedeutender Refugialräume führte. Nicht zuletzt darauf ist die zunehmend kraftvolle Umweltschutzbewegung auf allen Inseln zurückzuführen, die nicht nur von der jüngeren Generation getragen wird. Eine Vielzahl von Schutzgebieten vom Nationalpark bis zum Naturdenkmal ist in den letzten Jahren ausgewiesen und langfristig gesichert worden, wo man hervorragend die natürliche und besondere Biodiversität der jeweiligen Inseln des Archipels studieren kann.

In diesem Buch möchten wir den interessierten Leserinnen und Lesern eine Hilfestellung bieten, die charakteristischen Lebensräume und die entsprechenden Naturlandschaften dieses einzigartigen Archipels ursächlich zu begreifen und die Vielzahl der Erscheinungsformen des pflanzlichen Lebens auf den Kanarischen Inseln in seiner Entwicklung zu verstehen. Wir haben in den vergangenen Jahren regelmäßig mit unseren Studierenden alljährlich Exkursionen auf die Kanaren durchgeführt und dort die einmaligen Lebensräume kennengelernt. Mit diesem Buch wollen wir die wissenschaftliche Basis für weitere geobotanische Geländeveranstaltungen in der Zukunft verstärken.

Unserem Verleger Herrn Roland Ulmer und seinen Mitarbeitern danken wir für die bewährte gute Betreuung und Gestaltung des Buches. Frau Dr. Nadja Kneissler hat dieses Buch immer sehr gefördert; auch dafür gilt unser besonderer Dank. Frau Privatdozentin Dr. Brunhild Gries (Münster) und den Herren Professor Dr. Dieter Lüpnitz (Mainz) sowie Professor Dr. Anselm Kratochwil (Osnabrück) verdanken wir viele Abbildungen afrikanischer Floren- und kanarischer Faunenelemente. Frau Dipl.-Biol. Martina Herrmann sowie die Herren Dipl.-Biol. Dirk Thorben Hahn und Dipl.-Biol. Thomas Himstedt (Hannover) fertigten zahlreiche Übersetzungen spanischer Manuskripte an und waren bei der Grafik- und Textverarbeitung behilflich. Auch ihnen sind wir zu Dank verpflichtet.

Die Benennung der Pflanzenarten erfolgte nach den einschlägigen Kanarenfloren von Adalbert HOHENESTER und Walter WELSS (1993) sowie von Peter und Ingrid SCHÖNFELDER (1997). Taxonomische Neuerungen sind der neuesten offiziellen Artenliste der Kanaren von ZAMORA et al. (2001) entnommen. Die Bezeichnung der Pflanzengesellschaften und Vegetationsformationen folgt weitgehend der Nomenklatur von Salvador RIVAS-MARTÍNEZ, Wolfredo WILDPRET DE LA TORRE et al. (1993) sowie der kleineren Synopsis von Rodriguez DELGADO et al. (1998). Die Autoren sehen dieses Buch als Dokument des Beginns einer wissenschaftlichen und freundschaftlichen Kooperation, die bereits im Jahre 1993 anlässlich der Jahrestagung der IAVS (= International Association for Vegetation Science) auf Teneriffa ihren Anfang nahm und im Dezember 1999 durch die offizielle Unterzeichnung eines Kooperationsvertrages zwischen dem Departamento de Botánica der Universidad La Laguna und dem Institut für Geobotanik der Universität Hannover ihre offizielle Beglaubigung fand.

Hannover und La Laguna im Juli 2002

Prof. Dr. Richard Pott
Prof. Dr. Joachim Hüppe
Prof. Dr. Wolfredo Wildpret de la Torre

Inseln im Atlantischen Ozean

Die sieben großen Inseln sowie sechs kleinere Inselchen und Felsenriffe erstrecken sich über eine Gesamtfläche von genau 7542 km^2 (Abb. 1). Die größte Entfernung nach der Luftlinie zwischen Hierro im Südwesten und Alegranza im Nordosten des Archipels beträgt rund 500 km in der Diagonalen. Die Kanaren haben mehr zu bieten als nur Ferienspaß: zum Beispiel grandiose und vielgestaltige Vulkanlandschaften, eine einzigartige Pflanzenwelt und Vegetation, die es größtenteils ausschließlich hier gibt und in anderen Teilen der Welt nicht vorkommt.

Rechte Seite: **Die steil aufragende Nordküste von Teneriffa, vom Mirador bei Sauzal aus gesehen.**

Teneriffa ist die größte der „Islas Canarias“, die weitab vom Mutterland Spanien ganzjährig von überall her sowohl Sonnenanbeter wie auch Naturliebhaber magisch anzieht. Im Zentrum ragt der 3718 m hohe Pico del Teide auf. Er teilt die Insel in den sonnensicheren halbwüstenartigen Süden mit den großen, zusammengewachsenen Urlauberzentren Playa de las Americas, Los Cristianos und Playa Fañabé und den Norden mit seinen fast tropisch anmutenden Wäldern im Teno- und Anaga-Gebirge und den dazwischenliegenden Bananenplantagen. Besonders imponierend ist die Mondlandschaft der Cañadas, einer der größten Calderen der

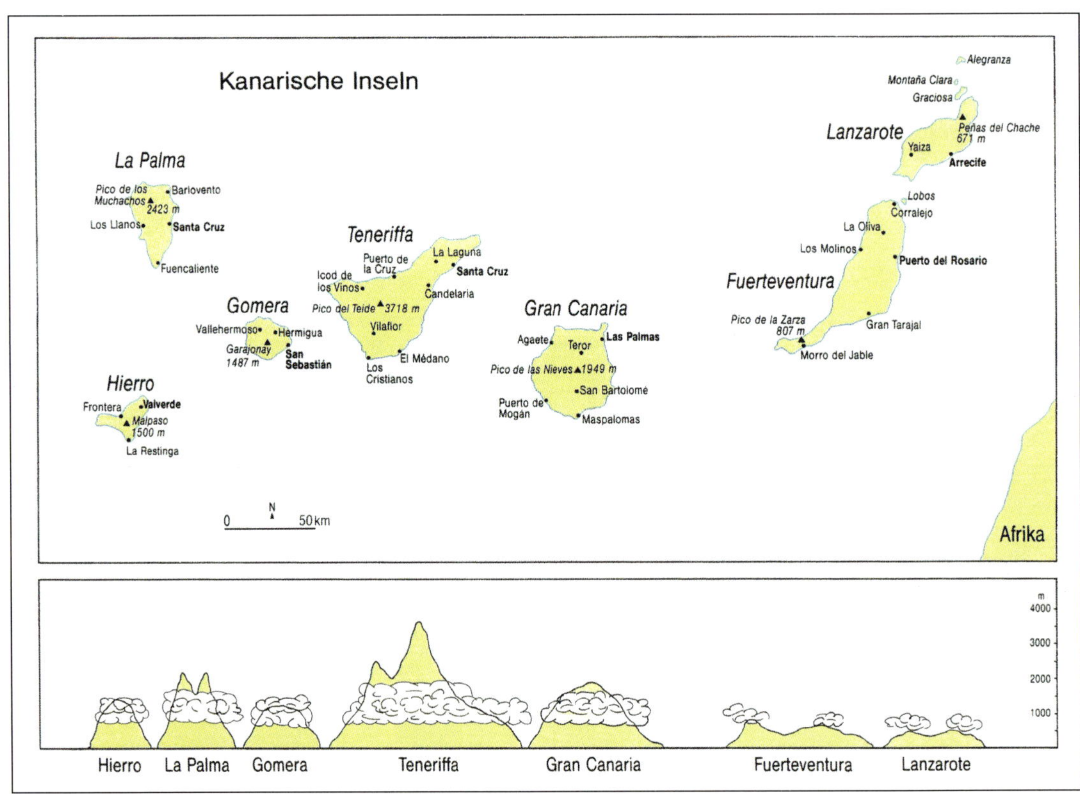

Abb. 1 **Die Kanarischen Inseln mit Angaben ihrer höchsten Erhebungen (oben) und ihrer jeweiligen Höhenreliefs im Verhältnis zur Lage der Passatwolkenzone (unten).**

Welt im Umfeld des Teide mit den gewaltigen, erstarrten und bizarren Lavaströmen und gigantischen Gesteinsbrocken.

Gran Canaria steht für Sonne, Strand und Meer, aber auch für viele hunderttausend Urlauberbetten in den entsprechenden Zentren von Maspalomas, Playa de Ingles und San Agustin. Doch auch wenn alle Hotels belegt sind, finden sich an den kilometerlangen Dünenstränden im Süden der Insel immer noch einsame Plätze. Wer ein wenig Entdeckergeist mitbringt, den erwartet im Norden Gran Canarias eine ganz andere Welt: Dort locken wilde Berglandschaften im Inselinneren, bewaldete Hochebenen und Gebirgsgrate, urige Bergdörfer mit Höhlenbewohnern, wie z. B. in Artenara, Fataga und Tejeda.

Die schönsten Inseln für Sonnenanbeter und Strandläufer sind **Lanzarote** und **Fuerteventura**. Hier findet man glasklares Wasser und endlos scheinende, goldgelbe Strände. Der feine Sand baut auf Fuerteventura südlich der Ortschaft Corralejo imposante hohe Dünen auf, die heute in einem 24 km^2 großen Naturpark liegen. Fuerteventura gilt nebenbei als die sonnenreichste Insel der Kanaren. Fremd und geheimnisvoll empfängt **Lanzarote** den Besucher: Rund 300 Vulkankegel, Feuerberge und Krater bilden hier eine faszinierend spröde und urtümliche Landschaft. Grüne Palmenoasen, Gemüsefelder und weiße Häuser in nordafrikanischer Kubus-Architektur mit bunten Fensterläden stehen auf Lanzarote in eindrucksvollem Kontrast zur allgegenwärtigen schwarzen Lavaerde.

Für eine Reise auf die kleinen Inseln **La Palma**, **La Gomera** und **El Hierro** gehören normalerweise Rucksack und Wanderschuhe ins Gepäck. Auf allen diesen touristisch noch nicht so erschlossenen Inseln findet der Besucher eine Vielzahl besonderer Eigenheiten vor, die es auf den bereits genannten anderen Kanarischen Inseln nicht so deutlich oder eindrucksvoll zu sehen gibt. Das sind vor allem Phänomene herkömmlicher Landnutzungen, wie z. B. extensive Wald- und Landkulturen auf La Palma und El Hierro sowie traditionelle Terrassen-Feldbausysteme auf La Gomera, auf die im Einzelnen noch detailliert eingegangen wird. Besondere Attraktionen für Wanderer sind auf La Palma die Caldera de Taburiente, einer der größten Einstürze der Welt, und auf La Gomera der einzigartige Nationalpark Garajonay mit seinen riesigen Lorbeerwaldbäumen. Auf El Hierro sind es die seltenen, windgeschorenen Sabinares im Westen der Insel sowie die kleinen Roques mit ihren endemischen Eidechsen.

Insulae Fortunatae – die biogeographische Stellung der Kanaren

Schon zu den Zeiten der alten Griechen und Römer, als die Welt noch an den Säulen des Herkules (der heutigen Straße von Gibraltar) endete, galten die sagenumwobenen Inseln im Atlantischen Ozean als Inseln der Glücklichen („*Insulae Fortunatae*"), auf denen die Seelen der Verstorbenen ewige Ruhe und Frieden finden konnten. Dieser alte mystische Name taucht auch heute noch immer auf in der biogeographischen Literatur mit der Bezeichnung „**Makaronesien**“, unter dem die Archipele der Azoren, Madeira, die Salvagens-Inseln, die Kanarischen und die Kapverdischen Inseln zusammengefasst werden. Der Begriff „Makaronesien“ wurde zuerst von dem Hauptautor des monumentalen naturgeschichtlichen Werkes über die Kanarischen Inseln, Philip Barker WEBB, verwendet, der zusammen mit Sabin BERTHELOT die „*Histoire naturelle des Iles Canaries*“ (1835–1850) in mehreren Bänden herausgab. Vom griechischen *makar* = glücklich, gesegnet, und *nesos* = Insel (nesia = Inseln) ausgehend, gelangte P.B. WEBB zu *macaronion nesoi*, den „*Inseln der Gesegneten*“, aus denen die deutsche Literatur die „*Inseln der Glücklichen*“ machte.

Aktuelle pflanzengeographische Exkursionen auf die Azoren, nach Madeira, auf die Kanaren und nach Nordafrika haben jedoch deutlich gemacht, dass man die ehemals postulierten engen floristischen Beziehungen im alten Florenbezirk Makaronesien nicht mehr aufrecht erhalten kann (RIVAS-MARTINEZ et al. 2001). Die bislang für pflanzengeographisch bedeutsam gehaltenen Bindeglieder der Lorbeerwaldelemente *Laurus novocanariensis, Ocotea foetens, Myrica faya, Erica arborea* und *Woodwardia radicans* haben sich inzwischen als eigenständige Arten, bzw. als Tertiärrelikte oder als eingebrachte, also lokal nicht autochthone Elemente erwiesen: *Laurus azorica* und *Laurus novocanariensis* sind zwei völlig verschiedene Arten, die seinerzeit von den systematischen Botanikern irrtümlich synonymisiert wurden. Der Azorenlorbeer wird heute als *Laurus azorica* bezeichnet, und der Kanarenlorbeer, ehemals *Laurus canariensis*, muss entsprechend als *L. novocanariensis* neu benannt werden (RIVAS-MARTÍNEZ et al. 2001). Wir wollen dies bei allem Respekt vor Modernismen der heutigen sippentaxonomischen Differenzierung zunächst anerkennen und entsprechend verarbeiten.

Ähnliches gilt für die Baumheiden *Erica azorica, Erica arborea* und *E. platycodon*, die jeweils auf den Archipelen getrennt vorkommen. Auch *Woodwardia radicans* ist als Tertiärrelikt u.a.von der Iberischen Halbinsel und aus Sizilien bekannt. Die weiteren Lorbeerwaldbäume (*Ocotea foetens, Myrica faya*) sind auf den Azoren und Madeira offenbar angepflanzt worden, entsprechend kommen sie als natürliche biogeographische Bindeglieder nicht mehr in Frage. Neue molekularbiologische, sippentaxonomische Untersuchungen von VARGAS et al. (2001) an *Olea europaea* des Mittelmeergebietes, der Kanaren, von Madeira und den Azoren haben beispielsweise auch für die Ölbäume eine Sippendifferenzierung ergeben, die inzwischen eine Trennung von *Olea europaea* ssp. *guanchica* für die Kanaren und *Olea europaea* ssp. *cerasiformis* für die Azoren und Madeira notwendig macht.

Diese neuen Daten bestätigen die früher immer wieder vorgebrachten Zweifel – z.B. von LOBIN (1982) und LÜPNITZ (1995a u. b) am gemeinsamen Florenbezirk Makaronesien. So folgen wir der von den oben genannten Autoren vorgeschlagenen pflanzengeographischen Neugliederung

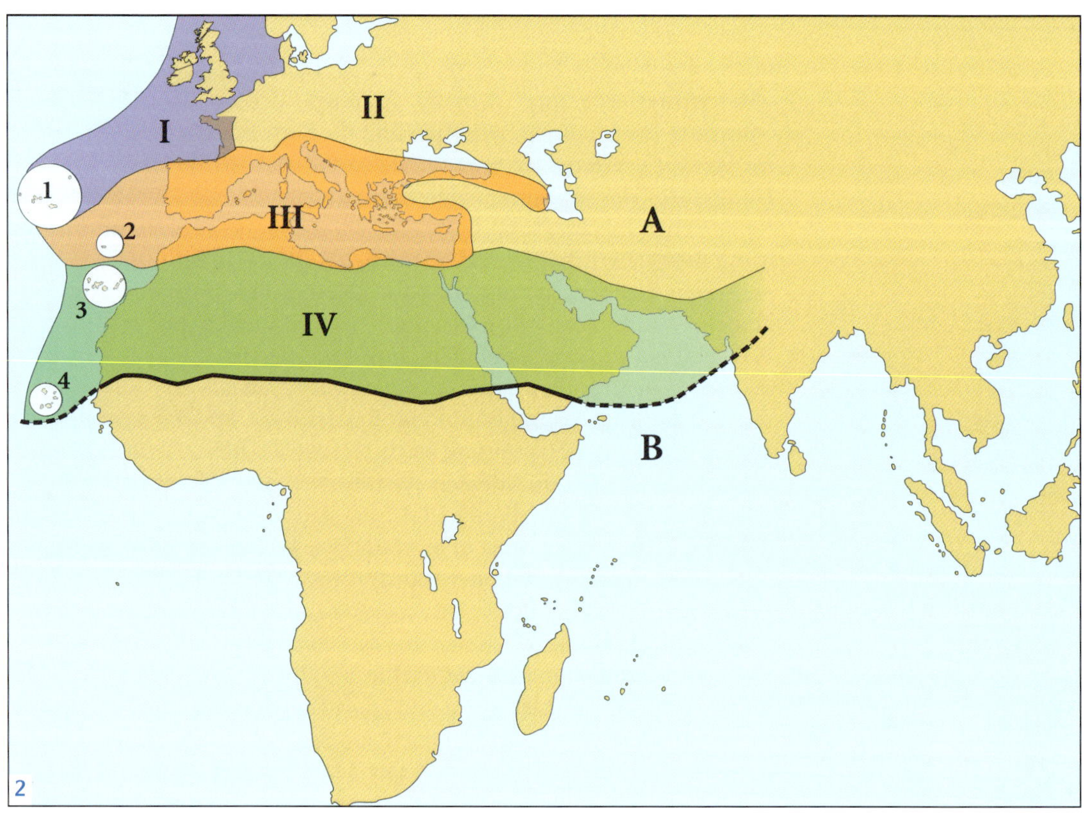

Abb. 2 **Schematische Darstellung zur phytogeographischen Stellung der Kanarischen Inseln. 1 = Azoren, 2 = Madeira, 3 = Kanarische Inseln, 4 = Kapverdische Inseln. I = Atlantische Florenregion, II = andere mitteleuropäische Florenregionen, III = Mediterrane Florenregion, IV = Saharo-arabische Florenregion. Die dicke Linie markiert die Grenze zwischen der Holarktis – A – und der Paläotropis – B – (verändert nach Frankenberg 1978, Lobin 1982 und Lüpnitz 1992).**

der Archipele und Inseln im Atlantischen Ozean (Abb. 2). Die klimatisch bestimmte basale Region der Kanaren mit ihrer wüstenhaften Vegetation ist für diesen Aspekt von besonders großer Bedeutung.

Die Kapverden gehören eindeutig zur **saharo-arabischen Florenregion**. Dieses riesige, von Marokko über die Sahara, Arabien bis in die Trockengebiete Persiens und Afghanistans bis in die Wüste Thar reichende Gebiet wird überwiegend durch Wüsten und Halbwüsten bestimmt. Schon seit über 100 Jahren ist ferner bekannt, dass innerhalb dieser Regionen beachtliche Zusammenhänge bestehen: So hat bereits J. D. Hooker (1878) zwischen der nordafrikanischen und der kanarischen Flora große Gemeinsamkeiten entdeckt. Sie beziehen sich auf zahlreiche aspektbestimmende und dominante Pflanzensippen des kanarischen Sukkulentenbusches: *Euphorbia balsamifera* und *Euphorbia regis-jubae* (Abb. 3 und 4), welche in Südwestmarokko z. T. riesige Flächen einneh-

Abb. 3 ***Euphorbia balsamifera* als Beispiel für ein Taxon mit kanarisch-eritreo-arabischer Disjunktion.**

Abb. 4 ***Euphorbia regis-jubae* ist ein kanarisch-westafrikanisches Geoelement, das auf die östlichen kanarischen Inseln Lanzarote, Fuerteventura und Gran Canaria beschränkt ist.**

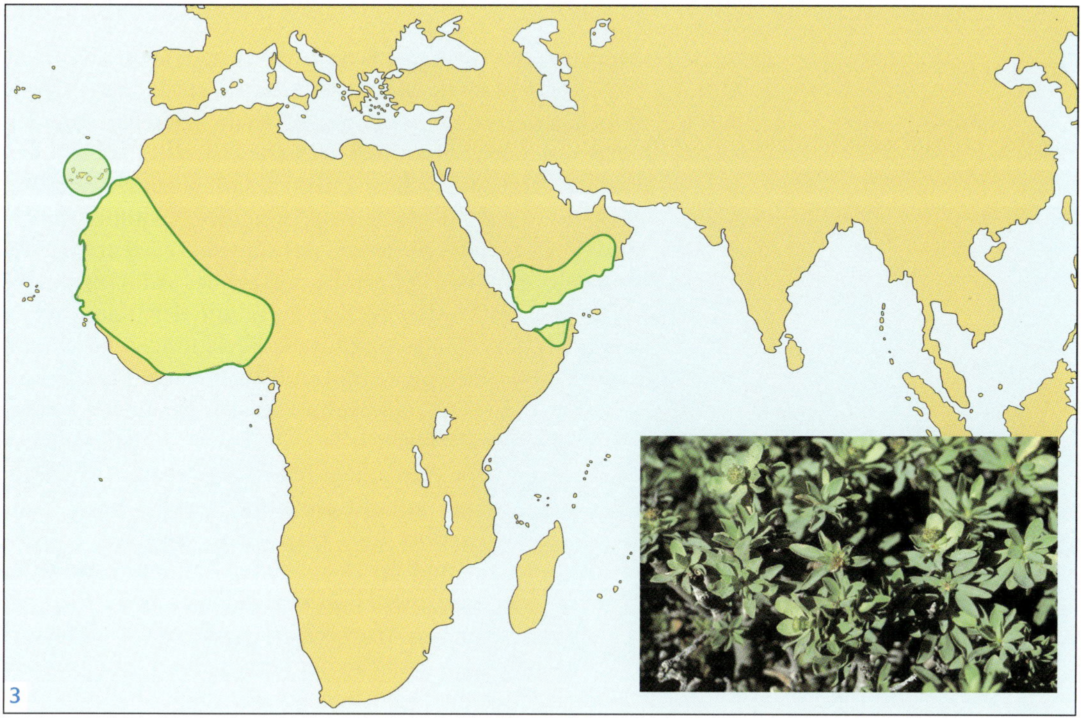

3

4

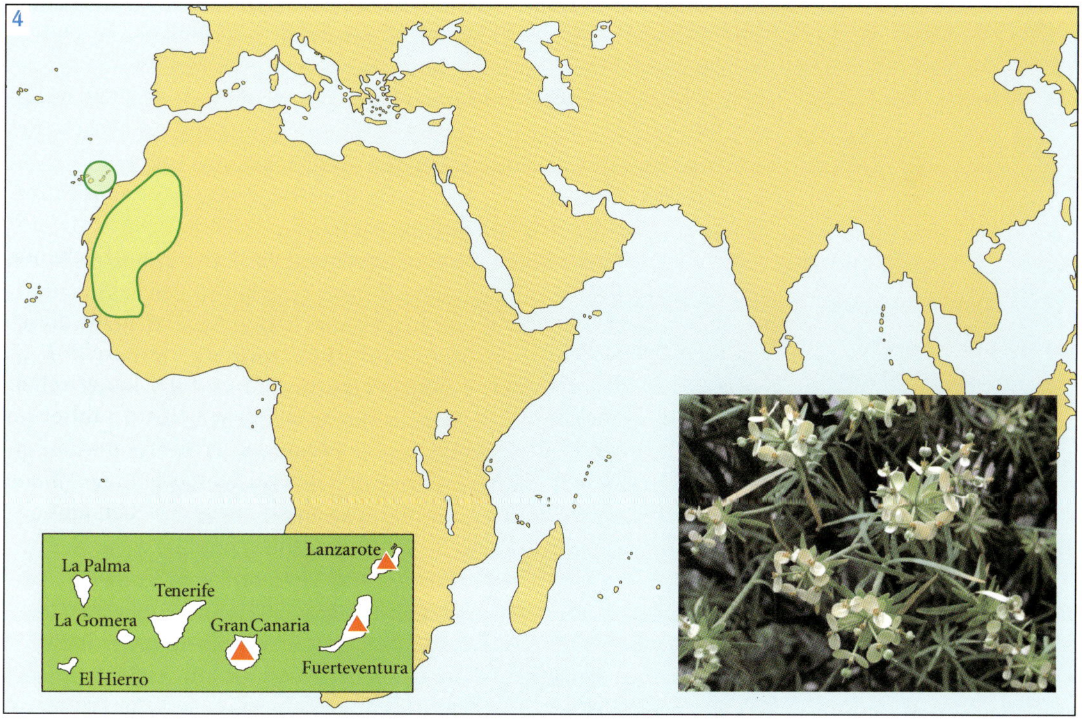

La Palma
Tenerife
La Gomera
Gran Canaria
El Hierro
Lanzarote
Fuerteventura

men; die erstgenannte Art ist sogar bis nach Westjemen verbreitet (Deil & Müller-Hohenstein 1984, Marrero Gómez et al. 1999). Diese gewaltigen, aktuellen Verbreitungslücken sind leicht erklärbar: Von den Verwandtschaftskreisen der Euphorbien ist beispielsweise anzunehmen, dass sie während der Tertiärzeit (Tafel 1, Seite 2) am gesamten Südrand der damaligen Tethys siedelten. Heute flankieren diese evolutionsbiologisch „alten Sippen" als Reliktvorkommen das aktuelle Wüstengebiet der Sahara im Osten (beispielsweise in Somalia und auf der südlichen Arabischen Halbinsel) und im Westen Afrikas (z.B. auf den Kanarischen Inseln). Vergleichbare pflanzengeographische Beziehungen beschreibt auch Eva Barreno (1991) für einige Arten erdbewohnender Flechten aus der trockenen Basalstufe des Sukkulentenbusches. Die genauen Vorgänge dazu werden ab S. 81 näher erläutert.

Grundlegende gemeinsame Wesenszüge haben die Kanarischen Inseln mit der rund 1200 bis 1400 km entfernt gelegenen Inselgruppe der Azoren im Nordwesten sowie den über 1600 km entfernt gelegenen Kapverdischen Inseln im Südwesten und der etwa 500 km entfernten Madeira-Gruppe jedoch kaum. Alle diese Inseln sind zwar vulkanischen Ursprungs und besitzen eine an endemischen Arten reiche, jeweils eigene natürliche Vegetation. Obwohl die äußersten Teile der betreffenden Inselgruppen mehr als 2800 km auseinander liegen, besitzen alle Inseln dank des wärmeausgleichenden Einflusses der Meeresströmungen aber jeweils eigene Klimazüge; der Golfstrom bringt den Azoren höhere Temperaturen und höhere Feuchtigkeit, der kühlere Kanarenstrom den südlichen Inselgruppen niedrigere Temperaturen, als sie der geographischen Breite entsprächen. Die vorherrschenden Luftströmungen regeln weiterhin das regionale Feuchtigkeitsangebot, so dass insgesamt ein deutlicher Wandel mit entsprechendem Gradienten von den vergleichsweise feuchten, extrem subtropisch-maritimen Azoren zu den überwiegend trockenen tropisch-afrikanischen Kapverden unverkennbar ist.

Für die pflanzengeographische Zuordnung der Kanaren soll als Richtmaß aber die zonale, d.h. klimabestimmte Vegetation der basalen Stufe ausschlaggebend sein. Die Flora des kanarischen Sukkulentenbusches besitzt zwar ein hohes Maß an Individualität, zeigt aber intensive Beziehungen zur afrikanischen Trockenvegetation. Das wird verständlich, wenn man bedenkt, dass die Kanaren heute weitgehend einem subtropischen Klimaeinfluss unterliegen, so wie es bereits im Tertiär für den gesamten damaligen Mediterranraum galt. Die Verschiebung dieser Klimazone äquatorwärts seit jener Zeit hatte natürlich auch eine Veränderung der Florenregionen zur Folge. So wird aus geobotanischer Sicht der Terminus „Makaronesien" überflüssig, und wir greifen hiermit den Vorschlag von Frankenberg (1978), Lobin (1982) und Lüpnitz (1995, 2000) auf, diesen Begriff im biogeographischen Sinne nicht mehr zu benutzen. Die Kanarischen Inseln gehören somit zur **außertropisch-saharischen Florenregion der südlichen Holarktis** (Abb. 2). Die tertiä-

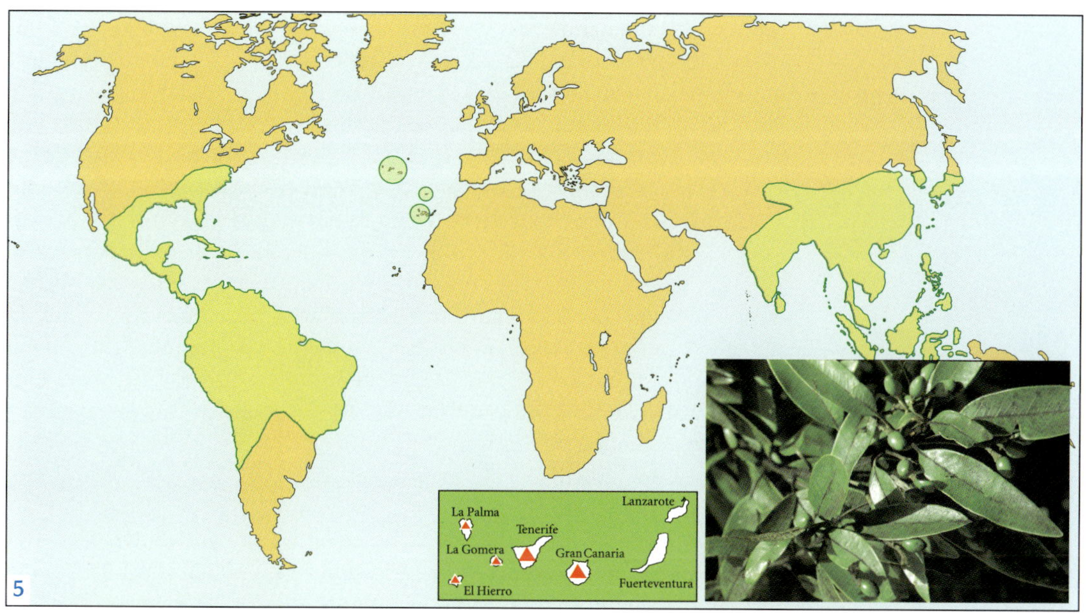

Abb. 5 (oben) Weltweit disjunkte Verbreitung der Gattung *Persea* (Lauraceae), vertreten auf den Kanarischen Inseln durch die endemische Art *Persea indica* (Foto rechts).

Abb. 6 Pantropische Verbreitung der Gattung *Visnea* (Theaceae). Im Foto *Visnea mocanera*, die auf den Kanarischen Inseln und Madeira verbreitet ist .

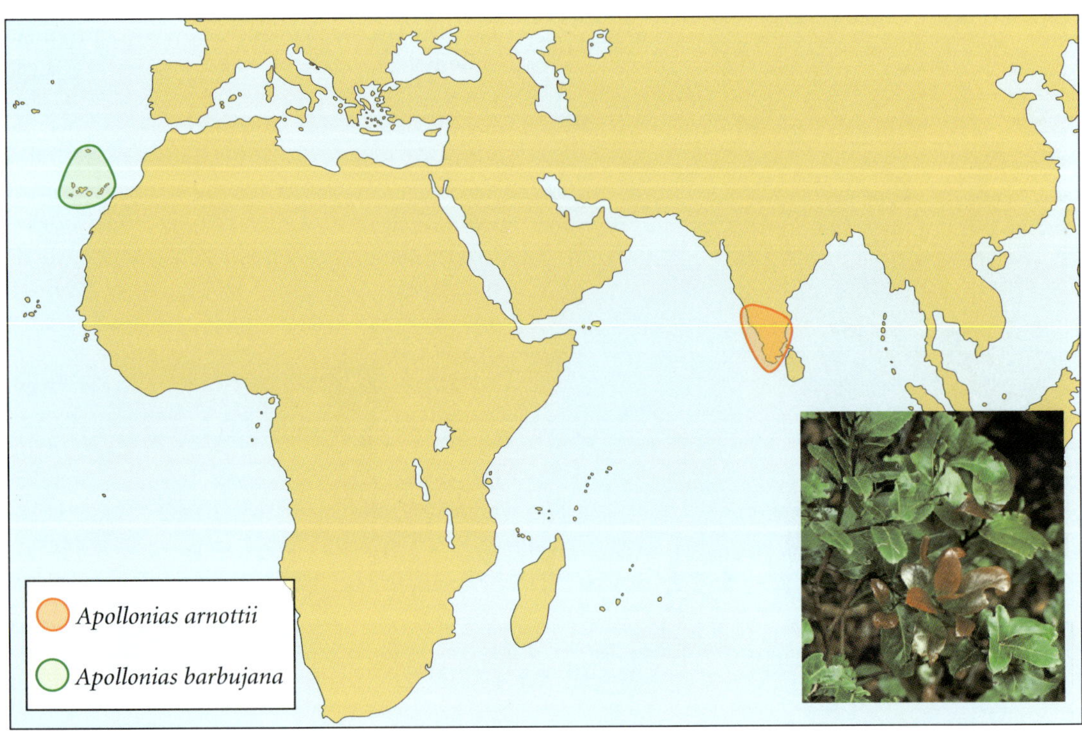

Abb. 7 **Disjunktes Areal der Gattung *Apollonias* (Lauraceae) mit den Arten *Apollonias arnottii* in Indien und *A. barbujana* (Foto oben rechts) auf den Kanarischen Inseln.**

ren Lorbeerwälder und die kanarischen Kiefernwälder haben sich ebenfalls im Zuge der Klimaveränderungen auf die Kanaren ausgebreitet, und ihre ozeanische Lage bewirkte ein zumindest für die Lorbeerwaldvegetation geeignetes Klima mit Winterregen für deren Erhaltung. Ähnliches gilt für die Kiefernwälder in der Passatwolkenzone. Gewisse biogeographische Parallelen bestehen ferner zwischen den Gehölzen des kanarischen Lorbeerwaldes und den afrikanischen und ostasiatischen Regenwaldgebieten (vgl. Abb. 5 bis 7). Zudem gibt es floristische Gemeinsamkeiten zu den mittel- und südamerikanischen Regionen, und es sind besonders die engen, unbestrittenen verwandtschaftlichen Beziehungen des Sukkulentenbusches zur Flora der afrikanischen Paläotropis über die ostafrikanischen Gebirge bis hin nach Südafrika, die uns zu dieser biogeographischen Einordnung veranlassen.

Besiedlung und Nutzung des Archipels

Die Mythen, die die „*Inseln der Glücklichen*" umgaben, beruhten zunächst auf den gelegentlichen, wahrscheinlich sogar regelmäßigen Besuchen phönizischer Seefahrer, die seit 1100 v. Chr. von ihrer Stadtgründung Gades (heute Cadiz) Erkundungsreisen entlang der westafrikanischen Küsten unternahmen auf der Suche nach Flechten der Gattung *Roccella*, welche damals als Quelle eines hochbegehrten Purpur-

Farbstoffes dienten (Abb. 8). Die Phönizier gaben sorgfältig acht auf die Erhaltung dieses einträglichen Monopols, berichteten sie doch nichts anderes als Horrorgeschichten über ihre Reisen an das vermeintliche Ende der Welt. Noch heute aber werden die parallel zur nordwestafrikanischen Küste liegenden östlichen Inseln Lanzarote und Fuerteventura sowie die oben genannten kleineren Inseln geographisch als die „**Purpurarien**" bezeichnet und den westlichen „**Fortunaten**" gegenübergestellt.

Unter den späteren Besuchern der Inseln waren auch Araber, die es auf das seinerzeit höchst angesehene „*Drachenblut*" (das Harz des Drachenbaumes *Dracaena draco)* abgesehen hatten, das an der Luft zu einem dunkelroten Farbstoff trocknet und das sowohl für kosmetische Zwecke, zur Mumifizierung der

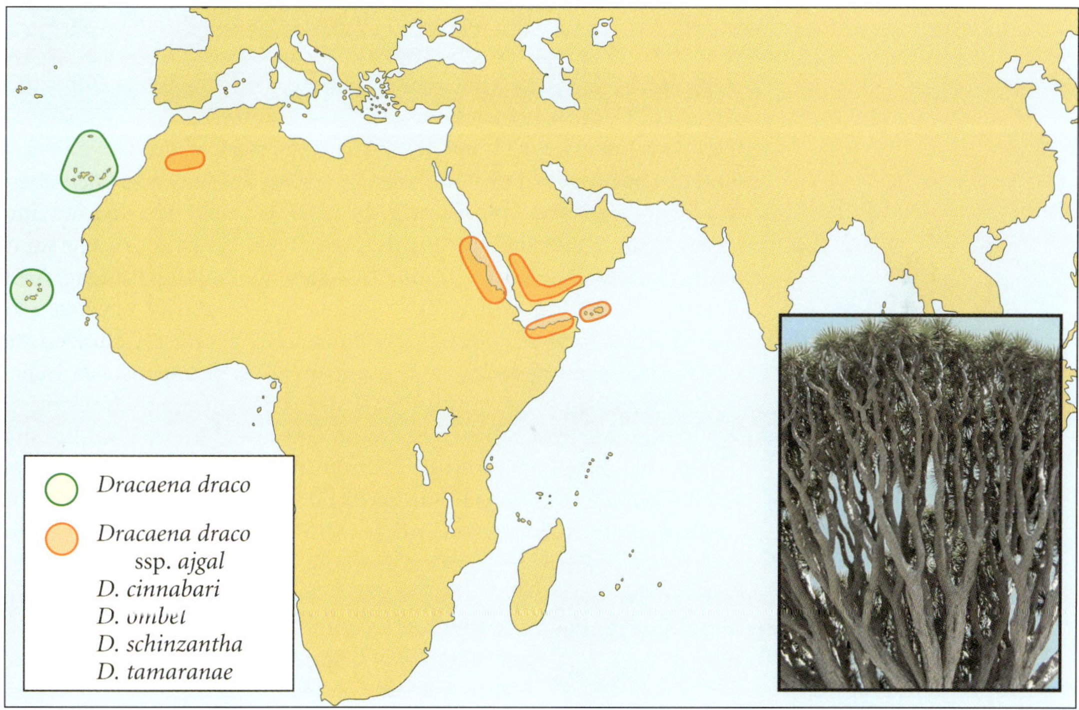

Abb. 8 (oben) *Roccella*-Flechten dienten früher als Purpurlieferanten.

Abb. 9 Verbreitung des Drachenbaumes *Dracaena draco* und seiner nächsten Verwandten. Auf Gran Canaria wächst *Dracaena tamaranae* als Lokalendemit reliktisch an steilen Felsen im Barranco von Arguineguin.

Toten als auch in der Medizin (z. B. gegen Lepra) verwendet wurde (Abb. 9).

Die erste tatsächliche Besiedlung der Kanarischen Inseln erfolgte jedoch durch eine Bevölkerungsgruppe, die eine steinzeitliche Lebensweise an den Tag legte und die offensichtlich nicht in der Lage war, das Meer mit Segelschiffen zu befahren. Jedenfalls gibt es bis heute keine archäologischen Befunde für Seefahrt oder Schiffbau. Der Ursprung dieser Inselbewohner liegt nach wie vor im Dunkeln. Moderne Forschungsergebnisse sprechen für die Annahme, dass es sich um Abkömmlinge von Stämmen gehandelt hat, die zum Verwandtschaftskreis der Berber Nordafrikas gehören und die vielleicht im Zuge von Versklavung und Verschleppung auf den Archipel deportiert worden sein könnten. Für eine nicht freiwillige Besiedlung der Inseln spricht vor allem die erwähnte Unfähigkeit der Ureinwohner zum Schiffbau.

Die Kanaren boten immer Stoff für ihre Erwähnung, schon in den antiken Schriften und Erzählungen: Bereits HOMER setzte gegen 8 v. Chr. die sagenhaften Inseln, wo „*nie die Strenge des Winters verspürt, die Luft rein und die Bewohner durch die Winde des Ozeans erfrischt sind*“ den „*Eleysischen Gefilden*“ gleich. Auch der griechische Schriftsteller HERODOT (490–420 v. Chr.) benennt noch einige Jahrhunderte später offenbar die Kanaren als das antike Totenreich, die „*Gärten der Hesperiden*“, und PLATON (427–347 v. Chr.) hat schließlich das mythologische „**Atlantis**“ beschrieben. Daraus wurden durch PLUTARCH (50–125 v. Chr.) und PLINIUS die erwähnten „*Inseln der Seligen*“. Letzter berichtet auch von einer ersten Forschungsexpedition im Jahre 24 n. Chr. durch den in Rom erzogenen damaligen König JUBA II. von Mauretanien, einem Freund des Kaisers AUGUSTUS, unter der Leitung des Leibarztes EUPHORBIUS auf diese geheimnisvollen Inseln, wo es um Drachenbäume und Pinienwälder ging. Der Expedition wurde ein botanisches Denkmal gesetzt, ihre Hauptteilnehmer leben weiter als endemische Wolfsmilch-Stauden, wie z. B. *Euphorbia regis-jubae*.

Die moderne Kolonisierung der Kanarischen Inseln begann unter anderem mit dem genuesischen Seefahrer LANZAROTTO MALOCELLO, der im Jahre 1325 auf der östlichsten Spitze der nach ihm benannten Insel Lanzarote landete. Der erste Kolonisator, der diesen Namen zurecht trug, war jedoch der normannische Ritter JEAN DE BÉTHANCOURT, der im Auftrag HEINRICHS III. von Kastilien handelte. 1402 christianisierte er zunächst die Bevölkerung Lanzarotes und der angrenzenden kleineren Inseln, ehe er drei Jahre später Fuerteventura unterwarf. Die dortige alte Inselhauptstadt Betancuria trägt bis heute seinen Namen. Hierro und auch Gomera folgten relativ schnell. Die „*Katholischen Könige*“, FERDINAND VON ARAGON und ISABELLA VON KASTILIEN, beendeten mit ihrer Machtübernahme die bis dahin herrschenden Feudalstrukturen, denen die vorspanische Einwohnerschaft unterworfen war. Nach dem Vertragsschluss mit Portugal (1479) über die Aufteilung der Kolonisationsrechte in der Neuen Welt konnte die Unterwerfung von Gran Canaria (1478–83), La Palma (1492) und letztlich auch Teneriffa (1494–95) vollzogen werden.

Die Spanische Krone verfolgte einen zweifachen Zweck in Bezug auf die neu gewonnenen überseeischen Territorien: Christianisierung und Ausbeutung. Das erste Ziel war vergleichsweise schnell erreicht, war doch Widerstand dagegen mit sicherer Versklavung der sich weigernden Personen verbunden. Das zweite war ungleich schwieriger zu erreichen, weil die Inseln wegen ihres vulkanischen Ursprungs arm an Bodenschätzen waren. Die natürlichen Quellen waren auf das zuvor erwähnte Drachenblut und den Purpurfarbstoff der verschiedenen *Roccella*-Flechten beschränkt. Höchstens konnte noch auf das Holz und das Harz der Kanarischen Kiefer *(Pinus canariensis)* zurückgegriffen werden, das hauptsächlich dem Export diente. Das gewichtigste Pfund der Inseln war dagegen immer das Klima, das in idealer Weise geeignet war, neue Früchte aus anderen subtropischen und tropischen Regionen einzuführen und deren Anbau mit der Kultur traditioneller Früchte aus dem europäischen Raum zu verbinden, die zudem hier zum Teil besser gediehen und bessere Erträge brachten. Als erstes kam besonders der Anbau von Zuckerrohr in Mode, das aus der alten Welt über Zypern, Sizilien und Madeira bereits 1420 den Weg nach Kanarien gefunden hatte. Es dauerte nicht lange, und alle geeigneten tiefergelegenen Gebiete hauptsächlich von Gran Canaria, Teneriffa, La Palma und La Gomera waren in Zuckerrohrplantagen umgewandelt. Als jedoch CHRISTOPH KOLUMBUS auf seiner zweiten Reise zu den Westindischen Inseln einige Zuckerrohrpflanzen mitgenommen hatte, war das Schicksal für den kanarischen Zuckerrohranbau besiegelt. Der höhere Ertrag und das weitaus bessere Wasserpotential machten das tropische Amerika zu einem bis heute viel geeigneteren Anbaugebiet für Zuckerrohr. Die Kultur von Weintrauben, die bereits von den ersten Eroberern aus Kreta auf die Inseln gebracht worden waren, ersetzte im Laufe der Zeit das Zuckerrohr. Die Kanarische Malvasier-Traube erbrachte einen Wein, der in ganz Europa, besonders in England und Amerika, einen hohen Ruf genoss, bis Sherry und Bordeaux ihm den Rang abliefen und neue Rebenkrankheiten, wie Reblaus- und Mehltaubefall, den Untergang des kanarischen Weinbaus bedeuteten. Viele Jahrzehnte, wenn nicht Jahrhunderte, waren kanarische Weinanbauflächen so dezimiert, dass sie kaum den Eigenbedarf der Winzer zu decken vermochten. Erst ganz langsam und verstärkt durch die Nachfrage der Touristen in den letzten Jahren entwickelt sich der Weinanbau auf den Kanarischen Inseln, vor allem auf Hierro, La Palma, Lanzarote und besonders Teneriffa, wieder zu einem aufstrebenden und ernstzunehmenden Wirtschaftszweig. Ein Ausflug in die Casa del Vino in El Sauzal direkt an der Autopista del Norte zwischen Tacoronte und Puerto de la Cruz auf Teneriffa ermöglicht tiefe Einblicke in die wechselvolle Geschichte des Weinbaus auf den Kanarischen Inseln.

Abb. 10 (links) *Mesembryanthemum crystallinum*, eine Mittagsblume, stammt aus Südafrika. Sie wächst heute verbreitet an küstennahen Ruderalstandorten, vor allem auf den östlichen Inseln, wo sie zum Ausgang des 18. Jahrhunderts eine bedeutende Rolle bei der Gewinnung von Soda gespielt hat (Foto: Anselm Kratochwil).

Abb. 11 *Mesembryanthemum nodiflorum* ist während der Trockenzeit rot überlaufen; auch sie stammt aus Südafrika (Foto: Anselm Kratochwil).

Im Verlauf der Kolonisation Amerikas gewannen die Kanarischen Inseln zunehmend strategische Bedeutung für die damals machtpolitisch-militärischen Interessen. Zuerst plünderten holländische, französische und nordafrikanische Piraten jahrzehntelang mehrfach die Inseln, und später versuchten vor allem die Engländer wiederholt, auch die Kanaren in ihr Königreich einzuverleiben, als sie im Jahre 1654 nach dem Sieg gegen die Niederlande die führende Weltmacht auf den Ozeanen der Erde geworden waren. Dazu gehörten mehrere Angriffe auf die Kanaren, so im Jahre 1657 unter dem englischen Admiral Blata; im Jahre 1704 unter Admiral Gunnings und letztlich im Jahre 1797 unter Admiral Horatio Nelson, die aber allesamt an der kanarischen Verteidigung scheiterten. Damit erhielten die Kanarischen Inseln immer ihre spezielle Unabhängigkeit, auch während der Napoleanischen Kriege im 19. Jahrhundert und in den Wirren um die spanische Thronfolge, den Karlisten-Kriegen.

Schon immer war der Archipel als Drehscheibe und als Brücke zwischen den Kontinenten von großer Bedeutung, wie es bereits umfassend Leopold v. Buch (1825) beschreibt: Zuckerrohr, Weinreben und Bananen gingen über die Kanaren nach Amerika, aus Süd- und Mittelamerika gelangten u. a. Papayas, Kartoffeln, Tomaten und Mais über die Kanari-

Abb. 12 Die Cochenille-Laus (*Dactylopius cacti*) parasitiert auf der Opuntie (*Opuntia ficus-indica*). Sie enthält natürliche Antraquinone, die als Basis für karminrote Farbstoffe dienen. Bis zu 22 % des Trockengewichtes der Cochenille-Läuse lassen sich zur Pigmentgewinnung für die Färbung von Lebensmitteln und Textilien gewinnen. Mit der Entdeckung der Anilinfarben 1870 verlor diese Erwerbsquelle schlagartig an Bedeutung. Heute erfahren diese Naturfarbstoffe aber wieder eine Renaissance in der Lebensmittel-, Kosmetik- und Pharmaproduktion.

Abb. 13 Die aus Mittelamerika stammenden Feigenkakteen der Gattung *Opuntia* werden heute vor allem auf Lanzarote wieder zur Cochenille-Produktion angebaut und gepflegt. Das natürlich gewonnene Karmin ist frei von Allergie auslösenden Stoffen und wird besonders in der Kosmetikindustrie (Lippenstifte, Nagellack etc.) gebraucht. Auf einem Hektar kann man bei guter Verteilung der Schildläuse bis zu 400 kg Läuse jährlich züchten, wobei für 1 kg etwa 140 000 getrocknete Tiere benötigt werden.

schen Inseln nach Europa und nach Afrika, und vor allem aus Südafrika brachte man zahlreiche Nutz- und Zierpflanzen über die Kanaren vor allem nach Südeuropa. So wurden als weitere bedeutsame neue Nutzpflanzen im 18. und 19. Jahrhundert in großem Maßstab die annuellen Pflanzen *Mesembryanthemum crystallinum* und *M. nodiflorum* zur Gewinnung von Soda am meisten in Lanzarote angebaut (Abb. 10 und Abb. 11). Doch auch hier lohnte der Anbau nicht länger, als unter dem Einfluss der chemischen Industrie die synthetische Herstellung billiger wurde als die natürliche Ernte. Ein anderes Beispiel für die vorübergehende Blüte eines Wirtschaftszweiges war die Produktion von **Cochenille**, eines roten Farbstoffes, der aus der Cochenille-Laus gewonnen wurde (Abb. 12 und Abb. 13). Diese Läuse saugen in großen Mengen ausschließlich an Kakteen der Gattung *Opuntia*, deren verschiedene Arten bereits von den Eroberern aus Mexiko eingeführt worden waren. Daher gab es zeitweise regelrechte Opuntien-Plantagen, die den Vorteil hatten, auch auf wegen der Trockenheit sonst nicht nutzbaren Flächen, den so genannten „**Malpaíses**“, gut zu gedeihen. Zeugen dieser mittlerweile fast ganz verschwundenen Nutzungsform sind die zahlreichen und allerorten verwilderten Opuntien. Den Höhepunkt erreichte die Purpurproduktion zwischen 1860 und 1880, als der Cochenillefarbstoff in seiner Ausfuhrmenge den Weinexport um das 5fache übertraf. Die synthetisch hergestellten Anilinfarbstoffe machten jedoch den Purpurfarbstoff schon am Ende des 19. Jahrhunderts überflüssig.

Seit den 50er Jahren des letzten Jahrhunderts erlebt der Cochenille-Anbau aber vielerorts eine Renaissance: vor allem in Mala und Guatiza auf Lanzarote baut man wieder systematisch Opuntien an, um rote Naturfarbstoffe für die Kosmetik- und Lebensmittelproduktion (z. B. Lippenstift, Nagellack, Campari) herzustellen, die frei von Allergie auslösenden Stoffen sind (s. Abb. 13).

Während die fruchtbaren bewässerten tiefen Lagen der Inseln also der Anlage einer ganzen Reihe von spezialisierten und intensiven Kulturen dienten, erstreckte sich die traditionelle Landwirtschaft mehr und mehr die Hänge hinauf. Immerhin waren ja bei stetig wachsenden Zahlen die Bewohner der Inseln mit Lebensmitteln zu versorgen. Die Kanarischen Inseln sind durchweg bergig und dazu „steinreich", Auslöser für die Anlage zahlloser Steinwälle, um die wertvolle und fruchtbare Vulkanerde zusammen zu halten und sie vor Erosion zu schützen. Wo Erdboden von Natur aus fehlte oder wo er weggewaschen worden war, wurde er manchmal auch von andernorts herangeschafft, wie z. B. in vielen der modernen Bananenplantagen. Die wertvollen kanarischen Böden sind pyroklastischen Ursprungs und bestehen aus mehr oder weniger roter Vulkanasche mit einem unterschiedlichen Anteil schwarzer Lapilli und weißer Bimssteine.

Die Porosität dieser Steinchen machen sie zu einer idealen Mischung, um Feuchtigkeit im Boden zu speichern und sie über die langen trockenen Sommermonate zu erhalten. An verschiedenen Orten der Inseln kann man beobachten, wie von Bulldozern ganze Berge abgetragen werden. Diese Vulkankegel, die entweder aus fruchtbaren Böden, aus Lapilli oder aus Bimsgrus bestehen, werden zur Bodenverbesserung andernorts benutzt. In der kanarischen Agrarwirtschaft, vor allem auf Lanzarote, wurde dazu ein Verfahren entwickelt, um die Ernteerträge auch auf unbewässerten Feldern zu erhöhen. Dazu ist ein charakteristischer Trockenfeldbau, der „Secano" entstanden; wobei auf den Kanarischen Inseln unter Verwendung der basaltischen Lapilli ganz spezielle Anbauverfahren entwickelt wurden. „Enarenado natural", natürliche Besandung, nennen die Einheimischen diese spezielle Pflanz- und Ackerbaumethode in natürlich gelagerten, dünnlagigen Lapilli-Ablagerungen – hier auch „picón" oder auf Lanzarote „rofe" genannt – im Gegensatz zum „Enarenado artificial", der landwirtschaftlichen Nutzung des künstlich aufgeschichteten, oft von weither herbeigeschafften vulkanischen Auswurfsmaterials. Das System beruht auf dem Ausbringen einer etwa 20 cm dicken Schicht von Lapilli oder Bimsgrus auf den gepflügten Untergrund (Abb. 14 bis Abb. 16). Diese Deckschicht wird übrigens vor jedem Pflügen

Abb. 14 Der Trockenfeldbau („Secano“) mit Tomatenkulturen auf Lanzarote unter Verwendung dünn aufgetragener basaltischer Lapilli wird als *„enarenado artificial“* bezeichnet. Die Lapillischicht muss im Allgemeinen alle 10–12 Jahre erneuert werden.

Abb. 15 Ackerterrassen sind meist mit grauem Bimsstein bedeckt, dem sogenannten *„jable“*, wobei die besonderen Eigenschaften des Bimssteins für die Befeuchtung der Kulturen genutzt werden. Die starke Porosität der Bimssteine verleiht ihnen eine hygroskopische Wirkung, durch die vor allem der nächtliche Taufall gebunden wird (bei Vilaflor, Teneriffa).

Abb. 16 **Eine spezielle Form des „Secano"-Trockenfeldbaus, der *„Enarenado natural"* ist die Kultur auf natürlich gelagerten Lapillischichten. Die Pflanzen werden in kreisrund ausgegrabene Vertiefungen gesetzt und müssen mit ihren Wurzeln den darunter liegenden Boden erreichen. An den Grubenrändern werden Trockenmäuerchen aus vulkanischen Schlacken als Windschutz errichtet und halbkreisförmig gegen den Nord-Ost-Passat ausgerichtet. Das Motiv zeigt den Weinanbau bei La Geria auf Lanzarote.**

meistens wieder abgetragen und nachher erneut aufgebracht. Sie hält das Wasser nicht nur wegen der Porosität ihrer Steinchen fest, sondern absorbiert auch Feuchtigkeit in der Nacht und in den frühen Morgenstunden, wenn sich durch das schnelle Abkühlen Tautröpfchen an den dunklen Lapilli bilden, und schützt zudem den darunter liegenden Boden auch vor direkter Sonneneinstrahlung am Tage. Doch auch diese traditionelle Landwirtschaft geht mehr und mehr zu Ende. Zahlreiche der früher kultivierten Terrassen, vor allem die schlecht zugänglichen, liegen verlassen. Viele der traditionell angebauten Feldfrüchte der Inseln müssen heute vom Festland eingeführt werden. Die fruchtbaren, bewässerten Flächen der tiefliegenden Zonen dienen heute neuartigen Kulturen, von denen der Bananenanbau den bei weitem größten Flächenanteil einnimmt. Die typische kleinfrüchtige Banane (*Musa cavendishii*, Abb. 17) wurde Mitte des vorigen Jahrhunderts aus Indochina auf den Archipel gebracht. Exotische Früchte, wie Avocados („Aguacate"), Guaven („Guayaba"), Cherimoyas, Papayas und Mangos, werden zunehmend angebaut. Eine andere neue Spezialität ist die Kultur von Frühgemüse, insbesondere Tomaten, die unter Kunststoffzelten gezogen und im Winter und zeitigen Frühjahr vor allem in die nördlichen Regionen Europas exportiert werden. Solche großflächigen, plastikverhangenen Kulturflächen gehören auf allen Kanarischen Inseln zu den ins Auge fallenden, jedoch keineswegs attraktiven Bildern der neuzeitlichen Landschaft.

Die Ausweitung landwirtschaftlicher Flächen, das Fällen von Bäumen zur Brennholzgewinnung, die Überbeweidung der steileren Hänge und hohen Bergregionen durch Hunderttausende von Ziegen und die Einführung zahlloser, oftmals aggressiver Unkräuter und Tierarten, wie z. B.

Abb. 17 *Musa cavendishii* – Anbau bei Garachico auf der Nordseite Teneriffas. *M. cavendishii* stammt von der malaiischen Wildbanane (*M. acuminata*) ab. Ab 1882 begann Fyffes Ltd., eine Tochterfirma der Limited Fruit Company, mit dem Export von kanarischen Bananen nach Großbritannien. Nach dem Ende des 1. Weltkrieges geriet der Anbau in eine erste Krise, als die Briten diese Früchte aus ihren Kolonien billiger einführen konnten. Andere europäische Länder folgten, so dass infolge dessen ein Importverbotsgesetz für Spanien im Jahre 1972 zumindest den inländischen Absatz sichert. Die intensive Bewässerung der Bananenplantagen und die riesigen Herbizid- und Düngeeinsätze haben auch große und nachhaltige Probleme auf den Kanaren geschaffen, wie Absenkung des Grundwassers, Versalzung und Verschmutzung des Grundwassers, erdölbetriebene Entsalzungsanlagen und Erhöhung der Wasserpreise. Seit 1993 sichert auch der EU-Bananenmarkt mit hohen Subventionen den Fortbestand des Bananenanbaus.

Kaninchen, all diese Einwirkungen haben die natürliche Umwelt der Kanarischen Inseln tiefgreifend verändert. Die natürliche Vegetation wurde vielerorts praktisch auf der gesamten Oberfläche zerstört und ist heute bis auf kleine Reste an Steilhängen und Klippen sowie an unzugänglichen Orten verschwunden. Sogar dort wird die natürliche Vegetation mit ihren weitgehend endemischen Pflanzen und Pflanzengesellschaften von heutzutage vollständig eingebürgerten, ehemals jedoch nicht heimischen, ursprünglich vom Menschen eingeführten Arten durchdrungen, was es manchmal nicht leicht macht, einzelne Arten überhaupt als „Neubürger" der Kanarischen Flora, also als Neophyten zu erkennen.

Entstehung des Kanarischen Archipels

Rechte Seite: **Verschieden gefärbte Lavagesteine und hydrothermal gebildeter, blaugrüner Kaolinit (im Vordergrund) sind Zeugen einer noch immer andauernden vulkanischen Aktivität (Cañadas, Teneriffa).**

Die Kanarischen Inseln entstanden während einer langen Spanne vulkanischer Aktivitäten, die vom heutigen Zeitpunkt mit zahlreichen lavabildenden Ausbrüchen noch zu historischen Zeiten bis 20 Mio. Jahre zurück in die Vergangenheit reicht. Dies geschah unabhängig vom afrikanischen Kontinent, so dass die Inseln rein **ozeanisch-vulkanischen Ursprungs** sind und nicht kontinentaler Herkunft. Ihre Entstehung koinzidiert mit dem Zusammenprall der Afrikanischen Platte mit der Europäischen Platte sowie mit der Orogenese der Alpen und der Drift der Ozean-Böden. Hier sind die Wurzeln der Vulkane begründet (Abb. 18). Die gleichen Konfigurationen an den Ost- und West-Küsten des Atlantiks sowie gleiche geologische und geotektonische Merkmale beweisen, dass eine Verschiebung der Kontinente etwa vom Erdmittelalter, dem Mesozoikum, an erfolgt sein muss. Die Kontinentalverschiebung wird geomechanisch mit dem Konzept der Plattentektonik erklärt, das wir dem großen Geologen Alfred Wegener (1912) verdanken. Der charakteristische Prozess der Plattentektonik ist das so genannte **Sea-Floor-Spreading**, wobei sich infolge des Auseinanderdriftens der verschiedenen ozeanischen Platten ein tektonischer Graben durch Spreizen des Tiefseebeckens bildet, gleichzeitig verbunden mit einem Aufwölben der Grabenränder und der Bildung mittelozeanischer Rücken. Ursache für das Sea-Floor-Spreading ist das Aufsteigen von Magma-Konvektionsströmen aus dem Erdinneren an die Oberfläche, meist konnektiert mit komplexen Magma-Wurzel-Systemen und entsprechend starkem Vulkanismus, dem schließlich auch der Kanarische Archipel seine Existenz verdankt (Abb. 18 und 19).

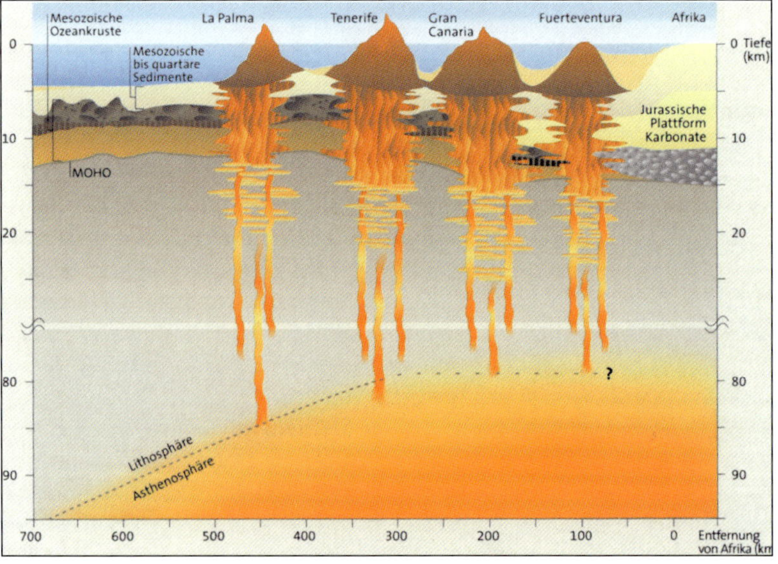

Abb. 18 **Querschnitt durch die Kanarischen Inseln mit dem Aufbau der Lithosphäre (aus Schmincke, 2000).**

Abb. 19 **Modell der Plattendynamik und Magmaentwicklung (aus SCHMINCKE, 2000).**

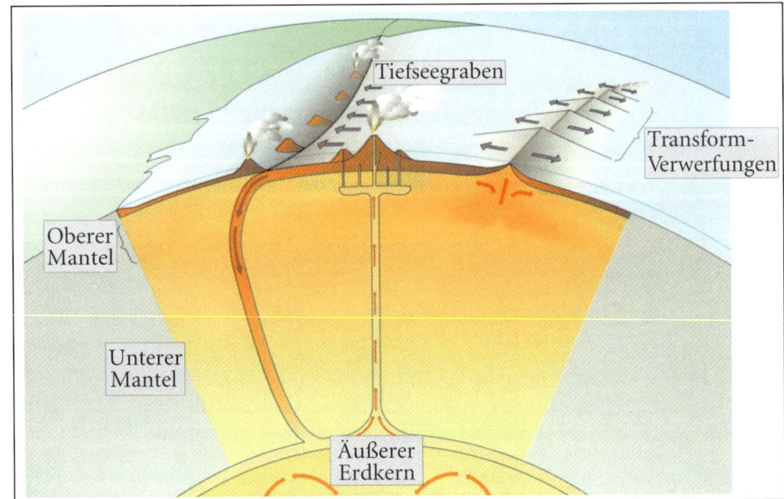

Tab. 1 **Geographische Daten der Kanarischen Inseln (verändert nach DEL ARCO et al. 1996).**

Inseln	Gebiet (km^2)	Höchste Erhebung (m)	Lokalität	Max. Alter (Mio. Jahre)	Küstenlinie (km)
Fuerteventura	1662	807	Pico de la Zarza	23,5	327
Lanzarote	862	671	Penas del Chache	15,5	195
Gran Canaria	1532	1950	Los Pechos	14,5	236
La Gomera	373	1482	Garajonay	12,0	98
Teneriffa	2036	3718	Pico del Teide	7,5	360
La Palma	706	2423	Roque de los Muchachos	1,7	155
El Hierro	287	1501	Pico Malpaso	1,2	106

Die submarine Entstehung der Inselgebilde geschah seit dem Tertiär, ist also miozän-pleistozänen Ursprungs und hat in den letzten 20 Mio. Jahren stattgefunden (s. Tabelle 1). Anhand von radiometrischen Datierungen der ältesten vulkanischen Materialien jeder Insel ergaben sich die folgenden Alter: Fuerteventura 23,5 Mio., Lanzarote 15,5 Mio., Gran Canaria 14,5 Mio., La Gomera 12 Mio., Teneriffa 7,5 Mio., La Palma 1,7 Mio. und El Hierro 1,2 Mio. Jahre.

Anscheinend existiert eine Progression in der Alterung der Inseln nach Osten, welche auch aus dem Erosions- und Abtragungsgrad der Inselkörper ersichtlich sind. Die Inselkörper sind demnach recht einheitlich und unabhängig voneinander aufgebaut. Ihre Grundfläche geht aus der Tiefsee hervor, deren Niveau zum Westen hin zunehmend tiefer wird. Die östlichen Inseln Lanzarote und Fuerteventura bleiben somit vom Kontinent separiert; rundherum werden insgesamt Tiefen von 1000 m erreicht. Diese sind von mächtigen Sedimentschichten umgeben; zwischen den westlichen Inseln werden beispielsweise durchschnittliche Meerestiefen von 3000 bis 4000 m erreicht.

Als der Ozean Feuer spie

Die Kanarischen Inseln sind also ebenso wie die übrigen Inseln inmitten des Atlantischen Ozeans vulkanischen Ursprungs, wie es insbesondere die Abbildung 18 verdeutlicht. Sie wurden alle vom unterseeischen Boden des Atlantiks im Verlaufe mehrerer Jahrmillionen Stück für Stück emporgehoben. Dabei ist der von dem altgriechischen Philosophen PLATON für die heutigen Kanarischen Inseln überlieferte Mythos vom geborstenen und untergegangenen Atlantis, als dessen Reste die Inseln gedeutet wurden, von der modernen geologischen Forschung endgültig ins Reich der Literatur verwiesen worden.

Das heute allgemein akzeptierte und auf dem Kongress zum Kanarischen Vulkanismus (1989) vertretene Modell der Entstehung der Inseln sieht nach Adam REIFENBERGER (1995) und Hans-Ulrich SCHMINCKE (2000) folgendermaßen aus: Der ursprüngliche Ozeanboden, der nach paläomagnetischen Messungen im Bereich der Kanaren zwischen 150 und 180 Mio. Jahre alt sein soll, also schon aus den frühesten Etappen der Öffnung des Atlantik stammt, zerbrach in einer Stauzone vor der afrikanischen Küste durch die tektonischen Schubkräfte des Sea-Floor-Spreading, die einerseits allgemein für die Neubildung von Ozeanböden im mittelatlantischen Rücken verantwortlich sind und andererseits in spezieller Weise aber auch den zur Atlas- und Alpenfaltung verantwortlichen Zusammenstoß der afrikanischen Festlandsmasse mit der eurasischen Platte hervorgerufen haben.

Die so im damaligen Ozean entstandenen Schollenbruchstücke wurden wie vereinzelte Keile unterschiedlich hoch gehoben und bildeten somit die Sockel, auf denen dann frühestens ab Mitte des Tertiärs durch vulkanische Prozesse die einzelnen Inseln aufgebaut wurden. Brocken quarzitischer Sedimentgesteine in jungen Laven Lanzarotes sind demnach auch erklärbar als aus dem Sockel hochgerissene Fragmente des alten, gehobenen Meeresbodens, wie es die eingeschlossenen Skelette von Meereskleinstlebewesen (*Radiolarien*) beweisen, die immer noch in Gomeras Nordwesten gefunden werden. Ebenso als alter Meeresboden identifiziert sind heute die Sedimentgesteine Fuerteventuras, welche früher als Beweis für das Aufsitzen dieser Vulkaninseln auf kontinentalem Sockel gewertet wurden. Von dieser Hypothese eines Zusammenhanges wenigstens der Ostinseln der Kanaren mit dem afrikanischen Kontinent ist man mit zunehmender Verfeinerung der Methoden und Einsicht in die Zusammenhänge immer mehr abgerückt.

Als die ersten paläomagnetischen Messungen im kanarischen Raum ein Abtauchen des durch höhere Dichte unterscheidbaren Erdmantels

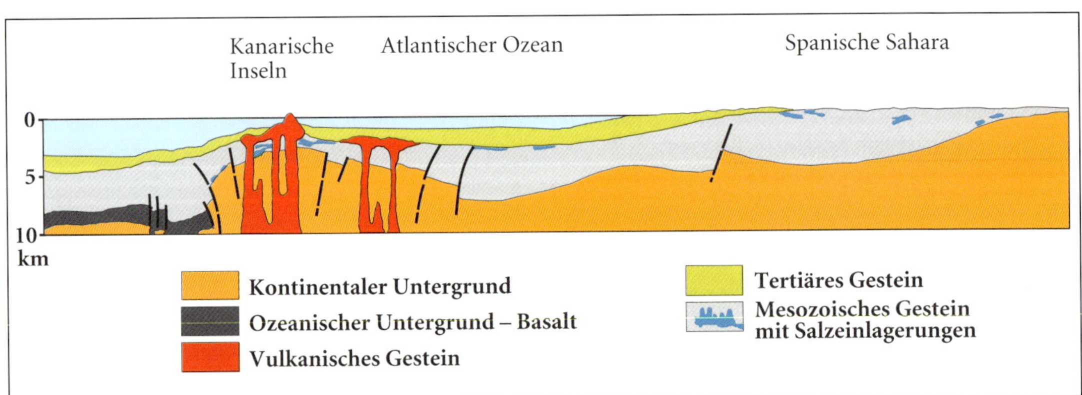

Abb. 20 **Geologischer Querschnitt von der Afrikanischen Festlandsküste (ehemalige Spanische Sahara) zu den Kanarischen Inseln (verändert nach Rothe, 1973).**

unter den Kanaren von West nach Ost erbrachte, schloss man daraus, dass das Zunehmen der Krustendicke einen Übergang von ozeanischer zu kontinentaler Kruste ab etwa der Länge von Gran Canaria verrate. Inzwischen hat diese Krustenverdickung eine andere Erklärung gefunden: In dem Meeresbecken zwischen den Ostkanaren und Afrika haben sich seit dem Übergang von Jura- zur Kreidezeit ununterbrochen Sedimente abgelagert, die eine Gesamtdicke von 10 km erreichen (Abb. 20). Diese Mächtigkeit der Sedimentation im afrikanisch-kanarischen Becken und ihr Alter aus dem Erdmittelalter macht denn auch die Annahme von weggebrochenen Landbrücken, die man früher wegen der geringen Meerestiefe in diesem Bereich (max. 1355 m) für denkbar hielt, völlig unhaltbar.

Auch die von Peter Rothe (1964) als Eischalen eines straußenartigen, also flugunfähigen Vogels vorgestellten Fossilien aus miozänen Kalksedimenten Lanzarotes sind inzwischen von Zoologen einer ausgestorbenen Meeresvogelart zugeordnet worden. Damit ist auch das härteste Argument der Zoologen für einen Zusammenhang mit dem Kontinent hinfällig geworden. Die Kanarischen Inseln sind damit in jeder Hinsicht als **Ozeanische Inseln** eingeordnet, die – abgesehen von den durch einen weniger tiefen Meeresarm getrennten Ostinseln – jede auf einem eigenen Sockel aufsitzen. Sie sind allesamt bei hochexplosiven Eruptionen – verstärkt durch das Zusammentreffen von Feuer und Wasser – nach und nach aus den untermeerischen Kanälen und Magma-Wurzel-Systemen neu entstanden, so wie wir es noch vor etwa 50 Jahren im Süden von La Palma sehen konnten, als drei Vulkane, der Hoyo Negro, der Duraznero und der Birigoyo ausbrachen (Abb. 21) und neue Krater schufen. Ähnliches geschah vor 30 Jahren im Fuencaliente-Gebiet auf La Palma, als 1971 in nur wenigen Wochen der neue Vulkan Teneguia entstand (Abb. 22). Dieses vulkanische Neuland wird nun allmählich von Pflanzen und Tieren besiedelt – eine wichtige Grundvoraussetzung für das Verständnis vieler biogeographischer Eigenheiten unseres Archipels, welche die Kanaren zum „**Galápagos der Botanik**" haben werden lassen; wir werden das in einem eigenen Kapitel würdigen.

Abb. 21 Der Süden von La Palma ist ein langgestreckter Vulkanrücken, dem zahlreiche jüngere Vulkane aufgesetzt sind. Hier sind die Krater des Hoyo Negro (1900 m), des Duraznero (1700 m) und des Birigoyo (808 m) die auffälligsten. Die jüngsten Ausbrüche stammen aus dem Vulkan de San Juan im Juni 1949.

Abb. 22 Der Ausbruch des Teneguía-Vulkans erfolgte im Jahre 1971.

Zahlreichen Geologen zufolge gibt es kaum eine zweite Inselgruppe (außer Hawai'i) mit einer so langen (über 20 Mio. Jahre) währenden Eruptionsgeschichte wie gerade die Kanarischen Inseln. Der Vulkanismus der Inseln befindet sich heute nur in einer Art Schlummerstadium, bereit, jeden Tag erneut zu erwachen. Die letzten Ausbrüche auf den Inseln liegen durchaus in historischer Zeit: La Palma: 1585, 1646, 1677, 1725, 1949 und 1971, Teneriffa: 1492, 1604/05, 1704, 1705/06 und 1909 sowie Lanzarote: 1730 bis 1736 und 1824; die letzte Ausbruchsperiode auf Gran Canaria wurde auf etwa 3075 Jahre rückdatiert. Besucher Lanzarotes werden auf den so genannten „Feuerbergen" von Timanfaya mit der Geothermik und damit dem schlummernden Vulkanismus der Insel bekannt gemacht (Abb. 23). Auch am Gipfel des Teide ist die Erdwärme in den rauchenden Fumarolen und Solfataren ständig spürbar (Abb. 24).

Abb. 23 (oben) Geothermie in der Timanfaya-Vulkanlandschaft auf Lanzarote, wo hufeisenförmige Kegel und Mehrfachkrater entlang einer Fissur verlaufen, also einer sichtbaren Bruchstelle der Erdrinde.

Abb. 24 Solfatare im Gipfelbereich des Teide in etwa 3700 m Meereshöhe mit Schwefelausblühungen.

Die Kanaren – aus dem Meer geboren

Die Bildung der Inseln begann also im mittleren Tertiär mit der Akkumulation vulkanischer Produkte über einer jurassischen Kruste aus der Zeit vor 155–180 Mio. Jahren BP (before present = vor heute, s. Tafel 1, S. 2) und ist zeitlich unabhängig von der Bildung des afrikanischen Kontinents, mit dem sie nie Kontakt hatten. Die Drehung der afrikanischen Platte und die Dehnung des zentralatlantischen Rückens führt noch heute zur genannten Bildung und Freisetzung von Magma, welches den Archipel erzeugt hat. Der Zeitraum der unterseeischen Bildung solcher Inselkerne geschah – wie gesagt -miozänisch-pleistozänisch, also vom ausgehenden Tertiär bis in das Pleistozän; während der bedeutenden geologischen Epoche der großen Vereisungen auf der Erde und der großräumigen Verschiebungen aller Vegetationszonen der Nordhemisphäre von Norden nach Süden. Auch dieses Phänomen spielt für die biogeographische Stellung der Kanarischen Inseln eine grundlegende Rolle, wie wir auf den Seiten 16–22 gesehen haben.

Der Vulkanismus hat dem kanarischen Relief die Gestalt und den speziellen landschaftlichen Charakter gegeben, indem er Formen schuf, die später durch die Erosion modelliert worden sind. Daher kann man zwei antagonistische Kräfte unterscheiden, die die Landschaften der Inseln noch immer formen: vulkanische Erzeugung und erosiver Abtrag (Abb. 25). Diese bewirken zunächst ein nicht modelliertes und später ein durch Erosion zerfurchtes Relief, das sich zusätzlich durch die Besiedlung von Lebewesen charakteristisch weiterentwickelt, wie es Ludwig Hempel (1980) und Peter Höllermann (1982) beispielhaft für Fuerteventura untersucht haben.

Abb. 25 **Vereinfachte Darstellung der vulkanischen Entstehung Teneriffas; die vulkanischen Sedimente sind aufgeschmolzen worden.**

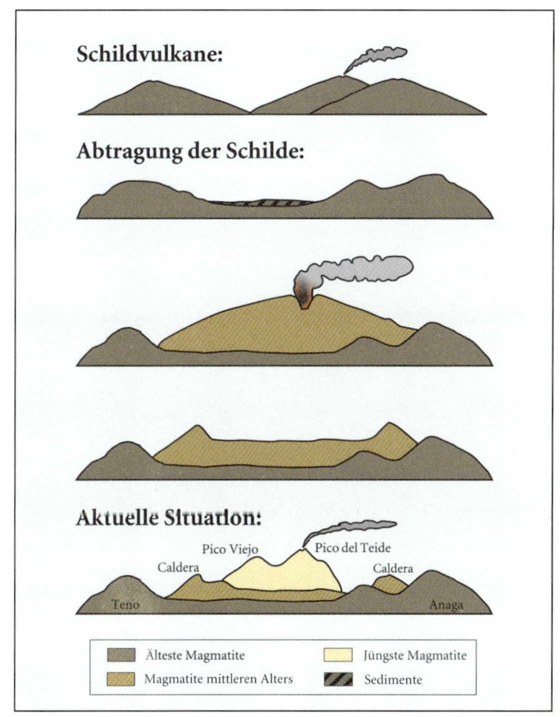

Die häufigsten vulkanischen Materialien auf den Kanarischen Inseln können in drei große Gruppen eingeteilt werden: Laven, Pyroklastika und intrusive Gesteine.

In der Vulkanlandschaft der Kanaren können weiterhin verschiedene Vulkan-Typen als Folge einfacher Eruptionen unterschieden werden, von denen die folgenden hervorzuheben sind: Einfache Kegel mit einem zentralen, eingesenkten Krater (Abb. 26); hufeisenförmige Kegel, die als Folge des Abflusses von Laven in Richtung des maximalen Gefälles oder des Abflusses zu einer Seite in Folge von Windeinwirkung während der Eruption entstanden sind, Mehrfachkrater, die entlang einer Eruptionsspalte entstanden sind und dachartig Formen mit entlang des Risses aufgereihten Kratern bilden (Abb. 26). „Diques“ sind Risse

Abb. 26 *„Montañas del Fuego“* auf Lanzarote; der Ausbruch begann im Jahre 1730; dieser Krater datiert auf den 1.9.1750.

Abb. 27 *„Diques“* auf der Insel La Gomera als Zeugen von intrusiven, also innerhalb von Vulkanschloten erstarrten Magmen, die unterschiedlich verwittern und heute landschaftsgestaltend sichtbar sind.

in Gesteinspaketen, so genannte Fissuren, die generell mit verfestigter basischer Lava gefüllt sind, mittlerweile als Folge verschieden starker Erosion zutage treten und bei komplexen Fällen dicke Mauern bilden können (Abb. 27); „Domos“ entstehen durch die Akkumulation von saurer, sehr zähflüssiger Magma über einer Eruptionsöffnung, während die „Roques" oder „Pitones" mit verfestigtem, ebenfalls saurem und zähflüssigen Magma gefüllte Vulkanschlote sind, die durch den erosiven Abtrag des umgebenden Materials freigelegt wurden (Abb. 28).

Eruptive Lavaströme werden in zwei Gruppen eingeteilt: die sehr flüssigen basischen Laven können große Strecken zurücklegen und lassen dabei Lavafelder entstehen, die entsprechend ihrer Morphologie in „Lajiales" und „Malpaíses" aufgeteilt werden (Abb. 29); die zäheren sauren Laven besitzen in diesem Zusammenhang die größere zerstörerische Gewalt.

Als Folge der andauernden vulkanischen Aktivitäten in der Geschichte der Inseln sind durch magmatische Überlagerungen komplexe Vulkanformen entstanden. Hervorzuheben sind insbesondere die alten Massive, die „Dorsales", die Stratovulkane, die großen Täler („Valles intercolinares") und die Calderen; das sind großräumige und weit gespannte Kraterkessel eines Vulkanes, die durch Aussprengung z. B. bei Grundwasserzutritt (phreatomagmatisch) oder durch Einsturz entstehen können (Abb. 30).

Durch erosive Prozesse und zeitweise auftretende vulkanische Aktivitäten sind auf den Kanaren verschiedene Reliefformen entstanden, von denen im Folgenden nur die wichtigsten erwähnt werden. Man muss beachten, dass weiterhin verschiedene Paläoformen existieren, die hauptsächlich während der Klimaveränderungen des Quartärs gebildet wurden:

Abb. 28 **Im Vulkanschlot erkaltete intrusive Lavamassen sind heute durch Erosion als Felsnasen freigelegt und bilden so genannte *„Roques"*. Die Phonolithe des Roque Nublo-Massivs sind heute das Wahrzeichen von Gran Canaria.**

Abb. 29 *„Malpaís Grande"* auf der Insel Fuerteventura.

Barrancos als tiefe Erosionsschluchten und -täler sind entstanden durch die langandauernde Einwirkung von Wasser. Sie stellen eine der charakteristischsten Formen des Inselreliefs dar und sind besonders ausgeprägt in den alten Massiven von Teneriffa, La Palma, La Gomera und Gran Canaria zu finden, wo sie in der Regel parallel oder radiär angeordnet sind. Wichtige weitere Erosionsformen in diesem Zusammenhang sind:

- „Calderas de erosión", das sind weite, stark erodierte Talkessel mit sehr steilen Wänden,
- alluviale Sedimente (gelegentlich sehr ausgeprägt in den Flussbetten der Barrancos),
- Grate zwischen Barrancos („Interfluvios") und Bergrücken („lomos"), wie sie generell im Bereich von Gebirgskämmen alter Massive und an den Hängen rezenter Gebiete vorkommen sowie
- „Glacis" als U-förmige Täler hauptsächlich auf den östlichen, trockeneren Inseln und
- „Mesas" als tafelbergähnliche, tischförmige Gebirgsstöcke.

Eine weitere wichtige Erscheinung in Küstennähe sind die Dünen – wir unterscheiden zwei Typen: die Nebka-Dünen als physikalische Dünen durchwehter Vegetationsbestände entstehen dadurch, dass Pflanzen Hindernisse für windverdrifteten Sand darstellen, im Gegensatz zu den weiter entwickelten Dünensystemen, welche durch die Anlieferung mariner Sande meist organischen oder seltener anorganischen Ursprungs gebildet werden. Die am besten ausgeprägten Dünensysteme befinden sich heute auf den östlichen Inseln Lanzarote und Fuerteventura sowie auf Gran Canaria (Abb. 31).

Abb. 30 Die *„Caldera de Bandama"* auf Gran Canaria ist ein rezentes Maar (= ein ehemaliger vulkanischer See nach Explosion eines Vulkans infolge Zusammentreffens von Grundwasser und Magma), also nach phreatomagmatischer Entstehung.

Im Zusammenhang mit der Küstendynamik muss man darüber hinaus die folgenden wichtigen Reliefformen erwähnen: Steilklippen, die vor

Abb. 31 Flache Sanddünen auf Fuerteventura.

Abb. 32 **Bei Flut überschwemmte, flache Küstenstreifen auf Lanzarote.**

allem in alten Massiven ein außerordentlich starkes Gefälle besitzen und auf allen Inseln häufig zu finden sind; wie auch Strände, die auf den westlichen Inseln grundsätzlich aus vulkanischen Materialien bestehen und hauptsächlich vor den Mündungen der Barrancos sowie am Fuß von allmählich abgetragenen Klippen konzentriert sind. Weiterhin erwähnenswert sind Strände organischen Ursprungs aus Korallensanden und Muscheln, die so genannten „Jables", die auf den östlichen Inseln große Oberflächen bedecken können, sowie abgetragene Plateaus, die mehr oder weniger ebene Oberflächen mit vielen Höhlungen besitzen, bei Flut untergetaucht sind und ideale Habitate für Algengesellschaften des periodisch überfluteten Küstensaumes, des so genannten Eu- und Supralitorals darstellen (Abb. 32). Die vulkanische Entstehung der Kanaren aus dem Meer hat jedoch bewirkt, dass unzugängliche Steilküsten vorherrschen.

Der höchste Berg Spaniens und der Vulkanismus

Wer auf dem Aeropuerto Reina Sofia auf Teneriffa landet und direkt nach Playa de las Americas fährt, sieht typische Lavalandschaften verschiedenen Alters, überquert tiefe Barrancos, die inselwärts zum mächtigen Rand der Cañadas aufsteigen und ist stets begleitet vom kegelförmigen Gipfel des Teide, der über allem thront (Abb. 33). Dieser 3718 m hohe Stratovulkan am Nordrand der großen Cañadas-Caldera ist ein derzeit ruhender Vulkan, der seinen letzten größeren Aus-

Abb. 33 **Der Doppelgipfel des Teide mit dem „*Pico Viejo*" im Vordergrund und dem 3718 m hohen „*Pico del Teide*" im Hintergrund. Der Lavastrom von 1798 ist an seiner dunklen Farbe noch deutlich zu erkennen. Die von den Lavazungen umflossenen, inselartigen Hangflächen werden als Kipukas bezeichnet.**

bruch vor etwa 200 Jahren, im Jahre 1798, hatte, als sich am „*Altgipfel*", dem Pico Viejo (3103 m), aus zwei Ausbruchstellen, den so genannten „*Nasenlöchern*", den „Narices del Teide", mächtige schwarze Lavazungen in der Caldera der Cañadas ergossen und darüber hinaus weite Teile im Westen der Insel bedeckten, die wir später noch kennenlernen werden (Abb. 34). Ein ebenfalls noch junger Ausbruch fand statt in den Jahren 1704 und 1705, als der Lavastrom vom Vulkan von Garachico nach Norden zog, weite Teile der Stadt Garachico übergoss, dabei zahllose Menschenleben forderte und mit der Zerstörung des alten Hafens den Niedergang dieser einstmals reichen Handelsstadt einleitete. Ein letzter, kleinerer Ausbruch des El Chinero erfolgte 1909 in Richtung Santiago del Teide.

Solche explosiven Vulkanausbrüche hinterlassen deutliche Spuren: Wenn zähflüssige Lava langsam und ungefährlich einen Vulkanhang hinabfließt, erstarrt sie zu einer ungeordneten Gesteinsmasse, den bizarren Gebilden einer Aa-Lava oder den strickseilartig verknoteten Pahoehoe-Lava-Gebilden. Die vergleichsweise noch junge Lava des Teide zeigt die beiden typischen Erstarrungsformen von Magmaströmen, die Aa-Laven mit rauer, zackiger Oberfläche und die ineinander gedrehten und oftmals schollenartig zerbrochenen Pahoehoe-Ströme (Abb. 35 und Abb. 36). Es ist eine alte Frage, wie die beiden charakteristischen Oberflächenformen von Basaltlaven, nämlich die Aa und Pahoehoe (nach hawai'ianischen

Abb. 34 *„Las Narices del Teide“* mit 200-jähriger Blocklava (Aa-Lava).

Abb. 36 Aa-Lava von 1836 auf Lanzarote; mit *Stereocaulon vesuvianum* als Pionierflechte bewachsen.

Abb. 35 *Pahoehoe*-Lava (Stricklava) bei La Restinga auf El Hierro.

Abb. 37 **Blick von der „*Montaña Blanca*" auf den Kraterrand der „*Cañadas del Teide*". Verschiedene Lavaströme unterschiedlichster Konsistenz bedingen die gelben und dunklen Gesteinsfarben (gelb = Bims / dunkelbraunschwarz = Obsidian).**

Abb. 38 **Die „*Huevos del Teide*" an der Montaña Blanca sind riesige Lavabomben.**

Bezeichnungen erfolgte die Fachterminologie), am plausibelsten zu erklären sind. Nach neuesten Beschreibungen von Hans-Ulrich SCHMINCKE (2000) ist es der SiO_2-Gehalt der Lava, der die Viskosität des Lavastromes und damit seine Temperatur und seine Fließgeschwindigkeit bestimmt. Mit anderen Worten: Die langsam fließende Lava kühlt sich leichter ab und die abgekühlte und daher spröde reagierende Oberfläche eines Lavastromes wird beim Fließen ständig zerbrochen. Man kann es heute noch auf den aktiven Vulkanen von Kilaûea auf Hawaii sehen: Mit abnehmender Temperatur wird die Pahoehoe-Oberflächenstruktur (*Pahoehoe = worauf man mit Füßen laufen kann*) von Aa-Strukturen ersetzt. Die Oberflächen einer rezenten Ausbruchstelle, die von den Lavaströmen nicht bedeckt werden, bezeichnet man international mit dem hawai'ianischen Begriff Kipuka (Abb. 33). Auf den Kanarischen Inseln nennt man sie Islotes (Inselchen) oder Manchas (in Teneriffa und La Palma). Die Kipukas sind einmal für das Überleben von Pflanzen und Tieren während der vulkanischen Aktivitäten, eben als Überdauerungsflächen von großer Bedeutung; zum anderen erfolgt von hier die Neubesiedlung der jüngeren Lavaströme.

Der letztere landschaftsverändernde größere Ausbruch des Teide war die gigantische Eruption der Montaña Blanca (Abb. 37 und Abb. 38), welche nach dem spanischen Vulkanologen Vicente ARAÑA (2000) etwa 200 000 Jahre zurückliegt, als nach einer gewaltigen Explosion des Vulkans ein pyroklastischer Strom mit sicherlich vielen Millionen Kubikmetern vulkanischen Materials sogar Teile des Nordrandes der Cañadas bei Orotava mit in den Ozean riss. Noch heute lässt sich eine Schuttfahne der damaligen Gesteinslawine auf dem Ozeanboden im Norden von Teneriffa

Abb. 39 Morphologie der Insel Teneriffa mit Flankenabbruch im Orotavatal. Der Teide ist über den Erosionsresten von 3 älteren Schildvulkanen gewachsen und hat diese zu der heutigen Insel verschmolzen: das *„Roque del Conde-Massiv“* bei Adeje (ca. 7,5 Mio. Jahre), das *„Teno-Gebirge“* im Nordwesten (ca. 6–7 Mio. Jahre) und die *„Anaga-Halbinsel“* (ca. 4–6 Mio. Jahre) im Osten (verändert nach SCHMINCKE, 2000).

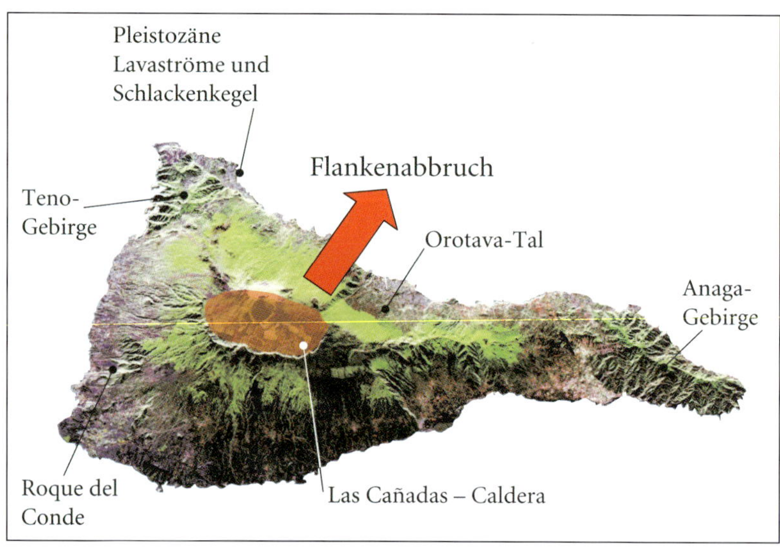

Abb. 40 Unterschiedliche vulkanische Schichtpakete aus verschiedenen Ausbruchsphasen bauen den Teide-Stratovulkan auf, im Bild aufgeschlossen an der „schönsten Kurve“ der Kanarischen Inseln an der Straße am Monte Ayosa auf der Cumbre Dorsal von den Cañadas nach La Laguna. Helle phonolithische Lapilli lagern zwischen dunklen basaltischen Lapilli, welche Eruptionen unterschiedlicher Magmen aus demselben Schlot belegen.

nachweisen (Abb. 39). Das breite Orotava-Tal erhielt damals seine heutige Gestalt.

Der Cañadas-Vulkan des Teide ist über den Erosionsresten von 3 älteren Schildvulkanen gewachsen, die man in Abb. 39 deutlich erkennen kann: das Roque del Conde-Massiv im Südwesten Teneriffas bei Adeje ist etwa 7,5 Mio. Jahre alt, das Teno-Gebirge im Nordwesten ca. 6–7 Mio. Jahre und das Anaga-Gebirge im Osten ist ca. 4–6 Mio. Jahre alt. Während der vulkanischen Phasen im Pleistozän wurde zunächst dünnflüssige Lava im Inneren der neuen Insel angehäuft (ca. 2 Mio. Jahre alt), die während der so genannten Cañadas-Aktivität vor 1–0,6 Mio. Jahren weiter aufgefüllt wurde. Erst jene erzeugten durch gasreiche und zähflüssige Ausbrüche eine wechselnde Schichtfolge aus Ergussgesteinen und Lockermaterial, die einen lavareichen Stratovulkan bildeten (Abb. 40). Die genannten drei alten Sockel der Insel blieben stark erodiert erhalten und besitzen noch heute die ältesten Gesteinsformationen.

Irgendwann gegen Ende dieser aktiven vulkanischen Phasen brach durch heftige Eruptionen und nach Absinken des flüssigen Magmas in größere Tiefen sowie nach gewaltigen Flankenkollapsen die riesige Caldera de Cañadas mit einem Durchmesser von mehr als 17 x 12 km und einem Talniveau von über 2000 m Höhe ein. Geologisch streng gesehen handelt es sich um eine so genannte „Doppelcaldera“ mit zwei „Semicalderen“ auf unterschiedlichen Niveaus zwischen 2000 und 3000 m NN, in der später der Pico del Teide aufgebaut wurde (Rothe 1996). Letzte und holozäne Bildungen sind die etwas exzentrisch in der Caldera gelegenen Hauptgipfel des Pico de Teide und Pico Viejo mit ihren zahlreichen Nebenkegeln (Abb. 34). Deren Gesteinsmassen überfluteten schließlich den Nordrand der Caldera und füllten mit ausgeschleudertem Lockermaterial zusätzlich den Grund auf. Der Südrand der Caldera ist aber nach wie vor deutlich zu erkennen (Abb. 37).

Die Vegetation im zentralen Teil der Insel ist durch die genannten vulkanischen Aktivitäten seit dem Tertiär mehrmals zerstört worden. Das bedeutet zum einen eine frühe und mehrmalige Trennung der Pflanzenareale von der Anaga-Halbinsel und dem Teno-Gebirge sowie vom Roque del Conde, zum anderen erfolgte eine Neubesiedelung des neu gebildeten Teide-Massivs von den Rändern her. Die heute noch nicht von junger Lava bedeckten alten tertiären Gebirgsstöcke stellen damit nicht nur geologische, sondern auch floristische und faunistische Reliktstandorte dar. Dieses Phänomen ist auf Teneriffa einzigartig (vgl. Abb. 33 und 39).

Schichtvulkane haben im Allgemeinen eine Lebensdauer von 10^5 bis 10^7 Jahren; meist sind es so genannte polygenetische, d. h. zusammengesetzte, komplexe Vulkane mit tephritischen, phonolithischen und trachytischen Schichten, wie es uns die Cañadas-Vulkane und der junge Pico del Teide auf Teneriffa sowie der Roque Nublo-Vulkan auf Gran Canaria zeigen. Im Zentralbereich dieser Vulkane herrschen meist intrusive Gesteine vor, deren langsames Abkühlen harte Phonolithe erzeugte: die berühmten

Abb. 41 (links) *„Roques de García“* als markante Felstürme am Fuß des Teide. Diese harten Intrusivgesteine erstrecken sich geradlinig über eine Länge von fast 2 km, und sie teilen die Caldera von Las Cañadas in zwei Semicalderen.

Abb. 42 (links unten) *„Valle de Ucanca“.*

Abb. 43 (rechts) Hydrothermal gebildeter Kaolinit ist blau-grün gefärbt und belegt die Geothermie des Teidevulkans (*„Los Azulejos“*, Cañadas).

Roques de García auf Teneriffa bezeugen solche alten vulkanischen Erstarrungsformen (Abb. 41). Sie gliedern innerhalb der Caldera die genannte gigantische und alte Depression als „Semicaldera“ ab, welche sich im Winter auffällig mit Schneewasser füllt, sogar an einigen wenigen Tagen kurz wasserbedeckt sein kann und als „Valle de Ucanca“ deutlich in Erscheinung tritt (Abb. 42). Es ist eine urtümlich wirkende und chaotisch anmutende Vulkanlandschaft mit großen Mengen unterschiedlichster Vulkanite, Laven und Bimssteinen, auffällig großen Mengen an Obsidianen und zahlreichen Zeugen eines ruhenden, rezenten Vulkanismus, wie die erwähnte Fumarolen-Tätigkeit am Gipfel mit Bodentemperaturen von 80–85 °C. Hydrothermal gebildeter Kaolinit bezeugt dieses Phänomen zusätzlich auffällig und einzigartig an den Parkplätzen im Bereich der Roques de García im Zentrum der Cañadas im Parque Nacional del Teide (Abb. 43).

Auch die anderen Inseln im Archipel zeigen nahezu alle Formen des verschieden alten Vulkanismus mit entsprechenden Strukturen und Geländeformationen. Wir werden das bei der Besprechung der jeweiligen Inseln (S. 220ff.) individuell ausführen.

Warum sind die Kanarischen Inseln etwas Besonderes?

Zahlreiche Überraschungen warten auf die Kanaren-Reisenden, die ihre Ferien nicht nur am Strand oder in den Hotelanlagen verbringen: einzigartige Landschaften mit einzigartiger Flora und Fauna sehen die Entdeckungsreisenden. Kein Geringerer als der Begründer der wissenschaftlichen Vegetationsgeographie ALEXANDER VON HUMBOLDT, der im Jahre 1799 die Insel Teneriffa im Rahmen seiner großen Südamerika-Expedition besuchte, beschrieb euphorisch seine ersten geologischen und botanischen Erkenntnisse, die er bei der Besteigung des Teide

Abb. 44 **Alexander von Humboldt (1769-1859).**

zusammen mit seinem Begleiter Aimé Bonpland vom 21.-23. Juni 1799 gewinnen konnte (Abb. 44 sowie Humboldt 1814). Der damals 29-jährige Humboldt schreibt in sein Tagebuch: „*dass er sich nicht sattsehen konnte an den harmonischen Gemälden von Felsnasen und Grün*". So analysierte er Höhenstufe um Höhenstufe, als handele es sich um die Stockwerke eines Hauses, und Humboldt schildert so als erster das Wachstum in den verschiedenen Vegetationszonen der Insel und entwirft somit die erste Vegetationsskizze, die zum Querschnitt der Insel wird. Darauf kommen wir später zurück. „*Man lernt die Physiognomie einer Landschaft umso besser kennen, je genauer man die individuellen Züge heraushebt, sie miteinander vergleicht und so auf diesem Wege der Analyse den Quellen der Genüsse nachgeht, die uns das große Gemälde der Natur bietet*", schreibt er und erfasst damit den Kern aller Landschaftsanalysen bis in die heutige Zeit hinein. Er fährt fort: „*Die Besteigung des Vulkans von Teneriffa ist nicht nur dadurch anziehend, dass sie uns so reichen Stoff für wissenschaftliche Forschung liefert; sie ist es noch weit mehr dadurch, dass sie dem, der Sinn hat für die Größe der Natur, eine Fülle malerischer Reize bietet*". Eine Vulkanbesteigung von der Montaña Blanca aus an den „Huevos del Teide" (Abb. 38) vorbei, durch die Lavaflächen bis zur Eishöhle, wo auch im Juni noch Schnee liegt, weiter über den ersten Kraterrand, „La Rambleta", schließlich hinauf zur Spitze des Kegels ist für geübte Bergsteiger noch heute ein wunderbares Erlebnis. Die Besteigung des Vulkans mit der Gondel ist ebenfalls möglich und erlaubt vor allem im Winter den großartigen Blick über den gesamten Archipel. „*Ungern scheiden wir von diesem einsamen Ort, wo sich die Natur in ihrer ganzen Großartigkeit auftut*", schrieb Humboldt in der Rückschau auf seine Reise – auch dieser Satz hat noch immer seine uneingeschränkte Gültigkeit.

An manchen Stränden und vor allem abseits der Küsten entfalten die Kanarischen Inseln immer wieder ihren ganzen Charme, und es wird im Vergleich sehr deutlich: sie sind allesamt sehr verschieden und haben unterschiedliche Charaktere, bedingt durch das verschiedene geologische Alter und vor allem durch klimatische Gegensätze. Die östlichen Purpurarien besitzen nur geringe Erhebungen, wie das bereits in der Abb. 1 deutlich wird. Die Passatwolkendecke bleibt jedoch auch hier manchmal tagelang an den höchsten alten Vulkanspitzen hängen (Famara auf Lanzarote, Riscos de Jandía auf Fuerteventura) und hüllt dann die Berge in einen feuchten Nebel (Abb. 1). Im Ganzen liegen diese Inseln aber „*unter der Passatwolkenzone*", bekommen deshalb nur episodische Niederschläge und besitzen größtenteils ein wüstenhaftes Klima – wie es in der benachbarten Sahara vorherrscht. Die westlichen Inseln geraten durch höher aufragende Gebirge in den Einflussbereich des Passatklimas und erlangen vor allem an ihren Nordseiten höhere Niederschläge als auf den Südseiten der Inseln. Auch diese Landschaften unterscheiden sich deshalb dramatisch: Nebeldurchzogene Lorbeer- und Kiefernwälder auf den Nordseiten der Inseln stehen im Kontrast zu wüstenhaften Landschaften auf den Südflanken. Bei einer Inselüberquerung von El Hierro, La Palma, Teneriffa, Gran Canaria und La Gomera kann man unter Hinzuziehung der Gebirgsstufung jeweils regelrecht „ganze Kontinente" in kürzester Zeit durchfahren: von kälteangepassten Ökosystemen in den Hochlagen, mediterran anmutenden immergrünen Nadelholzformationen mit Kanarischem Wacholder und Kanarenkiefer, immergrünen Nebelwäldern mit Farnen und Lorbeerbäumen bis hin zu Halbwüsten mit Sukkulentenvegetation und wüstenähnlichen Mondlandschaften aus Sand und nackter Lava. Wir wollen diese Eigenheiten nachfolgend für jede Insel vorstellen und ihre jeweiligen Besonderheiten hervorheben. Grundlegend ist jedoch, dass die Kanaren als das erwähnte „Galápagos der Pflanzenwelt" enorm artenreich und insgesamt ungemein spannend für Botaniker und Evolutionstheoretiker seit Alexander von Humboldt berühmt geworden sind. So zählt die Pflanzenwelt der Kanaren wegen der isolierten Lage im Atlantik und wegen des Alters des vulkanischen Archipels zu den vielfältigsten und spektakulärsten der Erde. Auf engem Raum vereint die Inselgruppe obendrein verschiedene Ökosysteme und Klimazonen, die woanders halbe Kontinente auseinanderliegen, und das macht ihren besonderen Reiz aus. Charles Darwin schilderte den Prozess der Artbildung unter anderem am Beispiel der Finken auf den Galápagos-Inseln. Er hat seinerzeit tagelang darauf gewartet, die Insel Teneriffa zu besichtigen, als ihr Schiff, die Beagle, damals mehr als zwei Wochen wegen einer Cholera-Epidemie vor den Inseln in Quarantäne vor Anker lag und dann ergebnislos nach Südamerika weiter segelte. Charles Darwin hat den Pik des Teide gesehen; hätte er seinerzeit die Kanarenfinken zu Gesicht bekommen, hätte er wahrscheinlich die Artbildungsprozesse auch hier erkannt, und die adaptive Radiation würde mit den Paradebeispielen der Evolutionsforschung nicht nur die Darwin-Finken, sondern auch Darwin-Margeriten oder Darwin-Aeonien kennen. Allein 34 *Aeonium*-Spezies haben sich beispielsweise aus einer einzigen Art gebildet, die vor 2 bis 3 Mio. Jahren auf dem Archipel gestrandet ist. Sie sind heute über alle Inseln verteilt und auf komplizierte Weise miteinander verwandt – auch dieses wichtige Phänomen zur Erklärung der Artbildung und der natürlichen Biodiversität wollen wir in diesem Buch an mehreren Stellen kennenlernen.

Über die wissenschaftliche Erforschung der Kanarischen Inseln gibt es eine große Fülle an Literatur. Eine neuere Zusammenstellung der Bedeutung der geologischen, klimatischen und vegetationskundlichen Erfassung seit dem 18. Jahrhundert hat jüngst Wolfredo WILDPRET DE LA TORRE in ESQUIVEL et al. (1999) zusammengestellt. So wollen wir hier nur einige wenige, aber bedeutsame Namen anführen, die neues und grundlegendes Wissen über die Kanaren zusammengetragen haben: zunächst den tinerfensischen Adligen José DE VIERA Y CLAVIJO (1731–1813) aus Los Realos, der als erster umfassend die damals bekannten Pflanzen, Tiere und Mineralien beschreibt. Sein Hauptwerk wurde 1866, 50 Jahre nach seinem Tod veröffentlicht. Dann Jean Baptist BORIS DE SAINT VICENT, der 1802 nach Teneriffa kam und schon ein Jahr später einen umfassenden Naturführer der Kanaren (1803) in Paris veröffentlichte. Leopold v. BUCH (1774–1853), ein Freund HUMBOLDTS, legte als erster eine umfassende geologische Beschreibung und eine präzise Beschreibung der Vegetationszonen von Teneriffa vor (1825). Auch dessen Zeitgenosse, der norwegische Botaniker Christen SMITH (1785–1816) ist hier zu erwähnen, er hat als erster die Bedeutung der Kanarenkiefer erkannt; beide sind nomenklatorisch auch mit diesem Baum verbunden: *Pinus canariensis* C. Sm. ex DC in Buch.

Der Durchbruch in der Erkenntnis der Kanarenflora erfolgte aber durch den bereits genannten englischen Botaniker Philip Barker WEBB (1793–1854), der zusammen mit Sabin BERTHELOT (1794–1886) eine umfangreiche Naturgeschichte der Kanaren verfasste (1835–1850) und rund 1000 neue Arten auf Pflanzentafeln beschrieben hat. Seither sind viele grundlegende Arbeiten über den Archipel verfasst worden, von denen vor allem die Bücher von HOOKER (1866), ENGLER (1879), CHRIST (1885), BOLLE (1893), BORNMÜLLER (1904), SCHENCK (1907), PITARD & PROUST (1908), RIKLI (1912), LINDINGER (1926), BURCHARD (1929), CEBALLOS & ORTUÑO (1951, 1976), LID (1967), SVENTENIUS (1968), SUNDING (1972), VOGGENREITER (1974), SANTOS (1983), HANSEN & SUNDING (1985), GONZÁLEZ HENRIQUEZ et al. (1986), DEL ARCO-AQUILAR (1989 ff), BRAMWELL, D. & Z.(1987, 1990ff), GARCÍA RODRÍGUEZ (1990), PÉREZ DE PAZ (1990,1999), KUNKEL (1991, 1992, 1993), RIVAS MARTÍNEZ et al. (1993), LÜPNITZ (1995, 2000), WILDPRET DE LA TORRE et al. (1996, 1997ff), I. & P. SCHÖNFELDER (1997), BELTRAN et al. (1999), OSHAWA et al. (1999) sowie ESQUIVEL et al. (1999) genannt sein sollen.

Vielen Interessierten ist ferner nur bekannt, dass eine Reihe unserer wertvollen Zierpflanzen, so die Margeriten und die Cinerarien, ihren Ursprung in der Kanarenflora besitzen; die besonderen Eigenheiten der Kanarischen Pflanzenwelt sind jedoch nur wenigen Eingeweihten wirklich geläufig, denn die Inselwelt beherbergt wie kaum ein anderes Gebiet dieser Erde auf kleinster Fläche soviel unterschiedliche Lebensräume mit einer reichen Pflanzenwelt.

Vor der Haustür der Sahara

Die Ansiedlungsmechanismen auf den Inseln für alle Lebewesen sind bisher weitgehend rätselhaft. Hierzu gibt es zwar eine Reihe von Theorien, die z. T. recht einleuchtend erscheinen, aber andererseits auch etliche Fragen offenlassen. Grundsätzlich ist die Besiedlung eines Archipels als historischer Prozess zu betrachten, der bis heute anhält und seit der Einwanderung von Pflanzen auch in sich immer wieder starken Wandlungen unterworfen bleibt. Wie dargelegt, begann die Inselentstehung am Ende des Tertiärs, im Miozän, als auf den heutigen Breitengraden der Kanarischen Inseln noch immergrüne, den heutigen tropischen Regenwäldern ähnliche Vegetationsformationen zu Hause waren. Zeitgleich setzte die Kolonisierung durch erste Organismen ein. Zunächst sorgte fortwährender Vulkanismus für laufende Veränderungen der Inselstrukturen, verbunden mit einem ständigen Wechsel der Lebensräume. Ferner hat sich im Verlaufe der Kontinentalverschiebung die Lage der Landmassen zueinander umorientiert: Afrika bewegte sich von Süden nach Norden, der Atlantik war damals noch nicht so breit wie heute (SLATER & TAPSCOTT 1979). Seinerzeit bestand auch noch die **Tethys**: Dies ist eine vom Paläozoikum bis in das Alttertiär nachweisbare breite Meereszone mit Wasserverbindungen vom Atlantik bis nach Südostasien, was für die Erklärung der heutigen Verbreitung zahlreicher altertümlich anmutender Pflanzen, den so genannten **Paläoendemiten**, absolut notwendig ist. Insgesamt lagen derzeit die Inseln näher am damaligen Äquator, als das heute vergleichsweise der Fall ist. Daraus leitete bereits ENGLER (1879) die Vermutung ab, dass die Kanaren einen seit dem Mittleren Tertiär, dem Miozän, reliktischen tropischen Pflanzenwuchs beherbergten. Den Beweis erbrachte SCHMINCKE (1968) durch Fossilfunde, wonach vermutlich im mittleren Pliozän auf Gran Canaria sogar bis in die Berglagen hinein eine stark tropisch geprägte Vegetation mit zahlreichen Lorbeerwaldelementen existierte. Im damaligen Umfeld der Tethys herrschte seinerzeit ebenfalls ein wärmeres und feuchteres Klima bei nur schwach ausgeprägten Jahreszeiten, wie es der Paläoklimatologe H. H. LAMB (1961) feststellen konnte. Damals dominierten auch hier subtropische Wälder, die den heutigen Lorbeerwäldern der Kanaren sehr ähnlich gewesen sein müssen. Durch zahlreiche Fossilfunde aus den unterschiedlichsten Gegenden bis hinein nach Mitteleuropa gilt deren frühere Existenz mittlerweile als gesichert (Abb. 45). Die ausgedehnten Wälder am Südrand der Tethys werden als wichtige Bindeglieder zum südostasiatischen Raum gesehen und machen die heutige Präsenz zahlreicher auch in jener Gegend verbreiteter Lorbeerwaldsippen verständlich.

Seit dem Miozän erfolgte eine kontinuierliche Veränderung der Land- und Seemassen. Durch die Nordwärtsbewegung des afrikanischen Kontinentes wurde die Tethys eingeengt, die Alpen falteten sich auf und – sozusagen als Rest der Tethys – entstand das Mittelmeer. Im Pliozän (10 bis 1 Mio. Jahre vor heute, Tafel 1) waren die heutigen Konturen des Medi-

Abb. 45 Fossile Funde von heutigen kanarischen Lorbeerwaldelementen aus dem Tertiär im Umfeld der damaligen Tethys (verändert nach D. & Z. BRAMWELL, 1993).

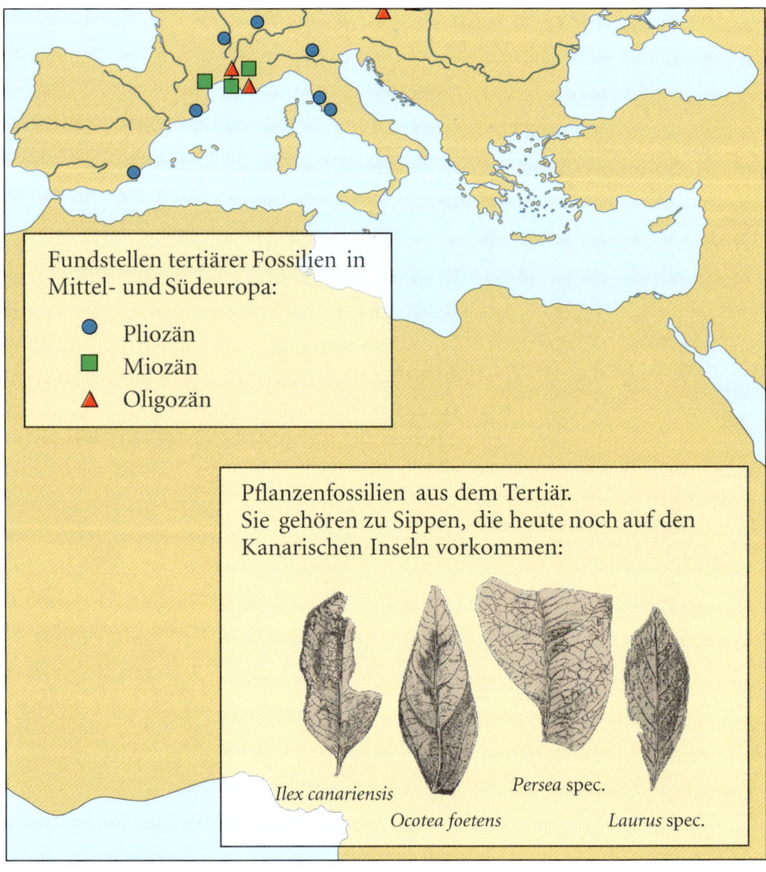

Abb. 46 Der meterhohe Farn *Woodwardia radicans* bildet überhängende, ledrige Wedel, die älteren oft mit Brutknospen an den Spitzen, aus denen bei Bodenkontakt vegetativ Jungpflanzen entstehen können. Er bildet an luftfeuchten Lagen im Lorbeerwald einen dichten Unterwuchs und verleiht diesen Wäldern einen subtropisch-üppigen Aspekt. Er wächst auf den Kanaren, auf Madeira, den Azoren und vereinzelt noch reliktisch u. a. auf der Iberischen Halbinsel, in Korsika, Sizilien und in Algerien und bezeugt somit das tertiäre Areal im Umfeld der damaligen Tethys.

terranraumes schon deutlich erkennbar. Grundsätzlich kann man anmerken, dass während der Epoche des Tertiärs die Flora der Kanarischen Inseln viele Ähnlichkeiten mit den ostasiatischen und mittelamerikanischen Territorien aufwies. Während der „Messinianischen Periode“ im Miozän etwa 5,8–5,4 Mio. Jahre vor heute gab es beispielsweise eine Absenkung des damaligen Mittelmeer-Meeresspiegels als Folge beispielsweise einer Unterbrechung der Gibraltar-Verbindung mit dem Atlantischen Ozean, die offenbar tektonisch bedingt war. Daraus resultierte damals die so genannte „Messinianische Salinitätskrise“ mit einer Reduktion der Wassermassen des Mittelmeeres, welches in dieser Zeit aus einem System von Salzseen bestand mit entsprechenden freigelegenen Landmassen und Landbrücken, die für den

Abb. 47 **Lorbeerwald als tertiäre subtropische Reliktvegetation. Um die kanarischen Lorbeerwälder von anderen subtropischen *Laurisilva*-Typen abzugrenzen, wird hierfür auch der Begriff „Monteverde" benutzt (Blick vom „*Pico de Ingles*" im Anaga-Gebirge auf den Teide).**

ehemaligen Floren- und Faunenaustausch von großer Bedeutung waren. Die verstärkte Verdunstung in dieser Zeit führte zum Anwachsen der Gletscher auf den Polen und in den Hochgebirgen – ein erster Hinweis auf den Beginn der nachfolgenden Eiszeiten.

Die Inseln im Atlantik waren damals in ihren Berglagen von subtropischen Regenwäldern bedeckt; die einzigen Relikte und die heutigen großen Farne (z.B. *Woodwardia radicans*, *Culcita macrocarpa*, Abb. 46) zeigen das. Weniger optimale Standorte waren von immergrünen Wäldern mit Bäumen u.a. der Gattungen *Laurus*, *Ocotea*, *Apollonias* und *Persea* bedeckt. Die Montanstufe war schon damals den Koniferenwäldern mit *Pinus canariensis* vorbehalten, so wie wir es noch heute im Höhenvegetationskomplex auf Teneriffa sehen (Abb. 47).

Nachfolgend kühlte das Klima allmählich ab, was zu einer Einengung des damaligen Waldareals führte. Mit dem Beginn des Pleistozäns schließlich, vor etwa 1 Mio. Jahren, erfolgte konsekutiv eine weltweite Absenkung des Meeresspiegels mit entsprechenden Auswirkungen der ersten Eiszeiten auf die Kanaren. Mit den Eiszeiten verbunden waren

Abb. 48 Areal von *Adiantum reniforme* L. (nach KUNKEL, 1976).

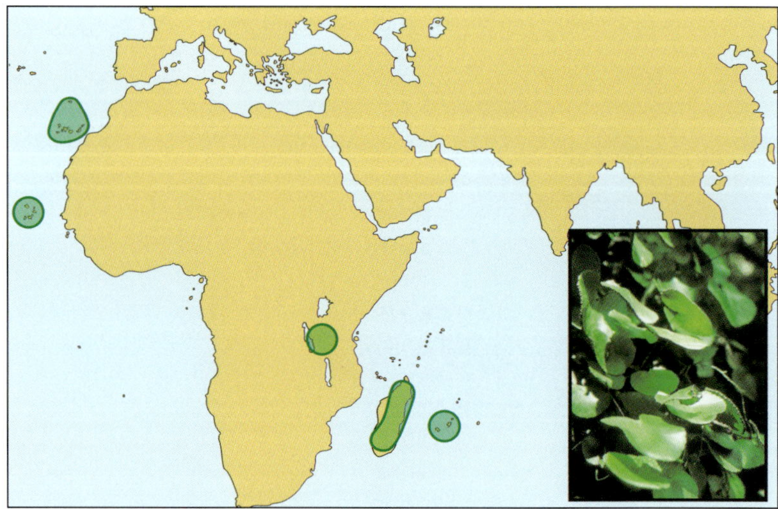

erhebliche allgemeine Abkühlungsphasen sowie die stärkere Ausprägung von Jahreszeiten. Dies bewirkte in der gesamten Region nachhaltige Vegetationsveränderungen. Für die subtropischen Wälder wurde es im damaligen Norden des vergangenen Südeuropas zu kalt und am Rande der Wüsten im damaligen Süden zu trocken.

Die dem afrikanischen Festland vorgelagerten atlantischen Inseln waren allerdings in jener Zeit offenbar durch die Eiszeiten nicht ganz so stark betroffen wie das benachbarte afrikanische Festland mit seinen bekannten starken Verschiebungen der Vegetationszonen von Norden nach Süden, wo es die bekannten Refugialgebiete für die Waldbäume gab. Das feuchtere, subtropische Klima kühlte dank der ausgleichenden ozeanischen Wirkung auch nur geringfügig ab, blieb insgesamt aber warm und ausgewogen, wurde jedoch trockener. Lediglich auf Madeira und den

Abb. 49 Typen der Diasporenverbreitung.

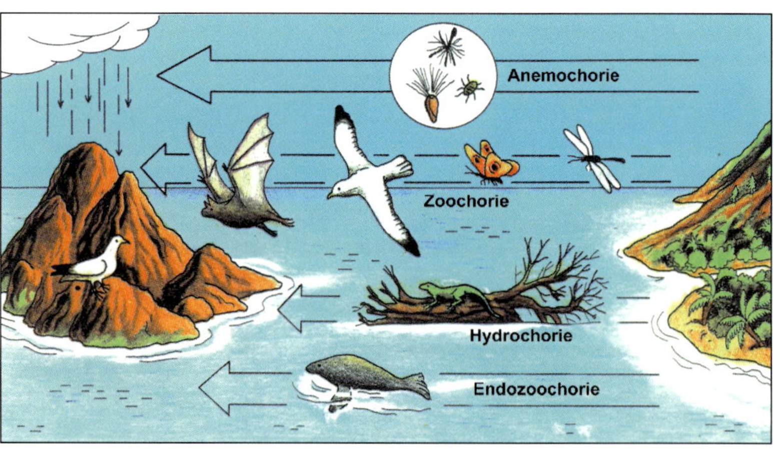

passatbeeinflussten luvseitigen Berglagen der Kanaren konnten die klimatischen Gegebenheiten den Bedürfnissen eines Lorbeerwaldes insgesamt noch entsprechen. Deshalb hat dieser Wald gerade hier als tertiärer subtropischer **Reliktvegetationstyp** überdauert. Die ehemaligen Verbreitungsgebiete der Pflanzen wurden also zerrissen, und ihr Fortbestehen war nur noch an wenigen Zufluchtstätten möglich. Es bildeten sich die heute weiträumig zersplitterten, so genannten **disjunkten Pflanzenareale** aus damals offenbar zusammenhängenden Wuchsgebieten heraus, z.B. bei der pantropisch verbreiteten Familie der *Theaceae* mit der Gattung *Visnea* (Abb. 6), der südostasiatisch-kanarisch disjunkten Baumgattung *Apollonias* (Abb. 7), der auf Nordafrika beschränkten Gattung *Dracaena* (Abb. 9) sowie dem ehemals panafrikanisch-madegassisch verbreiteten tropischen Farn *Adiantum reniforme* (Abb. 48). Bei Beachtung aller bekannten Fakten über die Flora der Kanaren ist es jedoch nach Angaben von Dieter LÜPNITZ (1995a) sowie Wolfredo WILDPRET & Victoria Eugenia MARTIN-OSORIO (2000) bis heute kaum möglich, die vergangene Besiedlung der Inseln allgemeingültig zu charakterisieren, da fast alle diesbezüglichen und bisher erworbenen Kenntnisse unvollständig sind. Deshalb kann hier nur ein globaler, mehr hypothetischer Überblick versucht werden. Für die ursprüngliche Besiedlung kommen normalerweise mehrere Möglichkeiten in Betracht:

- die Einwanderung über Landbrücken und Trittsteine,
- eine passive Verbreitung, bei der Diasporen durch Meeresströmungen (Hydrochorie, Abb. 49), Wind (Anemochorie), Treibgut oder Vögel (Zoochorie) auf die Inseln gelangt sein könnten,
- und die anthropogene Ansiedlung in historischer Zeit.

Auf die vorzügliche Beschreibung der Flora und Vegetation der Kanarischen Inseln unseres Freundes Dieter LÜPNITZ (1995a) wollen wir nachfolgend an vielen Stellen zurückgreifen. Es ist weithin bekannt, dass die Kanaren eine Reihe biogeographischer Beziehungen zu verschiedenen, weit voneinander entfernt liegenden Erdgegenden von Asien bis nach Mittel- und Südamerika besitzen. Deshalb stellen sich hier die grundlegenden Fragen, wo die pflanzlichen Organismen herkommen, auf welche Art und Weise sie die Inseln erreichten und wie sie sich seit der Kolonisierung weiterentwickelten. Hier auf den Kanaren, in den feuchten, warmen Breiten, wo extreme Klimagegensätze so unterschiedliche Lebensräume zur Folge haben, hat die Evolution eine unglaubliche Vielfalt an Pflanzen und verschiedenen Pflanzengesellschaften hervorgebracht. Diese **Biodiversität** ist zum einen verständlich durch die konservierende Wirkung des über Jahrtausende relativ stabilen Klimas in diesen Breitengraden inmitten des Atlantischen Ozeans; des Weiteren durch die Vielfalt unterschiedlichster Lebensräume in extremen Höhen- und entsprechenden Klimaunterschieden, welche jeweils eine Vielzahl neuer Pflanzenformen zu Tage fördern konnte. Dazu kommt die ständige Neubildung von vulkanischen Gesteinen und damit die Schaffung immer neuer Standorte. Wahrscheinlich bewirkt auch die äquatornahe Lage mit ihren höheren Temperaturen und starken UV-Einstrahlungen höhere Mutationsraten, also Veränderungen im Erbgut der Pflanzen. Schneller Stoffumsatz in wärmeren Klimaregionen beschleunigt außerdem auch das Tempo der Auf- und Abbauprozesse in Ökosystemen, wirkt also beschleunigend auf Prozesse der Selektion. So konnten sich bei dem nachgewiesenen hohen Alter der kanarischen Lebensräume zahlreiche räumlich und funktional unterschiedlich angepasste Vegetationstypen mit hoher Biodiversität entwickeln.

Unter Berücksichtigung der unterschiedlichsten Theorien zur Entstehungsgeschichte der Kanarischen Inseln scheinen kurzfristige, bessere Austauschmöglichkeiten zum Festland über heute unter dem Meeresspiegel liegende Inseln oder Schelfbereiche, welche die Besiedlung erleichterten, als während der pleistozänen Vereisungsphasen der Meeresspiegel weltweit abgesunken war und über die ein Zuzug von Organismen erfolgt sein könnte, nicht auszuschließen zu sein. Dafür spricht auch die Tatsache, dass während der Kältezeiten die Landmassen größer waren. So lag beispielsweise durch die Eiskappenbildung an den Polen der Meeresspiegel während der Eiszeiten um etwa 130 m niedriger als heute. Solche Klimaveränderungen haben sich mit unterschiedlichen Folgen weltweit abgespielt. W. Takhtajan (1969) zieht wie auch wir für die Kanaren die Möglichkeit einer entsprechenden Entwicklung in Erwägung (vgl. auch Haeupler 1998, Nezadal et al. 1999 u. Hobohm 2000), wie es generell auch Mac Arthur & Wilson (1967) postulieren. Dafür spricht nach Evers (1964, 1966) sowie Evers et al. (1970, 1973) der hohe Endemitenanteil, der durch eine passive Einwanderung nicht erklärbar wäre; eine Auffassung, die auch von Bramwell (1972, 1976), Lüpnitz (1995b) sowie Médal & Quézel (1999) geteilt wird. Fauna und Flora sind darüber hinaus innerhalb der einzelnen Vegetationszonen in sich so geschlossen, dass sie sich nicht aus Zufallselementen entwickelt haben können. Auch das Vorhandensein zahlreicher Insel- und Lokalendemiten spricht gegen eine passive Verbreitung. Danach liegt die Vermutung nahe, dass alle betroffenen Sippen aus einer gemeinsamen Flora hervorgegangen sind und sich später an voneinander abgetrennten Wuchsräumen nach den oben genannten Kriterien weiterentwickelt haben. Wegen der Isolation seit der Inselentstehung und des nacheiszeitlichen Meeresspiegelanstiegs wurden die hierher gelangten und nun auf den jeweiligen Inseln ansässigen Populationen aufgesplittert, und es kam zu einer Unterbrechung des freien Genaustausches. Ferner wurden durch fortgesetzte vulkanische Tätigkeiten immer wieder neue Habitate geschaffen, die für eine beschleunigte Artbildung sorgten.

Global betrachtet sind solche Inselkolonisierungen jedoch nicht immer identisch abgelaufen. So postuliert beispielsweise Carlquist (1974) für den Hawai'i-Archipel einen anderen Besiedlungs- und Entwicklungsmodus: Er glaubt, dass die Einwanderung auf dieser Inselgruppe passiv verlaufen sei und zunächst durch krautige Formen erfolgte. Diese verholzten erst später an dafür geeigneten ökologischen Nischen. Auch dieses Phänomen tritt in der Kanarenflora recht häufig auf bei den Gattungen *Argyranthemum*, *Echium*, *Isoplexis* und *Ixanthus*. Kornelius LEMS (1960) nimmt sogar für die Kanaren eine damalige Verbreitung über das Wasser an, eine Vermutung, die man wegen der geringen Entfernung zum afrikanischen Festland grundsätzlich für gewisse phylogenetisch jüngere Taxa auch nicht ausschließen sollte, wie es auch die Abb. 49 verdeutlichen will.

Das Wasser, das aus dem Nebel kommt

Rechte Seite: **Die Passatwolke brandet an die bizarren Felsen des Anaga-Gebirges auf Teneriffa.**

Der Einfluss klimatischer Faktoren ist für alle Lebensräume der Kanaren fundamental. Von entscheidender Bedeutung sind sowohl die Insellage, die trotz des relativ kalten Kanarenstromes, der zwischen den östlichen Inseln und der afrikanischen Küste fließt, ganzjährlich ein mildes, ausgeglichenes Klima bedingt. Verantwortlich für alles ist der Passat, der hier als Nordost-Passat weht (Abb. 50). Rund um die Erde heizt die Äquatorsonne die Tropenluft auf, diese steigt auf und wird vom Äquator nach Norden und Süden hin zu den Wendekreisen abgeführt. Etwa um den 30. Breitengrad jedoch kühlt die Tropenluft ab, sinkt zu Boden und kehrt zum Äquator zurück. In der Höhe ist sie eine warme, trockene Strömung, sie sättigt sich unterhalb von 1500 m mit der Feuchtigkeit der Ozeane und kühlt dabei stetig ab. Auf den hohen westlichen Kanarischen Inseln stößt der Passat an den Gebirgsrücken wie gegen einen Wall. Seine trockene Höhenluft sorgt für Sonnenschein um die Gipfel, die feuchte Unterströmung steigt auf, bildet Wolken, die sich zusammenziehen und regelmäßig die Berge verhüllen. Es ist vor allem der Nordost-Passat, der im Zusammenwirken mit der topographischen Struktur der westlichen hohen Inseln ausgeprägte Luv-Lee-Bedingungen schafft. Daneben kommen trocken-heiße Luftmassen aus dem Bereich der Sahara und Zyklone aus nördlichen Breiten als weitere Faktoren in Betracht. Zum besseren Verständnis der klimatischen Situation auf den Kanaren sollen zunächst die häufigsten Wetterlagen beschrieben werden:

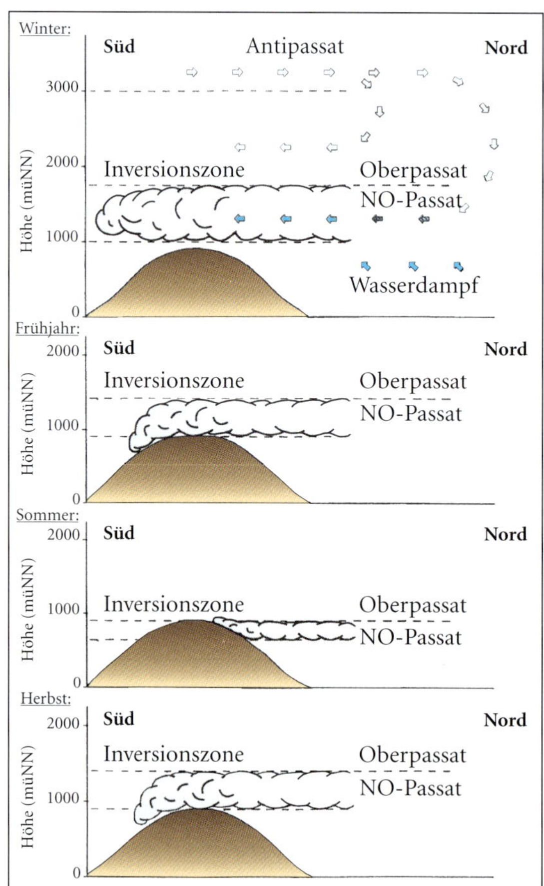

Abb. 50 **Jahresgang des NO-Passats auf den Kanarischen Inseln.**

Der **Nordost-Passat** ist als Komponente eines atmosphärischen Zirkulationssystems die beschriebene Luftmassenbewegung von den subtropischen Hochdruckgebieten zur äquatorialen Tiefdruckrinne. Über die jeweilige Wettersituation auf den Kanaren entscheiden insbesondere die Lage und die Intensität der Azoren-Hochs, von denen normalerweise ein moderat wehender Passatwind aus nordöstlicher Richtung weht. Dieser beherrscht im Sommer zu über 90 %, im Winter zu 50 bis 70 % das Wettergeschehen auf den Inseln (Kämmer 1974, Fernandopullé 1976).

Wichtigstes Merkmal solcher Passatwetterlagen („**Régimen de los alisios**") ist die Gliederung der Troposphäre in zwei durch eine Diskontinuität klar voneinander getrennte

Abb. 51 **Blick auf das Wolkenmeer bei starker Passatwetterlage mit herausragendem Pico del Teide.**

Schichten (Abb. 50): Die Luft der unteren Schicht steht auf ihrem Weg von der subtropischen Hochdruckzone zum Kanarischen Archipel in stetem Kontakt mit der Meeresoberfläche, wodurch sie verstärkt mit Feuchtigkeit angereichert wird. Durch die vor der nordwest-afrikanischen Küste aufquellenden Wassermassen des kühlen Kanarenstroms liegen die Oberflächentemperaturen des Atlantiks hier auf einem gleichmäßig niedrigen Temperaturniveau (Februar: 17–18 °C, August: 23 °C), was zusätzlich zu einer Abkühlung der unteren Luftschicht führt. Der resultierende kühl-feuchte Wind ist der Nordost-Passat.

Im Gegensatz zum Nordost-Passat haben die Luftmassen des darüberliegenden Oberpassats keine Möglichkeit, zusätzlichen Wasserdampf aufzunehmen, und zeichnen sich durch ihre sehr niedrige Luftfeuchtigkeit sowie durch 5 bis 10 °C höhere Temperaturen aus, ein Phänomen, das als **thermische Inversion** bezeichnet wird.

Das Wolkenmeer

Die Kanarischen Inseln stellen also Hindernisse für die anströmenden Luftmassen der unteren Passatschicht dar, die infolgedessen zum Aufsteigen gezwungen werden und sich dabei abkühlen. Mit sinkendem Luftdruck kommt es zusätzlich zu einem Anstieg der relativen Luftfeuchte. Schließlich wird in Höhenlagen ab 500 bis 600 m über NN der allgemeine Taupunkt erreicht, und es bilden sich Stratocumuluswolken, wobei es in der Regel aber nicht zu

Regenfällen kommt (Marzól et al. 1996). Die thermische Inversion zwischen den beiden Passatschichten verhindert das weitere Aufsteigen kühl-feuchter Luft. Die auf diesem Höhenniveau entstehenden Wolken werden also gestaut und bilden ein einheitliches **Wolkenmeer** (Abb. 51), dessen Obergrenze im Winter einige hundert Meter höher liegt als in den Sommermonaten (mittlere Höhe im Dezember: ca. 1700 m über NN, mittlere Höhe im August: ca. 1200 m über NN, nach Höllermann 1982). Im Tagesverlauf ist die Bewölkung bei Passat in den Morgenstunden am geringsten, da ablandige Winde für eine Auflösung der Wolkenbänke sorgen, und in der Mittagszeit am größten, da Seewinde die Wolken verstärkt gegen die Gebirge schieben.

Das so genannte Wolkenmeer kann vor allem an den Nordabdachungen der zentralen und westlichen Inseln beobachtet werden, während Lanzarote und Fuerteventura durch ihr niedriges Relief nur gelegentlich vom Nordost-Passat profitieren. Sehr hohen Inselteilen, wie z. B. dem Zentralmassiv Teneriffas, liegen die Passatwolken nur an, während niedrige Gebirgskämme, etwa im Anaga- und Teno-Gebirge, fast ganzjährig von den Wolken überzogen werden (Abb. 52). Dabei treten in den Gratlagen Nebelniederschlag und über den Südflanken Fallwinde auf, deren Auswirkungen nachfolgend näher erläutert werden.

Auf den Inseln, deren Gebirgskämme nicht über die thermische Inversionsschicht hinausreichen, werden die Wolkenbänke des NO-Passats von den vorherrschenden Winden über die Gipfel gedrückt. Nachdem diese bereits beim Aufsteigen an der Luvseite einen Teil ihrer Feuchtigkeit durch Kondensation verloren haben, sinken Luftmassen nach Überquerung des Gebirgskammes wieder ab und erwärmen sich infolge der erhöhten Sonneneinstrahlung (González Henríquez et al. 1986). Gleichzeitig findet lokal oder regional zwischen dem hohen Luftdruck über einem Gebirgskamm und dem entsprechend tiefen Luftdruck in der Warmluftzone über Südabdachungen der Gebirge ein Temperaturausgleich statt, wodurch böige Fallwinde erzeugt werden. Erwärmung und Absinken des Luftdruckes führen also dazu, dass sowohl die relative

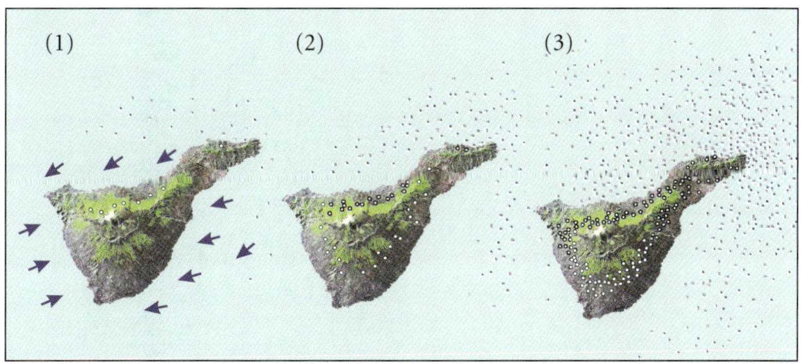

Abb. 52 **Winde (Pfeile) und Wolkenverteilung (Punkte) an Sommertagen bei schwacher (1), normaler (2) und starker (3) Passatwetterlage auf der Insel Teneriffa (nach Kämmer, 1974). Ähnliche Phänomene gelten für die anderen westlichen Inseln.**

Abb. 53 **Föhnmauer der Passatwolke am „*Roque Nublo*"-Massiv auf Gran Canaria. Vor der Wolkenkaskade heben sich die Felsgrate des „*Barranco de Tejeda*" und die Felsgrate des „*El Fraile*" (rechts) deutlich ab.**

Abb. 54 **Wolken auf beiden Seiten der Insel Teneriffa in der Kiefernwaldregion der „*Cumbre Dorsal*".**

als auch die absolute Luftfeuchtigkeit abnehmen und sich die typische Luvwolke entlang einer verhältnismäßig stabilen Grenze auflöst. Franco Kämmer (1974) schildert das Phänomen sehr anschaulich: „*Besonders im Anaga-Gebirge fließen die Wolken im Sommer oft wasserfallartig über die Grate, hinter denen sie sich rasch auflösen.*". Da solche Winde (**„efecto foehn"**) inzwischen ihre Feuchtigkeit verloren haben (Abb. 53), tragen sie örtlich zum Austrocknen des Bodens bei und erhöhen somit die Evapotranspiration.

Dieser Effekt wird normalerweise starken Passatwetterlagen zugeordnet, die vor allem in den Sommermonaten Juli und August sowie durchschnittlich an mehr als 140 Tagen im Jahr auftreten können. Dementsprechend kann der im Sommer auftretende Wasserstress der Vegetation nicht allein durch Beschattung gemindert werden, da sich normalerweise über weiten Teilen der Inseln keine geschlossenen Wolkendecken einstellen können. Bei schwachen und typischen Passatwetterlagen bleiben weite Teile der leewärtigen Inselbereiche wolkenfrei, während sich zusammenhängende Wolkendecken erst wieder über dem Meer ausbilden. Bei einem starken Nordost-Passat gelangen dagegen die Südabdachungen der niedrigen Gebirge ebenfalls unter Wolken (vgl. Abb. 54).

Die Zone oberhalb der Inversionsschicht ist kontinental-trocken und wird vor allem durch sehr hohe Strahlungsintensität am Tage und starke Radiation in der Nacht gekennzeichnet. Darunter schließt sich der kühl-feuchte Wolkenbereich an, in dem Sonneneinstrahlung und **Evapotranspiration** sehr stark herabgesetzt sind. Letzteres ist wichtig für die Existenz der Lorbeerwälder auf den Kanarischen Inseln, da zumindest einige der bestandsbildenden Arten keine stomatäre Regulation ihrer Wasserverdunstung aufweisen und daher vor allem in den niederschlagsarmen Sommermonaten auf die Beschattung durch Passatwolken angewiesen sind (ZOHLEN et al. 1995). Unter den Wolken verringern sich die Niederschläge wieder merklich, und das Klima wird mit sinkender Bewölkungsdauer immer wüstenhafter.

Niederschläge in den Kammlagen

Feine atmosphärische Wassertröpfchen bilden Nebel, wenn sie aufgrund ihrer geringen Größe nicht als Regen zur Erde fallen, sondern in der Schwebe bleiben. Wird dieser Nebel durch Windbewegung an Hindernissen vorbei geführt, kann er sich an diesen absetzen und zu Boden tropfen. Laut Franco KÄMMER (1974) ist dieser Nebelniederschlag von den folgenden Faktoren abhängig: Größe der Wassertröpfchen, Dichte des Nebels, Wind, Temperatur sowie von Gestalt, Größe und Oberflächenbeschaffenheit des Hindernisses. Der Autor schreibt weiter, dass vor allem Pflanzen für Nebelauskämmung verantwortlich sind, wobei primär ihre Höhe und ihre Exposition gegenüber den bewegten Wolken über die gewonnene Wassermenge bestimmen. Daher sind einzeln stehende Bäume und Sträu-

Abb. 55 *Erica scoparia* ssp. *platycodon* (Ericaceae) als Nebelfänger.

Abb. 56 *Usnea*-Bartflechten im Lorbeerwald.

cher sowie aus dem Kronendach von geschlossenen Baumbeständen herausragende Pflanzenteile besonders wirksam. Zusätzlich wird die Effektivität der Nebelauskämmung durch die Auflösung von Blattstrukturen erhöht, wodurch Arten mit Nadelblättern, wie z. B. *Erica arborea* und *Erica scoparia* ssp. *platycodon* (Abb. 55), ergiebigere Niederschläge erzeugen als normale Laubbäume.

Wichtig ist vor allem der Befund, dass die Bedeutung von direkten Nebelniederschlägen für die Lorbeerwälder offenbar eher gering ist, da sich deren Vorkommen auf den Kanarischen Inseln nirgends mit der Verbreitung häufiger und ergiebiger Nebelniederschläge deckt. Diese wirken sich jedoch fördernd auf den Epiphytenreichtum aus, da vor allem epiphytische Moose, Laub- und Strauchflechten sowie in geringerem Maße auch Gefäßepiphyten an zusätzliche Feuchtigkeitsmengen durch Nebelniederschlag gebunden sind. Man findet derartige Epiphytendecken auf windexponierten Bäumen im direkten Einfluss des Nordost-Passats, wohingegen Bartflechten, wie z. B. *Usnea*-Arten (Abb. 56), auf geschütze Lagen mit ruhenden oder nur wenig vom Wind bewegten Nebelniederschlägen beschränkt sind.

Neben dem reinen Wassergewinn müssen jedoch weitere zusätzliche Effekte erwähnt werden, die im Zusammenhang mit dem Einfluss von Nebel auf die Vegetation erwähnenswert sind: Zum einen wird die Transpiration der Pflanzenwelt erheblich herabgesetzt, da nebelgetränkte Luft kaum zusätzliches Wasser aufnehmen kann und gleichzeitig die Temperaturen in den entsprechenden Bereichen niedriger liegen. Zum anderen entsteht dadurch auf den Kanarischen Inseln ein ausgesprochen ozeanisches Regionalklima aufgrund geringer jahres- und tageszeitlicher Temperatur- und Feuchtigkeitsschwankungen.

Einbruch von Sahara-Luftmassen

Aufgrund ihrer Lage vor der afrikanischen Küste befinden sich die Kanaren in der Nähe kontinentaler saharischer Luftmassen, deren Übergreifen auf den Archipel jedoch den größten Teil des Jahres durch den Nordost-Passat verhindert wird. Wenn sich das Azoren-Hoch abschwächt oder in östliche Richtung verlagert, können die Ausläufer eines Hochdruckgebietes über Nordafrika die Barriere des Nordost-Passats durchbrechen und stark erhitzte Luftmassen aus der Sahara heranführen. Diese als „**Harmattan**", „**Tiempo Sur**" oder „**Levante**" bezeichnete Situation kann an durchschnittlich 64 Tagen pro Jahr auftreten und dauert dann jeweils 3 bis 15 Tage an. In jedem Fall macht sich diese Wetterlage durch eine starke, von Saharastaub verursachte atmosphärische Trübung und durch eine äußerst niedrige Luftfeuchtigkeit bemerkbar. Wenn es in der Luft viel Saharastaub gibt, nennt man das „**Calima**". Sie tritt gehäuft im Februar eines Jahres auf und endet oft mit ausgiebigen Niederschlägen. Wenn sich diese Wetterlage einstellt, bildet sich über dem Atlantik ein meernahes Kissen aus kühl-feuchter Luft, über dem ein trockener und heißer Ost- oder Südostwind in Richtung Kanaren weht (Abb. 52). Die mittleren Lagen der Süd- und Südostabdachungen sind also besonders stark betroffen, da sie zum einen auf Höhe der Heißlufteinbrüche liegen und zum anderen nicht durch Gebirgskämme abgeschirmt werden. Dementsprechend steigen die Temperaturen in Sommer und Herbst auf über 30 °C in den küstennahen Gebieten und können in mittleren Lagen des Binnenlandes sogar 45 °C erreichen. Von Spätherbst bis Frühjahr wird dagegen kontinentale Luft aus Osteuropa herangeführt, die für eher gemäßigte Temperaturen sorgt.

Weitere Wettertypen auf den Kanaren

Vom Herbstende bis zum Frühjahr treten andere Wetterlagen als Störungen des Nordost-Passats auf und führen nicht selten erhebliche Niederschlagsmengen mit sich. Bei den ozeanischen Störungen („**Perturbaciones oceánicas**") aus Nordwest handelt es sich um Einbrüche kühl-feuchter Luft, die von den südlichen Ausläufern eines Tiefdruckgebietes herangeführt werden. Dieses hat seinen Ursprung in der Westwinddrift der gemäßigten Breiten und wandert durch die Ostverlagerung des Azorenhochs in südöstliche Richtung ab. Gelegentlich wird es zunächst stark nach Süden abgelenkt und führt daraufhin feuchte tropische Luftmassen aus südlicher oder südwestlicher Richtung heran, was besonders auf den Südabdachungen der Kanarischen Inseln zu erheblichen Niederschlägen führen kann.

Polarlufteinbrüche („**Invasiones de aire polar**") treten auf, wenn sich ein kräftiges Hochdruckgebiet westlich der Britischen Inseln einstellt. Es verhindert, dass ozeanische Luftmassen aus westlicher Richtung zu den Kanaren gelangen, während kontinentale Luftmassen polaren Ursprungs durchbrechen und auf dem Archipel zu empfindlichen Temperaturstürzen bei gleichzeitiger Trockenheit führen.

Gelegentlich kommt es zur Entstehung von Tiefdruckzellen in Breiten zwischen 30 und 35°N, die in südwestliche Richtung abwandern und dabei unter tropischen Einfluss gelangen. Die Luftmassen werden mit Feuchtigkeit aufgeladen, erwärmen sich und werden dadurch so stark destabilisiert, dass Sturmfronten (Stürme aus Südwesten, „**Borrascas del SW**") entstehen. Nach Erreichen von etwa 25°N drehen die Zyklonen schließlich in nordöstliche Richtung ab. Vor allem in den Wintermonaten können Ausläufer dieser Störfronten die südwestlichen Bereiche der Kanarischen Inseln streifen, wo sie nicht selten starke Verwüstungen aufgrund der äußerst intensiven Niederschläge verursachen.

Polare Kaltlufttropfen („**Depresiones frías**", „**Gota fría**") treten nur in höheren atmosphärischen Schichten mit Luftdrücken zwischen 300 und 500 mbar auf. Sie entstehen, wenn der Jet Stream, d.h. die globale Westwinddrift auf der Nordhalbkugel der Erde, starke Wellenbewegungen beschreibt und dabei polare Kaltluft taschenförmig eingeschlossen,

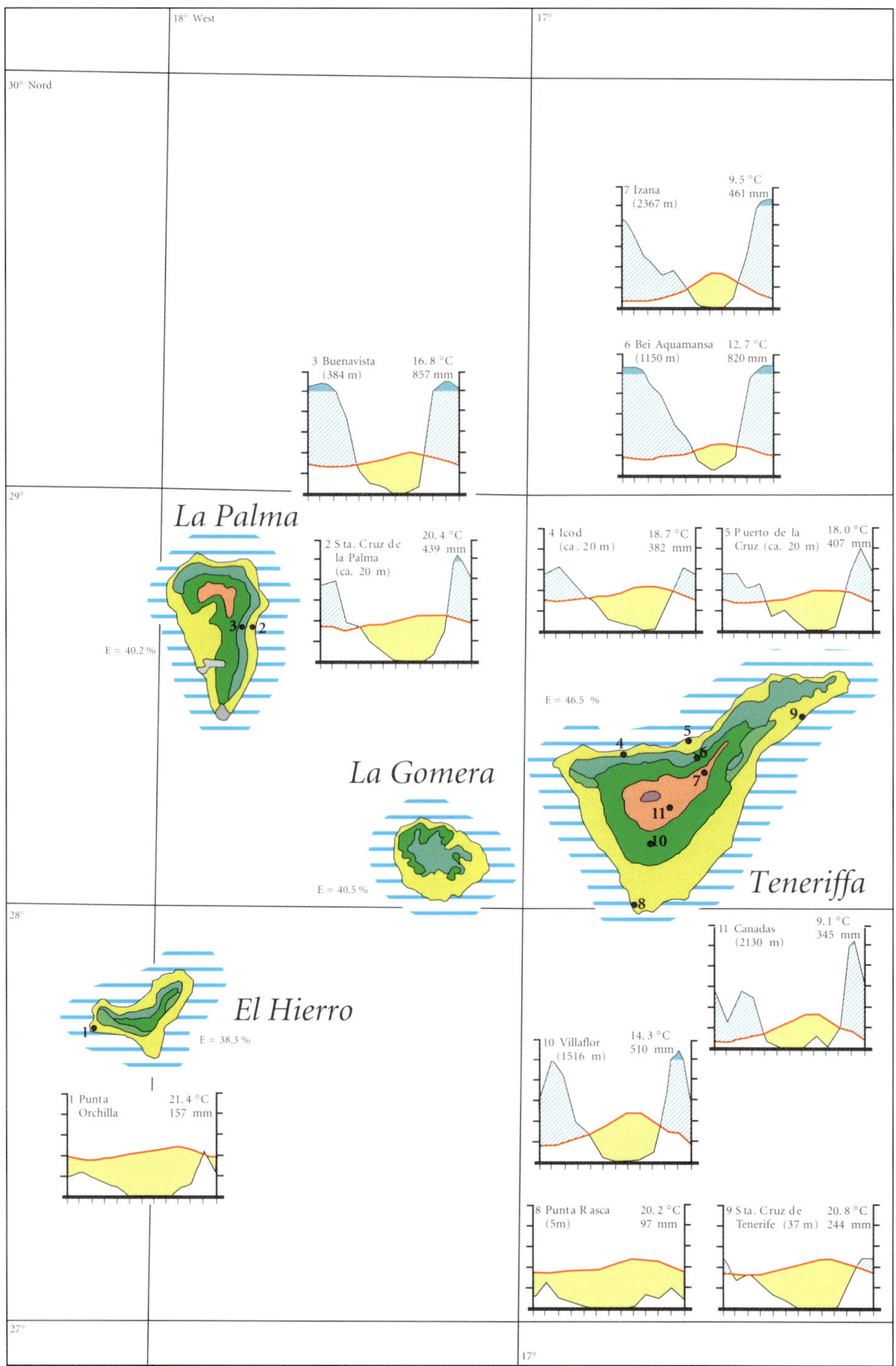

Abb. 57 Klimadiagramme aller Kanarischen Inseln mit entsprechenden Vegetationsformationen.

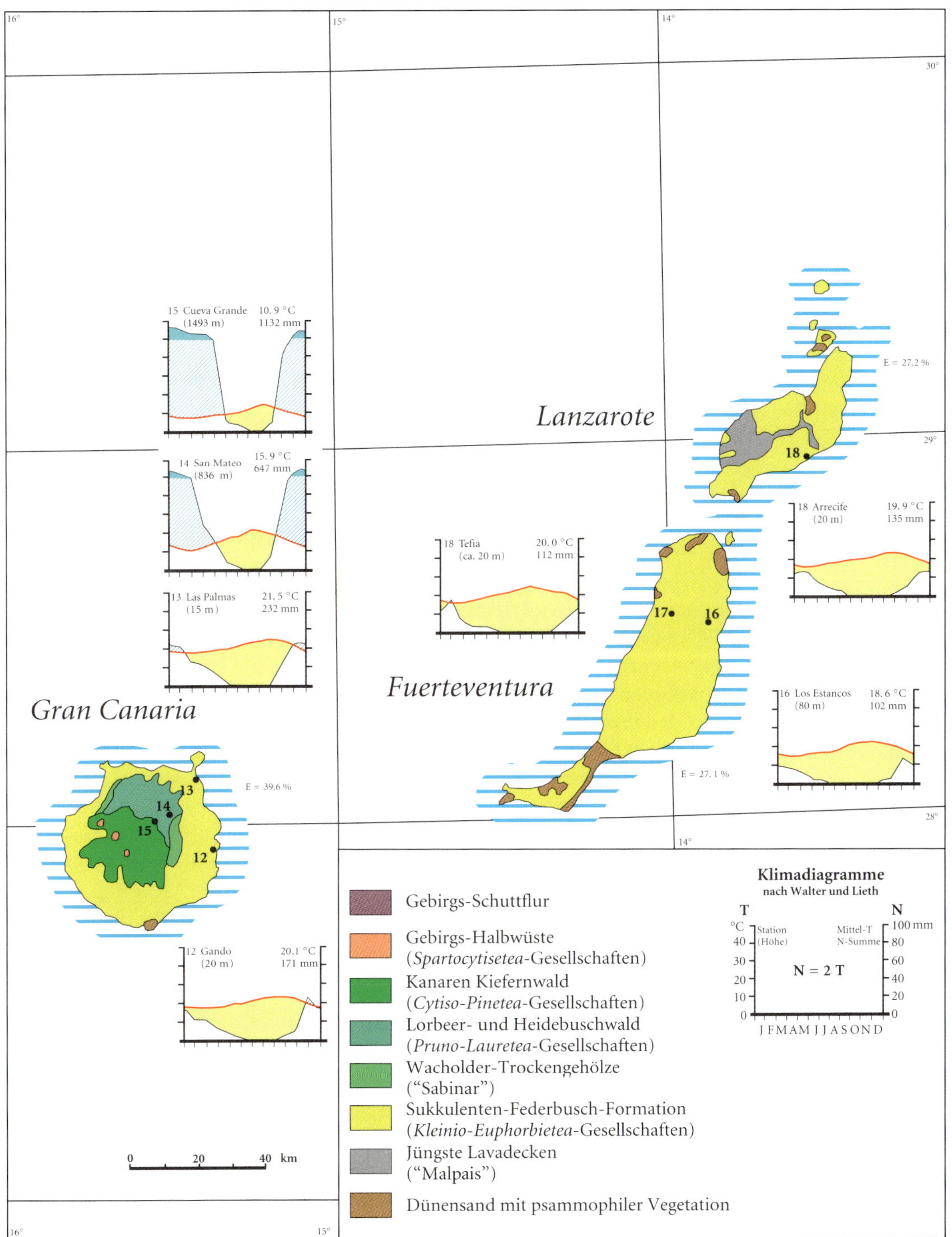
Lanzarote
Fuerteventura
Gran Canaria
15 Cueva Grande (1493 m) 10.9 °C 1132 mm
14 San Mateo (836 m) 15.9 °C 647 mm
13 Las Palmas (15 m) 21.5 °C 232 mm
12 Gando (20 m) 20.1 °C 171 mm
18 Tefia (ca. 20 m) 20.0 °C 112 mm
18 Arrecife (20 m) 19.9 °C 135 mm
16 Los Estancos (80 m) 18.6 °C 102 mm
E = 27.2 %
E = 27.1 %
E = 39.6 %
Klimadiagramme
nach Walter und Lieth
T
N
°C
Station (Höhe)
Mittel-T
N-Summe
100 mm
N = 2 T
J F M A M J J A S O N D
Gebirgs-Schuttflur
Gebirgs-Halbwüste (Spartocytisetea-Gesellschaften)
Kanaren Kiefernwald (Cytiso-Pinetea-Gesellschaften)
Lorbeer- und Heidebuschwald (Pruno-Lauretea-Gesellschaften)
Wacholder-Trockengehölze ("Sabinar")
Sukkulenten-Federbusch-Formation (Kleinio-Euphorbietea-Gesellschaften)
Jüngste Lavadecken ("Malpais")
Dünensand mit psammophiler Vegetation
0 20 40 km

in wärmere Luftmassen einschleust und nach Süden geleitet wird. Auf den Kanaren führen derartige Ereignisse zu Temperatureinbrüchen in den Hochlagen, die nur gelegentlich von Regenfällen begleitet sind.

Ein wesentlicher Charakterzug des kanarischen Klimas ist das ausgeprägte Winterregen-Regime mit einer niederschlagsreichen Periode von November bis März und einer Trockenzeit in den Sommermonaten, insbesondere Juli und August (Abb. 57). Der Temperaturverlauf ist vor allem in den unteren und mittleren Lagen als ausgesprochen ozeanisch zu bezeichnen. Im Gegensatz dazu sind die Hochlagen der zentralen und westlichen Inseln drastischen Temperaturschwankungen sowohl im Tagesgang als auch im Jahresverlauf ausgesetzt. Klimadiagramme für die verschiedenen Situationen finden sich in der Tabelle 2. Insgesamt wird das Klima entweder als mediterran (z. B. EMBERGER 1942 in: POTT 1993, RIVAS-MARTINEZ, WILDPRET DE LA TORRE et al. 1993, GONZÁLEZ HENRÍQUEZ et al. 1986) oder als subtropisch-maritim (z. B. CEBALLOS & ORTUÑO 1951, HÖLLERMANN 1982) bezeichnet.

Die großklimatische Situation wird ferner durch zahlreiche Faktoren dahingehend abgewandelt, dass sich eine Reihe von Lokalklimaten ausbildet. An erster Stelle müssen die Höhe über dem Meer und die Orientierung zur Hauptwindrichtung genannt werden. Neben der reinen Temperaturabnahme mit zunehmender Höhe ist hier vor allem der Einfluss des vom Nordost-Passat gebildeten Wolkenmeeres entscheidend. FERNANDOPULLÉ (1976) hat eine thermische Höhenstufung für die Inseln vorgenommen, in der unabhängig von der Exposition verschiedene Zonen unterschieden und mit entsprechenden Jahresdurchschnittstemperaturen korreliert werden (Tabelle 2). Die Orientierung der jeweiligen Lokalitäten nach der Höhe oder der Exposition der Inseln entscheidet jedoch nicht nur über Intensität und Dauer der Insolation, sondern auch über den Einfluss des Nordost-Passats. Während bei Passatwetterlagen auf den Nordabdachungen von Teneriffa, La Palma und Gran Canaria die tief gelegenen Bereiche unter und die mittleren Höhen in den Wolken liegen, bleiben weite Teile der Südabdachungen in der Regel unbeschattet. Geringere Luftfeuchtigkeit, stärkere Erwärmung und lokal auftretende

Tab. 2 **Klimatische Zonierung der Kanarischen Inseln in Abhängigkeit von Höhe und mittlerer Jahrestemperatur (verändert nach FERNANDOPULLÉ 1976).**

Klimatische Stufe	Höhe (m. ü. NN)	Mittlere Jahrestemperatur
suprakanarische Stufe	2000 – 3200	7,5 – 10,0
mesokanarische Stufe	1250 – 2000	10,0 – 12,5
thermokanarische Stufe	750 – 1250	12,5 – 15,0
Übergangszone	350 – 750	15,0 – 17,5
obere infrakanarische Stufe	50 – 300	17,5 – 20,0
untere infrakanarische Stufe	0 – 50	20,0 – 27,0

trockene Fallwinde sind dementsprechend die Folge. Höllermann (1982) weist folglich zu Recht darauf hin, dass die Jahresmitteltemperaturen der Küstenstationen im Süden und Südwesten dieser Inseln um 2 bis 3 °C höher liegen als im Norden, wobei diese Differenzen jedoch mit zunehmender Höhe geringer werden (Abb. 57).

Die küstennahen Gebiete zeichnen sich ferner durch einen gleichmäßigen Temperaturverlauf aus, was auf die thermische Trägheit der atlantischen Wassermassen zurückzuführen ist. Insgesamt liegt das Temperaturniveau jedoch um 6 bis 10 °C unter dem entsprechenden Breitenkreismittel, da das Oberflächenwasser des Atlantiks von dem kühlen Kanarenstrom auf einem zwar stabilen, aber relativ niedrigen Temperaturniveau gehalten wird. Auch die oberflächennahen, wasserdampfbeladenen Luftschichten werden abgekühlt. Da sie zusätzlich durch die Überlagerung wärmerer Schichten am Aufsteigen gehindert werden (stabiler thermischer Gradient), können konvektive Steigungsregen kaum entstehen.

Nach Fernandopullé (1976) liegen die mittleren Jahresniederschläge auf den Ostinseln Lanzarote (135 mm/Jahr) und Fuerteventura (147 mm/Jahr) am niedrigsten und steigen in westliche Richtung an. La Palma ist mit 586 mm/Jahr die regenreichste Insel, für Teneriffa wird eine mittlere Niederschlagsmenge von 420 mm/Jahr angegeben (Abb. 57).

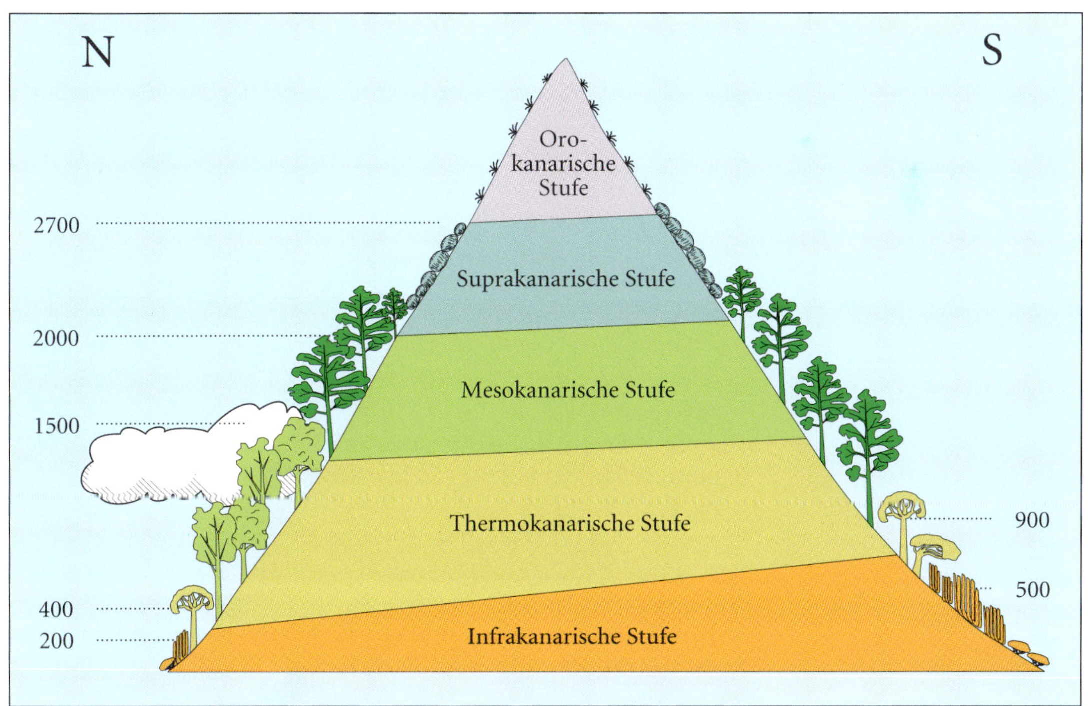

Abb. 58 **Höhenstufung nach Bioklimaten am Beispiel von Teneriffa (verändert nach Wildpret de la Torre & Del Arco Aquilar, 1987).**

Diese Tendenz beruht sowohl auf der zunehmenden Ozeanität des Klimas als auch auf den speziellen Unterschieden im Relief der Inseln, da die höheren Inseln stärker vom Nordost-Passat beeinflusst werden. Das wird besonders deutlich, wenn man beispielhaft die Höhenstufung der Vegetation auf Teneriffa betrachtet (Abb. 58): Die Niederschläge liegen hier zum einen auf der dem Passat zugewandten Nordseite höher als auf der Südseite der Insel und steigen zum anderen von den Küstengebieten bis in die Passatwolken-Zone an, erreichen dort ihr Maximum und sinken in den darüber befindlichen Hochlagen deutlich ab. Letzteres ist auf die genannte thermische Inversionsschicht zurückzuführen, die als Obergrenze des Wolkenmeeres fungiert und somit die Regenfälle in den Hochlagen deutlich herabsetzt. Unterhalb der Inversionszone steigt die Regenwahrscheinlichkeit mit der Bewölkungshäufigkeit und mit der Höhe über dem Meer.

Bioklimatische Gliederung

Das von Salvador Rivas-Martínez (1983, 1995, 1997) entwickelte bioklimatologische Klassifikationssystem eines Gebietes gründet sich auf Berechnungen verschiedener, auf Klimadaten basierender Indizes, wie Feuchte- und Temperaturregime, Höhenstufung und Kontinentalität, welche im Vegetationsbild einer Region sichtbar zum Ausdruck kommen. Dieses System lässt sich gut auf die Kanaren übertragen (s. Rivas-Martinez, Wildpret et al. 1993). Es führt jedoch zu einer äußerst feingliedrigen Landschaftsdifferenzierung mit sehr detaillierten Landschafts- und Vegetationskomplexen. Deshalb wollen wir diese Gliederung nachfolgend vereinfacht vorstellen: Danach gibt es auf den Kanarischen Inseln folgende Einheiten, wie sie auch in Abb. 58 idealtypisch dargestellt sind:

- Infrakanarische Höhenstufe
- Thermokanarische Höhenstufe
- Mesokanarische Höhenstufe
- Suprakanarische Höhenstufe
- Orokanarische Höhenstufe

In diesem Ordnungsprinzip wollen wir nun alle entsprechenden Lebensräume der Kanarischen Inseln eingliedern. So gibt es typische Vegetationsstufen, die expositionsbedingt zum Teil sehr unterschiedliche Höhengrenzen aufweisen:

- Der arid-semiaride „**Sukkulentenbusch**" (**Tabaibal und Cardonál**) der infrakanarischen Stufe (*Kleinio neriifoliae-Euphorbio canariensis*-Stufe) bis in Höhen von 100–800 m NN.
- Der semiaride „**thermophile Buschwald**" (**Bosque termófilo**) der thermokanarischen Stufe (*Mayteno canariensis-Junipero phoeniceae*-Stufe) zwischen 200–900 m NN.
- Die semihumiden „**Lorbeerwälder**" (**Monteverde mit Laurisilva und Fayal-Brezal**) der mesokanarischen Stufe (*Ixantho viscosi-Lauro novocanariensis*-Stufe) zwischen 200–1400 m NN.

Auf La Palma, Gran Canaria, El Hierro und Teneriffa kommen wegen der größeren Höhen der Inseln noch hinzu:

- Die trockenen „**Kanarenkiefernwälder**“ (**Pinares**) der mesokanarischen Stufe (*Cisto symphytifolio-Pino canariensis*-Stufe) in 1200–2000 m NN.

und nur auf Teneriffa und La Palma:

- Das „**Teideginstergebüsch**“ (**Retamár**) der suprakanarischen Stufe (*Spartocytiso supranubii*-Stufe) oberhalb 2000 m NN.
- Die „**Teideveilchen-alpinoide Schuttflur**“ (**Violeta del Teide**) der orokanarischen Stufe (mit *Viola cheiranthifolia*) oberhalb 2700 m NN.

„Galápagos der Botanik" – Der Drachenbaum und seine Herkunft

Rechte Seite: **Der Drachenbaum von La Laguna steht unmittelbar gegenüber dem Rektorat der Universität.**

Auf den Drago haben wir inzwischen mehrfach hingewiesen. Die quirlförmige Verästelung des Baumes mit den oft keulenartig angeschwollenen Ästen, der stockwerkartige Aufbau der von Ferne einem Schirm ähnelnden Krone mit ihren endständigen Büscheln schwertlilienähnlicher Blätter, die rinnige Rinde des Hauptstammes und die endständigen Fruchttrauben mit den gelb-roten Früchten: Durch all diese Merkmale prägt sich die *„berühmteste Schöpfung der Pflanzenwelt"* der Kanarischen Inseln ein, der Drachenbaum (*Dracaena draco*, Abb. 59 bis 61). So urteilte u.a. Alexander von HUMBOLDT, der 1799 in Orotava den damals größten Drachenbaum besichtigte, ihn nach einer Zeichnung von M. D'OZONNE abbildete und ihn im Vergleich mit afrikanischen Affenbrotbäumen auf damals fünftausend bis sechstausend Jahre schätzte, obgleich er sich nirgends auf eine genaue Zeitaussage festgelegt hat. Heute wissen wir, dass die riesigen über 20 m hohen Drachenbäume von Icod de los Vinos, von La Laguna und von Taganana auf Teneriffa nicht älter als 300 bis 400 Jahre sind, wie es die Botaniker A. PÜTTER (1926) und Karl MÄGDEFRAU (1975) genauestens ausgeführt haben.

Danach lässt sich das Alter der Drachenbäume leicht abschätzen: Da der Blütenstand des Drago terminal steht, stellt der Vegetationspunkt mit der Ausbildung der Infloreszenz sein Wachstum ein, und es bilden sich

Abb. 59 **Zeichnung des Drachenbaumes (*Dracaena draco*, Dracaenaceae) mit seinem charakteristischen Fruchtstand (aus KUNKEL, 1993).**

Abb. 60 **Drachenbaum *Dracaena draco* von Taganana, Teneriffa. Die Details zeigen (a) den Blütenstand und (b) einen jungen Laubaustrieb aus neugebildeten Zweigen.**

Abb. 61 **Primärstandorte von Drachenbaum (*Dracaena draco*) und Kanarischer Dattelpalme (*Phoenix canariensis*) oberhalb Buenavista del Norte auf Teneriffa.**

dann unterhalb des Blütenstandes neue Vegetationspunkte aus, die zu Ästen heranwachsen, welche sich abermals nach ihrer Blüte verzweigen. Dieser regelmäßige dichotome Wachstumsrhythmus gibt dem Drachenbaum seinen charakteristischen Habitus (Abb. 60). Wenn es gelingt, die Zeit zwischen zwei Infloreszenzbildungen festzustellen, kann man aus der Zahl der aufeinanderfolgenden Verzweigungen leicht das Alter des Baumes abschätzen. In seiner Jugend wächst der Drachenbaum immer monopodial, d.h. er besitzt nur einen Hauptstamm mit endständigen Blätterschopf; die erste Blüte kann im Alter von 8–11 Jahren auftreten, danach erst verzweigen sich die Bäume (Abb. 60).

Schon in der Mitte des vierzehnten Jahrhunderts wurden die Kanaren von den bereits erwähnten venezianischen, spanischen und portugiesischen Seefahrern „wiederentdeckt". Wir werden das später genauer ausführen (S. 187). Von dort brachten sie unter anderem das als Heilmittel gegen Skorbut, Zahnweh und Zahnfleischbluten damals hochgeschätzte mennigrote Drachenblut (*Sanguis draconis*) mit, das aus den verletzten Rinden abtropft. Im Lande selbst wurden die Blätter als Viehfutter verwendet. Maler, Tischler und Geigenbauer verwenden das Drachenblut – inzwischen übrigens aus ganz verschiedenen Pflanzenarten gewonnen – als Lack. Seine Attraktivität hat der Drago also nie verloren.

Die Botaniker konnten bis vor kurzem darauf hinweisen, dass der Drachenbaum nur auf den Inseln vor Nordwestafrika vorkäme, also ein endemisches Gewächs der atlantischen Inselwelt (Kanaren, Madeira mit Puerto Santo und Kapverden) sei, dessen nächste Verwandte erst wieder in Ostafrika (Nubien, Somali) und Südarabien (Yemen, Oman, Socotra) zu Hause sind. Damit ist es aber seit 1996 vorbei: Marokkanische und französische Botaniker fanden Tausende von wild wachsenden Drachenbäumen im westlichen Teil des Anti-Atlas etwa 80 km südlich von Agadir in Marokko (BENABID & CUZIN 1997). Der Fund in den Ibel-Imzi-Bergen

Abb. 62 ***Dracaena draco* ssp. *ajgal* nahe der Ortschaft Ait Adrhim im Anti-Atlas in Marokko (Foto Dieter Lüpnitz).**

östlich von Tizmit ist eine echte botanische Sensation. Ist es doch ungewöhnlich, dass sozusagen vor den Toren Europas heutzutage noch ein Wald entdeckt werden kann. Die botanische Wissenschaft hat auf diesen erfreulichen Fund reagiert, indem sie dem Anti-Atlas-Drachenbaum den Rang einer Unterart zuwies (*Dracaena draco* ssp. *ajgal*, s. Abb. 62). Unter den Einheimischen im Anti-Atlas sind die Drachenbäume offenbar auch schon seit Jahrhunderten bekannt. Darauf deutet u.a. der Ortsname Agadir ujgal („*ujgal*" steht in der hier üblichen Berbersprache für Drachenbaum). Die Standorte der marokkanischen Drachenbäume sind allesamt schwer zugänglich, und sie beschränken sich ausschließlich auf für Ziegen unerreichbare Steilabfälle oder Gebirgsstufen (Lüpnitz 2000). Ebenso spektakulär ist der Neufund des reliktischen Gran Canaria-Endemiten *Dracaena tamaranae* aus dem Jahre 1998, wie es auch Rafael Almeida-Perez (1999) für den Barranco de Arguineguin beschreibt. Er wächst dort reliktisch mit etwa 70 Exemplaren in unerreichbaren Barrancowänden zwischen 400 und 800 m Meereshöhe. Mit der räumlichen Isolation der Inseln wurden also die Möglichkeiten für einen intensiven Florenaustausch unterbrochen. Der erste Schritt zur genetischen Isolation und zur Bildung neuer Arten war damit getan. Als Resultat konnten sich eine Reihe von weiteren Vikarianten des Drachenbaumes aus ursprünglich einheitlichen Sippen in der Ost- und Westmediterraneis, in Nordafrika und auf einigen atlantischen Inseln herausbilden, die auch ausführlich bei Byström (1960), Bramwell & Richardson (1973), Beyhl (1995) sowie bei Lüpnitz (1995a) und Casper (2000) beschrieben sind.

Der Kanarische Drachenbaum (*Dracaena draco*, Dracaenaceae) ist als ebenso beliebter Zierbaum auf den Kanarischen Inseln heute in Parks und Gärten allenthalben zu sehen. Allein diesem Umstand ist es zu verdanken, dass sein Fortbestand nicht gefährdet ist. Kanarische Wildstandorte sind jedoch selten geworden und gegenwärtig nur noch auf Gran Canaria, Teneriffa und La Palma zu finden. Das wohl eindrucksvollste Vorkommen ist immer noch der auch in der älteren Literatur (Bornmüller 1904, Schenck 1907, Burchard 1929) erwähnte Roque de las Animas östlich der Ortschaft Taganana im Nordosten von Teneriffa und der Roque de Dentro an der Nordküste des Anaga-Gebirges. Eine erst seit wenigen Jahren existierende Küstenstraße verläuft am Fuße dieses zum

Meer hin exponierten und etwa 300 m hohen Basaltfelsens, an dem heute noch rund 100 Individuen unterschiedlichen Alters wachsen. Dank seiner Steilheit bleibt er nicht nur von Touristen, sondern vor allem von weidenden Ziegen verschont, die an den sonstigen potentiellen Wuchsorten des Drachenbaumes den Jungwuchs zerstören. Einzelexemplare und kleinere Populationen sind ferner an den luvseitigen Felshängen und Schluchten des Anaga- und Teno-Gebirges immer wieder zu sehen, genauso wie an vergleichbaren Standorten im gesamten Nordwesten von Teneriffa, sehr eindrucksvoll auch im Barranco del Infierno und auf den anderen oben genannten Inseln (Abb. 61).

Wolfsmilcharten in Kakteentracht und wo Margeriten Riesen werden

Floristisch wie ökologisch gibt uns der Lorbeerwald der Kanarischen Inseln eine annähernde Vorstellung davon, wie zur Tertiärzeit, im Miozän und Pliozän, die Wälder aussahen, die Nordafrika und Europa bedeckten. Auf den Kanarischen Inseln sind Relikte dieser Flora wie in einem Museum erhalten. Während sich das Klima der anderen Standorte stark veränderte und die Lorbeerwälder dort zugrunde gingen oder sich anpassen mussten, hat der kanarische Lorbeerwald seit der ersten Besiedlung der vulkanisch entstandenen Inseln keine entscheidenden Klimaveränderungen am Standort erfahren. Durch die Gunst des Inselklimas und die Isolierung sind also die Elemente dieses Waldes zu **Paläoendemiten** geworden.

Auch die **Neoendemiten** sind reichlich vorhanden, wie an vielen Beispielen gezeigt werden kann. Offensichtlich lag im Erbgut der Gründersippen eine hinreichend große Vielfalt vor, die in geologisch kurzer Zeit eine starke Artaufsplitterung erfuhr. Dabei erfolgte im Verlauf der evolutionären Anpassung der Verwandtschaftskreise an eine Vielzahl verschiedener Lebensräume eine Einnischung mit einer immensen gestaltlichen und funktionellen Differenzierung. Die in ihren Arealen jeweils eng begrenzten Neoendemiten der Kanarischen Inseln sind klassische Beispiele für standörtliche **Selektion** und **Vikarianz**.

Endemiten sind Arten, deren natürlichesVerbreitungsareal mehr oder weniger eng begrenzt ist. Die Einengung wird dabei durch orographische Faktoren geregelt, d. h. die Vorkommen bleiben im Allgemeinen räumlich isoliert, und eine darüber hinausgehende Ausbreitung ist auf biologische Weise gemeinhin nicht möglich. Gerade Inseln verfügen wegen ihrer geographischen Abkapselung und ihrer teilweise großen Vertikalausdehnung über ein Höchstmaß an potentiellen Wuchsorten. Demzufolge bestimmen der topographische Charakter, die Arealgröße und die damit verbundene Anzahl ökologischer Nischen nach MAC ARTHUR & WILSON (1967) weitgehend die vorhandene Artenzahl und den Grad des Endemismus. Wie bereits dargelegt, sind die Kanaren mit einem Anteil von 48 % an der indigenen Flora überaus endemitenreich (Abb. 63). Die Wurzeln der meisten von ihnen reichen bis in die Tertiärzeit zurück und

Abb. 63 **Gesamtzahl höherer Pflanzen und Anzahl der Endemiten auf den Kanarischen Inseln (verändert nach LEMS, 1960 und SEIDEL, 1978).**

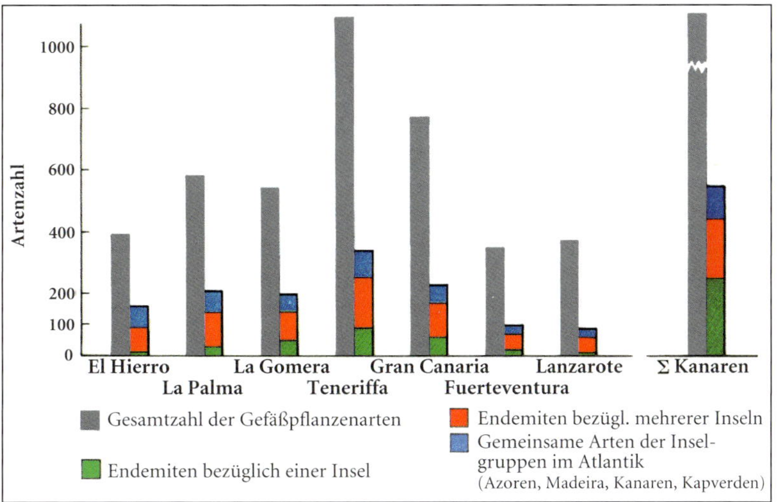

lassen sich somit den Paläoendemiten zuordnen. Nach FAVARGER & CONTANDRIOPOULOS (1961) handelt es sich hierbei um Arten stammesgeschichtlich alter, mono- oder oligotypischer Gattungen oder um taxonomisch isolierte Sektionen, also solche, die im näheren Umkreis keine engen Verwandten aufweisen.

Anhand der Gattung *Euphorbia* – es ließen sich auch andere Beispiele finden – sei die Arealgröße von solchen Endemiten demonstriert: Bestimmte Arten besitzen ein weit über die Inselgruppe hinausreichendes Verbreitungsgebiet. Wir haben bereits gesehen (S. 19), dass sich das Vorkommen von *Euphorbia balsamifera* (Abb. 64) von den Kanaren über den Nordwesten Afrikas – mit großer Disjunktionslücke – bis in den Südjemen erstreckt (Abb. 3). Andere Euphorbien reichen nach Süden über die Kapverdischen Inseln bis in die Namib und nach Südafrika, wo sie ähnliche küstennahe Lebensräume einnehmen; z. B. *Euphorbia virosa* (Abb. 65). In Eritrea wächst die nah verwandte *Euphorbia polyacantha* (Abb. 66), und bis nach Mitteleuropa kommt noch die atlantisch-mediterran-kanarische *Euphorbia paralias* in den Dünen der Küsten vor (Abb. 67). Solche Arten sind nicht endemisch. Andere Spezies greifen auf eng begrenzte Teile Südwestmarokkos über (*Euphorbia regis-jubae*, Abb. 4 und Abb. 68). Hier liegt also ebenfalls das auf S. 18 schon angedeutete Geoelement der außertropisch-saharischen Florenprovinz der südlichen Holarktis vor. *Euphorbia canariensis* (Abb. 69) sowie *E. obtusifolia* s. str. (Abb. 70) und *E. aphylla* (Abb. 71) kommen innerhalb von definierten Höhenzonen nur auf den Kanaren – und zwar auf allen größeren Inseln – vor und gelten als typische Kanarenendemiten. Bei vergleichbaren standortsökologischen Gegebenheiten bleiben dahingegen andere Gattungsvertreter in ihrem Vorkommen auf nur jeweils eine Insel beschränkt: Die baumförmige *Euphorbia mellifera* (Abb. 72) wächst nur

64

67

68

70

65

Abb. 64 *Euphorbia balsamifera.*

Abb. 65 *Euphorbia virosa*, hier im östlichen Naukluftpark in Namibia, ist südwestafrikanisch verbreitet (Foto: BRUNHILD GRIES).

Abb. 67 *Euphorbia paralias.*

Abb. 68 *Euphorbia regis-jubae.*

Abb. 70 *Euphorbia obtusifolia.*

Abb. 71 *Euphorbia aphylla.*

Abb. 73 *Euphorbia atropurpurea.*

Abb. 76 *Euphorbia handiensis.*

71

73

76

66 72
69
74
75

Abb. 66 **Das Areal von *Euphorbia polyacantha* ist nordafrikanisch mit einem Verbreitungsoptimum in Eritrea (Foto: Brunhild Gries).**

Abb. 69 ***Euphorbia canariensis.***

Abb. 72 ***Euphorbia mellifera.***

Abb. 74 ***Euphorbia lambi.***

Abb. 75 ***Euphorbia bourgeauana.***

in den Lorbeerwäldern von La Palma, La Gomera und Teneriffa sowie auf Madeira, *E. atropurpurea* (Abb. 73) schließlich wächst ausschließlich auf Teneriffa und *E. lambi* sowie *E. bravoana* lediglich auf La Gomera (Abb. 74). Sie werden quasi durch enge Verwandte, die auf gemeinsame Vorfahren zurückgehen, auf den Nachbarinseln vertreten. In solchen Fällen liegt Vikarianz vor. Im Extremfalle bleibt ein Artareal sogar nur auf einen ganz bestimmten Gebirgsstock oder einen Barranco reduziert. Prominente Beispiele dafür liefern die überaus seltene *Euphorbia bourgeauana* in der Ladera von Güimar auf Teneriffa (Abb. 75) sowie *Euphorbia handiensis* (Abb. 76) von der Jandía-Halbinsel auf Fuerteventura. Derartige Spezies gelten als **Lokalendemiten**. Letztere Jandía-Wolfsmilch ist ein Fuerteventura-Endemit und vermittelt physiognomisch mit seinem „kaktusähnlichen" Habitus zu den Euphorbien Marokkos und Südwestafrikas.

Die Art- und Sippenbildung spielt sich im Laufe der Zeit überwiegend durch **adaptive Radiation** ab. Darunter wird allgemein eine unterschiedliche evolutive Anpassung und Einnischung verschiedener Vertreter einer Organismengruppe innerhalb eines geologisch kurzen Zeitraumes verstanden. Gleichzeitig entsteht dadurch eine Vielfalt von Formen, die meist von einer Ausgangsart abstammen. Auf die Kanarenflora bezogen bedeutet dies die Aufspaltung einst eingewanderter Spezies in mehrere sich einnischende Arten.

Als selektive Kraft spielen die zahlreichen noch unausgenutzten standortsökologischen Gegebenheiten die wohl wichtigste Rolle. Der notwendige Anpassungsprozess läuft weitgehend passiv ab und wird durch Mutationen einzelner Gene eingeleitet, ist also in hohem Maße zufallsabhängig. Allgemein bleibt der Vorgang der adaptiven Radiation nicht nur auf isolierte Wuchsorte begrenzt, sondem geschieht überall dort, wo die betreffenden Organismen noch freie ökologische Nischen vorfinden.

Bei der am Beispiel der Euphorbiaceen erläuterten Vikarianz liegt eine auseinanderweichende Evolution zweier oder mehrerer Populationen einer Art mit vergleichbaren ökologischen Ansprüchen aufgrund geographischer Isolation vor. Damit wird der Genfluss unterbunden, und es kommt zu divergierenden Entwicklungsgängen, wie wir es bei den Wolfsmilchpflanzen, den Euphorbien, gesehen haben.

Derartige, zur Bildung neuer Sippen führende Evolutionsvorgänge können natürlich nicht unmittelbar beobachtet werden. Sie sind aber gerade in einem Gebiet wie den Kanarischen Inseln theoretisch rekonstruierbar und sollen hier anhand der Gattung der Kanarenmargerite (*Argyranthemum*) etwas näher beleuchtet werden (Abb. 77): Diese Art hat sich seit ihrem Eintreffen auf den Inseln in eindrucksvoller Weise an die unterschiedlichsten Lebensräume angepasst und durch Herausbildung neuer Arten weiterentwickelt. Mit den kanarischen Margeriten-Arten hat sich insbesondere C. J. Humphries (1976 und 1979) auseinandergesetzt. Danach sind alle hier vorkommenden mehrjährigen Vertreter im Gegensatz zu den nächstverwandten einjährigen mediterranen Formen diploid und monophyletischen Ursprungs. Ferner unterscheiden sie sich in ihrer Flavonoid- und Enzymbiochemie von den süd-und mitteleuropäischen Schwestergruppen und sind zusätzlich mehrjährig und strauchförmig. Häufig findet man auf den Kanaren immer wieder an ähnlichen Habitaten auf den unterschiedlichen Inseln oder an voneinander isolierten Standorten ein und derselben Insel entsprechende Vikarianten, die sich in vielen vegetativen Strukturen gleichen. Als prominentes Beispiel hierfür sei *Argyranthemum adauctum* (Abb. 78) genannt, die in den Bergen von Gran Canaria, Teneriffa und El Hierro in großerVariabilität vorkommt, auf La Gomera und La Palma aber durch jeweils andere Arten vertreten wird, z. B. auf La Palma ausschließlich durch *A. haouarytheum* (Abb. 79). Sippen an vergleichbaren Standorten haben auf den Kanaren jeweils charakteristische Anpassungen in Form ähnlicher morphologischer Merk-

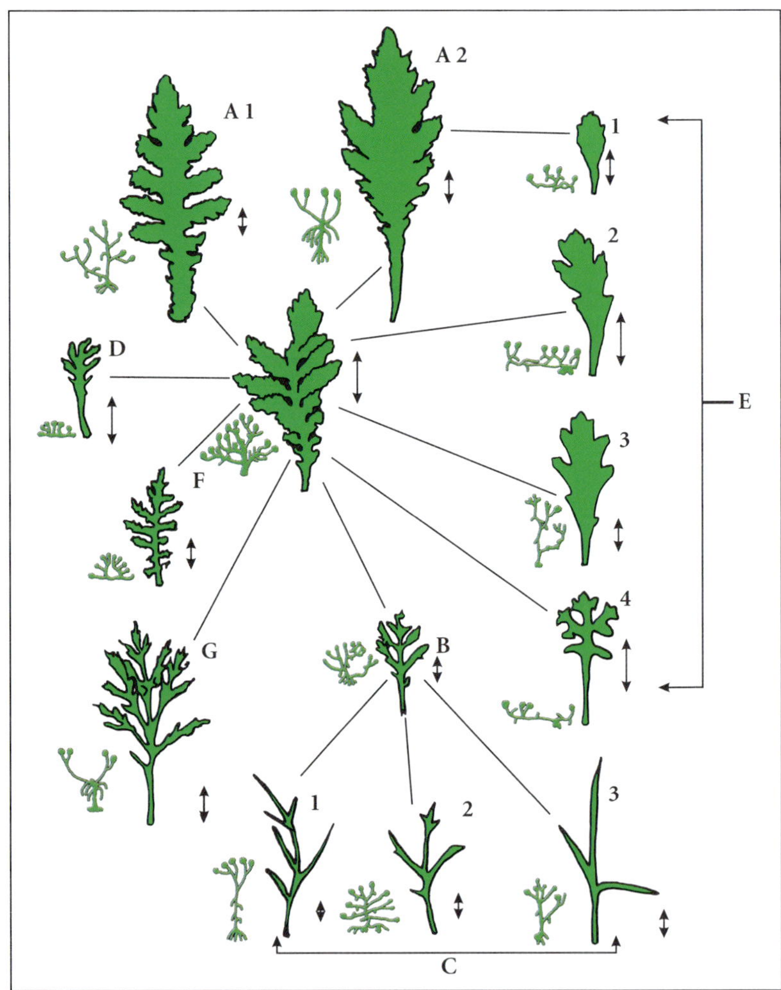

Abb. 77 Adaptive Radiation bei *Argyranthemum* (Asteraceae) (nach Lems, 1960). Die phänotypischen Variationen der Arten innerhalb dieser Gattung liegen im Verholzungsgrad, Gesamthabitus, in der Blattform und im Radius der Blütenköpfchen (Nähere Angaben finden sich im Text).

male und Lebenszyklen entwickelt. Adaptationen an trockene Lebensräume sind bei den Kanarenmargeriten z. B. zunehmende Behaarung als Verdunstungsschutz, Reduzierung der Beblätterung oder das zeitweise Einstellen des Wachstums. Arten salzhaltiger küstennaher Standorte wie *A. coronopifolium* neigen zu verstärkter Blattsukkulenz (Abb. 80). Als wohl ursprünglichste Form gelten die großblättrigen recht hochwüchsigen Lorbeerwaldarten (z. B. *A. broussonetii*, Abb. 81). Davon ausgehend können verschiedene Trends beobachtet werden. Durch niedrigeren Wuchs, reduzierte Blattflächen und nicht so große Blütenköpfe sind die oft felsbewohnenden und etwas trockenerem Klima ausgesetzten *A. lidii* und *A. frutescens* ssp. *frutescens* ausgezeichnet (Abb. 82). Bei den auf südexponierten Standorten der tieferen Lagen wachsenden Arten *A. filifolium*, *A. foeniculaceum*, *A. gracile* und *A. frutescens* ssp. *gracilescens* reicht mit dem Besitz schmaler, fein zerteilter Blätter und kleiner Köpfchen die Anpassung noch weiter (Abb. 83). Viele stellen darüber hinaus nach der Samenproduktion im Sommer ihr Wachstum ein. Die in den trockenen Hochgebirgsregionen Teneriffas verbreitete *A. teneriffae* besitzt stark fiederschnittige und behaarte Blätter, genauso wie die anderen Gattungsvertreter, die bis in die hochmontanen Gebiete vorstoßen (Abb. 84). Ferner ist eine Tendenz von aufrechtem zu niederliegendem Wuchs zu beobachten. Die Cañadas-Arten am Teide auf Teneriffa machen eine normalerweise fünfmonatige Ruhephase durch. Dabei sterben ältere Zweige nach der Samenreife bis auf wenige niederliegende Sprosse ab, aus denen in der darauffolgenden Vegetationsperiode abermals neue Blütentriebe hervorgebracht werden (Abb. 84).

Bei *A. broussonetti* handelt es sich um die Art mit den am wenigsten abgeleiteten Eigenschaften. Der Stamm ist verholzt, und die Pflanze kann einen Durchmesser von bis zu 6 m und eine Höhe von bis zu 2 m erreichen. Sie wächst in einer Buschform, und man findet die Pflanze in feuchten Lorbeerwäldern. Diese Eigenschaften sind bei anderen Schatten- und Waldarten ähnlich (A1 und A2-Typen, s. Abb. 77).

In den ariden Gebieten, also an den heißen Standorten der Küstenregionen kommt es zu Reduktionen der Gesamtgröße der Pflanze, des Verholzungsgrades, der Blütenköpfchengröße und der Blattgröße Formen des B- und C-Typs (Abb. 82 bis Abb. 84).

Über die Zwischenform *A. frutescens* werden die Arten *A. frutescens* ssp. *gracilescens* (C2), *A. gracile* (C3), *A. filifolium* (C 1) gebildet. Den Extremtyp stellt *A. filifolium* dar. Bei dieser Art ist nur die Basis des Stammes verholzt. Die Pflanze besitzt ein dünnes unverzweigtes Stämmchen von ca. 1 cm Höhe, fadenförmige Blätter und sehr kleine Blüten.

Verschiedenartige Standorte bedingen natürlich auch verschiedene Lebensformen:

In den Hochgebirgszonen von Teneriffa kommt – wie gesagt – *A. teneriffae* (D) vor. Dort ist die Pflanze im Jahr manchmal monatelang durch Schneebedeckung am Wachstum gehindert, was bewirkt, dass die Triebe

82

78

83

80

79

81

Abb. 78 *Argyranthemum adaucatum*, die Kiefernwald-Kanarenmargerite, ist eine formenreiche Art mit zahlreichen Unterarten. Die Pflanzen sind teilweise nur am Grunde verholzt, die 2- bis 3fach fiederschnittigen Blätter sind meist rauhaarig oder filzig. Dieser Kanaren-Endemit ist weit verbreitet in Kiefernwäldern.

Abb. 79 *Argyranthemum haouarytheum* ist ein La Palma-Endemit in den Kiefernwäldern. Die Pflanze ist gekennzeichnet durch doppelt fiederschnittige bis lanzettliche, ledrige oder fleischige Blätter.

Abb. 80 *Argyranthemum coronopifolium* ist ein Teneriffa-Endemit.

Abb. 81 *Argyranthemum broussonetii* ist ein kräftiger, bis 1,2 m hoher Strauch, der nur auf Teneriffa vorkommt.

Abb. 82 *Argyranthemum frutescens* subsp. *frutescens* wächst in Küstenfelsen und Barrancos nur auf Teneriffa und Gran Canaria.

Abb. 83 *Argyranthemum frutescens* subsp. *gracilescens* ist durch fadenförmige Blätter gekennzeichnet und kommt nur auf Teneriffa vor.

85

86

84

Abb. 84 *Argyranthemum teneriffae* wächst als Halbkugelpolster in Höhen von 1500–3600 m NN nur im Bereich der Cañadas auf Teneriffa.

Abb. 85 *Argyranthemum maderense* ist eine endemische Art, die es nur auf Lanzarote gibt. Sie wird jedoch häufig kultiviert und in Gärten und Parks ausgepflanzt.

Abb. 86 *Argyranthemum winteri*, ein Lokalendemit der Jandía-Halbinsel auf Fuerteventura.

nach dem Blühen am Jahresende absterben und jedes Jahr neu gebildet werden. Ihre Stämmchen sind flachliegend und die Pflanze selber ist nur schwach verholzt. Alle Blätter sind stark geteilt, und in großer Höhe ist die Pflanze stark behaart. Die Blüten sind eher klein (Abb. 84).

An exponierten Stellen der Nordküsten findet man z. B. die gelbblühende *A. maderense* (E3) ausschließlich auf Lanzarote und dort hauptsächlich im Famara-Gebiet (Abb. 85). Zur Gruppen E der Abb. 77 gehören ferner *A. pinnatifolium* ssp. *succulentum* (E1), *A. coronopifolium* (E2) und *A. frutescens* ssp. *succulentum* (E4). Ihre Merkmale sind fiederlappige Blätter, gesteigerte Sukkulenz, große Blütenköpfchen und reduzierte Blütenstände. Die Triebe sind sehr kurz und fleischig, was wahrscheinlich durch die Passatwinde an besonders freistehenden Wuchsorten bedingt ist.

In montanen Lorbeerwäldern und xerophytischen Zonen wächst *A. foeniculaceum*, welches sich durch einen armleuchterartigen Habitus auszeichnet. Die Köpfchen dieser Art sitzen alle in etwa gleicher Ebene einzeln an der Spitze, und die Blätter sind um die Infloreszenzen angeordnet. Zum Schluss sei noch ein extrem seltener Lokalendemit der Kanarenmargerite, *Argyranthemum winteri* (Abb. 86) vorgestellt, deren Areal auf den Pico de la Zarza beschränkt ist, den höchsten Punkt der Riscos de Jandía auf Fuerteventura.

Radiationen – Genese biologischer Diversität

Die Anpassung vieler Pflanzen an veränderte Lebensraumbedingungen in den sehr langen Zeitspannen der Inselentstehung und der immerwährenden vulkanischen Überformung hat dazu geführt, dass infolge der ständigen klimatischen, geologischen und geomorphologischen Veränderungen die Pflanzen und Tiere sich andauernd den neuen Existenzmöglichkeiten oder dem neuen Konkurrenzgeschehen angepasst haben. Die **Adaptation** an neue Lebensumstände erfolgt nicht plötzlich, sondern in erdgeschichtlichen Dimensionen (Tafel 1, Seite 2), so dass die neu erworbenen Eigenschaften im Erbgut verankert werden und meistens charakteristische Merkmalsveränderungen als spezielle Anpassungen zur Folge haben. Dieses hat bei manchen Arten zu einer intensiven Formenaufsplitterung geführt. Man nennt diesen Vorgang den Prozess der **Radiation.** Will man betonen, dass im Rahmen dieser phylogenetischen Artaufspaltung eine differenzierte Einschränkung in unterschiedliche ökologische Nischen möglich ist, spricht man von **adaptiver Radiation** (Frey & Lösch 1998). Die Sonderung und Differenzierung einer Reihe von Arten ausgehend von Gründerindividuen mit entsprechend intensiver Formenaufspaltung haben wir bereits bei den Gattungen *Euphorbia* (Abb. 64–76) und *Argyranthemum* (Abb. 77–86) andeutungsweise gesehen.

Ein klassisches Beispiel für dieses Phänomen bildet die Familie der Dickblattgewächse (Crassulaceae) und darin vor allem die Gattung *Aeonium* auf den Kanarischen Inseln. Diese bilden das schon erwähnte bota-

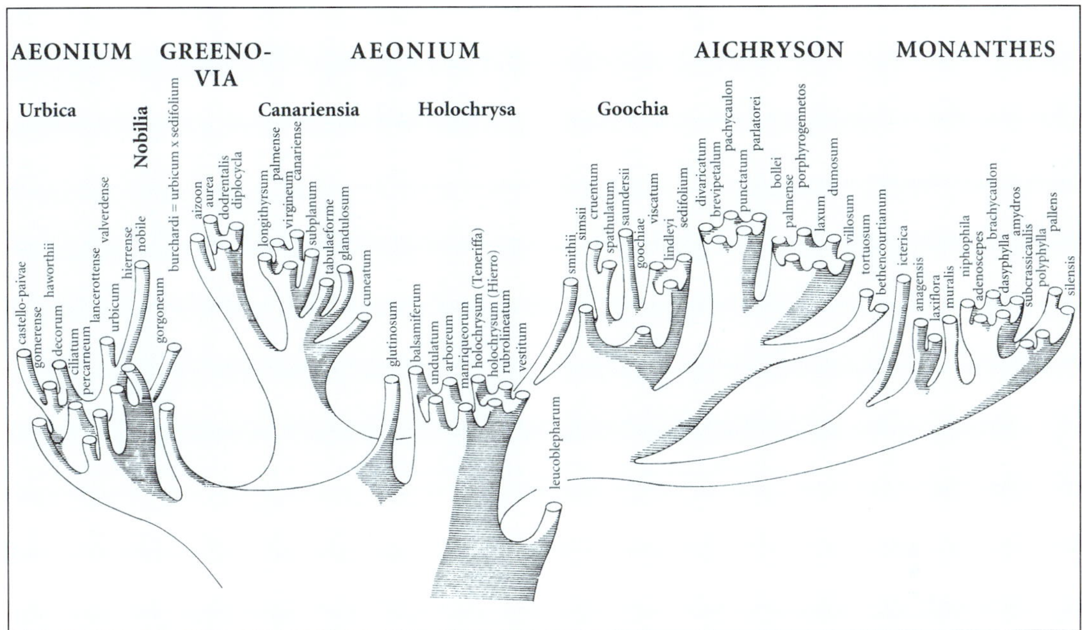

Abb. 87 Evolutive Aufspaltung der kanarischen Semperviven. Die gesamte Gruppe der Dickblattgewächse (Crassulaceae) sind Pflanzen mit dickfleischigen Blattrosetten von 1–80 cm Durchmesser, sessil oder auf bis zu 1 m hohen verholzten Stängeln inseriert, die teils verzweigt, teils unverzweigt sind. Der Lebensraum beispielsweise der oben ausgegliederten 11 Arten der Sektion *Urbica* sind die trockenen warmen Tieflagen, wobei keine von ihnen auf mehr als einer Insel vorkommt. An etwas weniger trocken-warmen Tieflagenstandorten haben sich die Vertreter der Sektion *Holochrysa*, in der humiden Waldzone mittlerer Lagen die der Sektion *Canariensia* eingenischt. Die Arten der Sektion *Goochia* schließlich haben sich die salz- bzw. kältestressreichen Küsten und Gebirgsstandorte erschlossen (nach Lösch, 1990 und Frey & Lösch, 1998).

nische Gegenstück zur bekannten differenzierten Einnischung der Darwin-Finken auf den Galápagos-Inseln. Solche Dickblattgewächse werden auch nach den mitteleuropäischen Dickblattgewächsen der Gattung Hauswurz (*Sempervivum*) als **Semperviven** bezeichnet; sie lassen sich als randtropisch verbreitete Vertreter dieser Pflanzenfamilie auf Ausgangsformen zurückführen, die vermutlich im Mittleren bis Späten Tertiär im afrikanischen Raum südlich der Tethys existierten (Meusel 1965, Lösch 1990). Von dort gelangten sie auf die neuentstandenen Vulkaninseln im Atlantik. Auf dem afrikanischen Festland in ihrem ehemaligen Stammgebiet konnten sie – abgesehen von wenigen Ausnahmen in Äthiopien, Eritrea und Somalia – der zunehmenden Aridisierung im Verlauf der Wüstenentwicklung der Sahara nicht widerstehen, und sie überdauerten deshalb in großer Arten- und Formenfülle vor allem auf den Kanaren (Abb. 87).

Die evolutive Aufspaltung führte bei den meisten Kanaren-Semperviven zu Formen und Eigenschaften mit Merkmalsprogressionen von

Abb. 88 *Aeonium ciliatum* als Beispiel für die Sukkulenten-Gattung *Aeonium*. Diese artenreichste Gattung der Crassulaceae ist mit 34 Endemiten und einer Vielzahl von Hybriden vertreten. Fast alle sind inselspezifisch und stehen unter internationalem Artenschutz.

Abb. 89 *Greenovia aurea* als Beispiel für die dickfleischigen, in breiter, becherförmiger Rosette ausgebildeten Gewächse mit stark blau bereiften Blättern.

Abb. 90 *Aichryson parlatorei* als Beispiel für kurzlebige, zerbrechliche Kräuter mit fleischigen, flachen Blättern.

Abb. 91 *Monanthes brachycaulon* als Beispiel für die kleinsten Vertreter der Crassulaceae. Sämtliche Blätter, auch die Kron- und Kelchblätter, sind fleischig, die Blüten meist unscheinbar rötlich gestreift mit einem Kreis deutlich vergrößerter Nektarien.

strauchig-verholzt zu krautig oder rosettig, von verzweigt zu unverzweigt, von langlebig-ausdauernd zu zweijährig bis annuell. So kann man an den Aeonien zeigen, dass Vikarianz ohne gleichzeitige adaptive Radiation möglich ist. Auf Teneriffa besteht diese Sippe aus mehreren sehr ähnlichen Arten, die bevorzugt auf tertiärem Basalt vorkommen und extrem kleine Populationen bilden. Es sind dies wahrscheinlich Abkömmlinge von einer früher weit verbreiteten Elternart (Abb. 87). Durch jüngere Vulkanausbrüche wurden deren Standorte voneinander isoliert.

So kann man heute offenbar ausgehend von einer Gründersippe einen Stammbaum mit entsprechenden Verwandtschaftskreisen unterscheiden, der inzwischen auch von den botanischen Systematikern, z. B. LEMS (1960), BRAMWELL (1970), VOGGENREITER (1974) und LIU (1989) in die Gattungen *Aeonium* mit 34 Arten (Abb. 88), *Greenovia* mit 4 Arten (Abb. 89), *Aichryson* mit 10 Arten (Abb. 90) und *Monanthes* mit 15 Arten (Abb. 91) aufgeteilt wird (P. & I. SCHÖNFELDER 1997). Rainer LÖSCH (1990) hat sich besonders eingehend mit der Frage der funktionellen Voraussetzungen bei der adaptiven Nischenbesetzung der Kanarischen Semperviven befasst und beispielhaft die Gesamtheit eines auf engem Areal evolvierten Formenkreises sowie die Selektion funktioneller Anpassungen (C_3-, C_4-Kohlenstoffmetabolismus, u. v. a.) aufgezeigt und somit die Evolution der Sippen in ihre jeweils spezifische Umgebung hinein verständlich gemacht (vgl. TENHUNEN et al. 1982, PILON-SMITS et al. 1992).

Die Gattung *Aeonium* (Crassulaceae)

Wohl keine Pflanzengattung mit Verbreitungsschwerpunkt auf den Kanarischen Inseln hat sich so perfekt eingenischt wie *Aeonium*. Von der Küste bis in die Hochlagen des Teide ist sie mit jeweils eigenen, endemischen Arten vertreten, insgesamt 34 – ohne Berücksichtigung der zahlreichen Hybriden. Da die Aeonien obendrein zu den auffälligsten Erscheinungsformen in der Kanarenflora gehören, wurden sie bei vielen Autoren immer wieder in den Vordergrund der Betrachtung gerückt (z. B. BURCHARD 1929, PRAEGER 1932, LEMS 1960, VOGGENREITER 1974, KULL 1982, LIU 1989, LÖSCH 1990 und LÜPNITZ 1995, P. & I. SCHÖNFELDER 1997).

Gerade die Aeonien zeigen eine breite Palette unterschiedlicher Wuchsformen: Einige sind buschförmig, manche völlig unverzweigt, weitere wachsen als bodennahe Rosettenpflanzen mit oder ohne Stolonen und andere als herabhängende Felspflanzen. Daraus ergeben sich alle möglichen Übergänge, die von ursprünglich verholzten Sträuchern über viele im Zuge der adaptiven Radiation reduzierte Figuren bis hin zu perennierenden Kräutern reichen. Diese Formenkreise werden allgemein als Zeiger für ökologische und historisch-evolutionsbiologische Zusammenhänge gesehen. Früher hat man beispielsweise geglaubt, dass die Gattungen *Aeonium*, *Crassula* und *Sempervivum* eng verknüpft sind. Damals hat man außerdem auch geglaubt, dass sich aus den verholzten Formen der Kanaren die Typen von Nordafrika entwickelt haben. Es ist aber genau umgekehrt. DNA-Analysen der Aeonien der Kanaren von Rainer LÖSCH (1990) haben hier Klarheit geschaffen: Sie sind das Paradebeispiel für adaptive Radiation mit einer Formenfülle von ca. 60 Arten innerhalb der vier bekannten Gattungen der kanarischen Semperviven. Die ökologische Differenzierung der Kanaren, das phantastische Höhengefälle der westlichen Inseln sowie die Diversifizierung der Lebensräume sind ursächlich für die beschriebene genetische Vielfalt.

93
92
95
96
97

Abb. 92 *Aeonium holochrysum*, ein Halbstrauch mit verzweigten Ästen, wächst nur auf den westlichen Kanarischen Inseln an Felsen der thermokanarischen Stufe.

Abb. 93 *Aeonium urbicum*, unverzweigt, mit typischer endständiger Rosette auf einem bis 75 cm langen Stiel mit weißlichen, oft rosa gefärbten Blüten. Vom Primärhabitat der Felsen geht diese Pflanze auch auf Mauern und Hausdächer.

Abb. 94 *Aeonium davidbramwellii* zeigt an älteren Exemplaren basale Verzweigung mit bis zu 20 cm breiten Rosetten. Das Bramwell-Aeonium ist ein La Palma-Endemit auf Felsstandorten bis in die Waldregionen.

Abb. 95 *Aeonium sedifolium* ist ein kleiner, dichter Halbstrauch mit bis zu 3 cm breiten Rosetten und verkehrt-eiförmigen Blättern auf trockenen Felsstandorten im Westen Teneriffas und im Nordwesten von La Palma.

Abb. 96 *Aeonium lindleyi* wächst als dicht verzweigter Halbstrauch nur im Anaga-Gebirge und erstreckt sich im Norden bis La Mantanza auf Teneriffa.

Abb. 97 *Aeonium smithii* besitzt stark sukkulente Blattrosetten mit unregelmäßig spateligen Blättern, die am Rande gewellt sind. Ein Lokalendemit der Kiefernwälder von 100 m Meereshöhe bis 2900 m am Rande der Cañadas auf Teneriffa.

Abb. 98 *Aeonium spathulatum* ist ein kleiner Halbstrauch mit 1–5 cm breiten Rosetten. Er wächst vornehmlich in der Kiefernwaldstufe der westlichen Kanarischen Inseln.

Abb. 99 *Aeonium tabulaeforme* ist eine unverwechselbare Pflanze mit flach angedrückten, tellerförmigen Rosetten an feuchten, schattigen Felsen nur im Norden von Teneriffa.

Abb. 100 *Aeonium canariense* besitzt intensiv grüne, samtig behaarte klebrige Blätter und gelbe Blütenstände, die aus schüsselförmigen Rosetten von meist 30 bis 40 cm Durchmesser hervorbrechen. Ein Endemit der oberen Basalstufe und der Lorbeerwaldstufe von Teneriffa.

94

98

99

100

Dies führte zur Untergliederung der Gattung *Aeonium* in die Sektionen *Holochrysa*, *Urbica*, *Megalonium*, *Canariensia* und *Goochia* (vergl. auch Abb. 87), für die Kornelius LEMS (1960) einen ersten Ableitungsversuch der evolutiven Sequenzen vorlegt. Er berücksichtigt dabei Kriterien wie Sprosslänge, Verzweigungsformen und -modus, Infloreszenzgröße, Blühphasen, Blatttypen und Verholzungsgrad der Sprosse.

In den Vertretern der verzweigten, hochwüchsigen und kleinblütigen sect. *Holochrysa* (z.B. *A. holochrysum* – Abb. 92, *A. manriqueorum*, *A. undulatum*) sieht er eine Ausgangsform mit großer ökologischer Amplitude, von der sich alle anderen Bauweisen, die jede für sich extrem standortsangepasst ist, ableiten lassen: so die Repräsentanten der meist großblütigen sect. *Urbica* mit den unverzweigten Arten *A. urbicum* und *A. hierrense* (Abb. 93) und den verzweigten Spezies *A. davidbramwellii* (Abb. 94), *A. percarneum*, *A. valverdense*, *A. haworthii* oder *A. ciliatum* (Abb. 88), ferner *A. nobile* (sect. *Megalonium*), die reichverzweigten, gerne an Trockenstandorten wachsenden Vertreter der sect. *Goochia* mit den *Aeonium*-Arten *sedifolium*, *lindleyi*, *smithii* (Abb. 95-97) und *spathulatum* (Abb. 98) und die stammlosen, meist an Felswänden zu findenden und großrosettigen *A. cuneatum*, *A. tabulaeforme* und *A. canariense* (sect. *Canariensia* – Abb. 99-100). Bei den kanarischen Aeonien belegt die morphologische Ähnlichkeit vieler auf verschiedenen Inseln vorkommender Arten ferner, dass diese neoendemische **Inselvikarianzen** darstellen, die sich in ökologisch ähnlichen, aber durch die Ausbreitungsschranken der hohen Gebirge und des Ozeans voneinander getrennten Lebensräumen gegenseitig ersetzen (z.B. *Aeonium virgineum* auf Gran Canaria, *Aeonium canariense* auf Teneriffa, *Aeonium palmense* auf La Palma, *Aeonium subplanum* auf La Gomera, *Aeonium longithyrsum* auf El Hierro und *Aeonium lancerottense* auf Lanzarote; siehe auch LÖSCH 2000). Deutlich ist darüber hinaus die starke Einnischung der Aeonien in die drei klimatisch unterschiedenen Haupthöhenstufen erkennbar.

Alle diese Semperviven sind nicht nur physiognomisch, sondern auch funktionell stark spezialisiert: die Arten der basalen Trockenzonen zeigen Anpassungen der physiologischen Hitzeresistenz mit oftmals diurnalem Verlauf oder Möglichkeiten der Wärmekonditionierung. Die Arten der Waldstufen sind in ihrer Hitzeresistenz weitgehend festgelegt. Ähnliches gilt für die Primärproduktion und die Möglichkeiten der CO_2-Aufnahme: Die Photosynthese kann jedoch auch bei großer Trockenheit ohne großen Wasserverlust aufrecht gehalten werden: Fast alle sukkulenten Aeonien besitzen eine spezielle physiologische Trockenanpassung, die auch als CAM-Metabolismus bekannt ist (C = Crassulacean; A = Acid; M = Metabolism). Gemeint ist damit ein tagsüber vorhandener Stomataschluss, der die Wasserabgabe durch Transpiration auf kutikuläre Werte beschränkt. Das CO_2 muss allerdings in Form von organischen Säuren zwischengelagert werden – meist wird dazu ein Malatkörper, die Äpfelsäure ($[CO_2CH_2COH_2CO_2]^{2-}$), benutzt. Tagsüber wird dieser Speicher aufgebraucht und in der folgenden Nacht wieder aufgefüllt. Es gibt also reine C_3-Pflanzen und ausschließliche CAM-Sippen mit dem typischen Muster des CO_2-Gaswechsels wie z. B. bei *Aeonium urbicum.* Ferner gibt es C_3-Pflanzen mit täglichem Wechsel von C_3-Metabolismus nach CAM. Das sind meist die Arten der kühl-feuchten Hochlagen-Standorte. Die Säureumsätze sind artspezifisch und konstant; die oben beschriebenen Wege der CO_2-Fixierung können nur modifiziert, aber nicht verändert werden (LÖSCH 1980, 1987, 1990). Diese Standortskonkurrenz von Taxa mit ähnlichen Lebensraumansprüchen führt zur **sympatrischen** Besiedlung. Das sieht man an vielen Felshabitaten mit mehreren verschiedenen Aeonien oder an den Küsten mit Salzspray und Wasserentzug.

Neo- und Paläoendemismus

Manchmal besitzen die oben beschriebenen Crassulaceen nur Lokalpopulationen (z. B. *Monanthes wildpretii* auf Teneriffa), oder sie sind Inselendemiten auf oftmals kleinem Areal (z. B. *Aeonium decorum* auf Gomera, *A. percarneum* auf Gran Canaria, *A. davidbramwellii* und *A. nobile* auf La Palma oder *A. cuneatum* auf Teneriffa). Solche Artenschwärme mit jeweils begrenztem Areal innerhalb von Gattungen, die in reger Artbildung begriffen sind, werden als **Neoendemiten** bezeichnet. Stark gegliederte Gebirgsmassive wie auf den westlichen Kanaren oder gut abgeschirmte und isoliert liegende Barrancos mit steilen Felswänden sind bevorzugte Orte für das Auftreten

Abb. 101 **Die langnadelige Kanarenkiefer (*Pinus canariensis*) bildet lockere Waldbestände am Calderarand des Teide.**

Abb. 103 Die endemische *Visnea mocanera* (Theaceae) ist ein immergrüner kleiner Baum des Lorbeerwaldes mit deutlichen Korkleisten an den Zweigen. Aus der weißen, glockenförmigen Blüte (links) entwickelt sich eine braunrote, zuletzt schwarze, essbare Frucht (rechts).

Abb. 102 Der „Kanarische Mahagonibaum" *Persea indica* (Lauraceae, kanarisch Viñátigo) ist ein typischer Baum der Lorbeerwälder in feuchten, schattigen Lagen. Die fleischigen, olivenförmigen Früchte werden zur Reifezeit blauschwarz.

Abb. 104 Das „Kanarische Ebenholz" *Apollonias barbujana* (Lauraceae) ist ein hoher Baum mit längsrissiger, bräunlicher Borke des Lorbeerwaldes. Der Baum liefert ein wertvolles Möbelholz.

Abb. 105 Die endemische *Heberdenia bahamensis* (Myrsinaceae) ist ein immergrüner Baum des Lorbeerwaldes, leicht kenntlich an den dunkelgrünen, ledrigen, eiförmig-rhombischen Blättern.

Abb. 107 Die endemische *Ocotea foetens* (Lauraceae) ist ein besonders charakteristischer Baum in feuchten Gesellschaftsausbildungen des kanarischen Lorbeerwaldes. Der einheimische Name „*Til*“ taucht in zahlreichen Ortsnamen auf den Kanaren auf (z.B. „*Los Tilos*“ auf La Palma) und erinnert dort an ehemalige ausgedehnte Bestände dieses wertvollen Nutzholzes. Die jungen Zweige des Baumes sind kahl (Detail a), und die Blatterneuerung erfolgt durch spontane Neubildung ganzer Jungzweige (Detail b). Dieses so genannte, normalerweise in den Tropen verbreitete „Laubschütten“ ist ein außerordentlich rasches Flächenwachstum junger Blätter und ganzer Blatttriebe ohne Knospenschutz, die förmlich über Nacht gebildet werden. Da das Festigungsgewebe der Blätter nicht gleichzeitig und vollständig ausgebildet wird, hängen die jungen Triebe zunächst schlaff nach unten. Auch die Biosynthese des Chlorophylls ist bei diesem schnellen Austrieb verzögert, so dass die jungen Blätter wegen der Anthocyan- und Carotinvorstufe der Chlorophyllbildung zunächst weißlich oder gelblich bzw. rötlich gefärbt sind.

a  b  107

Abb. 108 Die Kanaren-Stechpalme *Ilex canariensis* (Aquifoliaceae) ist ein immergrüner Strauch des Monteverde auf den Kanarischen Inseln und Madeira. Die gestielten, derbledrigen Blätter sind eiförmig-länglich mit nur wenigen Blattzähnen.

Abb. 109 Der Kanaren-Lorbeer (*Laurus novocanariensis*) ist die dominierende Art der Lorbeerwälder. Es ist ein hoher zweihäusiger Baum. Die dunkelgrün glänzenden Blätter sind eiförmig-lanzettlich und wechselständig, am Rande glatt oder schwach gewellt sowie mit Domatien versehen, ein sicheres Kennzeichen für diese Art.

Abb. 106 Die endemische *Picconia excelsa* (Oleaceae) ist ein immergrüner Baum des Lorbeerwaldes, kenntlich an seinen kahlen, ledrigen, oberseits glänzenden, gestielten, gegenständigen Blättern, die immer etwas gewölbt erscheinen und oft am Rande schwach eingerollt sind. Die weißen Blüten entwickeln sich zu oliven-förmigen, zuletzt blauschwarzen Früchten.

Abb. 110 *Culcita macrocarpa*, eine der Familie der Baumfarne (Culcitaceae) angehörige Farnpflanze an feuchten Stellen des Lorbeerwaldes mit allerdings stammloser Wedelbasis. Die dreigliedrigen 0,5 bis über 1 m hohen Wedel sind ledrig und glänzend, 4- bis 5fach gefiedert (Detail). Bislang bekannt nur von Teneriffa, den Azoren, Madeira und wenigen Stellen der Iberischen Halbinsel.

Abb. 112 *Isoplexis canariensis* (Scrophulariaceae) ist ein attraktiver immergrüner Strauch und Verwandter unseres heimischen Fingerhuts mit laurophyller Beblätterung und dichten, endständigen Blütenständen und ca. 3 cm langen, orangeroten Blüten. Dieser Strauch wächst in Lichtungen der Lorbeerwälder nur auf Teneriffa, La Palma und Gomera.

Abb. 113 *Pleiomeris canariensis* (Myrsinaceae) ist ein sehr seltener, immergrüner Strauch oder kleiner Baum im unteren Bereich der Lorbeerwälder mit laurophyllen, magnolienähnlichen Blättern und kleinen, weißen, traubenförmigen Blütenständen, die sich zu etwa 2 cm großen, olivenförmigen, zuletzt blauschwarzen Früchten entwickeln.

Abb. 114 *Prunus lusitancia* ssp. *hixa* (Rosaceae) ist ein immergrüner Strauch oder Baum mit ledrigen, dunkelgrünglänzenden Blättern in feuchten Ausprägungen der kanarischen Lorbeerwälder.

Abb. 111 *Davallia canariensis* ist ein kriechender, oft epiphytisch lebender, intensiv grün gefärbter Farn (Detail) mit kräftigem, fingerdicken Rhizom; verbreitet vom Sukkulentenbusch bis in die Lorbeerwaldstufe der Kanaren. Auch auf Madeira, den Kapverden, den Azoren, in Nordafrika und auf der Iberischen Halbinsel vorkommend.

solcher lokal verbreiteter Neoendemiten, deren Populationen offenbar noch keine ausreichenden Ausbreitungsmöglichkeiten von einem Gebirgsstock oder Barranco zum anderen entwickelt haben. Das hat zur Folge, dass kein genetischer Austausch zustande kommt und somit eine Isolierung der Populationen voneinander bestehen bleibt.

Kleine Areale zeigen auch die Paläo- oder Reliktendemiten, die über geologische Zeiträume aus ehemals größeren Arealen durch Konkurrenz oder evolutionäre Prozesse auf mittlerweile isolierte Lebensräume verdrängt worden sind und dort isoliert die dynamischen Veränderungen andernorts überdauern konnten. Es sind oftmals Vertreter ehemals pantropischer oder inzwischen disjunkt verbreiteter, alter Gattungen, wie wir sie eingangs in den Abbildungen 3 bis 7 vorgestellt haben. Bekannte Beispiele für derartige Reliktendemen sind ferner die Drachenbäume (Abb. 9), die Kanarenkiefer *Pinus canariensis* (Abb. 101) und viele laurophylle Elemente des Lorbeerwaldes, wo zudem im Laufe der Evolution sehr ähnliche Blattformen bei verwandtschaftlich völlig verschiedenen Arten entwickelt worden sind; ein Phänomen, das allgemeinhin als **Konvergenz** bezeichnet wird. Diese phylogenetisch alten Sippen weisen gerade im kanarischen Lorbeerwald eine größere Ähnlichkeit im Erscheinungsbild der Baumsippen unterschiedlicher Verwandtschaftskreise auf: Die meisten Lorbeerwaldbäume besitzen elliptische oder lanzettliche, glatte, lederartige, lorbeerähnliche, also laurophylle Blätter, die an den täglichen Wechsel zwischen Strahlungsintensität und Passatwolkenklima gut angepasst sind. Sie tragen meist eine charakteristische Träufelspitze, an der sich das Regenwasser sammelt und schnell abtropfen kann, damit die Transpiration nicht durch einen Wasserfilm auf der Blattoberfläche verhindert wird. Außerdem erschwert eine glatte und trockene Oberfläche die Ansiedlung so genannter epiphyller Organismen (Bakterien, Algen, Pilze, Moose, Flechten) auf den Blättern, welche die Photosyntheseleistung einschränken könnten. Solche physiognomisch sehr ähnlichen laurophyllen Paläoendemiten zeigen die Abbildungen 102–114. Zu nennen sind hier besonders *Persea indica* (vgl. Abb. 5 u. 102), *Visnea mocanera* (Abb. 6 u. 103), *Appollonias barbujana* (Abb. 7 u. 104), *Heberdenia bahamensis* (Abb. 105), *Picconia excelsa* (Abb. 106), *Ocotea foetens* (Abb. 107), *Ilex canariensis* (Abb. 108), und *Laurus novocanariensis* (Abb. 109). Das gilt auch für zahlreiche Begleitarten des Lorbeerwaldes selbst, wie *Culcita macrocarpa* (Abb. 110), *Davallia canariensis* (Abb. 111), *Isoplexis canariensis* (Abb. 112), *Pleiomeris canariensis* (Abb. 113) und *Prunus lusitanica* ssp. *hixa* (Abb. 114). Diese Paläoendemen stellen Relikte der tertiären Tethys-Flora dar. Sie konzentrieren sich in den etagealen Lorbeerwäldern der von den Passatwolken befeuchteten Höhenstufen vorwiegend auf den Nordseiten der westlichen hohen Inseln La Palma, Teneriffa, La Gomera, El Hierro und sind nur an wenigen Stellen noch erhalten auf Gran Canaria. Da die vulkanischen Inseln niemals Verbindung mit dem Festland hatten, ist ihr Vorkommen das Ergebnis überseeischer Einwanderung von Wind und Vögeln (s. Abb. 49). Der Grundstock der Gehölzflora ist daher im Vergleich zu den Lorbeerwäldern Nordamerikas und Südostasiens relativ arm; auch fehlen hier die andernorts in den holarktischen Lorbeerwäldern so typischen Vertreter der Buchengewächse, der Fagaceen. Das beruht sicherlich darauf, dass sich keine Vögel fanden, die die schweren Diasporen weit übers Meer transportierten (F. G. Schröder 1998). Der heutige Lorbeerwald der Kanaren ist also ein überlebender bzw. ein verarmter Restbestand tertiärer immergrüner Wälder, eine Eigenschaft, die ihm auch das Attribut „**Paleoflora viviente**" eingebracht hat (Ciferri 1962). Wir wollen dieses Phänomen wieder aufgreifen und näher behandeln (S. 136).

Ökosysteme der Kanarischen Inseln

Rechte Seite: **Pinar an der Caldera de Taburiente von La Palma.**

Trotz seiner geringen Landoberfläche weist der Kanarische Archipel eine überraschend hohe ökologische Vielfalt auf, die auf die eingangs erwähnten besonderen Umweltbedingungen zurückzuführen ist. Die Luftmassen des Nordost-Passates erweisen sich als stabil geschichtet. Sie geben ihre Feuchtigkeit nur im Bereich des Kondensationsniveaus der Inseln ab, was auch als Grundlage für die gesamte Vegetationsgliederung der Inseln gilt (Abb. 57 und 58). Davon sind auch die Böden entscheidend geprägt: naturgemäß gibt es wegen des vulkanischen Ursprungs nur vergleichsweise geringe Gesteinsvielfalt mit Olivin-Basalten, Phonolithen, Ignimbriten, Rhyolithen und Trachyten. Die meisten dieser Gesteine entwickeln sich unter den aktuellen klimatischen Bedingungen zu neutralen bis basischen Böden und nur einer geringen Vielfalt verschiedener Bodentypen. In den trockenen Tieflagen herrschen meist kalkreiche Rohböden vor, oft sind es Kalkkrusten mit Tosca-Verwitterung, das sind so genannte calcarische Typen aus der Bodengruppe der Regosole, die aus marinen Sanden entstanden sind und eine psammohalophile Vegetation tragen. Unter der Vegetation des Sukkulentenbusches bilden sich kleinflächige braunerdeartige Böden mit geringer Humusschicht, so genannte Cambisole. In der waldreichen Wolkenzone herrschen Braunlehme vor, humusreiche Cambisole, welche oftmals aus subfossilen Rotlehmen hervorgegangen sind. Oberhalb der Waldgrenze, in den *Spartocytisus*- und *Adenocarpus*-Retamares finden sich Ranker, so genannte Andosole, die in der Hochgebirgswüste in Xeroranker oder desertische Rohböden übergehen.

Wo sich die feuchtigkeitsbeladenen Wolken nicht ständig kondensieren können, wie auf den Ostinseln Lanzarote und Fuerteventura, aber auch an den Südseiten der anderen Inseln, kommt es zu wüsten- und halbwüstenartigen Ausprägungen von Vegetation und Landschaft (Abb. 115). Die Niederschläge bleiben dort mit unter 200 mm im Jahresdurchschnitt weit unter der potentiellen Evaporationsgrenze und geben deshalb nur wenigen speziell angepassten Xerophyten entsprechende Entfaltungsmöglichkeiten. Die Temperaturen müssten infolge der geographischen Lage denjenigen der Subtropen oder der Sahara entsprechen; sie werden jedoch durch ozeanische Einflüsse, vor allem durch den kühlen Kanarenstrom abgemildert. Markante Zusammenhänge bestehen ferner zwischen Elementen der kanarischen Halbwüstengebiete und des Sukkulentenbusches mit den nordafrikanischen Trockengebieten. Viele Geoelemente sind zudem mit den afrikanischen Elementen identisch; zahlreiche weitere sind durch vikariierende Arten mit großen Disjunktionen vertreten, wie z.B. in der Küstenvegetation *Launaea arborescens* und *Zygophyllum fontanesii* (Abb. 116 und Abb. 117). Von derartigen Verwandtschaftskreisen ist immer anzunehmen, dass sie während der Tertiärzeit am gesamten Südrand der Tethys siedelten, einige auch weiter nördlich im heutigen Süd- und Mitteleuropa. Mit der Verschiebung des

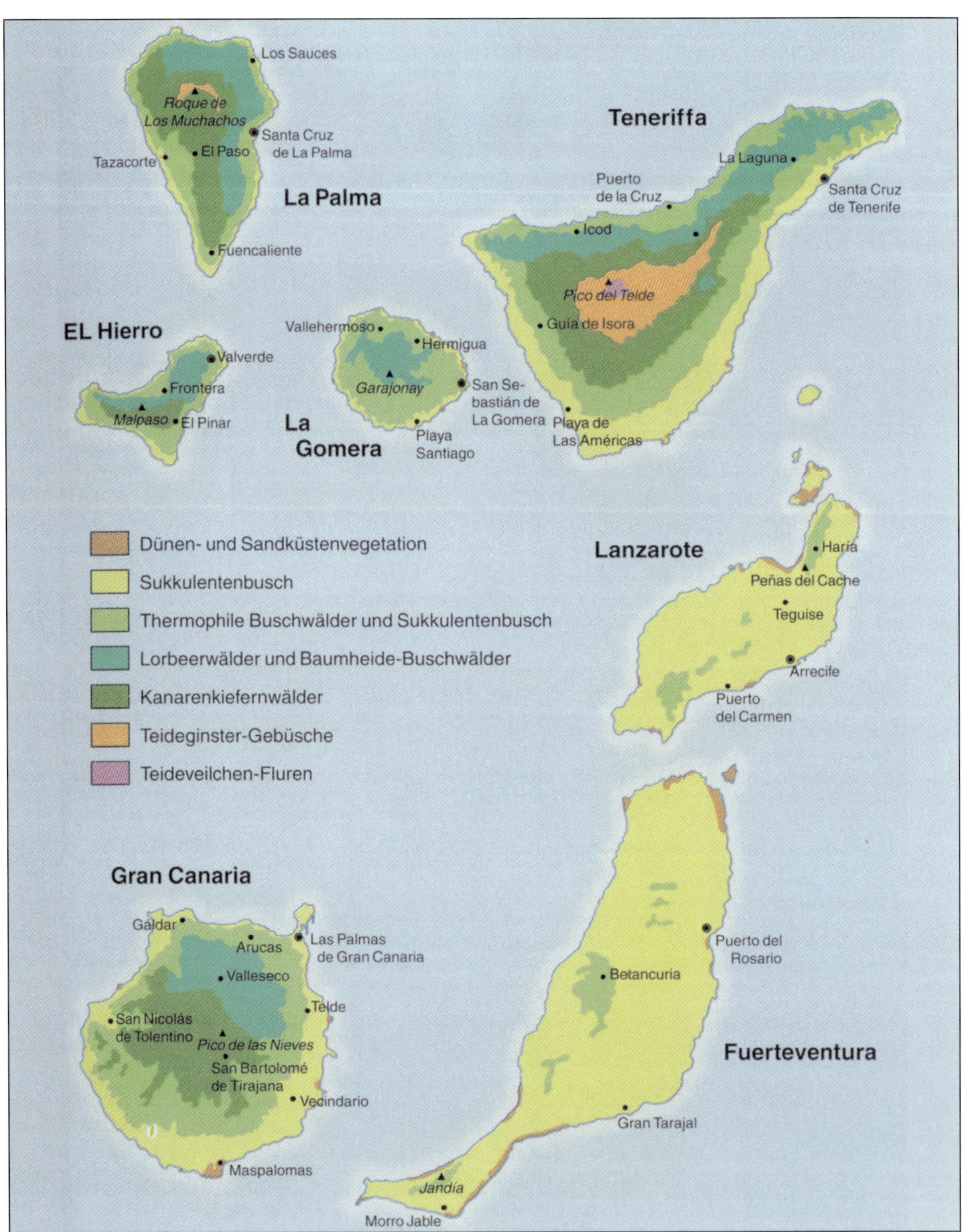

Abb. 115 Die natürliche Vegetation der Kanarischen Inseln (verändert nach GARCIA-RODRÍGUEZ et al. 1990 und P. & I. SCHÖNFELDER, 1997).

Abb. 116 Die Gattung *Launaea* (Asteraceae) ist mit einigen dornigen Halbsträuchern von Nordwestafrika bis auf die Kanarischen Inseln verbreitet. Hier als Beispiel der Strauch-Dornlattich (*Launaea arborescens*), kenntlich an seinen zickzack-förmig verzweigten, mehr oder weniger kahlen, meist graugrünen Zweigen und den Blütenköpfchen mit gelben Zungenblüten. Die Art ist gebietsweise bestandsbildend auf sandigem oder steinigem Untergrund, besonders in Küstennähe.

Abb. 117 Zu den Jochblattgewächsen (Zygophyllaceae) gehört das familientypische Jochblatt (*Zygophyllum fontanesii*). Dieser eigenartige Strauch mit keulig gegliederten Ästen und den typisch eiförmig-zylindrisch gestalteten, fleischigen Blättern wächst an salzhaltigen, sandigen und felsigen Küstenstandorten von Marokko bis auf die Kanarischen Inseln (Foto ANSELM KRATOCHWIL).

Die Abbildungen 118–125 befinden sich auf Seite 108.

Abb. 126 Die Kanarische Dattelpalme (*Phoenix canariensis*, Arecaceae) ist ein Kanaren-Endemit. Diese zweihäusige Palme wächst natürlich an den feuchten Gründen der Barrancos und in Taleinschnitten bis etwa 1000 m Höhe auf allen Inseln.

118
119
120
121
123
125
122
124

Abb. 118 Die Gattung *Ceropegia* (Asclepiadaceae) ist mit mehreren endemischen Arten auf den Kanaren vertreten; es handelt sich um typische Xerophyten mit einem wachsartigen Überzug und grünweißen, sukkulenten, zylindrischen, gegliederten Stämmchen. Diese wachsen auf junger Lava im Sukkulentenbusch. Bezeichnend sind ihre Kesselfallenblüten, die mit stechendem Aasgeruch Fliegen zur Bestäubung anlocken. Die hier abgebildete gelb blühende *Ceropegia dichotoma* ist auf den westlichen Kanarischen Inseln verbreitet (Foto: ANSELM KRATOCHWIL).

Abb.119 *Ceropegia fusca* hat rotbraune Blüten; sie ist vor allem im Süden von Teneriffa verbreitet, ist aber auch selten auf Gran Canaria und La Palma zu finden (Foto: ANSELM KRATOCHWIL). Bei allen Ceropegien ist die Blütenkrone im untersten Teil leicht kesselförmig erweitert, bildet darüber eine lange, zylindrische Röhre und endet mit fünf Kronzipfeln, die an ihrer Spitze miteinander verbunden sind. Somit entstehen zwischen diesen Zipfeln fünf fensterförmige Öffnungen, durch die Insekten in die Blüte eindringen können. An den glatten Innenwänden der Kronröhre gleiten sie dann in den Kessel, wo sie durch Reusen am Entkommen gehindert werden. Die stammsukkulenten Sprossachsen übernehmen die Aufgabe der Assimilation; die kleineren Blätter fallen bei Trockenheit ab (BEYHL 1994).

Abb.120 *Kleinia neriifolia* (Asteraceae) ist ein Strauch mit armdicken Stämmchen, welche sich regelmäßig verzweigen. Dieser Kanaren-Endemit wächst zusammen mit den kandelaberförmigen Wolfsmilchgewächsen im Euphorbien-Sukkulentenbusch mit konvergentem Habitus als Anpassung an die Trockenheit. Diese Pflanze kann bei starker Sonneneinstrahlung ihre Blätter in Profilstellung senkrecht zur Sonneneinstrahlung bringen; ein solches Phänomen wird als Kompasseffekt bezeichnet.

Abb.121 Der Kanaren-Endemit *Campylanthus salsoloides* gehört zu den Rachenblütern (Scrophulariaceae) und bildet im Sukkulentenbusch spärlich verzweigte Sträucher mit oft überhängenden Ästen.

Abb.122 Die Gattung *Gonospermum* (Asteraceae) hat einige Lokalendemiten auf den Kanaren hervorgebracht. Die hier abgebildete *Gonospermum fruticosum* ist ein Element der westlichen Kanaren an Felshängen im Bereich des Sukkulentenbusches bis in den Lorbeerwald, vor allem im Norden der Inseln.

Abb.123 Die Gattung *Schizogyne* (Asteraceae) besitzt nur zwei Arten auf den Kanarischen Inseln; bei der hier abgebildeten *Schizogyne sericea* handelt es sich um einen Kanaren-Endemiten aller Inseln im küstennahen Sukkulentenbusch. Die sehr ähnliche *S. glaberrima* ist auf Teneriffa und Gran Canaria beschränkt. Sie wird gelegentlich aber auch nur als Varietät (var. *glaberrima*) angesehen. Der Gattungsname bezieht sich auf die tief geteilte Narbe (Foto: ANSELM KRATOCHWIL).

Abb.124 *Parolinia ornata* gehört zu den Kreuzblütern (Brassicaceae). Dieser locker verzweigte Strauch ist ein Gran Canaria-Endemit. Dort wächst er im Sukkulentenbusch. Diese grünlich erscheinende Pflanze ist durch lineallanzettlich geformte, bis 10 cm lange Blätter gekennzeichnet, die von Sternhaaren bedeckt sind und als Ergebnis ihrer Anpassung an die Trockenheit durch Lichtreflexion den Wasserverlust vermindern.

Abb.125 Die Gattung *Ceballosia* (= *Messerschmidia*) gehört zu den Raublattgewächsen (Boraginaceae); die hier abgebildete *C. fruticosa* ist ein Kanaren-Endemit aller Inseln. Es ist ein lockerer Strauch mit einfachen, warzigrauen, stark unterschiedlich geformten Blättern im Sukkulentenbusch.

subtropischen Klimagürtels nach Süden und der gleichzeitigen Herausbildung der extremen Trockengebiete in Nordafrika im Jungtertiär wurden deren ursprüngliche und wahrscheinlich zusammenhängende Areale zerrissen. Herausragende und beispielhaft vertretene Gattungen für diesen Verbreitungstyp im Sukkulentenbusch der Basalstufen sind nach Angaben von Dieter LÜPNITZ (1995a) unter anderem *Ceropegia*, *Kleinia*, *Campylanthus*, *Gonospermum*, *Schizogyne*, *Parolinia* und *Messerschmidia* (Abb. 118 bis Abb. 125). Die prominentesten Beispiele hierfür sind jedoch der Drachenbaum (*Dracaena*) und die Kanaren-Palme (*Phoenix canariensis*, Abb. 61 und 126), ein stattlicher und ornamentaler Baum.

Dieses Übergreifen zahlreicher Sippen auf den saharo-arabischen Raum ist ein weiterer Hinweis auf den Ursprung und die entsprechende heutige pflanzengeographische Zuordnung der Kanarenvegetation, wie es bereits MEUSEL (1965) vorgenommen hat und auch neuerdings von

Abb. 127 *Erica arborea*, die baumförmige Heide, ist auf den Kanaren, Madeira, im Mittelmeergebiet bis zum Schwarzen Meer und in der afromontanen Stufe der Gebirge Afrikas verbreitet.

Abb. 128 *Canarina canariensis* (Campanulaceae) ist eine milchsaftführende, oft meterlang kriechende Rankenpflanze an feuchten, schattigen Standorten der Lorbeerwaldregion und des oberen Cardonals.

Abb. 129 *Myrica faya* (Myricaceae) ist ein endemischer, immergrüner, zweihäusiger Baum im *Erica arborea-Myrica*-Buschwald oder im Lorbeerwald aller Kanarischen Inseln.

Abb. 130 *Adenocarpus viscosus* (Fabaceae), ein Kanaren-Endemit, bildet auffällige, oft niedrige Sträucher in der oberen Kiefernwaldregion und in der subalpinen *Spartocytisus*-Stufe auf Teneriffa.

F. G. Schroeder (1998) diskutiert wird. Es ist sehr wahrscheinlich, dass die Anfangsevolution dieser Sippen auf dem afrikanischen Festland stattgefunden hat und die Speziation oder auch die Isolation auf dem Kanarischen Archipel besteht. Den Effekt verstärken die Disjunktionen zahlreicher Sippen der semi-ariden Baumheideformationen der thermokanarischen Stufe (Abb. 58), die in den Hochlagen der Kamerunberge und der ostafrikanischen Gebirge (Ruwenzori, Mt. Kenia, Kilimandscharo) wachsen oder mit vikariierenden Arten in der so genannten afromontanen Zone vertreten sind: als Beispiele seien hier zunächst *Adiantum reniforme* (Abb. 48) und *Erica arborea* (Abb. 127) genannt, welche als verbindende Elemente angesehen werden können. Vikariierende Arten sind ferner: *Canarina canariensis* (Abb. 128, Kanaren) und *Canarina geminii* (Ostafrika), *Myrica faya* (Abb. 129, Kanaren) und *Myrica salicifolia* (Ostafrika) sowie *Adenocarpus viscosus* (Abb. 130, Kanaren) und *Adenocarpus mannii* (Ostafrika).

Das Zusammentreffen aller genannten Faktoren führt zu der Entstehung von sehr vielfältigen Habitaten, die zahlreiche Pflanzengesellschaften und entsprechende Tierzönosen beherbergen, welche die einzigartigen Ökosysteme der Kanaren ausmachen.

Die vertikale Vegetationsgliederung der Kanarischen Inseln

Es gibt verschiedene Möglichkeiten, die Vegetation eines bestimmten Gebietes darzustellen. Ein essentieller Weg ist die beschriebene florenräumliche Differenzierung nach Arealtypen und Geoelementen unter besonderer Berücksichtigung biogeographisch-räumlicher, also chorologischer Zusammenhänge. Ein weiterer Weg ist die pflanzensoziologische Vegetationsgliederung und schließlich die Charakterisierung von Vegetationsformationen. Erstgenannte Möglichkeit zur Vegetationsgliederung setzt im Prinzip die kompletten floristischen Kenntnisse der Kanaren voraus. Entsprechendes gilt für die synsystematische Betrachtungsweise mit der Erfassung aller Pflanzengesellschaften der Inseln und ihrer meist nur regionalen oder lokalen Bedeutung. Hinzu kommt noch der enorme Umfang bisher bekanntgewordener Pflanzengesellschaften: allein für Teneriffa sind inzwischen 87 Pflanzengesellschaften und 39 Subassoziationen nach Rivas-Martínez et al. 1993 beschrieben; zahlreiche weitere sind von den anderen Inseln bekannt; insgesamt werden für den Archipel derzeit mindestens 175 verschiedene Pflanzengesellschaften ausgegeben (Esquivel et al. 1999, Rivas-Martínez et al. 2001).

Erfahrungsgemäß bereitet auch die Wiederauffindbarkeit von konkret definierten Vegetationsbeständen im Gelände oft große Schwierigkeiten für den meist nur kurzfristig weilenden Besucher; das gilt zumindest im jahreszeitlichen Wechsel bei solchen Pflanzengesellschaften, bei denen viele annuelle Arten an deren Aufbau beteiligt sind. Daher scheint uns auch die Dokumentation einer physiognomischen Vegetationsbeschrei-

Abb. 132 **Steilküste bei Puerto de la Peña auf Fuerteventura. Deutlich zu erkennen sind unterschiedliche vulkanische Schichtfolgen.**

bung am geeignetesten, erfasst sie doch größere, aber bereits gut definierte Phytozönosen, in denen man sich mühelos zurechtfinden kann. Auf die konkrete Ansprache typischer Pflanzengesellschaften kommen wir natürlich fallweise zurück.

Das führt zwangsläufig zu einer klimatischen Höhengliederung, die ihrerseits das Ergebnis direkter Auswirkungen auf das Vegetationsgefüge verdeutlicht, ein Umstand, der bisher bei allen einschlägigen Vegetationsschilderungen seit der Erstbeschreibung durch Alexander v. HUMBOLDT immer wieder große Beachtung fand. Da jede der Kanareninseln ihren individuellen Charakter besitzt, fällt es nicht leicht, allgemeingültige Höhenangaben für die entsprechenden Vegetationslandschaften zu bieten (vgl. Abb. 58 und Abb. 115). Dabei sind einmal das west-östliche Klimagefälle innerhalb des Archipels und die damit verbundene ansteigende Humidität zu berücksichtigen, ferner die typischen Differenzen zwischen den jeweiligen Nord- und Südseiten einer jeden Insel (vgl. auch Tab. 2).

Es sei jedoch ausdrücklich darauf hingewiesen, dass jeder Versuch einer detaillierten Höhen-Gliederung auch noch jahreszeitlichen Schwankungen unterworfen sein kann. Deshalb bleibt für die höhenklimatische Differenzierung eine alte Version von CHRIST (1885) am plausibelsten, der schlicht eine Zone „**unter den Wolken**“, eine „**Wolkenregion**“ und einen Bereich „**über den Wolken**“ unterscheidet. Damit kommt auch grundsätzlich alles Wesentliche zum Ausdruck.

Sandstrände und Felsküsten

Die Küstenlinien der Inseln sind sehr verschiedenartig: auf den hohen, stark erodierten westlichen Kanareninseln wechseln oft viele schroffe Felsabhänge mit ausgedehnten, geröllangefüllten schwarzen Lavabuchten (Abb. 131). Besonders auf Fuerteventura und im Süden von Gran Canaria sind weit auslaufende flache Sandküsten verbreitet, denen sich landeinwärts riesige Dünenlandschaften anschließen, die ihrerseits in Halbwüsten übergehen (Abb. 132 u. Abb. 133). Am weitesten verbreitet sind jedoch Steilküsten mit ausge-

Abb. 131 Eine der schönsten Steilküsten der Welt: Anden Verde an der Nordküste von Gran Canaria mit blühendem *Argyranthemum frutescens.*

Abb. 133 Dünen von Maspalomas auf Gran Canaria. Diese mehrere Meter hohen Dünenfelder bestehen aus Karbonatsanden (kein Quarz!) von marinen Foraminiferen, Mollusken etc. Solche Konkretionen entstehen im Gezeitenbereich des Meeres.

Abb. 134 *„Playa del Risco"* mit festen, nahezu zementierten Platten aus Magnesium-Calciten oder Aragonit auf Fuerteventura mit angrenzenden riesigen Sandfeldern.

Abb. 135 **Rock-pools an der Nordküste von Teneriffa bei Garachico, wo 1806 der Lavafluss des Teide ins Meer floss und unterschiedlich tiefe, bei Ebbe noch wassergefüllte Lavabecken schuf. Diese sind zum Teil erosiv ausgeweitet worden und bilden Felswannen und -tümpel von wenigen bis zu vielen Metern Durchmesser und Tiefen von vielen Dezimetern.**

prägten Spritzwasserzonen, wo charakteristische Küstenpflanzen sich lediglich in Ritzen und Spalten einnischen können. Dazu kommen vielfach lagunenartige Flachwasserzonen mit Beach-rocks (Abb. 134). Beachrocks sind sekundäre Verfestigungen von Strand- und Dünenmaterialien der wärmeren, ariden Breitenlagen. Das können versteinerte Dünen (sog. „Äolianite") sein oder betonhart verfestigte Platten aus Sandstein bzw. aus Konglomeraten am Strand, für die der Terminus **Beach-rock** eingeführt wurde. Dies sind meist hochkonzentrierte Magnesium-Calcit-Verbindungen, die als Bindemittel bestimmte, im Grenzbereich vom süßen Grundwasser zum salzigen Meerwasser durch Wind oder durch die meist nur schwachen Gezeiten angetragene Lockersedimente sekundär verfestigt haben (Kelletat 1989, Rothe 1996). Sie sind vor allem auf Fuerteventura, Lobos und bei Las Palmas auf Gran Canaria anzutreffen.

An flachen Lavafelsküsten bilden sich wannenartige **Rock-pools** (Abb. 135). Rock-pools gibt es nur im Eu- und Supralitoral, also an der Hochwasserlinie, wo im Lavagestein lebende Blaualgen als Nahrungsgrundlage für verschiedene Meeresschnecken (Napfschnecken der Gattung *Patella* und Strandschnecken der Gattung *Litorina* meist zoniert übereinander) in Frage kommen. Diese Formengemeinschaft basiert auf endolithisch lebenden Blaualgen als Nahrungsgrundlage für die weidenden Schnecken. Anfangs bieten mikroskopische Vertiefungen im Gestein den Algen einen Schutz vor Verdunstung infolge des geringeren Windeinflusses und einer besseren Beschattung. Daher gedeihen in solchen Felswannen die Blaualgen besser, und sie reproduzieren sich rascher, das Nahrungsangebot für die Litorinen ist also günstiger. Beim Abraspeln der Gesteinsoberfläche durch die Schnecken werden die initialen Hohlformen vergrößert und vertieft, was eine zunehmende Standortgunst für die Algen bedeutet. Das so vergrößerte Nahrungsangebot wird von immer mehr Schnecken wahrgenommen; die zunehmende Austiefung bedeutet konsekutiv, dass Spritzwasser und Regenwasser nicht mehr vollständig verdunsten, so dass über kürzere oder längere Zeit ein ständig gefüllter Wassertümpel verbleibt. Unter ständiger Wasserbedeckung gedeihen jedoch weder die Blaualgen optimal, noch weiden die Litorinen gern unter Wasser. Diese biogene Erosion konzentriert sich also auf einen engen Bereich an der Wasserlinie und soweit darüber, wie ein kapillarer Feuchtigkeitsaufstieg die Algen begünstigt. Manchmal verstärken kleine, bei auflaufender Flut kreisförmig bewegte Steine die Schleifwirkung und schaffen tiefe runde Kolke (Abb. 135). Seitliche Hohlkehlen können entstehen, wenn das Vordringen der Rock-pools in die Tiefe erlischt, eine laterale Ausweitung solcher Hohlformen in einem bestimmten Niveau schließt sich oft an und führt zur Ausprägung ganzer Rock-pool-Systeme.

Zwischen etwa 10 und 50 m Tiefe hat man bisher nur vor Teneriffa, Gran Canaria und Lanzarote sehr lokale Populationen von *Halophila decipiens* auf sandigen oder sandig-schlammigen Substraten im tiefen Wasser nachgewiesen, zwischen 1 und 15 m Tiefe werden auf sandigen,

submarinen Substraten weite Flächen von der marinen Wasserpflanze *Cymodocea nodosa* und der Alge *Caulerpa prolifera* bedeckt. Diese seegrasähnlichen Elemente sind in der Lage, ausgedehnte unterseeische Wiesen zu bilden, die auf den Kanaren „**Sebadales**" genannt werden (z. B. *Cymodoceetum nodosae*-Gesellschaft der mediterran-marinen Thalassio-Syringodietalia filiformis-Salzwasser-Phytocönosen). Sie treten vor allem im Litoral der Insel-Leeseiten auf, wobei sie am häufigsten vor den zentralen (bei Las Palmas an der Playa de las Canteras auf Gran Canaria und bei El Medano in Teneriffa) sowie vor den östlichen Inseln vorkommen. Die nördlichsten bekannten Sebadales sind im „Canal del Río" zwischen der Nordküste von Lanzarote und der Südküste von La Graciosa zu finden (Abb. 136).

Abb. 136 Der Canal del Río zwischen Lanzarote und La Graciosa (im Hintergrund) ist bekannt für seine Sebadales. Blick vom Mirador *„Riscos de Famara"* nach Norden. Detail: *Cymodocea nodosa.*

Abb. 137 Lagune mit Brackwasser und *Ruppia* sowie *Cladophora* am Carco del Cieno an der Mündung des Valle Gran Rey auf La Gomera.

Im Norden von Fuerteventura und Arrecife de Lanzarote hat man vor kurzem sogar sehr kleinräumige Vorkommen der echten mitteleuropäischen Seegraswiesen entdeckt, den grundlegend vom Seegras *Zostera noltii* gebildeten Pflanzengesellschaften auf sandig-schlammig Substraten, die während der Ebbe trockenfallen. In kleinen Lagunen, in salzigen oder brackigen Tümpeln und in den Rock-pools der Küsten sowie in küstennahen Lagunen mit salz- und bicarbonathaltigem Wasser, findet man ferner Gesellschaften von *Ruppia maritima* ssp. *rostellata* und dem Teichfaden *Zannichellia pedicellata* (vgl. Abb. 137 sowie Zannichellion pedicillatae-Gesellschaften des Brackwassers bei Rivas-Martinez 2001 und Abbildungen bei Pott 1995, 1996).

Abb. 138 **Saladar mit dominierenden *Arthrocnemum macrostachyum*-Sträuchern, die im Komplex vor allem mit *Suaeda vera* (Detail) sandige Strandpartien im Gezeitenbereich einnehmen. Bei Trockenheit entstehen regelrechte Salzkrusten auf dem Boden. „*Morro Jable*“-Salzpfannen auf Fuerteventura.**

Salzwiesen und Dünen

Auf den östlichen und zentralen Inseln können sich auf permanent feuchten Substraten, die häufig von Meerwasser überflutet werden, mehr oder weniger ausgedehnte Salzpflanzenbestände entwickeln, die denen der mediterranen und nordafrikanischen Salzwannen und Salzwüsten, den „**Saladares**“ ähneln. Die charakteristischsten Arten in diesen Gesellschaften sind *Sarcocornia perennis*, *Arthrocnemum macrostachyum*, *Suaeda vera*, *Halimione portulacoides* und *Zygophyllum fontanesii* (Abb. 138 u. Abb. 139 sowie Abb. 117). Sie finden sich dominierend auf den östlichen Inseln, nur *Zygophyllum fontanesii* in eigenständigen Pflanzengesellschaften des *Zygophyllo fontanesii-Arthrocnemetum macrostachyi* und des *Zygophyllo fontanesii-Suadetum verae* der strauchförmig ausgebildeten mediterranen Salzwiesen, der Salicornietea fruticosae, wie sie bei Rivas-Martínez et al. (2001) differenziert sind, wächst zahlreich noch auf Teneriffa und La Gomera. Es gibt beispielsweise nur noch zwei kleine Bestände auf El Hierro, und diese Art fehlt vollkommen auf La Palma.

Besonders die Ostinseln sind reich an Salzvegetation: So wächst beispielsweise *Sarcocornia perennis* auf Fuerteventura, Lanzarote und der Isla de Lobos. *Arthrocnemum macrostachyum* gibt es auf Lanzarote, Alegranza und La Graciosa. Erstere Art nimmt die tieferen Küstenabschnitte ein und ist unaufhörlich dem Gezeitenrhythmus preisgegeben, während die zweite Art die höheren Strandniveaus mit dichten Decken überzieht, dabei normalerweise langen Dürreperioden ausgesetzt ist, in denen charakteristische Salzkrusten auf der lehmigen Oberfläche der Salzböden entstehen (Abb. 138).

Auf Primärdünen zahlreicher Strandabschnitte wachsen *Euphorbia paralias*, deren Areal auf den Kanaren bis La Gomera reicht, *Polycarpaea*

Abb. 139 *Halimione portulacoides* bei Orzola an der Ostküste von Lanzarote. Hier befindet sich die einzige Stelle auf den Kanarischen Inseln, wo diese mitteleuropäisch-atlantische Salzpflanze vorkommt.

nivea, *Cyperus capitatus*, *Ononis natrix* var. *ramosissima*, *Convolvulus caput-medusae* und in geringerem Maße auch *Polygonum maritimum*. *Androcymbium psamophilum*, endemisch auf Lanzarote und Fuerteventura, sind einmalige Pflanzen dieser Küstenlandschaften (Abb. 140). Sie bilden dort das endemische *Euphorbio paraliae-Cyperetum kallii* als Primärdünengesellschaft. *Polycarpaea nivea* ist die häufigste und am regelmäßigsten auftretende Art der Küstensande auf den Inseln und etabliert sich meist zusammen mit endemischen *Lotus*-Arten wie *L. sessilifolius* auf Teneriffa, *L. lancerottensis* auf Lanzarote und Fuerteventura sowie *L. kunkelii* auf Gran Canaria auf **Nebkas-Mikrodünen** aus schwarzem oder weißem Sand, die man entlang der Küste auf vulkanischen Substraten, Malpaíses, Barrancos oder Kegeln aus pyroklastischem Material finden kann (Abb. 141). Auch hier zeigt sich wunderbar die adaptive Radiation.

An Steilküsten und in Felsspalten unter aerohalinen Bedingungen finden sich – vor allem auf den steilen Klippen der Insel-Luvseiten – typische, von den Apiaceen *Crithmum maritimum* und *Astydamia latifolia* dominierte Gesellschaften vom Typ des *Frankenio ericifoliae-Astydamie-*

Abb. 140 Nebkas-Mikrodüne mit der atlantisch-mediterrankanarischen *Euphorbia paralias* aufgebaut. Typische Begleiter sind *Polycarpaea nivea*, *Cyperus capitatus* und *Convolvulus caput-medusae* (Details von oben nach unten).

tum latifoliae (Abb. 142). Diese *Crithmum maritimum*-Gesellschaften können von der Obergrenze der Geröllstrände bis zu den Steilklippen wachsen, so an den Nordseiten von Gran Canaria, Teneriffa und La Palma. Auf La Gomera, El Hierro und Fuerteventura sind die Bestände weniger häufig. Die auffällig gelb blühende *Astydamia latifolia* ist ein ausdauerndes Kraut und wächst besonders gut auf felsigem Untergrund. Ihre dickfleischigen Blätter sind gefiedert oder tief fiederteilig, sterben während der Sommertrockenheit ab und treiben im Winter nach den ersten Regenfällen wieder aus. Auch alle anderen an solchen Stellen wachsenden Halophyten sind meist blattsukkulent. Hier ist das in Form feiner Tröpfchen versprühte Meersalz wirksam, das sich auf den Blättern der Pflanzen absetzt und in diese eindringt, wodurch diese allmählich halosukkulent werden.

Abb. 141 ***Lotus sessilifolius*** **auf Mikrodünen aus dunkler Lavaasche bei El Médano/Teneriffa.**

Abb. 142 ***Frankenio ericifoliae-Astydamietum latifoliae*** **an Felsküsten im Gischtbereich des Meerwassers. Details: *Astydamia latifolia* (oben) und *Crithmum maritimum* (unten).**

Unter den Küstengebüschen fallen weiterhin einige gelegentlich sehr ausgedehnte Bestände auf, die durch *Chenoleoides tomentosa*, *Suaeda vermiculata*, *Frankenia ericifolia* und *F. laevis* und seltener durch *Gymnocarpos decander* auf den östlichen Inseln charakterisiert werden. *Reichardia crystallina* und *Atractylis preauxiana*, endemisch auf Teneriffa und Gran Canaria, geben einigen dieser Gesellschaften einen jeweils lokalen Cha-

Abb. 143 (oben) *Salsola vermiculata-Frankenia*-Gesellschaft in den Dünentälern am Strand von Maspalomas auf Gran Canaria. Detail: *Frankenia laevis*.

Abb. 144 (unten) *Traganetum moquinii* auf der Playa de Famara, Lanzarote; Ausschnitt: *Traganum moquinii*, Blattdetail.

rakter. Sie besiedeln lehmig-sandige und seltener steinige Substrate (Abb. 143). Helle Karbonatsande aus organischem, anorganischem oder gemischtem Material lassen sich vor allem in den zentralen und östlichen Bereichen des Archipels finden, wo die Strände bemerkenswerte Ausdehnungen erlangen können und wo der Sand auf den Jables von Küste zu Küste reicht. Auf diesem Substrat kann sich eine Dünenvegetation etablieren, welche durch ihre Vielfalt an sukkulenten, strauchförmigen Chenopodiaceen charakterisiert ist. Es sind meist Einartbestände auf den Dünen, selten von ein oder zwei anderen Arten begleitet. Diese Dünensysteme können mehrere Meter Höhe erreichen (Abb. 144). Ihre charakteristischen Arten sind *Traganum moquinii*, *Suaeda vera*, *Atriplex halimus*, *Atriplex glauca* var. *ifniensis*, *Salsola divaricata* und *Salsola vermiculata*. Alle diese Elemente sind saharo-arabischer bzw. südwest-mediterraner Herkunft. *Traganum moquinii* wird an trockenen Standorten in Meeresnähe bis zu 2 m hoch und verfügt als salzangepasste Pflanze über einen besonders originellen Blattaufbau (Abb. 144): Das Mesophyll der rundlichen Blätter besteht aus einem zentralen Hydrenchym, das von einem peripheren, großzelligen und ebenfalls der Wasserspeicherung dienenden Assimilationsgewebe umgeben wird. Der weitaus umfangreichste Teil des Blattes wird jedoch von großen, dünnwandigen Wasserzellen eingenommen, die im Spitzenbereich an die Epidermis stoßen und so ein deutlich erkennbares "Fenster" bilden, das dem Palisadenparenchym zu besserem Lichtgenuss verhilft. Sie bilden Salzwiesengebüsche der mediterranen Klasse der Salicornietea fruticosae (z. B. *Atriplici glaucae-Suadetum verae*) oder der kanarischen halophilen Küstenvegetation der Polycarpaeo niveae-Traganetea moquinii mit der weitverbreiteten Gesellschaft des *Traganetum moquinii* auf den Purpurarien, auf Gran Canaria und Teneriffa und dem endemischen *Polycarpaeo niveae-Lotetum lancerottensis* an der Ostküste von Lanzarote (s. auch Rivas-Martinez et al. 2001).

Die „**Tarajales**" sind Strauchformationen der kennzeichnenden Kanarischen Tamariske (*Tamarix canariensis*) und bildeten manchmal kleine Wäldchen in Barranco-Mündungen mit hoher Grundwasser-Feuchtigkeit sowie an den Rändern von küstennahen Lagunen. Heutzutage existieren nur noch seltene Restbestände dieser Gesellschaft, von denen die

Abb. 145 *Tamarix canariensis*-Büsche und *Phoenix canariensis*-Palmen bei Maspalomas, Gran Canaria.

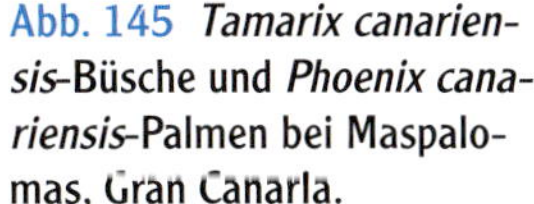

interessantesten an der Südwestküste Fuerteventuras und an einigen Stellen der Nordküste Teneriffas vorkommen. Erwähnenswert ist ferner der Tarajal-Rest der Lagune von Maspalomas auf Gran Canaria (Abb. 145). Sie gehören zur Vegetationsklasse der mediterran-nordafrikanisch-atlantisch verbreiteten Tamariskengebüsche, der Nerio-Tamaricetea, und repräsentieren dort innerhalb des Verbandes Tamaricion boreano-canariensis das kanarische *Atriplici ifniensis-Tamaricetum canariensis*.

Sukkulentenbusch („Tabaibal-Cardonal")

Das Klima der Basalstufe der Kanarischen Inseln wird durch hohe Sonneneinstrahlung, Mangel an Niederschlägen und geringe Luftfeuchtigkeit gekennzeichnet. Unter diesen Bedingungen stellt sich auf den zumeist armen Böden die typische halbwüstenähnliche Vegetation ein mit verschiedenen Arten der Gattung *Euphorbia*.

Der Sukkulentenbusch ist die wohl auffälligste Pflanzenformation auf den Kanarischen Inseln. Sein unterschiedliches Erscheinungsbild und die hier vertretene Artenvielfalt gaben seit jeher Anlass, diesem Vegetationstyp besondere Aufmerksamkeit zu schenken, wie man es in einer reichhaltigen Literatur nachlesen kann: Christ (1885), Schenck (1907), Burchard (1929), Kunkel (1965), Oberdorfer (1965), Lüpnitz (1971, 1995a), Sunding (1972), Rivas-Martínez et al. (1993) Beyhl (1994), um nur eine kleine Auswahl zu nennen.

Die Wuchsorte des Sukkulentenbusches sind die genannten subtropischen semiariden Gebiete der basalen Stufe (Abb. 53 u. 115). Der Sukkulentenbusch nimmt auf den Inseln einen Streifen ein, der auf der nordöstlichen Seite mittlere Höhen von 400 m über NN und auf der südlichen Seite von 700 m über NN erreichen kann (Abb. 115). Auf jeden Fall begünstigen das Relief, ganz besonders die Exposition und die jeweilige Topographie oder spezielle mikroklimatische Bedingungen vor allem im Bereich der Barrancowände die Höhenlage des Sukkulentenbusches.

Nach oben hin wird er im Norden durch den thermophilen Wald abgelöst, im Süden durch Wacholder (*Juniperus turbinata* ssp. *canariensis*), Pistazien (*Pistacia lentiscus*), Ölbaum (*Olea europaea* ssp. *guanchica*) und Kiefern (s. S. 132). Großräumige naturnahe Areale sind bis heute überall auf den Inseln erhalten geblieben, besonders an den Steilwänden der Barrancos, auf skelettreichen Lavaböden und anderen landwirtschaftlich nur schwer erschließbaren Stellen; vielerorts wird jedoch gerade diese basale Zone auf den westlichen Kanaren für die Anlagen der touristischen Urbanisationen und deren Infrastruktur (s. S. 197) zerstört bzw. stark verändert.

Die sukkulente, blattlose und kandelaberartige Wuchsform des „**Cardón**" (*Euphorbia canariensis*) kennzeichnet die als „**Cardonál**" bezeichnete Formation (Abb. 146), während der pachykaule Wuchs der verschiedenen Arten von „**Tabaibas**" (vor allem *Euphorbia balsamifera*, *E. obtusifolia* und *E. regis-jubae*) sowie der „**Verode**" (*Kleinia neriifolia*,

Abb. 146 **Cardonal mit *Euphorbia canariensis* bei Güimar auf Teneriffa.**

Abb. 147 **(rechts) Tabaibal mit von Wind und Salzschliff verformten Exemplaren von *Euphorbia balsamifera* bei El Médano auf Teneriffa.**

Abb. 120) die als „**Tabaibales**" benannten Formationen charakterisieren (Abb. 147). Nur auf Lanzarote gibt es keine natürlichen Cardonales; die vorhandenen Individuen von *Euphorbia canariensis* wurden in den letzten 50 Jahren als Zierpflanzen dorthin gebracht. Auf Fuerteventura prägen lokale Vorkommen des schon in Abb. 76 genannten Insel-Endemiten *Euphorbia handiensis* eine besondere Form des Cardonals.

Im Fall der Tabaibales wird aufgrund der Nähe zur Küste ein durch das Auftreten von *Euphorbia balsamifera* als „**Tabaibal dulce**" gekennzeichneter Tabaibal vom „**Tabaibal amargo**" mit *Euphorbia obtusifolia* in küstenfernen höheren Lagen unterschieden (Abb. 148 u. 149). Es lohnt sich, die folgenden Arten hervorzuheben: *Euphorbia balsamifera, Campylanthus salsoloides, Ceropegia fusca* (auf Teneriffa und Gran Canaria), *Schizogyne sericea, Helianthemum canariensis, Neochamaelea pulverulenta, Lycium afrum* und *Seseli webbii*. Sie alle zeigen die Phänomene der adaptiven Radiation, wie es die Autoren im Jahre 1996 beispielhaft für den Sukkulentenbusch von Teneriffa vorgestellt haben (Hüppe, Pott & Wildpret de la Torre 1996). Im Norden Gran Canarias, im Westen Teneriffas und im Norden La Gomeras ist die Präsenz von *Euphorbia aphylla* auffällig (Abb. 150). In den Tabaibales dulces der östlichen Inseln und Inselchen fällt lokal das an Trockenheit angepasste Schwalbenwurzgewächs *Caralluma burchardii* auf, ein Endemit der östlichen Inseln (Abb. 151).

Die Cardonales der östlichen Inseln wurden bis auf einige kleine Zeugnisse auf der Halbinsel Jandía (Fuerteventura) beseitigt. Auf den zentralen und westlichen Inseln finden sich trotz einer alarmierenden Zerstörung und Degradation immer noch ausgezeichnete Bestände im Umfeld der Barrancos im Anaga- und Teno-Gebirge (Teneriffa), im Norden von La Palma, auf La Gomera sowie im Süden und Osten von Gran Canaria.

Die wohl auffälligste Pflanze der basalen Höhenstufe verkörpert *Euphorbia canariensis* (Abb. 66), deren Standortsökologie und Morphologie von Lüpnitz & Ladwig (1992) sowie von Hüppe et al. (1993) näher untersucht wurden. Mit seinen zahlreichen aufsteigenden, eckigen und

148

149

151

150

Abb. 148 *Euphorbia balsamifera*-Vegetation (Tabaibal dulce) an der Punta de Teno im Norden von Teneriffa.

Abb. 149 *Euphorbia regis-jubae*-Vegetation (Tabaibal amargo) im Teno-Gebirge auf Teneriffa.

Abb. 150 *Euphorbietum aphyllae* auf Gran Canaria. *E. aphylla* ist salztolerant und wächst in küstennahen Bereichen unter aerohalinen Bedingungen.

Abb. 151 *Caralluma burchardii*, ein Endemit der östlichen Kanaren. Diese stammsukkulente Pflanze wird nur maximal 15 cm hoch. Sie bildet weißliche, unterirdische Ausläufer und fleischige, vierkantige, aufwärtsgerichtete oberirdische Triebe aus. Diese sind unregelmäßig geformt und hin und wieder leicht eingeschnürt. Die grau bis braungrün, manchmal bis braun-violett gefärbte Sprossachse übernimmt meistens die Assimilation. Durch diese Farbe und die eigenartige Form ähnelt die Pflanze unregelmäßig geformten Lavabrocken und ist dadurch gegenüber Fraßfeinden hervorragend getarnt (Beyhl 1994).

Abb. 152 *Euphorbia canariensis* mit *„Endophyten"*, z.B. *Periploca laevigata* (Detail).

an den äußeren Kanten mit Dornen bewehrten Armen stellt der Cardón eine eigenständige Struktureinheit dar, die die Landschaft deutlich prägt. Unter optimalen Bedingungen zeigt er einen nahezu kreisförmigen Wuchs und erreicht je nach Standort Wuchshöhen von 50 cm und 3 m. Die zuvor als charakteristisch für die Cardonales genannten Arten wachsen häufig in seinem Inneren und bleiben, geschützt durch den giftigen Milchsaft der „Wirtspflanze", vor der Beweidung durch Ziegen bewahrt, weshalb sie gelegentlich äußerst üppig in einem Cardón wachsen. *Rubia fruticosa*, *Periploca laevigata* sowie verschiedene *Sonchus*- und *Taeckholmia*-Arten erreichen in ihm eine wunderbare Entfaltung (Abb. 152). Vom giftigen Milchsaft der Kandelaber-Wolfsmilch ist bekannt, dass er besonders für die Augen sehr gefährlich ist und zur Erblindung führen kann. O. Burchard (1929) berichtet, dass man den Saft von *Aeonium lindleyi* (Abb. 96) als Gegenmittel verwenden kann; eine Erfahrung, die auch ältere Tinerfeños bestätigen (Schmidt 1992). Jedoch nur im Anaga-

Abb. 153 (rechte Seite) *Opuntia ficus-indica* und *Artemisia thuscula* im Anaga-Gebirge auf Teneriffa.

Gebirge von Teneriffa wachsen beide Pflanzen zusammen. Auch der Saft von *Periploca laevigata* wurde als Gegenmittel gegen die Latex des Cardon auf allen Inseln genutzt.

Die durch *Euphorbia obtusifolia* („**Tabaiba amarga**") charakterisierten **Tabaibales amargos** sind zur Zeit sehr weit verbreitet als Substitutionsformationen ehemals gerodeter Wälder in höher gelegenen Bereichen, wodurch ihre natürlichen Verbreitungsgrenzen durch den anthropogenen Einfluss aufgehoben wurden. Die häufigsten Begleiter von *Euphorbia obtusifolia* in diesen Situationen sind *Artemisia thuscula*, *Rumex lunaria*, *Lavandula canariensis*, *L. buchii*, *Salvia canariensis* und verschiedene eingebürgerte Arten, unter denen vor allem die Opuntien auffallen (Abb. 153). Die Plastizität von *Euphorbia obtusifolia* hat dazu geführt, dass zwei charakteristische Phänotypen nach MOLERO & ROVERA (1998) unterschieden werden:

- *E. obtusifolia* (Abb. 70), mit baumartigen Wuchs, normalen Blättern und kleinen Brakteen und Verbreitungsschwerpunkt im Norden der zentralen und westlichen Inseln in der infra- und thermokanarischen Stufe,
- *E. regis-jubae* (Abb. 68) ist kleiner gewachsen, besitzt längliche Blätter und große gelbe Brakteen und ist in den mittleren Lagen der zentralen Inseln weit verbreitet.

Alle Pflanzen des Sukkulentenbusches haben besondere Anpassungsstrategien entwickelt, um Trockenheit zu überstehen. Die Adaptationen an Dürre führen häufig zu Konvergenzen bei Gewächsen unterschiedlichster systematischer Stellung (z. B. Stammsukkulenz bei Kakteen und Euphorbien).

Abb. 154 *Cheilanthes marantae* (Sinopteridaceae), ein urtümlicher Farn, der als Pionier auf Lava wächst; dieser Farn kann bei Trockenheit völlig ausdörren und lange Zeit in diesem trockenen Zustand verharren, um bei geringster Feuchtigkeitszufuhr wieder frisch auszutreiben.

Bezüglich ihres Wasserhaushaltes sind grundsätzlich poikilohydre und homoiohydre Pflanzen zu unterscheiden. Bei poikilohydren oder wechselfeuchten Pflanzen differiert deren Hydratur nicht wesentlich von der Umgebung, weshalb sie unter Umständen ein völliges Austrocknen vertragen müssen. Diese Organismen besitzen die Fähigkeit, in einen Zustand latenten Lebens überzugehen, um nach erneuter Benetzung wieder aktiv zu werden. Dabei verhält sich das lebende Protoplasma genauso wie ein toter Quellkörper. Diese Eigenschaft findet man vor allem bei Niederen Pflanzen, gelegentlich auch bei Kormophyten, z. B. bei dem lavabewohnenden Farn *Cheilanthes marantae* (Abb. 154).

Homoiohydre oder eigenfeuchte Pflanzen können selbst unter extrem trockenen Bedingungen einen relativ konstanten osmotischen Wert im

Abb. 155 ***Reichardia tingitana*** **als Beispiel für einen Therophyten.**

Protoplasten ihrer Zellen aufrechterhalten. Dadurch sind sie weitgehend unabhängig von der Luftfeuchtigkeit, also der Hydratur ihrer Umgebung. Sie vertragen ein Austrocknen nicht. Auf der einen Seite braucht die Pflanze eine große CO_2-assimilierende Oberfläche, was aber starke Wasserverluste insbesondere in trockener Luft nach sich zieht. Auf der anderen Seite muss die Pflanze eine möglichst hohe Hydratur des Protoplasten mit seinen Organellen, d.h. eine möglichst niedrige Zellsaftkonzentration, bewahren. Die Einschränkung der Wasserabgabe durch die Einschaltung hoher Transpirationswiderstände hat die Unterbrechung der CO_2-Aufnahme und damit auch der Photosynthese zur Folge. Die Pflanze steht also in ständigem Konflikt zwischen Verdursten und Verhungern, wie es auch Dieter LÜPNITZ (1995) ausdrückt.

Um ihr osmotisches Potential in Trockengebieten zu bewahren, gibt es die verschiedenartigsten Anpassungsformen, die sich bei zahlreichen Sippen unabhängig voneinander entwickelt haben. Einjährige Pflanzen ertragen die Trockenheit als Samen. Ihre Entwicklung hängt stark von der Regenmenge in den einzelnen Jahren ab (z.B. *Senecio teneriffae* oder *Reichardia tingitana*, Abb. 155).

Xerophyten überstehen die Trockenheit als Ganzes, aber in einem gewissen Ruhezustand. Sie sind stets bemüht, während der Trockenperioden die Transpiration niedrig zu halten. Dabei haben sich die raffiniertesten Strategien herauskristallisiert: Da ist einmal die Reduktion der transpirierenden Oberfläche durch Bildung kleinerer Blätter bis hin zum Schuppenblatt oder zu Dornen. Die Reduktion der Stomata wirkt ebenfalls transpirationshemmend. Bei vielen kanarischen Arten sind diese klein und dicht verschließbar. Ferner spielt die Blattstellung zur Sonne eine gewisse Rolle. Die Intensität der Erwärmung durch Sonneneinstrahlung hängt u.a. vom Einfallswinkel der Strahlen ab, weshalb einige Arten zur Profilstellung ihrer Blätter oder zur Resupination neigen (*Kleinia neriifolia* – Asteraceae – Abb. 120).

Großblättrige, malakophylle Xerophyten haben bei ausreichender Feuchtigkeit große, weiche und häufig dicht behaarte oder klebrige Blätter. Sie spielen physiognomisch in der Kanarenflora nur eine geringe Rolle (z.B. *Salvia broussonetii* – Lamiaceae, *Withania aristata* und *Solanum lidii* – Solanaceae – Abb. 156). Bei sklerophyllen Arten sind die Blätter dauerhaft, aber klein und hart. Wir finden unter ihnen insbesondere immergrüne Holzpflanzen mit harten, durch mechanisches Gewebe versteiften Blättern, die nur im äußersten Notfall abgeworfen werden (*Asparagus* spp.

Abb. 156 Malakophylle Xerophyten: *Salvia broussonettii*, ein seltener Teneriffaendemit an Felsen in der Sukkulentenstufe. An ähnlichen Stellen wächst *Solanum lidii* nur auf Gran Canaria (rechts). An den Früchten (Detail rechts) erkennt man die Zugehörigkeit von *Withania aristata* zur Familie Solanaceae.

Abb. 157 Blattabwerfende Trockenpflanzen mit Rutensprossen verschiedener Pflanzenfamilien aus dem Sukkulentenbusch. *Retama raetam* (Fabaceae), ein Rutenstrauch an der Obergrenze des Sukkulentenbusches (links und Detail mit Blüten). Die Phyllocladien von *Asparagus pastorianus* (Asparagaceae) sind schon vor der Blütezeit abgefallen (oben rechts); gleiches gilt für die zahlreichen weiteren *Asparagus*-Arten der Kanarischen Inseln. *Plocama pendula* (Rubiaceae) ist ein extrem angepasster monotypischer Vertreter dieser endemischen Gattung mit einem hervorragend angepassten, sowohl weit- wie auch tiefreichenden Wurzelsystem (unten rechts).

– Liliaceae, *Periploca laevigata* – Asclepiadacae). Ferner gehören hierhin die Rutengewächse, die ihre kleinen Schuppenblättchen (falls überhaupt vorhanden) gleich zu Beginn der Trockenperiode verlieren. Die rutenartigen Sprosse übernehmen dann die Assimilation, und die Rillen im Stengel bieten Schutz vor Austrocknung durch Wind(*Retama raetam* – Fabaceae – Abb. 157). Pflanzen mit Phyllodien (laminal entwickelte

Blattstiele) oder Phyllokladien (blattförmige Kurztriebe – *Asparagus pastorianus* – Liliaceae – Abb. 157) treten in den Trockengebieten der Kanaren weitgehend zurück. Ebenfalls als xeromorphe Anpassung sind die fadenförmigen Blätter der Rubiacee *Plocama pendula* zu werten (Marrero Gómez et al. 2000).

Der Ursprung dieses Sukkulentenbusches liegt ohne Zweifel in den Sukkulenten-Halbwüsten des nahen afrikanischen Kontinents. Man könnte ihn daher als eine kanarische Vikariante derjenigen Formationen beschreiben, die sich über die trockenen, südlichen Zonen von Sudan, Äthiopien, Saudi-Arabien und Iran bis zum Fuß des westlichen Himalajas erstrecken. Wie Rivas-Goday & Esteve Chueca (1965) bei ihrem Vergleich der saharo-makaronesischen Halbwüsten mit den sudano-sindischen sehr gut beschreiben, lassen sich analoge Gesellschaften, Vikarianten, mit nahe verwandten Arten gleicher Gattungen aufzeigen. Diese Vikarianz haben wir erläutert (S. 80ff.). In eindrucksvoller Weise lässt sich hier das Phänomen der Konvergenz beobachten: Die ebenfalls charakteristischen Asclepiadaceen-Arten *Ceropegia dichotoma* und *Ceropegia fusca* sowie die genannte Asteracee *Kleinia neriifolia* besitzen denselben stammsukkulenten Gestalttyp wie die Euphorbien (Abb. 64–76 und Abb. 118–120).

Neben der Stammsukkulenz treten weitere Xeromorphosen auf: Blattsukkulenz (u.a. bei den Gattungen *Aeonium*, *Greenovia*), Reduktion der transpirierenden Blattoberflächen zumindest außerhalb der Vegetationsperiode (*Euphorbia aphylla*, *Ceropegia*-Arten etc., Ausbildung von Flachsprossen, die die Assimilationsfunktion der Blätter übernehmen, Dornen (*Launaea*) und Haarbesatz.

Die Halbwüstenvegetation der tiefsten, trockensten Lagen ist weiterhin durch habituell extrem angepasste Halbsträucher gekennzeichnet. *Launaea* (= *Zollikoferia*) *spinosa* (Abb. 116), eine Cichoriacee, ist beispielsweise optimal durch starke Reduktion der transpirierenden Oberfläche bis hin zum Schuppenblatt oder zu Dornen an solche Extremstandorte angepasst. Zusätzlich kann die Äquifazialität der Blätter als Kompromiss zwischen maximaler assimilierender und minimaler transpirierender Oberfläche gesehen werden (z.B. *Aizoon canariense*, Abb. 158). Durch Verdickung und Kutikularisierung der Epidermis mittels Wachsüberzügen kann weiterhin ein Schutz der Außenschichten erreicht werden (z.B. *Euphorbia atropurpurea*). In diesem Zusammenhang sind auch die Verschleimung von Epidermiszellen, Sekretabsonderung (*Phyllis viscosa* und *Ph. nobla*, Rubiaceae) und starke Behaarung zu nennen. Haare wirken als Windschutz vor Austrocknung. Zusätzlich reflektieren sie Strahlung und absorbieren nachts den Tau bei verschiedenen *Sideritis*-Arten, *Teucrium heterophyllum* und *Helichrysum gossypinum* (Abb. 158). Andere Blätter sind mit spiegelnden Oberflächen ausgestattet; im Sukkulentenbusch bei der auf den westlichen Inseln endemischen Solanacee *Withania aristata* (Abb. 156). Ferner spielt die Blattstellung zur Sonne eine wichtige Rolle;

Abb. 158 **Wachsüberzüge und starke Behaarung sind bei vielen Pflanzen unterschiedlichster Verwandtschaftskreise als Anpassung an die Trockenheit ausgebildet: *Aizoon canariense* (links oben), *Teucrium heterophyllum* (links unten) und *Helichrysum gossypinum* (rechts), ein Lanzarote-Endemit.**

so genannte „Kompasspflanzen" stellen bei mittäglichem Sonnenhöchststand die Blätter senkrecht und reduzieren durch solche Profilstellungen der Blätter zum Einfallswinkel der Sonnenstrahlen die Intensität der Erwärmung und der entsprechenden Wasserverdunstung.

Die Sukkulenten sind in diesem Zusammenhang äußerst hydrostabil, indem sie die Trockenperioden in aktiven Zustand aufgrund ihrer gespeicherten Wasservorräte überdauern. Ihre Zellsaftkonzentration ist infolge der Wasserspeicherung besonders niedrig. Das Wurzelsystem verläuft meist sehr flach in den oberen Bodenschichten. Während der Dürrezeit werfen sie meist ihre Blätter ab, die fernen Jungwurzeln vertrocknen und werden erst dann wieder neu gebildet, wenn ausreichend Regen fällt. Infolge des gehemmten Gaswechsels nach Schließung der Stomata bei Tage während der Dürrezeit ist die Stoffproduktion der sukkulenten Pflanzen in dieser Zeit vergleichsweise gering, und das Wachstum ist sehr langsam. Deshalb ist oft der CAM-Metabolismus der Photosynthese entwickelt. Fast alle Wüsten- und Halbwüstenpflanzen der Erde zeigen diesen hervorragenden Anpassungsmechanismus. Zahlreiche grundlegende Erkenntnisse der Standortsökologie und der Morphologie des kanarischen Sukkulentenbusches verdanken wir Lüpnitz & Ladwig (1992).

Eine weitere Anpassung an die Trockenheit stellt neben den Xeromorphosen der mehrjährigen Pflanzen der hohe Anteil an Einjährigen (Therophyten) dar (vgl. Abb. 155), die die vegetationsfeindliche Periode im Samenstadium überdauern. Geophyten überleben mit Hilfe unterirdischer Speicherorgane (Rhizome, Zwiebeln, Knollen).

Die auf die Kanaren und Madeira geographisch beschränkte, endemische Vegetationsklasse der Kleinio-Euphorbietea canariensis repräsentiert den Sukkulentenbusch wiederum mit ganz speziellen regional- oder lokalendemischen Gesellschaften des Verbandes Aeonio-Euphorbion canariensis. Dies sind von den Cardonales folgende geographische Vikarianten:

- das *Aeonio percarnei-Euphorbietum canariensis* (nur Gran Canaria)

- das *Aeonio valverdensis-Euphorbietum canariensis* (nur auf El Hierro)
- das *Periploco laevigatae-Euphorbietum canariensis* (nur auf Teneriffa)
- das *Echio breviramis-Euphorbietum canariensis* (nur auf La Palma)
- das *Euphorbietum berthelotii-canariensis* (nur auf La Gomera)
- das *Kleinio neriifoliae-Euphorbietum canariensis* (nur auf Teneriffa)
- das *Euphorbietum handiensis* (nur auf Fuerteventura)

Diese nahezu monotypisch aufgebauten Cardonales zeigen eindrucksvoll das Phänomen der Radiation. Nur Lanzarote hat – wie gesagt – keine natürlichen *Euphorbia canariensis*-Gesellschaften.

Thermophiler Trockenbusch („Bosque termófilo“ und „Sabinar“)

Der Übergangsbereich zwischen dem Sukkulentenbusch und der Montanstufe liegt direkt unterhalb der Zone des Wolkenmeeres und unterscheidet sich von der unteren Stufe des Sukkulentenbusches durch eine höhere Feuchtigkeit, geringere Insolation sowie etwas niedrigere Temperaturen. Die Böden sind zumeist weiter entwickelt. Diese Standortbedingungen fördern das Auftreten eines von wenigen Baumarten gebildeten Trockenbusches. Gelegentlich treten je nach dominierender Spezies spezielle Formationen als „**Palmerales**“ mit *Phoenix canariensis* (*Periploco laevigatae-Phoenicetum canariensis*), als „**Sabinares**“ mit *Juniperus turbinata* ssp. *canariensis*, als „**Lentiscales**“ mit *Pistacia lentiscus*, als „**Almacigales**“ mit *Pistacia atlantica*, als „**Acebuchales**“ mit *Olea europaea* ssp. *guanchica* in Erscheinung (s. Vargas et al. 2001 sowie Abb. 159 bis 162). Sie gehören zur Klasse der Oleo cerasiformis-Rhamnetea crenulatae und bilden dort einen eigenständigen Vegetationstyp aus, der in der Gesellschaft des *Mayteno-Juniperetum canariensis* subsumiert wird.

Flächenhaft noch bedeutsame Reste der von Wacholder (*Juniperus turbinata* ssp. *canariensis*) gebildeten Gehölze sowie lokale Bestände auf allen zentralen und westlichen Inseln stellen die heutigen Zeugnisse vergangener **Sabinares** dar, die als Klimax, d. h. die Endstufe der Vegetationsentwicklung unter den derzeitigen und vergangenen Klimabedingungen, vor allem in der thermokanarischen Stufe zu finden waren. An bestimmten höhenexponierten Orten im Norden und Nordosten vor allem auf La Gomera, El Hierro, La Palma und Teneriffa dehnt sich die thermokanarische Stufe bis zur Küste aus, und die Sabinares grenzen dort an die salzbeeinflusste Küstenzone (Abb. 160). An ihrer Höhengrenze in der Kontaktzone in der subhumiden und humiden thermokanarischen Stufe vermischen sich die Sabinares in Nord- und Nordost-Expositionen mit den Formationen des Monteverde, während sie in Süd-Expositionen in der trockenen mesokanarischen Stufe in die Formationen des Pinar eindringen.

Infolge des Eindringens von Pflanzen und Tieren aus den angrenzenden Ökosystemen beherbergt diese ausgedehnte Transitionszone zwischen Sukkulentenbusch und Lorbeerwald die eingangs erwähnte große biologische Vielfalt.

Abb. 162 *Olea europaea* ssp. *guanchica* ist ein immergrüner Strauch mit gegenständigen Blättern und grünen, später blau-schwarzen Früchten. Dieser seltene Kanarenendemit wächst in thermophilen Trockenbüschen oberhalb der Sukkulentenstufe.

Abb. 159 *Phoenix canariensis* und *Dracaena draco* wachsen derzeit nur noch vereinzelt in Übergangsbereichen zwischen Sukkulentenbusch und der Montanstufe mit Lorbeer- und Kiefernwäldern im Bereich des thermophilen Trockenbusches sowie in den ehemaligen Lagunen von Maspalomas auf Gran Canaria.

Abb. 160 *Juniperus turbinata* ssp. *canariensis* bei Afúr im Anaga-Gebirge (Detail: einzelne Zweige mit Schuppenblättern und Früchten) ist lokal bestandsbildend, oberhalb des Sukkulentenbusches jedoch vielfach gerodet. Reste der Sabinares sind noch weit erhalten im Norden von La Gomera, auf Hierro und La Palma. Berühmt für El Hierro sind die Windformen dieses Wacholderstrauches der Kanarischen Inseln (s. auch Abb. 163).

Abb. 161 *Pistacia atlantica* ist ein zweihäusiger, laubabwerfender Strauch oder kleiner Baum mit rötlichen, später bräunlichen Früchten, verbreitet von den Kanaren bis Pakistan.

Abb. 163 Vom ständigen Passatwind geformte Exemplare des Kanarenwacholders *Juniperus turbinata* ssp. *canariensis*, im Sabinal auf El Hierro.

Abb. 164 *Visneo mocanerae-Arbutetum canariensis*, der Monteverde seco. *Arbutus canariensis* hat einen ganz speziellen Reproduktionszyklus: vom Beginn der Knospenbildung bis zur Fruchtreife vergehen fast 22 Monate. Bei *Arbutus* werden im März/April die Knospen und die Blütenrispen angelegt, die weißen Blüten erscheinen jedoch erst im Oktober und blühen bis Ende Januar/Anfang Februar. Wenn der Sommer aber zu trocken war, werden die Knospen und Blütentriebe vor der Blüte abgeworfen; so reguliert die Pflanze selbst ihre Fruchtproduktion. Wenn nach der Blüte und nach der Pollination die Fruchtreife während des Winters oder im zeitigen Frühling (Oktober bis Februar) erfolgt, ist also genügend Feuchtigkeit und eine ausreichende Fruchtzahl vorhanden, die dann alle reifen können, so dass möglichst wenige Früchte im Sommer verloren gehen. Das Regenwasser des Winters und des Frühlings kann so vorwiegend für die vegetative Aktivität der Pflanzen genutzt werden, während im Sommer und vor allem im Herbst, wenn die Tage kürzer werden und die Photosyntheseaktivität nachlässt, der Großteil des verfügbaren Wassers für die Fruchtreife benutzt werden kann. Im Herbst und Frühwinter sind die Früchte reif, so dass neue Blüten und reife Früchte des Vorjahres gleichzeitig an der Pflanze zu sehen sind. Die Samen werden im Frühling verbreitet, wenn die Temperaturen nicht zu hoch sind, der Boden noch feucht ist und die Tage schon lang genug sind, um ein schnelles Wachstum der Keimlinge zu gewährleisten, da das geringe Endosperm der Samen als Reserve nicht lange vorhält.

Abb. 165 Von *Cistus monspeliensis* (Detail) dominierte Garrigues sind typische Zwergstrauchheiden als Ersatzgesellschaft gebrannter Trockenbuschformationen und Kiefernwälder, besonders schön auf El Hierro zu sehen.

Abb. 166 Vegetationskomplex aus einer Matrix von *Teline canariensis* mit *Adenocarpus foliolosus* (Detail oben links), *Asphodelus microcarpus* (Detail unten links), *Ulex europaeus* (Detail Mitte) und *Micromeria hyssopifolia* (Detail unten rechts), verbreitet im Hochland von Gran Canaria und Teneriffa.

Grundsätzlich lassen sich entlang eines idealisierten Höhengradienten (Abb. 58) trockene und feuchte Sabinares unterscheiden. Erstere weisen verstärkt Elemente des Sukkulentenbusches auf, von denen besonders *Rubia fruticosa*, *Euphorbia obtusifolia* ssp. *obtusifolia* und *Olea europaea* ssp. *guanchica* auffallen; ein Beispiel stellt der für El Hierro beschriebene Sabinar vom Typ des *Rubo fruticosae-Juniperetum canariensis* dar (Abb. 163). Die zweiten besitzen dagegen mit *Visnea mocanera*, *Apollonias barbujana*, *Erica arborea* und *Ilex canariensis* mehr Elemente der subhumiden thermokanarischen Stufe des immergrünen Monteverde und gehören zu den Gesellschaften des *Junipereto canariensis-Oleetum* oder zum *Junipereto canariensis-Rhamnetum crenulatae*. Letztere vermitteln zu den immergrünen Hartlaubwäldern des Monteverde (s. S. 140) und dort innerhalb der Lorbeerwälder zu extrem sonnen- und trockenheitsertragenden Buschwäldern vom Typ des *Visneo mocanerae-Arbutetum canariensis* (Abb. 164).

Auf degradierten Flächen füllen vielfach ausgedehnte Cistrosen-Ensembles die entstandenen Lücken aus, die im Übergangsbereich zwischen der oberen Basalstufe und der trockenen Montanstufe (thermokanarisch-mesokanarisch) auf den Südabdachungen und bis in die humide Montanstufe auf den Nordabdachungen der Inseln vorkommen. Die von *Cistus monspeliensis* dominierten Garrigues (Abb. 165) werden als „**Jaguarzales**" bezeichnet, während die so genannten „**Tomillares**" von verschiedenen endemischen Arten der Gattung *Micromeria* dominiert werden, vor allem von *M. varia* agg. und den Kleinarten *M. hyssopifolia*, *M. lanata* und *M. benthamii*. Wir stellen sie pflanzensoziologisch in die Ordnung der kanarischen Cisto monspelliensis-Micromerietalia hyssopifoliae, die monotypisch mit den dominierenden Pflanzengesellschaften *Cistetum symphytifolio-monspeliensis*, dem *Echio aculeati-Micromerietum hyssopifoliae* sowie dem *Euphorbio regis-jubae-Cistetum monspeliensis*, dem *Micromerio variae-Globularietum salicinae* und anderen lokal verbreiteten Garrigues vertreten ist (s. Rivas-Martinez et al. 2001).

Immer wieder lassen sich auf verschiedenen Standorten, in verschiedenen Höhenlagen oder auch in verschiedenen Gebieten der Inseln verschiedene Zwergstrauch-dominierte Spezialgesellschaften von *Teline* div. spec., *Cistus* div. spec., *Ulex europaeus* und *Adenocarpus* div. spec. unterscheiden. Ein Beispiel gibt Abb. 166. Dies sind größtenteils Buschheiden aus dem Vegetationskomplex der Andryalo-Ericetalia (s. S. 139), in der wir den Telino canariensis-Adenocarpion-Verband mit solchen höherwüchsigen Heidebuschbeständen ausgliedern.

Lorbeerwald und Baumheide-Gebüsch („Monteverde")

Zum **Monteverde** gehören sowohl immergrüne Hartlaubwälder, deren bis über 20 m hohe Baumschichten von verschiedenen lorbeerblättrigen Arten (Abb. 47, 102–109, 167–169) beherrscht werden, als auch Heidebuschwälder oder Baumheideformationen mit dichten und zumeist artenarmen, von der Baumheide *Erica arborea* geprägten Beständen. Die Krautschicht der Lorbeerwälder besteht am schattigen Waldesboden aus nur wenigen Arten, kann jedoch an verlichteten Stellen oder an Wegrändern bzw. in Bestandeslücken recht artenreich sein. Epiphyten und Lianen sind charakteristisch für luftfeuchte Lagen an Nordhängen der Gebirge oder in tiefen Barrancos. Kennzeichnend für die kanarischen Lorbeerwälder ist jedoch der Reichtum an Relikten der alten tertiären Waldvegetation, auf die wir schon mehrfach hingewiesen haben. Eine Reihe solcher Pflanzenarten (z. B. *Visnea mocanera*, Abb. 103 oder *Erica scoparia* ssp. *platycodon*, Abb. 55) wächst in der Tat nur noch reliktendemisch auf den Kanarischen Inseln als „**Paleoflora viviente**", wie sie

Abb. 167 **Der Lorbeerwaldkomplex des Monteverde bedeckt fast alle Hänge im Anaga-Gebirge auf Teneriffa.**

Ciferri (1962) genannt hat. Andere sind jedoch auch noch auf dem europäischen oder afrikanischen Kontinent erhalten geblieben.

So findet man beispielsweise *Prunus lusitanica* auch heute noch im Süden der Iberischen Halbinsel, und die *Laurus*-Arten haben angeblich noch einige Reliktvorkommen im Atlas-Gebirge. Außerdem besitzen sie, wie viele andere endemische Sippen, noch nahe Verwandte in den angrenzenden Florengebieten, z. B. *Laurus nobilis* im Mittelmeerraum (vgl. Rivas-Martínez et al. 2001). Auch die immergrünen Kanarischen Stechpalmen *Ilex canariensis* und *Ilex perado* ssp. *platyphylla* sind eng mit der mittel- und südeuropäisch verbreiteten *Ilex aquifolium* verwandt (Abb. 108, 168, 169). *Ilex perado* ssp. *platyphylla* erreicht an feuchten, schattigen Standorten im Lorbeerwald bis zu 15 m Höhe. Am auffälligsten sind die großen, lederigen, glänzenden Blätter, deren gewellte Ränder mit Stacheln und einer Stachelspitze ausgestattet sind. *Ilex canariensis* wird genauso groß, ist sehr häufig in der Waldstufe sowie in der Heide-

Abb. 168 *Ilex canariensis* (oben) und *Ilex perado* ssp. *platyphylla* (unten) als immergrüne Begleiter des Lorbeerwaldes.

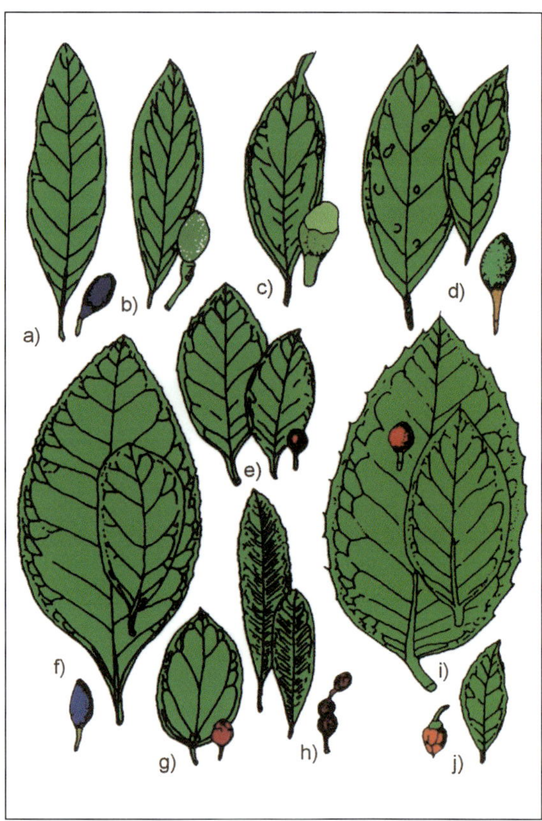

Abb. 169 **Blattformen und Früchte des Lorbeerwaldes: a) *Persea indica*, b) *Laurus novocanariensis*, c) *Ocotea foetens*, d) *Apollonias barbujana*, e) *Ilex canariensis*, f) *Picconia excelsa*, g) *Rhamnus glandulosa*, h) *Myrica faya*, i) *Ilex platyphylla*, j) *Visnea mocanera*. Die größeren Blätter stellen im Allgemeinen Jungstadien einer Art dar.**

buschvegetation vertreten und kann bis zu 1800 m über NN aufsteigen. Die pflanzensoziologisch-syntaxonomische Gliederung des kanarischen Monteverde wollen wir vollständig nach der neuesten Gliederung von Rivas-Martinez et al. (2001) unter Nennung aller Synonyme und neuerer Autoren bei Berücksichtigung der Regeln des Internationalen Codes der Nomenklatur hier einfügen (vgl. auch Weber et al. 2000).

Pruno hixae-Lauretea novocanariensis Oberdorfer 1965 corr. Rivas-Martínez et al. 2001
[Pruno-Lauretea Oberdorfer 1960 (art. 8), Pruno-Lauretea Oberdorfer 1965, Pruno lusitanicae-Lauretea canariensis Oberdorfer 1965 (rec. 10c, art. 43), Pruno-Lauretea azoricae Oberdorfer ex Rivas-Martínez, Amaiz, Barreno & Crespo 1977 (nomencl. syn.)]

Andryalo-Ericetalia Oberdorfer 1965
[Fayo-Ericetalia arboreae Sunding 1972 (nomencl. syn.)]

Myrico fayae-Ericion arboreae Oberdorfer 1965
[Fayo-Ericion arboreae Oberdorfer 1961 (art. 41b)]

- *Myrico fayae-Ericetum arboreae* Oberdorfer 1965
[*Fayo-Ericetum arboreae* Oberdorfer 1965 (art. 41b)]

Telino canariensis-Adenocarpion foliolosi Rivas-Martínez, Wildpret, Del Arco, O. Rodríguez, Pérez de Paz, García Gallo, Acebes, T.E. Díaz & Fernández-González 1993
[Adenocarpo foliolosi-Cytision proliferi Rivas Goday & Esteve 1965 (art. 8), Micromerio-Genistion Oberdorfer 1965 (art. 8), Adenocarpo foliolosi-Cytision proliferi Esteve 1969 (art. 37, 38), Micromerio-Cytision congesti Esteve 1969 (art. 37, 38), Cytision canariensis Sunding 1972 (art. 3f)]

- *Chamaecytiso canariae-Adenocarpetum villosi* (Sunding 1972) nom. nov. Rivas-Martínez et al. 2001
[*Adenocarpo foliolosi-Cytisetum proliferi* Esteve 1969 (art. 37), *Adenocarpo villosi-Cytisetum proliferi* Sunding 1972 (art. 31, 39)]
- *Micromerio benthami-Cytisetum congesti* Sunding 1972
[*Cisto monspeliensis-Cytisetum congesti* Esteve 1969 p.p. (art. 37), *Micromerio benthami-Telinetum microphyllae* Sunding 1972 nom. mut. (art. 45) Rivas-Martínez et al. 2001]
- *Telinetum canariensis* Del Arco & Wildpret 1983

Pruno hixae-Lauretalia novocanariensis Oberdorfer ex Rivas-Martínez, Arnaiz, Barreno & Crespo 1977 corr. Rivas-Martínez et al. 2001 [Ilici-Lauretalia Rivas Goday 1960 (art. 2b, 8) Pruno-Lauretalia Oberdorfer 1965 (art. 8), Lauro-Ilicetalia Sjögren 1972 (art. 3b), Pruno-Lauretalia azoricae Oberdorfer ex Rivas-Martínez, Arnaiz, Barreno & Crespo 1977 (art. 43)] al 1

Ixantho viscosae-Laurion novocanariensis Oberdorfer ex Santos in Rivas-Martínez, Arnaiz, Barreno & Crespo 1977 corr. Rivas-Martínez et al. 2001
[Laurion macaronesicum Rübel 1930 (art. 2b, 8), Laurion macaronesicum Rübel ex Oberdorfer 1965 (art. 8, 34), Ixantho-Laurion azoricae Oberdorfer ex Santos in Rivas-Martínez, Arnaiz, Barreno & Crespo 1977 (art. 43)]

- *Diplazio caudati-Ocoteetum foetentis* Rivas-Martínez, Wildpret, Del Arco, O. Rodríguez, Pérez de Paz, García Gallo, Acebes, T.E. Díaz & Fernández-González 1993

- *Ilici canariensis-Ericetum platycodonis* Rivas-Martínez, Wildpret, Del Arco, O. Rodríguez, Pérez de Paz, García Gallo, Acebes, T.E. Díaz & Fernández-González 1993
- *Lauro novocanariensis-Perseetum indicae* Oberdorfer ex Rivas-Martínez, Arnaiz, Barreno & Cerspo 1977 corr. Rivas-Martínez et al. 2001
  [*Lauro azoricae-Perseetum indicae* Oberdorfer ex Rivas-Martínez, Arnaiz, Barreno & Crespo 1977 (art. 10d, 43), *Perseo indicae-Lauretum azoricae* Oberdorfer ex Santos 1983 (art. 5, 31), *Laurus canariensis-Persea indica* gess. Oberdorfer 1965 (art. 3c)]

Visneo mocanerae-Apollonion barbujanae Rivas-Martínez in Capelo, J.C. Costa, Lousã, Fontinha, Jardim, Sequeira & Rivas-Martínez 2000

- *Visneo mocanerae-Arbutetum canariensis* Rivas-Martínez, Wildpret, Del Arco, O. Rodríguez, Pérez de Paz, García Gallo, Acebes, T.E. Díaz & Fernández-González 1993

Rubo bollei-Salicetalia canariensis Rivas-Martínez in Capelo, J.C. Costa, Lousã, Fontinha, Jardim, Sequeira & Rivas-Martínez 2000

Rubio periclymeni-Rubion ulmifolii (Oberdorfer 1965) Rivas-Martínez, Wildpret, Del Arco, O. Rodríguez, Pérez de Paz, García Gallo, Acebes, T.E. Díaz & Fernández-González 1993
[Rubion canariensis Oberdorfer 1965 (art. 34)]

- *Rubio periclymeni-Rubetum* Oberdorfer 1965

Salicion canariensis Rivas-Martínez, Wildpret, Del Arco, O. Rodríguez, Pérez de Paz, García Gallo, Acebes, T.E. Díaz & Fernández-González ex Rivas-Martínez, Fernández-González & Loidi 1999 [Salicion canariensis Rivas-Martínez, Wildpret, Del Arco, O.Rodríguez, Pérez de Paz, García Gallo, Acebes, T.E. Díaz & Fernández-González in Itinera Geobot. 7: 225. 1993, (art. 3b)]

- *Rubo-Salicetum canariensis* J.C. Rodríguez, Arco & Wildpret 1986

Der Kanarische Lorbeerwald (Laurisilva Canaria)

Die kanarischen Lorbeerwälder sind also keine „Museumsstücke“, in denen seit Millionen Jahren die Zeit stehen geblieben ist, sondern Reste einer ursprünglichen Vegetation, die sich unabhängig weiterentwickelt und immer neuen Umweltbedingungen angepasst haben. Bei dieser so genannten „**Laurisilva**“ handelt es sich um einen subtropischen Waldtyp, der sich unter relativ konstanten Klimabedingungen mit erhöhter Luftfeuchtigkeit und stabilen Temperaturen einstellt. Lorbeerwälder existieren gegenwärtig auf den Kanaren, Madeira und den Azoren, haben jedoch ihren Ursprung in den Wäldern, die sich im Tertiär im Mittelmeergebiet ausdehnten und dort bereits vor einigen Millionen Jahren ausstarben. Diese immergrünen Hartlaubwälder stammen also von tropischen bzw. subtropischen Regenwäldern des Oligozän ab, und sie entwickelten sich um den 40. nördlichen Breitengrad herum im Umfeld der Tethys im Miozän zum Lorbeerwald. Danach, im Pleistozän, als die mediterranen Elemente südwärts nach Nordafrika verschoben wurden, mischten sich die heutigen Wälder aus den tertiären Relikten mit zahlreichen immergrünen Hartlaubelementen (Axelrod 1975, Wildpret de la Torre & Martín Osorio 1997). Besonders hervorzuheben sind in diesem Zusammenhang die Vertreter aus den Familien der Lauraceae, Aquifoliaceae, Oleaceae, Myrsinaceae und Theaceae u.a. Durchsetzt sind die alten Formen von neuen, meist durch adaptive Radiation entstandenen Sippen und von Vertretern mit mediterranem Verbreitungsschwerpunkt (z.B. *Rhamnus*, *Ilex* und *Viburnum*), wie es Erich Hübl (1988) in seiner vergleichenden biogeographischen Studie über die Hartlaubwälder der Erde ausführt. Diese bilden noch heute ein überaus interessantes und lohnenswertes Forschungsobjekt unserer geobotanischen Disziplinen.

Weltweit betrachtet spielen Lorbeerwälder mit weniger als 1% der gesamten Waldfläche eine nur vergleichsweise geringe Rolle; man findet sie aber in fast allen Erdteilen, sowohl nördlich als auch südlich des Äquators. Neben den auf ca. 28° nördlicher Breite vorkommenden kanarischen Lorbeerwäldern sind auf gleicher geographischer Breite physiognomisch ähnliche Bestände in Japan und China zu finden, um 32° auf Madeira, südhemisphärisch bei 34° in Südafrika, bei 38° in Chile und bei 40° in Südostaustralien und auf Neuseeland (s.auch Grabherr 1996, Richter 2001).

Ökologisch steht der Lorbeerwald zwischen den tropischen Gebirgsregenwäldern und den immergrünen Hartlaubwäldern der Winterregengebiete. Letztere werden – jedenfalls auf die Mediterraneis, Chile und Ostasien bezogen – von Oberdorfer (1965) und Hübl (1988) beispielsweise als klimabedingte Weiterentwicklung der an größere Feuchtigkeit gebundenen Lorbeerwälder angesehen. Dennoch hat der Lorbeerwald mit den Hartlaubwäldern weniger gemeinsam als mit den Wäldern tropischer Verbreitung. Fast alle Bäume des Lorbeerwaldes zeigen kaum Jahresringe und besitzen wie die der tropischen Wälder eine nur dünne Borke sowie immergrüne, lederige, mehr oder weniger breite und glänzende Blätter, und die Vegetationspunkte bleiben weitgehend ungeschützt. Weitere Übereinstimmungen mit tropischen Wäldern sind das häufige Vorkommen girlandenartig von Ästen und Stämmen herabhängender Moose sowie epiphytische Farne und epiphytische höhere Pflanzen. Epiphylle Moose sind ebenfalls verbreitet. Gut erhaltene Bestände des kanarischen Lorbeerwaldes setzen sich aus bis zu achtzehn verschiedenen Baumarten zusammen, in deren Schatten eine große Anzahl verschiedener Farne,

Abb. 170 **Die passatwindexponierte Nordseite des Anaga-Gebirges auf Teneriffa ist vielfach noch von geschlossenen Lorbeerwäldern bedeckt.**

Abb. 171 **Von ganz besonderer ornithologischer Bedeutung sind im Monteverde die endemischen Tauben *Columba bollei* und *C. junoniae*. Beide Lorbeerwaldtauben sind vom Aussterben bedroht. Nennenswerte Vorkommen gibt es nur noch auf La Palma, Teneriffa und Gomera.**

Moose, Pilze und anderer schattenliebender Pflanzen gedeihen kann. Insgesamt handelt es sich um immergrüne Feuchtwälder warm temperierter Klimate.

All diese Charakteristika sind auch dem kanarischen Lorbeerwald eigen (Abb. 167 und Abb. 170). Der Lorbeerwald selbst stellt das Ökosystem mit dem größten Reichtum an Invertebraten und dem höchsten Endemiten-Anteil der Kanarischen Inseln dar. Die besonderen Bedingungen infolge der erhöhten Feuchtigkeit und der Beschattung durch die Bäume fördern die Ansiedlung von Regenwürmern, Schnecken und insbesondere von Arthropoden. Bedeutende Elemente der Vertebratenfauna sind verschiedene Fledermaus- und eine große Anzahl von Vogelarten. Besondere Bedeutung besitzen die zwei endemischen Taubenarten *Columba bollei* und *C. junoniae* (Abb. 171).

Die konstante Zufuhr feuchter Luft durch den Passatwind, welche beim Aufsteigen zu Nebelbänken mit je nach Jahreszeit verschiedener

Abb. 172 ***Rubus bollei*, eine endemische mehrjährige Brombeere mit überhängenden oder meterlang kletternden Ästen kann an gestörten Stellen in der Lorbeerwaldregion flächendeckend vorkommen.**

Schichtdicke kondensiert, ist der fundamentale klimatische Faktor, der die geeigneten Bedingungen für die Anwesenheit des laurophyllen **Monteverde,** des Lorbeerwaldes im engeren Sinne, auf den nördlichen, nordöstlichen und östlichen Bergflanken sowie an einigen, mikroklimatisch begünstigten Stellen der Südabdachungen der zentralen und westlichen Inseln schafft. Ursprünglich hat der Monteverde einen Streifen über der Obergrenze der xeromesophytischen Vegetation der mittleren Lagen eingenommen, der bis unterhalb der Berggrate der Inseln Gran Canaria, Teneriffa und La Palma reichte, wo er in der Höhe von den Formationen der Pinares abgelöst wird, während er auf La Gomera und El Hierro den oberen Abschluss der Vegetation darstellt, da diese Inseln kaum höher als 1500 m sind.

Den Inseln Lanzarote und Fuerteventura fehlt dieser Vegetationstyp heute, obwohl sich auf ihren höchsten Gipfeln mikroklimatisch günstige Nischen befinden, die noch einige typische Lorbeerwald-Elemente reliktartig beherbergen. Hervorzuheben sind dabei besonders *Heberdenia excelsa* (Abb. 105), *Visnaea mocanera* und andere Lorbeerwaldelemente, dort wo es den Ziegen im Jandía-Gebirge zu schwierig wird, sie abzufressen, und *Rubus bollei* (Abb. 172). Die Verbreitung der echten kanarischen Lorbeerwälder bleibt somit auf die Westinseln und Gran Canaria beschränkt (Abb. 57 u. 115).

Sie wachsen dort in Höhen zwischen 600 und 1400 m über NN und sind fast ausschließlich an den luvseitigen, nördlichen bzw. nordöstlichen Berghängen sowie in Mulden und Tälern mit tiefgründigem und nährstoffreichem Boden anzutreffen. Auf Gran Canaria sind unweit der Ortschaft Moya von einem einstmals beachtlichen Waldgebiet nur noch

Fragmente erhalten geblieben. Auf Teneriffa haben recht ansehnliche Waldabschnitte im Anaga-Gebirge den mittlerweile weitestgehend zur Ruhe gekommenen Raubbau überlebt. Entlang der gesamten Nordküste gibt es mehrere zum Teil verhältnismäßig artenreiche Fragmente, und ein bemerkenswerter Bestand ist wieder um den Monte del Agua in Los Silos zu finden. Auf La Palma sind mehrere nordost-exponierte Schluchten mit Lorbeerwald bewachsen, und auf Hierro gibt es noch ein ansehnliches Waldstück oberhalb Frontera. Auf Gomera wird der gesamte zentrale Bereich vom heute wohl eindrucksvollsten kanarischen Lorbeerwald geprägt, den die Inselregierung 1986 dann auch unter Schutz gestellt hat. Besonderheiten gerade dieses Waldes wurden in einer von Pedro Pérez de Paz (1990) verfassten Monographie herausgestellt (s. Abb. 170, 173 u. 174). Wälder des Garajonay auf Gomera haben die größte Biomasse mit den höchsten und mächtigsten Baumgestalten von Lorbeerbäumen; die Wälder des Anaga-Gebirges auf Teneriffa jedoch besitzen die höchste Biodiversität des kanarischen Monteverde.

Abb. 173 Besonders an tief eingeschnittenen Barrancos sind großflächige, geschlossene Bestände erhalten. Meterlange Wedel von *Woodwardia radicans* bedecken die waldfreien Steilhänge innerhalb des großen Lorbeerwaldes von Los Tilos auf La Palma.

Abb. 174 Bestandsaspekt im Lorbeerwald aus dem Nationalpark Garajonay auf La Gomera.

Standörtliche Voraussetzungen für die kanarischen Lorbeerwälder

Nicht der Boden, sondern das Klima ist die herausragende standörtliche Voraussetzung für die Ausbildung des kanarischen Lorbeerwaldes. Franco Kämmer (1974) hat sich mit den klimatischen Erscheinungen zur Herausbildung der kanarischen Lorbeerwälder ausführlich auseinandergesetzt. Nach seinen Untersuchungen ist der messbare durch die Wolken herangetragene Nebelniederschlag im Bereich des Lorbeerwaldes entgegen allen sonstigen Beobachtungen jedoch eher dürftig und beeinflusst die Vegetationsentwicklung kaum direkt. Gleichwohl schützt die durch den Passat verursachte Wolkendecke vor allzu starker Insolation, die mit 4–6 Stunden täglichem Sonnenschein nur halb so lange andauert wie in den Tieflagen. Sie hält ferner die Temperatur um 15 °C annähernd konstant, die Luftfeuchtigkeit im Jahresmittel mit 80 % hoch und damit die Verdunstungsrate klein. Dies gilt vor allem für die niederschlagsarmen Sommermonate (Lüpnitz 1995a, b).

Die vergleichsweise ungünstigen ökologischen Bedingungen erklären auch die Verarmung des kanarischen Lorbeerwaldes im Vergleich zu dem anderer Erdteile oder dem im Pleistozän ausgestorbenen europäisch-nordafrikanischen Tertiärwald. Unklar ist, ob auch die geographische Isolierung und die geringe Arealausdehnung eine Rolle spielen. Aus floristischer Sicht bedeutend ist ferner, dass sich in diesen Waldformationen ein

Großteil der Paläo- und Neoendemiten finden. Es wurde bereits mehrfach darauf hingewiesen, dass der kanarische Monteverde, insbesondere die Laurisilva, eben als lebende Paläoflora ein Relikt der Vegetation der humiden Subtropen darstellt, die sich gegen Ende des Tertiärs (Miozän – Pliozän) über große Teile Südeuropas und Nordafrikas ausbreitete. Fossilien, die rezenten Pflanzenarten der Kanaren ähneln, wurden an einigen Stellen der Iberischen Halbinsel, Frankreichs, Italiens und in Nordafrika gefunden (Abb. 45). Wir haben das bereits erläutert (S. 56).

Die Struktur der kanarischen Lorbeerwälder

Physiognomisch wird der kanarische Lorbeerwald neben mehreren bodennahen Schichten durch Bäume von 10 bis 30 m Höhe geprägt, unter denen namentlich die Lauraceen einen beachtlichen Anteil haben (Abb. 175). Bei ungestörtem Wuchs und günstigen Standortsbedingungen entwickelt sich der Wald zu einem hallenartigen Hochwald mit dich-

Abb. 175 ***Ocotea foetens*-Urwald mit ca. 30 m hohen Bäumen, die einen hallenartigen Hochwald mit dichtem Kronenschluss aufbauen, der nur noch wenig Sonnenlicht auf dem Waldboden zulässt.**

Abb. 176 *Marcetella moquiniana.*

Abb. 177 *Bencomia caudata.*

tem Kronenschluss. Im Inneren herrscht dann nur noch ein diffuses Licht, in dem eine lockere Strauchschicht sowie eine moos- und farnreiche Krautschicht gedeihen. Unter trockenen Standortbedingungen sind die Krautschicht und die Kryptogamen-Synusien extrem artenarm.

Die beiden zweihäusigen Rosaceen-Sträucher *Marcetella moquiniana* und *Bencomia caudata* (Abb. 176 u. 177) sind nur recht sporadisch innerhalb des Lorbeerwaldes anzutreffen, dafür aber stellenweise gehäuft in dessen Randbereichen: *Marcetella* in der Übergangszone zum Sukkulentenbusch, und *Bencomia* siedelt bis in die Nadelwaldstufe. Sie erreichen im Durchschnitt 3 bzw. 6 m Höhe und sind nicht nur wegen ihrer chorologischen Beziehungen interessant. Beide besitzen einfach gefiederte Blätter, die an den Sprossenden schopfrosettige Anordnung zeigen und bei *Marcetella* kahl und bereift sind. Sie verfügen über einfache, meist hängende, ährenförmige Blütenstände.

Die kennzeichnenden Arten der Baumschicht können wir in Abhängigkeit von ihrer Abundanz in der folgenden Form ordnen:

- Relativ häufig sind *Laurus novocanariensis*, *Picconia excelsa* und *Persea indica*.
- Weniger häufig sind *Ocotea foetens*, *Apollonias barbujana* und *Visnea mocanera*.
- Selten sind *Pleiomeris canariensis*, *Heberdenia bahamensis* und *Prunus lusitanica* ssp. *hixa*.
- Sehr selten sind *Pleiomeris canariensis*, *Sambucus palmensis* und *Myrica rivas-martinezii*.

Wuchsformen und -größe der Lianen stehen hier weit hinter den aus tropischen Wäldern bekannten Verhältnissen zurück. Spärlich ist auch deren

Abb. 178 Der Lorbeerwald vom Typ des *Lauro-Perseetum indicae* als Lebensraum für zahlreiche Epiphyten verschiedenster Herkünfte: von den Zweigen herabhängende Moose sind *Neckera crispa* und *Isothecium myosuroides*, auf den Baumstämmen wachsen zahlreiche weitere Moose und Flechten als Epiphyten (Detail rechts). Von den höheren Pflanzen kommen *Semele androgyna* (Details unten und unten links) und *Convolvulus canariensis* (Detail links) als Lianen vor.

Artenzahl, aber nicht so sehr die Abundanz. Als windende Lianen sind *Semele androgyna* (Liliaceae) und *Convolvulus canariensis* (Convolvulaceae) zu nennen (Abb. 178). Mit *Hedera helix* ssp. *canariensis* (Araliaceae) liegt ein typischer Wurzelkletterer vor, und *Rubus bollei* (Rosaceae), *Rubia peregrina* ssp. *agostinhoi* (Rubiaceae), *Smilax canariensis* und *Asparagus fallax* (Liliaceae) klettern mit Hilfe rückwärts gebogener Emergenzen oder Dornen und gelten als Spreizklimmer.

Besondere Aufmerksamkeit verdienen die beiden erstgenannten Arten. *Semele androgyna* ist ähnlich dem mediterranen *Ruscus aculeatus* mit blattartigen, kahlen, zweizeilig angeordneten Flachsprossen versehen, deren Ränder manchmal etwas schlängelnd gelappt sind. Die kleinen Blüten sind zu 2–6 gebündelt und inserieren an den Rändern bis hin zur Flä-

Abb. 179 ***Vandenboschia** (= **Trichomanes**) **speciosa.***

Abb. 180 ***Hymenophyllum tunbrigense.***

Abb. 181 ***Asplenium hemionitis.***

Abb. 182 ***Polypodium macaronesicum.***

chenmitte der Flachsprosse. Die in allen Lorbeerwäldern und in deren Sekundärformation (s.u.) verbreitete *Convolvulus canariensis* besitzt ganzrandige, ungeteilte und dicht behaarte Blätter, in deren Achseln rispenförmige Infloreszenzen mit attraktiven hellblauen Einzelblüten zur Entwicklung kommen.

Die Krautschicht des Lorbeerwaldes wird von Farnen dominiert, von denen zunächst zwei besonders hervorgehoben werden sollen: *Woodwardia radicans* (Blechnaceae, Abb. 46) und *Culcita macrocarpa* (Dicksoniaceae, Abb. 110). Der letztgenannte, eindrucksvolle Farn spielt zwar wegen seiner Seltenheit im Waldbild kaum eine Rolle, gehört aber mit seinen bis zu 1 m hohen Achsenkörpern zu den bemerkenswertesten Pflanzen des Lorbeerwaldes. Es handelt sich nämlich um einen Vertreter der Gruppe der Baumfarne und besitzt deshalb weitreichende chorologische Beziehungen, die einerseits in das tropische Amerika und andererseits nach Südostasien und Australien bis hin zu den südpazifischen Inseln weisen. Die gleichgestaltigen, bis zu 2,5 m langen, im Umriss dreieckig-spitzen Wedel der neotropisch verbreiteten Gattung *Woodwardia* erscheinen an schattigen, feuchten Lorbeerwaldstandorten oft flächendeckend (Abb. 173).

Im krassen Gegensatz hierzu stehen die kleinen Farne *Vandenboschia speciosa* und *Hymenophyllum tunbrigense* (Hymenophyllaceae). Letztere wachsen oft und gehäuft am Fuß der *Culcita*-Baumfarne. Diese Arten sind zwar an sehr schattigen Standorten in den ganzjährig von den Passatwolken gestreiften Kammlagen des Lorbeerwaldes recht häufig, verstecken sich aber gerne zwischen Moospolstern, meist an der Basis von Bäumen oder an Baumstümpfen von *Erica scoparia* (Abb. 179 und 180). Weitere typische Farne der Krautschicht sind *Adiantum reniforme* (Abb. 48), *Asplenium onopteris* und *A. hemionitis* (Aspleniaceae, Abb. 181).

Davallia canariensis (Davalliaceae, Abb. 111) und *Polypodium macaronesicum* (Polypodiaceae, Abb. 182) sind auf allen Inseln verbreitet und wachsen mit Hilfe ihrer oberirdisch kriechenden Rhizome auf kahlen, meist etwas schattigen Felswänden, in Rinnen und Klüften, auf Lavastromböden und Mauern, epipetrisch an der Obergrenze des Sukkulentenbusches und epiphytisch auf Stämmen und Ästen der Lorbeerwaldbäume.

Der Einfluss von Relief und Höhe wirkt sich außerordentlich stark auf den Aspekt der verschiedenen Pflanzengemeinschaften aus. Das macht es möglich, verschiedene Vegetationseinheiten zu unterscheiden, die an Gebiete mit extremen Steigungen, langgezogene Schluchten mit Klippen und großen Felsen, Berghänge mit geringer Inklination, ausgedehnte Täler und Niederungen oder an nahezu permanent Wasser führende Talsolen von Barrancos gebunden sind.

Aufgrund der zuvor beschriebenen Faktoren können nach den pflanzensoziologischen Studien von Rivas-Martínez et al. (1993) und Rodriguez Delgado et al. (1998) drei verschiedene Einheiten des Lorbeerwaldes unterschieden werden:

Abb. 184 *Sambucus palmensis.*

Abb. 185 (links) *Sideroxylon marmulano.*

Abb. 183 *Salix canariensis.*

- Die Assoziation ***Lauro-Perseetum indicae*** (Abb. 178), die sich auf feuchten Böden sowie an Berghängen mit geringer Inklination einstellt und deren Physiognomie durch den hohen Anteil von *Persea indica* („Viñatigo") mit ihren großen und im Alter orangeroten Blättern geprägt ist. Aufgrund ihrer hohen Biomasse sticht diese Gesellschaft möglicherweise am meisten hervor in den optimalen Stadien des feuchten Lorbeerwaldes der Berggipfel im Nationalpark Garajonay auf La Gomera sowie auf der Insel La Palma. *Laurus novocanariensis* ist die häufigste der waldaufbauenden Arten. Der bis zu 30 m hohe Baum besitzt mattgrüne, elliptische, zugespitzte und in der Größe recht variable Blätter. Die Art erweist sich als überaus regenerationsfähig, erfolgt doch seine Vermehrung überwiegend durch Stockausschlag, der sehr schnell baumförmige Strukturen annimmt, wenn die Mutterpflanze abstirbt. Eine hohe Rekonstitutionskraft besitzen auch viele andere Lorbeerwaldbäume; wenn alte Bäume mit Epiphyten und Polyporaceen besetzt umbrechen, schießen junge Sprossglieder aus den maroden Altbäumen hervor und wachsen sofort zu jungen Bäumchen heran. Des Weiteren tritt der Kanaren-Lorbeer regelmäßig als Strauch an Sekundärstandorten auf. Reinbestände von *Laurus novocanariensis* bevorzugen luftfeuchte Regionen in 700–800 m Höhe. In besonders regenreichen Lagen existiert eine farnreiche Ausprägung. Manchmal kommt hier auch *Ocotea foetens* vor. Als Rarität unter den Bäumen des Lorbeerwaldes ist *Euphorbia mellifera* hervorzuheben. Die Art bevorzugt feuchte, schattige Standorte und wird bis zu 15 m hoch. Auffällig sind ihre an den Astenden schopfig gehäuften, fast sitzenden, schmallanzettlichen Blätter. Häufiger wird die Art als Jungwuchs in der Strauchschicht sichtbar. Selten, aber auf allen mit Lorbeerwald ausgestatteten Inseln kommt *Heberdenia excelsa* (Myrsinaceae) vor. Ein ähnliches Verbreitungsareal besitzt die zur selben Familie gehörende *Pleiomeris canariensis*, sie fehlt allerdings auf Hierro. Beide Arten kann man leicht an ihrer Stängelblütigkeit, der Kauliflorie, erkennen. In beiden Fällen handelt es sich um kleine Bäume, die 10 bis 15 m hoch werden können. An besonders feuchten Stellen des Lorbeerwaldes und an Ufern kleiner Wasserläufe gedeiht die bis zu 10 m hohe *Salix canariensis* (Salicaceae, Abb. 183). An ähnlichen Stellen wächst oft gehäuft *Sambucus palmensis* (Abb. 184). Schließlich ist noch die baumförmige Sapotacee *Sideroxylon marmulano* zu erwähnen, die im Übergangsbereich zum Sukkulentenbusch wächst (Abb. 185). An besonders feuchten Stellen kann *Persea indica* bestandsbildend auftreten und formt eine Art Auwald auf den Sohlen von Schluchten, ist aber ansonsten nur einzeln eingesprengt. Aufgrund ihrer auffallend dicken Stammbasis wird sie auch als „hölzerner Felsen“ bezeichnet, und ihr Holz ist wegen der außergewöhnlich schönen Struktur als „kanarisches Mahagoni“ bekannt. *Apollonias barbujana* besiedelt vorwiegend die untere und mittlere Lorbeerwaldzone und wächst oft an steilen, frisch durchsickerten warmen Hängen. Sie liefert das wertvolle dunkle „kanarische Ebenholz“, weshalb ältere Exemplare heute ziemlich selten geworden sind. Neben den erwähnten Lauraceen sind etliche weitere Baumarten am Waldaufbau beteiligt: *Prunus lusitanica* ssp. *hixa* liebt Bereiche mit sehr hoher Luftfeuchtigkeit und ist zahlreich in den Lorbeerwäldem des Nordostens von Teneriffa zusammen mit den fast allgegenwärtigen

Abb. 186 **Blick in das Kronendach eines *Ocotea foetens*-Lorbeerwaldes als feuchtestem Waldtyp des Monteverde.**

Laurus novocanariensis, *Ilex canariensis*, *Myrica faya* und *Erica arborea* vertreten.

- Das ***Diplazio caudati-Ocoteetum foetentis*** (Abb. 178) stellt die Gesellschaft der feuchtesten Bereiche der Laurisilva dar. *Ocotea foetens* ist die wohl wasserbedürftigste Lauracee. Ein großer Reichtum an Farnen und Epiphyten, die die dominierende Baumart, *Ocotea foetens* („Til"), besiedeln, eine Lauracee, die leicht anhand der Cupula erkannt werden kann, die die Fruchtbasis umgibt. *Diplazium caudatum* (= *Athyrium umbrosum*) und andere Farne bedecken das Unterholz in den optimalen Stadien fast vollständig (Abb. 186). Ausgezeichnete Bestände dieser Gesellschaft finden sich in dem Barranco de Ijuana (Anaga, Teneriffa), Meriga (La Gomera) sowie in Tilos und La Galga (La Palma).
- Der Lorbeerwald „Madre del Agua" bei Los Silos (Teneriffa) stellt ein gutes Beispiel für das ***Visneo mocanerae-Arbutetum canariensis*** dar,

das sich auf weniger feuchten Substraten und an stärker geneigten Hängen mit weniger entwickelten Böden einstellt und bevorzugt die Untergrenze des Wuchsgebietes der Gesellschaften des Lorbeerwaldes besiedelt. Dieser vergleichsweise trockenheitstolerante Lorbeerwaldtyp wird auch als **Monteverde seco** bezeichnet. Bedeutende Bestände finden sich auch im Valle de Güimar auf Teneriffa (Abb. 164).

Arbutus canariensis wird über 10 m hoch und ist leicht an seiner rötlich-braunen Borke und den großen, gezähnten Blättern zu erkennen. *Visnea mocanera* (Theaceae) und *Picconia excelsa* (Oleaceae) erscheinen in allen Höhenlagen der Lorbeerwaldstufe und treten gelegentlich auch in schattigen Barrancos und in der Übergangsregion zum Sukkulentenbusch auf. Auf Sekundärstandorten wachsen beide als breit ausladende Büsche, normalerweise aber als gedrungene Bäume mit beträchtlichem Stammumfang. *Rhamnus glandulosa* (Rhamnaceae) erreicht gewöhnlich nur mittlere Baumausmaße (Abb. 187). Als besonderes Merkmal sind seine in den Winkeln zwischen der Blattmittelrippe und den Hauptseitennerven positionierten, kleinen, runden, auf der Blattoberseite aufgewölbten Domatien erwähnenswert, deren Öffnungen zur Unterseite weisen.

Bemerkenswert ist vor allem der imponierende Reichtum an Sträuchern und ausdauernden Krautpflanzen in den verschiedenen Lorbeerwaldtypen und übergreifend in den Monteverde-Baumheiden:

Die Gattung *Pericallis* (Asteraceae), von der die gärtnerisch gezüchteten „Cinerarien“ abstammen, ist im Lorbeerwald mit mehreren Arten vertreten. Besonders häufig sind die aufrechten und ausdauernden *P. cruenta*, *P. echinata* und *P. tussilaginis*. Letztere ist mit knolligen Speicherwurzeln ausgestattet und gedeiht in der unteren Waldstufe, aber auch

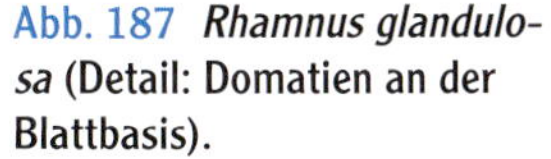
Abb. 187 *Rhamnus glandulosa* (Detail: Domatien an der Blattbasis).

189

190

191

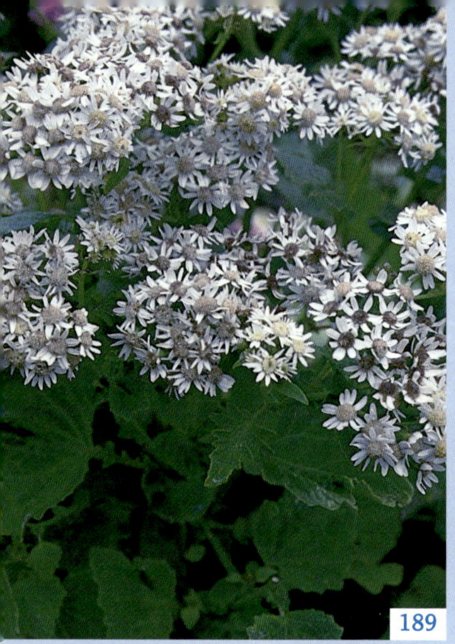

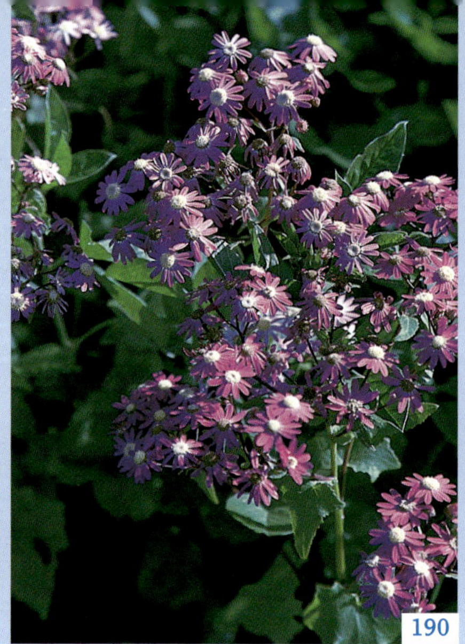

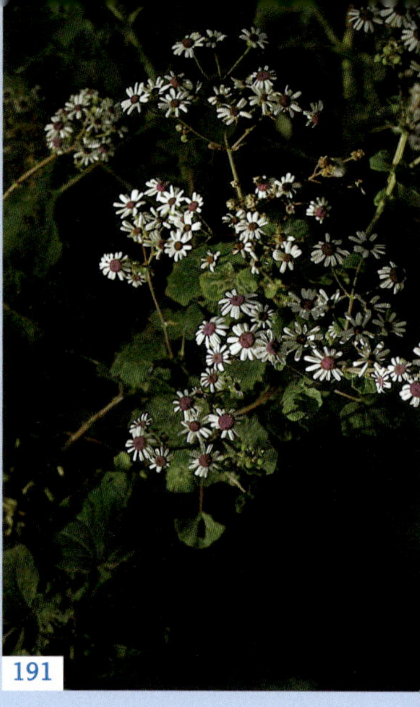

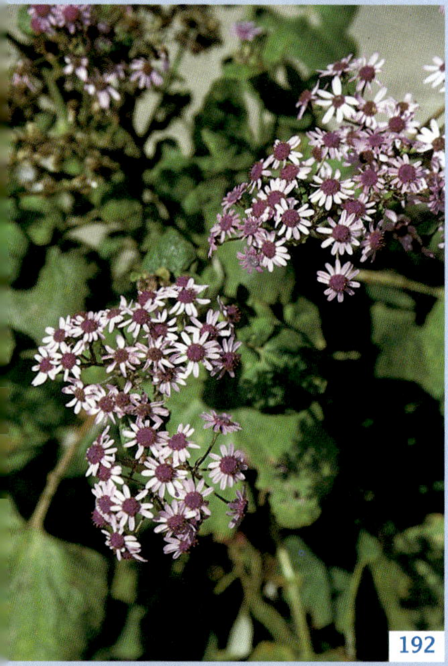
192

Abb. 188 *Pericallis murrayi*, El Hierro-Endemit.

Abb. 189 *Pericallis steetzii*, La Gomera-Endemit.

Abb. 190 *Pericallis tussilaginis* ist auf Gran Canaria und den Norden Teneriffas beschränkt.

Abb. 191 *Pericallis webbii*, ein Endemit nur im Norden Gran Canarias.

Abb. 192 *Pericallis hadrosoma*, endemisch und sehr selten nur auf Gran Canaria.

Abb. 193 *Pericallis papyracea*, ein La Palma-Endemit.

188

193

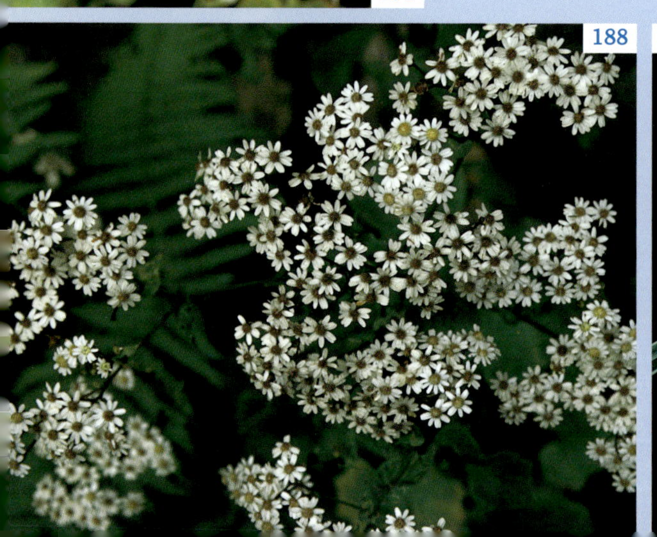

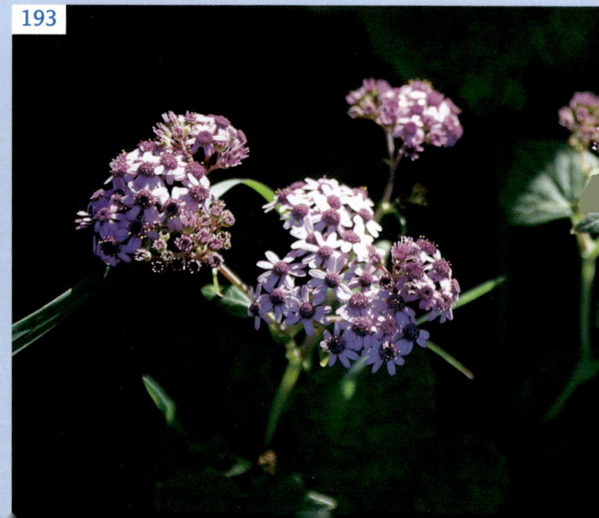

Abb. 194 *Geranium canariense.*

Abb. 195 *Ranunculus cortusifolius*-Saum.

Abb. 196 Blick in einen Lorbeerwald vom Typ des *Lauro-Perseetum indicae* mit zahlreichen Baumepiphyten: vor allem *Aeonium urbicum, Davallia canariensis, Aichrysum laxum* und vielen Moosen und Flechten.

auf Felsklippen, an Wegrändern, gewöhnlich jedoch an feuchten Standorten der oberen Sukkulentenbuschregion. Auf Hierro beschränkt, aber an ähnlichen Standorten, kommt die mit zahlreichen, meist weißen Blütenköpfen versehene *P. murrayi* vor. Andere seltene Kanaren- und Inselendemiten sind *P. steetzii*, *P. webbii*, *P. hadrosoma* und *P. appendiculata* (Abb. 188–193). Zu den Schmuckstücken dieser Gattung gehört die sehr seltene *P. multiflora*, die nur mit wenigen Populationen im Norden von Teneriffa auftritt. Sie wächst im Gegensatz zu den eben erwähnten Stauden als schlanker aufsteigender Strauch und wird bis zu 2 m hoch.

Es ist nicht verwunderlich, dass *Canarina canariensis* (Campanulaceae, Abb. 128) wegen ihrer schönen, cognacfarbenen und auffälligen Blütenkrone zur Nationalblume der Kanarischen Inseln wurde. Insgesamt handelt es sich um eine kahle, aber bereifte Staude mit dicken, knolligen. hohlen, gummiartigen und Milchsaft führenden Speicherwurzeln, aus denen die oberirdischen, etwa 3 m langen und niederliegenden, bisweilen auch klimmenden Sprosse in jeder Vegetationsperiode neu gebildet werden.

Durch seine ausladenden, grundständigen Schopfrosetten fällt *Geranium canariense* (Geraniaceae, Abb. 194) auf. Das kräftige, ausdauernde Kraut ist häufig basal verholzt und belebt den Waldboden genauso individuenreich wie *Ranunculus cortusifolius* (Ranunculaceae, Abb. 195), die von 200 bis 1500 m über NN weit verbreitet ist

Abb. 197 (rechte Seite) **Blick vom Chinobre-Gipfel (910 m) im Anaga-Gebirge auf ausgedehnte Baumheide-Formationen.**

und in der unteren Höhenstufe feuchte Felsstandorte besiedelt. Die kräftige, dicht behaarte, ausdauernde Pflanze besitzt dicke, fleischige Speicherwurzeln.

Wie nicht anders zu erwarten, ist auch die Gattung *Aeonium* im Lorbeerwald repräsentiert. Charakteristische Vertreter sind im Waldesinneren die Arten *A. cuneatum* und an mehr offenen Stellen *A. canariense* und *A. urbicum*. Hinzu kommen noch einige *Monanthes*- und *Aichryson*-Arten, die ebenfalls den Crassulaceen angehören (s. Abb. 196).

Baumheide-Buschwald (Fayal-Brezal)

Das Baumheide-Gebüsch, der **Fayal-Brezal** mit den dominierenden Pflanzengesellschaften des *Myrico fayae-Ericetum arboreae* und des *Ilici canariensis-Ericetum platycodonis*, verdankt seine Existenz unterschiedlichen Ursachen. Zumeist entsteht er aus degradiertem Lorbeerwald, wofür es unterschiedliche Ursachen gibt. Vor der menschlichen Besiedlung der Inseln wirkten wiederholte Vulkanausbrüche, Feuer und Wind zerstörerisch auf den Lorbeerwald, wobei sich die nachwachsenden Pflanzengesellschaften über Rückwanderung der Pflanzenarten des Lorbeerwaldes sukzessiv immer wieder in die ursprünglichen Bestände zurückverwandelten. In historischer Zeit wurden große Gebiete im Zuge der Inselbesiedlung aus den verschiedensten Gründen entwaldet, hatten sich doch die meisten der hochwüchsigen Baumarten als wertvolles Möbelholz erwiesen. Ferner bieten die heute potentiellen Lorbeerwaldstandorte wegen ihrer vergleichsweise guten Wasserversorgung und der tiefgründigen, fruchtbaren Böden ideale Voraussetzungen für landwirtschaftliche Nutzung. Weitere anthropogene Ursachen für die Degradation liegen in der Niederwaldwirtschaft und der damit verbundenen Verwendung von Holzstangen für Tomatenplantagen sowie der Gewinnung von Bauholz, Brennholz und Holzkohle. So bilden die Baumheideformationen der Brezales die wichtigste Degradations- und Ersatzgesellschaft des Waldes und überziehen oft riesige Flächen über ehemaligem Waldboden. Was aus der Ferne als bewaldeter Hang lockt, stellt sich oft beim Näherkommen als Baumheide-Gestrüpp oder als Buschwald heraus. Kaum glaubt man beim Durchwandern endlich in einem größeren Lorbeerwald zu sein, schon wandelt er sich wieder zum *Erica*- oder *Myrica*-Busch in passatwind-exponierten Nordlagen oder die Nähe von Siedlungen verratend (Abb. 197).

Vor allem die ericoiden Baumheiden (*Erica arborea* und *E. scoparia* ssp. *platycodon*) sind in der Lage, verstärkt und effizient Nebel aus den Passatwolken auszukämmen, und sie sind so an extrem windexponierten Stellen den laurophyllen Arten überlegen (Abb. 198). Deswegen besitzt innerhalb des Monteverde der Fayal-Brezal eine weitere ökologische Amplitude hinsichtlich der Bodenfeuchtigkeit.

Abb. 198 **Von Baumheide (*Erica arborea*) dominierte Gebüschformation als zentrale Pflanzengesellschaft des Fayal-Brezal im Teno Alto/Teneriffa.**
Details: vom Wind geschorene Baumheide im direkten Passatwindeinfluss (unten) und frisch blühende Zweige (oben).

Der kanarische Monteverde und seine Ersatzformationen haben bereits seit langer Zeit die Aufmerksamkeit von Wissenschaftlern auf sich gezogen. Unvergessen ist die lebhafte Schilderung mächtiger, epiphytenbewachsener Lorbeerbäume im „Monte des las Mercedes" von WEBB & BERTHELOT (1836–50). Nachfolgende Beschreibungen liefern insbesondere OBERDORFER (1965), DANSEREAU (1968), CEBALLOS & ORTUÑO (1976), GONZÁLEZ HENRÍQUEZ et al. (1986), enger umgrenzten Gebieten widmen sich unter anderem MESTER (Nationalpark Garajonay auf La Gomera, 1986, 1987), Arnoldo SANTOS (La Palma, 1983), RODRÍGUEZ DELGADO (Güímar, 1989), GARCÍA GALLO & WILDPRET DE LA TORRE (Agua García, 1990). Die Degradationsstadien von Lorbeerwäldern werden ausführlich von GARCÍA GALLO (La Laguna, 1988, 1997) und SUÁREZ RODRÍGUEZ (Lorbeerwaldrelikte Gran Canarias, 1994) sowie von RIVAS-MARTÍNEZ et al. (2001) beschrieben.

Der **Fayal-Brezal** ist ein typischer Bestandteil des Monteverde. Er kann als eine Formation von Buschwald angesehen werden, die deutliche afrikanisch-mediterran-nordatlantische Affinitäten aufweist. Als natürliche Formation entwickelt sich diese nach *Erica arborea* (Abb. 198) benannte Gebüschformation in der Nachbarschaft bzw. im Komplex zum Lorbeerwald, wobei die Arten des Baumheide-Gebüsches sich resistenter gegen aridere Bedingungen und niedrigere Temperaturen erweisen. Als natürliche Wuchsorte kommen hochgelegene, der Einwirkung von Winden in besonderem Maße ausgesetzte Bergrücken, von Trockenheit bedrohte Waldsäume im Übergang zum Sukkulentenbusch und die kühleren Zonen an der oberen Verbreitungsgrenze des Lorbeerwaldes in Betracht (Abb. 197).

Ursprünglich hat der Fayal-Brezal – wie gesagt – nur die edaphisch und klimatisch extremsten Bereiche eingenommen: auf hochgelegenen, wind-

Abb. 200 *Viburnum tinus* ssp. *rigidum* (Caprifoliaceae) ist der wohl häufigste Strauch im Fayal-Brezal und besitzt aufrechte, oberseits braun bis rötlich überlaufene Zweige. Die fast rundlichen, ganzrandigen und meist zugespitzten Blätter stehen dekussiert und sind beidseitig behaart.

Abb. 201 *Cedronella canariensis.*

Abb. 202 Als weiterer häufiger Strauch ist *Bystropogon canariensis* (Lamiaceae) zu nennen. Wie alle anderen besitzt auch er stark duftende Blätter und dichte, reichblütige Infloreszenzen. Die Art ist recht vielgestaltig, wird bis zu 3 m hoch und hat grauweiß behaarte Sprosse.

Abb. 199 Oben *Myrica faya* (Detail: Früchte) und unten *Myrica rivas-martinezii* (Detail: Früchte) im Vergleich.

gefegten Graten, an Waldsäumen gegen die Felsen oder gegen die Trockenzonen, im Windbruch oder an natürlichen Verjüngungsstadien des Waldes im Wuchsgebiet des Monteverde. Er ist sogar an die Besiedlung senkrechter oder stark geneigter Wände angepasst, die dem Einfluss konstanter Winde ausgesetzt sind, welche als Folge der Erhöhung und Verringerung des Luftdruckes entstehen, wenn die Passatwinde auf die nördlichen und nordöstlichen Berghänge treffen und die Berggrate überwinden. An den trockensten Orten, die nur selten von den Wolkenbänken beeinflusst sind (Obergrenze des Monteverde), weist er gelegentlich einen sehr niedrigen oder sogar dem Substrat anliegenden Wuchs auf.

Die charakteristischsten Arten sind: *Erica arborea*, *Myrica faya*, *Viburnum tinus* ssp. *rigidum*, *Cedronella canariensis*, *Bystropogon canariensis*, *Urtica morifolia*, *Hypericum canariense* und *Gesnouinia arborea* (Abb. 199–202), sowie verschiedene Insel- bzw. Lokal-Endemiten der Cinerarien-Gattung *Pericallis*, die vom Lorbeerwald in die Baumheideformationen übergreifen (s. Abb. 188–193). Mit *Erica arborea* findet sich im Fayal-Brezal die Spezies mit der weitesten ökologischen Amplitude, deren Verbreitungsgebiet bis nach Ostafrika und in das Mittelmeergebiet reicht.

Wegen ihrer breiten ökologischen Amplituden bestimmen zunächst neben *Erica arborea* noch *Myrica faya* (Abb. 199) und *Ilex canariensis* (Abb. 168) den Aspekt. *Erica arborea* wächst auf allen Inseln, jedoch sehr selten auf Lanzarote und Fuerteventura, als Strauch oder kleiner Baum gewöhnlich zwischen 700 und 1700 m über NN und erreicht dabei Wuchshöhen von bis zu 20 m. In der Waldstufe der westlichen Inseln und auf Gran Canaria bildet sie wesentliche Bestandteile der Sekundärformation des Lorbeerwaldes und reicht hinein bis in den nicht zu trockenen Kiefernwald.

Laurus novocanariensis und *Apollonias barbujana* (Lauraceae), *Picconia excelsa* (Oleaceae), *Rhamnus glandulosa* (Rhamnaceae) und die Lianen kommen als wichtige waldaufbauende Gehölze in älteren Regenerationsstadien des Fayal-Brezal hinzu. Danach stellen sich dann die typischen Arten der unteren Schichten des Lorbeerwaldes ein.

Durch die anthropogene Waldzerstörung konnte der Fayal-Brezal zum Teil die ehemaligen Wuchsgebiete des Lorbeerwaldes besiedeln, da sich seine dominierenden Arten, von denen die Mehrzahl Mykorrhiza-Symbionten besitzt, sehr aggressiv ausbreiten. Trotz ihrer starken Ausbeutung können sich jedoch die Brezales relativ schnell wieder erholen und stellen sich – in ihrer floristischen Zusammensetzung verarmt – nach wenigen Jahren erneut auf aufgegebenen Feldern der mittleren bis hohen Lagen besonders auf den Nordseiten der Inseln schnell wieder ein.

Der Grad des Epiphytismus mit Kryptogamen unterscheidet den physiognomischen Aspekt der seriellen Brezales im Wuchsgebiet des feuchten Lorbeerwaldes von denjenigen, die in weniger feuchten und tiefer gelegenen Bereichen wachsen. Eine stark entwickelte Moosschicht im Bereich des Tropfenfalls als Folge der Niederschläge sowie ein hoher Anteil an Farnen vervollständigen den Aspekt der feuchten Baumheiden.

Auf dem gesamten Bergrücken des Anaga-Gebirges auf Teneriffa sowie in den Hochlagen auf La Gomera kommt ein feuchter Fayal-Brezal von strauchartigem Wuchs vor, in dem vor allem die hohe Präsenz einer weiteren Ericacee, *Erica scoparia* ssp. *platycodon* im Gesellschaftsbereich des *Ilici canariensis-Ericetum platycodonis* („**Tejo**“, Abb. 55), auffällt. Es stellt sich die Frage, ob diese wunderbaren Brezales das natürliche Waldbild, also eine Klimax, auf Gipfeln und Bergrücken bilden („**Brezal de Cumbre**“).

Kiefernwald („Pinar“)

Oberhalb der Lorbeerwaldzone ist die Luft trockener, die Insolation stärker, und auch die täglichen sowie die jährlichen Temperaturschwankungen sind stärker ausgeprägt. In den Wintermonaten können ferner Kälteeinbrüche und Schneefälle auftreten. Unter diesen Klimabedingungen kommen die kanarischen

Kiefernwälder vor, die sich in der mesokanarischen Stufe bis in Höhenlagen von 2200 m über NN erstrecken.

Dieser einzigartige Nadelwald ist floristisch relativ arm und wird nahezu völlig von der Kanarenkiefer, *Pinus canariensis*, dominiert. Wie die meisten *Pinus*-Arten kommt auch die dreinadelige endemische *Pinus canariensis* (Abb. 101) überall da zur Vorherrschaft, wo die Laubhölzer aus Wassermangel geschwächt sind.

Kiefern- und Lorbeerwald-Vorkommen verzahnen sich dabei sehr vielfältig in ihren natürlichen Kontaktbereichen (vgl. auch Abb. 58). Auf den Nordseiten der Inseln löst dabei der Kiefernwald in der oberen montanen, thermokanarischen Stufe oberhalb etwa 1400 m die Lorbeerwälder ab und hat in leeseitigen Gebieten direkten Kontakt zum thermophilen Buschwald und zum Sukkulentenbusch, weil die hygrischen und thermischen Bedingungen eine Lorbeerwaldstufe nicht zulassen. Wie die Arten des Lorbeerwaldes lebt auch die Kiefer, wenn auch auf relativ trockener Stufe, aus den erhöhten Niederschlägen der Passatnebel. Hier vermag sie, durch Nebelauskämmen Wasser zu gewinnen und ihren Standort zusätzlich zu befeuchten. Ihre Nadeln selbst sind flexibel und werden bis zu 30 cm lang, wohl eine Anpassung zur Ausnutzung von Nebel und Tau. Aufgrund der großen Oberfläche können sich die Nebeltröpfchen absetzen, sich zu Tropfen vereinigen und an den schlaff nach unten gerichteten Nadeln ablaufen. Beachtliche Anteile des herabtropfenden Wassers bleiben von den Pflanzen ungenutzt und versickern rasch im porösen und spaltenreichen Lavagestein. Die Feuchtigkeit sammelt sich auf wasserundurchlässigen Schichten und tritt entweder als Quellwasser wieder an die Oberfläche oder wird mit Hilfe ausgeklügelter Systeme nutzbarer Galerien von der Bevölkerung genutzt (vergl. S. 198 sowie LÜPNITZ & KRETSCHMAR 1994). So tragen die Kiefern durch die Nebelauskämmung erheblich zum Wasserhaushalt der Inseln bei. Von dieser zusätzlichen Befeuchtung partizipieren außerdem zahlreiche flachwurzelnde Begleitarten des Kiefernwaldes.

Auch das Wurzelsystem erweist sich als hervorragend an die Wasserversorgung angepasst. Neben einer Pfahlwurzel, die die mächtigen Bäume im Untergrund verankert, bildet *Pinus canariensis* weit streichende oberflächennahe Seitenwurzeln, welche die Feuchtigkeit aus den flachgründigen Böden aufnehmen können. Durch ihre Länge wird auch die Distanz der Bäume zueinander bestimmt. Beeindruckend ist die Fähigkeit der Kanarenkiefer, selbst auf kahlem Lavafels und an Steilwänden zu wurzeln. Sie dringt dabei weit in Risse und Spalten ein und nimmt dort verfügbares Wasser auf. Manchmal wundert man sich über solitäre Reliktkiefernvorkommen, wie z. B. die natürlichen *Pinus canariensis*-Bestände am Roque de los Pinos im Barranco von Batán im Anaga-Gebirge, wo im potentiellen Lorbeerwaldgebiet eine Kiefernpopulation an flachgründigen steilen Wänden wächst. Dort gibt es sogar als lokalen Endemiten einen kleinen Bestand von *Cistus chinamadensis*, der dem

Abb. 203 ***Pinus canariensis* im Krater des Vulkans San Antonio auf La Palma, wo im Windschutz genügend Kondensationsfeuchtigkeit für den Baumwuchs vorhanden ist.**

Abb. 204 **(rechte Seite) Die mächtigsten Exemplare der Kanarenkiefer stehen oberhalb der Ortschaft Vilaflor auf Teneriffa. Mehrere Personen umgreifen den riesigen Baumstamm (Detail, mit Dr. Carsten Hobohm, 1993).**

Cañadas-Endemiten *Cistus osbaeckiefolius* sehr ähnlich ist. *Pinus canariensis* wird somit zur Pionierpflanze bei der Besiedlung von Lavafeldern und kann – wie im Teno-Gebirge oder oberhalb der Ortschaft Garachico auf Teneriffa – auf noch unverwittertem und trockenem Lavauntergrund des Garachico-Ausbruchs von 1706 weit in die Lorbeerwaldzone hinabreichen. Oft sind es aber auch die trockenen Böden junger Lavaergüsse, auf denen pionierhaft die Kiefer steht. Das sieht man besonders gut im Süden von La Palma, wo die Kanarenkiefer überall auf den jungen Aschen und erkalteten Laven des Vulkans San Juan von 1949 bis in Meereshöhe hinabreicht und sogar mit stattlichen Exemplaren im Krater des Vulkans San Antonio von 1678 wächst, wo sie windgeschützt ausreichende Kondensationsfeuchtigkeit für ihre Existenz vorfindet (Abb. 203). Ausgewachsene Kanarenkiefern werden standortsabhängig etwa 15–30 m hoch, und ihr Stammdurchmesser liegt bei 1 m, selten darunter (Abb. 204). Die in der Literatur publizierten geringeren Wuchsgrößen beziehen sich auf jüngere Bäume (Barreno 1996). An manchen Stellen innerhalb ihres natürlichen Verbreitungsgebietes sind hier und da mehrere 100 Jahre alte Individuen erhalten geblieben. Gut zugänglich sind einige eindrucksvolle Exemplare oberhalb der Ortschaft Vilaflor im Süden Teneriffas. Sie werden hier fast 60 m hoch, besitzen einen Stammdurchmesser von knapp 3 m und erreichen einen Umfang von nahezu 10 m. Alte Kanarenkiefern zeigen markante Verzweigungen. Die oft wuchtigen Seitenäste setzen bereits tief unten am Stamm an und stehen waagerecht ab, so dass eine weit ausladende Krone zu Stande kommt (Abb. 204).

Gürtelartig wird der Kiefernwald erst etwa ab 800 m in der mesokanarischen Stufe. Lorbeerwald und Kiefernwald stehen in einer engen entwicklungsgeschichtlichen und ökologischen Beziehung zueinander. Die

Kiefer gehört zu jenen Paläoendemiten, deren Herkunft rätselhaft ist. Ihre nächsten Verwandten wachsen im Himalaja (*Pinus roxburghii*). Außerdem sind nahestehende Formen aus dem europäischen Tertiär bekannt.

Wie schon erwähnt, stauen sich an den Luvseiten der gebirgigen Inseln die feuchten Luftmassen des Nordost-Passates. Es kommt zu häufiger Wolken- und Nebelbildung, verbunden mit eingeschränkter Insolation. Die Folgen sind geringe Evaporationswerte, eine kleine Temperaturamplitude und erhöhte Luftfeuchtigkeit. An den Leeseiten ist Nebelbildung vergleichsweise selten, die Evaporation somit höher, die Temperaturschwankungen größer und die Luftfeuchtigkeit geringer. Die relative Trockenheit der Standorte verhindert hier zusätzlich die Bildung tiefgründiger Böden. Diese klimatischen Unterschiede haben auch starke Auswirkungen auf die Ausprägung der nord- und südseitigen Kiefernwälder. Die Sommer sind trocken, und im Winter können Fröste auftreten. Auf die Luvseiten bezogen, besiedelt der Kiefernwald somit Standorte, auf denen der Lorbeerwald und seine Degradationsstadien wegen der niedrigeren Temperaturen nicht mehr existieren können. Die Obergrenze des Kiefernwaldes – und damit die Baumgrenze – ist insgesamt zwar nicht so sehr feuchtigkeitsabhängig, sondern sie ist zusätzlich und verstärkt als Folge der hier nicht seltenen Winterfröste anzusehen. Diese extremen Lebensbedingungen spiegeln sich auch in der floristisch-soziologischen Struktur der kanarischen Kiefernwälder wider: Sie sind sehr homogen aufgebaut, vergleichsweise sogar als artenarm zu bezeichnen, und sie lassen sich syntaxonomisch und biogeographisch nach RIVAS-MARTINEZ et al. (2001) wie folgt gliedern:

Cytiso-Pinetea canariensis Rivas Goday & Esteve ex Esteve 1969 [Cytiso-Pinetea canariensis Rivas Goday & Esteve ex Sunding 1972 (art. 31), Cytiso-Pinetea canariensis Rivas Goday & Esteve 1965 (art. 8), Spartocytisetea supranubii Schönfelder & Voggenreiter 1994 (syntax. syn.), Violetea cheiranthifoliae Voggenreiter 1975 (art. 8), Chamaecytiso-Pinetea canariensis Rivas Goday & Esteve in Esteve 1969 nom. mut. (art. 45) Rivas-Martínez et al. 2001]

Cytiso-Pinetalia canariensis Rivas Goday & Esteve ex Esteve 1969 [Cytiso-Pinetalia canariensis Rivas Goday & Esteve ex Sunding 1972 (art. 31), Cytiso-Pinetalia canariense Rivas Goday & Esteve 1965 (art. 8, 34), Chamaecytiso-Pinetalia canariensis Rivas Goday & Esteve ex Esteve 1969 nom. mut. (art. 45) Rivas-Martínez et al. 2001]

Cisto-Pinion canariensis Rivas Goday & Esteve ex Esteve 1969 [Cisto-Pinion canariensis Rivas Goday & Esteve ex Sunding 1972 (art. 31)]

- *Bystropogono ferrensis-Pinetum canariensis* Del Arco, Acebes & Pérez de Paz 1996

Abb. 205 **Kunstvoll geschnitzte Balkone aus Kanarenkiefer in einem Innenhof in Orotava, Teneriffa.**

- *Loto hillebrandii-Pinetum canariensis* Santos 1983
- *Micromerio pineolentis-Pinetum canariensis* Esteve 1969 [*Pinetum canariensis* Ceballos & Ortuño ex Sunding 1972 (syntax. syn.), *Euphorbio canariensis-Pinetum canariensis* Voggenreiter 1975 (syntax. syn.)]
- *Sideritido solutae-Pinetum canariensis* Esteve 1973 [*Cytiso proliferi-Pinetum canariensis* Voggenreiter 1975 (syntax. syn.), *Cisto monspeliensis-Pinetum canariensis* Voggenreiter 1975 (syntax. syn.), *Lotetum campylocladi* Del Arco, Pérez de Paz & Wildpret 1987 (art. 29)]

Obwohl im Zuge der Inselbesiedlung und Nutzbarmachung auch die Kiefernwälder dezimiert wurden, sind doch bis heute in ihrem natürlichen Verbreitungsgebiet auf Gran Canaria und den Westinseln beachtliche Bestände erhalten geblieben. Diese lassen zumindest auf Teneriffa und La Palma einen mehr oder weniger geschlossenen Gürtel erkennen, der nur stellenweise von Sekundärformationen oder durch wiederaufgeforstete Flächen mit Fremdelementen durchbrochen wird. Die Vorkommen auf Gomera sind unbedeutend (Del Arco Aguilar et al. 1990, 1992; Perez de Paz et al. 1994 a, b).

Das harzreiche Holz der Kanarenkiefer erfreut sich auf den Inseln noch immer großer Beliebtheit, wobei dem dunkel gefärbten Kernholz vorrangige Bedeutung zukommt. Besonders wirkungsvoll wird es beim Hausbau für die Fertigung von Deckenkonstruktionen, Treppen, Türen und Erkern eingesetzt (Abb. 205). Darüber hinaus dient es als weit verbreitetes Bauholz, was letztendlich auch zu umfangreichen Aufforstungsmaßnahmen geführt hat. Verschiedentlich sieht man auch Spuren

Abb. 206 **Streusammeln im Kiefernwald ist noch heute üblich.**

der Harzgewinnung. Als Streu für Viehställe werden die Nadeln von der bäuerlichen Bevölkerung massenweise dem Waldboden entnommen, was eine merkliche Bodenverschlechterung durch reduzierte Humusbildung nach sich zieht (Abb. 206).

Standörtliche Voraussetzungen für die kanarischen Kiefernwälder

Alles in allem bietet der kanarische Kiefernwald kein einheitliches Bild. Es gibt eine breite Palette feuchtigkeitsabhängiger Varianten, die von arid bis humid reichen. Die alles dominierende Baumart ist aber in jedem Falle *Pinus canariensis*. Der früher sicher häufigere *Juniperus cedrus* (Cupressaceae, Abb. 207) und andere hochwüchsige Gehölze spielen heute am Waldaufbau keine nennenswerte Rolle mehr, dafür aber eine Reihe von Sträuchern, die je nach Standortsverhältnissen in ihrer Häufigkeit wechseln. In der Krautschicht kommen lediglich einige Farne und Geophyten vor.

Heute sind besonders in den trockenen Gebieten oberhalb der Nebelzone und an den Südhängen meist menschlich verursachte Waldbrände keine Seltenheit. Seit jeher traten sie jedoch im Zuge des Vulkanismus immer wieder in Erscheinung, ein Umstand, dem sich die Kanarenkiefer angepasst hat. Dieses Faktorengefüge hat Lüpnitz (1999) eingehend dargestellt: Die Borken der Kanarenkiefer sind bei alten Stämmen mit bis zu 15 cm außerordentlich dick und damit feuerresistent. Hinzu kommt eine hohe Regenerationsfähigkeit durch Stockausschläge in allen Sprossbereichen (Abb. 208). Ihre Zapfen öffnen sich erst nach kurzer Hitzeeinwir-

Abb. 207 ***Juniperus cedrus*** **ist ein sehr seltener Baum der höheren Gebirgslagen auf den westlichen Kanarischen Inseln. Durch frühere Raubbauten ist der Zedern-Wacholder überall stark dezimiert. Hier an der Feldstraße von Vilaflor nach San Miguel auf Teneriffa (Detail: Früchte).**

kung, und bei Jungpflanzen ist der Vegetationspunkt durch einen dichten Schopf langer Nadeln geschützt. Der kanarische Kiefernwald besitzt zudem typische Merkmale eines feuerangepassten Ökosystems: Er wächst in halbtrockenen Gebieten, wo die Streu nur äußerst langsam zersetzt wird und sich als brennbares Material kontinuierlich anreichert. Durch das Verbrennen gelangen mit der Asche viele mineralische Nährstoffe in den Boden und werden dadurch wieder pflanzenverfügbar (vgl. a. HÖLLERMANN 1995). Die immer wiederkehrenden Waldbrände haben auch hier eine steuernde Funktion. Dazu ist in diesem Zusammenhang festzustellen, dass die Regenerationsfähigkeit von *Pinus canariensis* sehr durch episodisch wiederkehrenden Befall mit Raupen von *Macaronesia fortunata* (Lamantriidae) beeinflusst wird. Diese können sich über den gesamten Kiefernbestand einer Insel hermachen und die Bäume völlig kahl fressen, und der Wald regeneriert anschließend.

Kiefernwälder der Insel-Leeseiten

Die im Schatten der Passatwolken liegenden Kiefernwälder sind typische Trockenwälder, wie sie in ähnlicher Physiognomie auch in anderen Gebieten mit entsprechenden Klimaten vorkommen. Die einzelnen Bäume stehen hier weit voneinander entfernt, erreichen aber teilweise riesige Ausmaße. Ein beachtenswerter Unterwuchs ist nicht entwickelt und fehlt auf den weiter oben gelegenen unverwitterten Lavaböden stellenweise sogar gänzlich. Erst in den tieferen, etwas feuchteren Lagen wird der Untergrund von einer dünnen Humusschicht bedeckt. In der Strauchschicht finden sich dann häufiger *Bystropogon origanifolius*, *Chamaecytisus proliferus*, *Scrophularia glabrata* und *Cistus symphytifolius* (Abb 209). Es sind vor allem die Kiefernwälder vom Typ des *Bystropogo*

Abb. 208 **Die Kanarenkiefer treibt als Pyrophyt nach Bränden immer wieder aus (Detail links) und erhält danach eine spezielle Härtung des Holzes (Detail rechts); auch die Zapfen öffnen sich nach dem Brand und geben die Samen frei (Detail Mitte).**

209

210

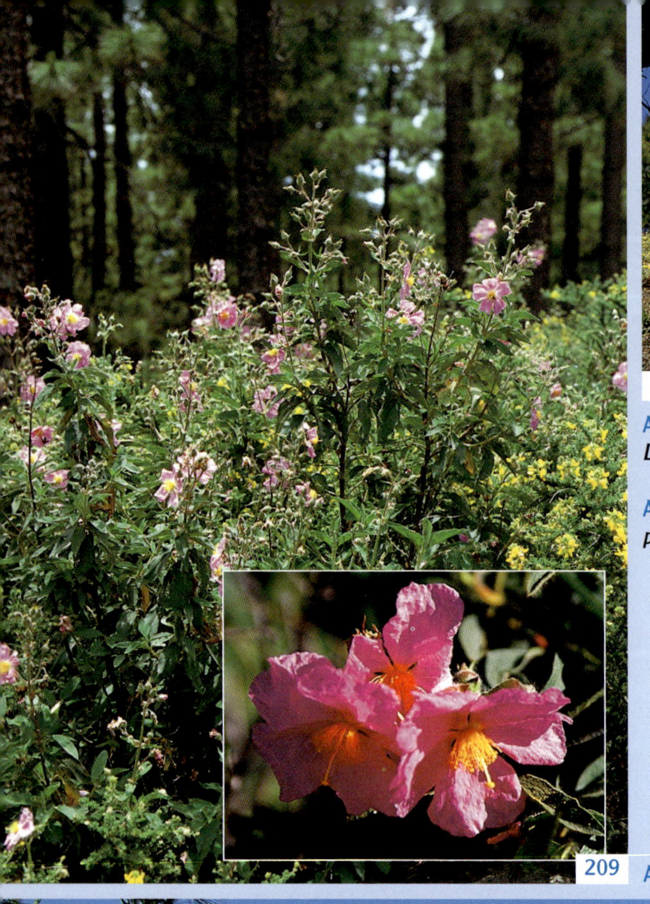

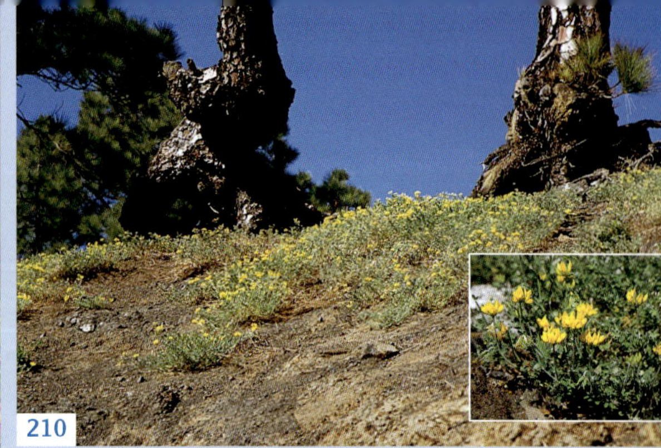

Abb. 210 *Loto hillebrandii-Pinetum* auf La Palma (Detail: *Lotus hillebrandii*).

Abb. 209 *Cistus symphytifolius*-Pinar (Detail: *Cistus symphytifolius*).

Abb. 211 *Adenocarpus viscosus*-reicher Pinar auf Teneriffa.

211

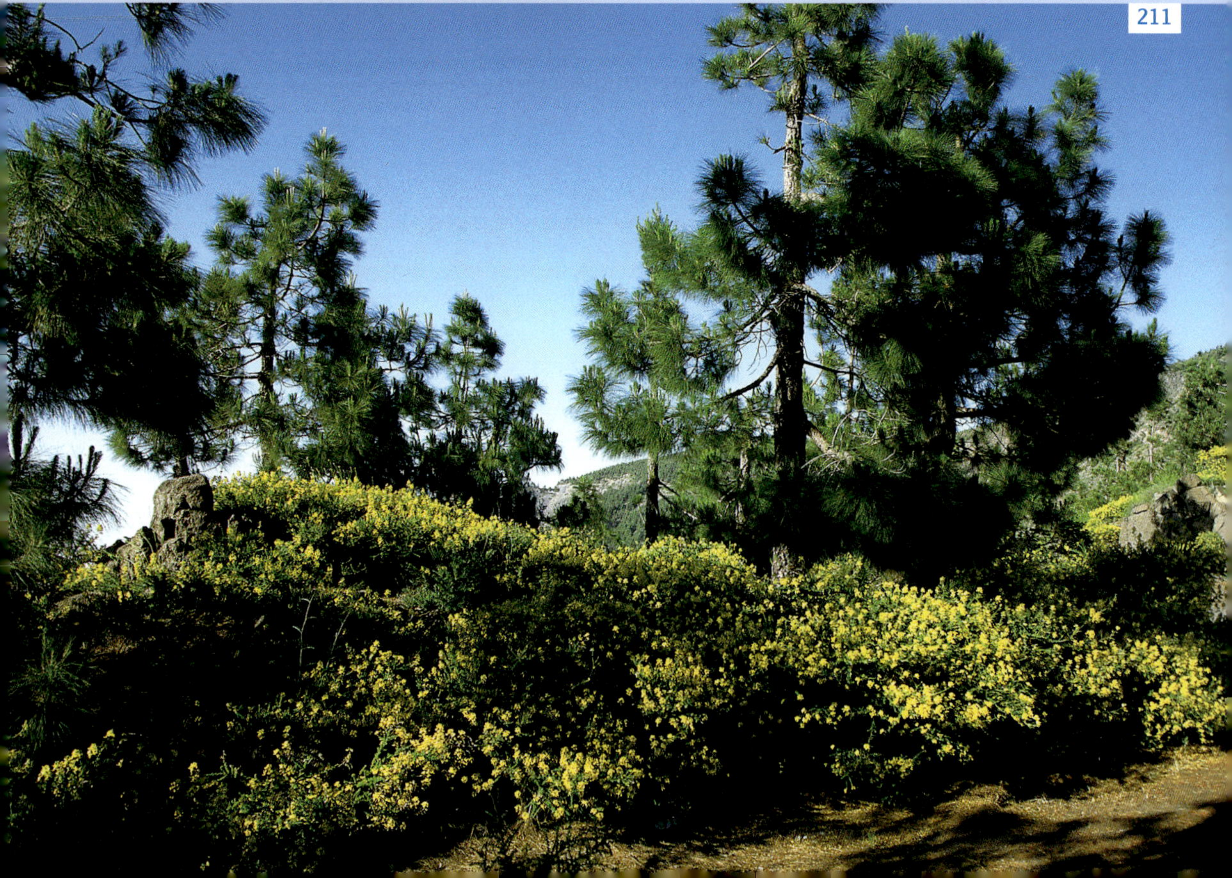

ferrensis-Pinetum canariensis und des *Sideritido solutae-Pinetum canariensis*.

Die am besten untersuchten Pinares werden durch *Cytisus proliferus*- und *Cistus symphytifolius*-reiche Bestände auf Teneriffa und durch *Lotus hillebrandii*-reiche auf La Palma repräsentiert (*Loto hillebrandii-Pinetum*, Abb. 210). Ihre kennzeichnenden Arten sind: *Chamaecytisus proliferus* ssp. *proliferus*, *Cistus symphytifolius* var. *symphytifolius*, *C. symphytifolius* var. *leucophyllus* (Gran Canaria), *Lotus campylocladus* und *Adenocarpus viscosus* in Teneriffa (Abb. 211), *Lotus hillebrandii* (La Palma und El Hierro), *Lotus spartioides* (Gran Canaria) und *Juniperus cedrus* (Teneriffa und La Palma). Mehr oder weniger stark sind die verschiedenen Varietäten von *Bystropogon origanifolius* und die Unterarten von *Argyranthemum adauctum* an diese Gesellschaften gebunden. Auch hier hat offensichtlich eine intensive Radiation in einem Waldökosystem stattgefunden.

Der Kontaktbereich der tiefgelegenen Pinares wird vor allem auf den Südabdachungen der Inseln durch Ökotone mit Sabinares (z. B. auf El Hierro) bzw. häufiger mit degradierten Gebüschen des Sabinar gekennzeichnet. Es stellen sich Ökotone mit einem mehr oder minder dichten *Cistus monspeliensis*-Gebüsch („**Jaguarzal**") ein, in die regelmäßig *Euphorbia obtusifolia*, *Salvia canariensis* (auf Gran Canaria), *Micromeria hyssopifolia* (auf Teneriffa und El Hierro) und *Echium aculeatum* (auf El Hierro) eindringen. Dieser Situation entsprechen im Allgemeinen die Pinares, die zwischen 800 und 1400 m über NN die Südabdachungen in der Höhe der trockenen thermokanarischen Stufe besiedeln (*Micromerio pineolentis-Pinetum canariensis*).

Kiefernwälder der Insel-Luvseiten

Die luvseitigen Wälder profitieren von einer vergleichsweise günstigen Wasserversorgung. Die Bäume stehen recht eng beieinander und sind oftmals dicht mit Flechten behangen. Reichlich Jungwuchs und eine gut ausgeprägte Strauch- und Krautschicht sind vorhanden. Als auffällige Vertreter des Unterwuchses seien erneut *Cistus symphytifolius*, *Adenocarpus foliolosus*, *Lotus campylocladus*, *Sideritis oroteneriffae* und das prächtige, blaublühende, als dicht verzweigter Strauch wachsende *Echium virescens* angeführt.

Ab einer Höhe von etwa 1800 m über NN öffnet sich der Pinar immer mehr und wird floristisch von Elementen der suprakanarischen Stufe bereichert. Besonders auffällig sind die reichen Vorkommen des „**Codeso**" mit *Adenocarpus viscosus* var. *viscosus* auf Teneriffa bzw. *A. viscosus* var. *spartioides* auf La Palma (Abb. 211).

Eine andere Variante des Pinar stellen die *Juniperus cedrus*-reichen Kiefernwälder dar (Abb. 207), welche zur Zeit auf Felsen und steile (sogar senkrechte) Wände an wenigen Orten im Randbereich der „Las Cañadas

del Teide“ (Teneriffa) und die Gipfelregion von La Palma beschränkt sind. Man kann diese Gesellschaft als Zeugnis eines verschwundenen dichten Waldes aus *Pinus canariensis* und *Juniperus cedrus* („Cedro“) ansehen, der durch die beliebte Nutzung des Holzes letzterer Art stark degradiert wurde. In diesem Zusammenhang soll darauf hingewiesen werden, dass sich die Bestände von *Juniperus cedrus* in den Gipfellagen Teneriffas erholen, seitdem die „Las Cañadas“ zum Nationalpark erklärt wurden.

Es erscheint notwendig, in dieser kurzen Zusammenfassung einige wichtige Assoziationen und Fazies der Pinares zu erwähnen, wie sie bei RIVAS-MARTÍNEZ et al. (2001) aufgeführt sind:

- das *Loto hillebrandii-Pinetum canariensis* auf La Palma und El Hierro,
- die *Cistus symphytifolius*-Fazies auf Gran Canaria, Teneriffa und La Palma (Abb. 209),
- die nur auf Teneriffa vorkommende *Chamaecytisus proliferus* ssp. *proliferus*-Fazies (Abb. 212),
- die *Teline microphylla*-Bestände auf Gran Canaria, welche mit Elementen der Gipfelregion, wie etwa *Erysimum bicolor* und *Sideritis dasygnaphala* angereichert sind (Abb. 213), sowie
- von *Pterocephalus lasiospermus* dominierte Fragmente auf Teneriffa, *Erysimo scoparii-Pterocephaletum lasiospermi*, schon zum Retamar (Spartocytision nubigenii) überleitend (Abb. 214).

Abb. 212 ***Chamaecytisus proliferus*-reicher Pinar oberhalb Vilaflor auf Teneriffa.**

Abb. 213 **Offener Pinar in der Gipfelregion des Roque Nublo auf Gran Canaria, oft mit endemischen Hochgebirgsarten angereichert wie *Teline microphylla* (Detail links) oder *Teline nervosa* (Detail Mitte) und *Erysium bicolor* (Detail rechts).**

Abb. 215 *Lotus campylocladus* (gelb blühend) und *L. berthelotii* (rot).

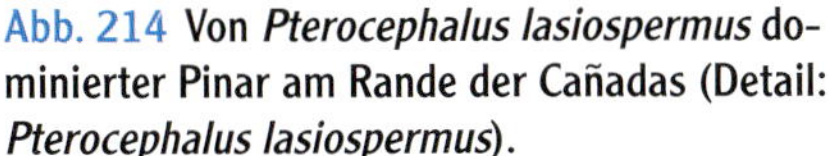

Abb. 214 Von *Pterocephalus lasiospermus* dominierter Pinar am Rande der Cañadas (Detail: *Pterocephalus lasiospermus*).

Interessant ist in diesem Zusammenhang auch das gehäufte Auftreten weiterer hochseltener endemischer *Lotus*-Arten im Umfeld der Kiefernwälder, wie z. B. *Lotus berthelotii* und *L. campylocladus* auf Teneriffa (Abb. 215) und *Lotus pyranthus* nur an wenigen Stellen auf La Palma.

Ginsterheide des Hochgebirges („Retamar-Codesar")

Nur auf den hohen Inseln Teneriffa und La Palma ist diese Formation ausgebildet. Oberhalb von 2000 m herrschen außerordentlich extreme Klimabedingungen vor, die durch erhöhte Radiation, Lufttrockenheit, extreme Temperaturschwankungen, starke Winde und winterliche Niederschläge in Form von Eis und Schnee gekennzeichnet sind (Abb. 216). Dadurch wird das Pflanzenwachstum so stark beschränkt, dass sich nur noch eine offene Gebüschformation etablieren kann.

Die Hochgebirgspflanzen zeigen hier einen polsterartigen Wuchs, der zusammen mit einem stark ausgebildeten Wurzelwerk und meist kleinen, behaarten Blättern das Überleben in dieser unwirtlichen Umwelt erlaubt. Kommt man hinauf zur Caldera des Teide, so umgibt einen eine völlig neue Landschaft: plötzlich öffnet sich die Szene, man sieht auf die Ränder des vulkanischen Kraters und blickt auf die weite, wild zerrissene Hochfläche der Cañadas, die sich bis zur mächtigen Pyramide des Teide erstreckt. Hier stockt dem Besucher der Atem. So muss es in den ersten Tagen der Schöpfung ausgesehen haben. Ähnlich ist es auf der Nachbarinsel beim Aufstieg von Santa Cruz de la Palma zum Kraterrand der Caldera de Taburiente.

Die hohen Gipfel auf den Kanaren, konkret auf La Palma und mehr noch auf Teneriffa, beherbergen Formationen, die vor allem durch ihren Aspekt eines filzigen Gebüsches geprägt werden, welches auf La Palma

Abb. 216 **Verschneite Landschaften wie hier im Nationalpark „Del Teide" gibt es oft zu Jahresbeginn im Januar und Februar.**

Abb. 217 **(rechte Seite) *Spartocytisus supranubius* mit Teidemassiv im Hintergrund.**

von *Adenocarpus viscosus* var. *spartoides* („**Codeso de cumbre**" = *Telino benehoavensis-Adenocarpetum spartioidis*) und auf der zweiten von *Spartocytisus supranubius* („**Retama blanca**" = *Spartocytisetum nubigenii*) dominiert werden (Abb. 217). Sie sind syntaxonomisch dem Verband Spartocytision nubigeni zuzuordnen:

Spartocytision nubigeni Oberdorfer ex Esteve 1973
[Spartocytision supranubii Oberdorfer ex Esteve 1973 nom, mut. (art. 45) Rivas-Martínez et al. 2001]

- *Descurainio gilvae-Plantaginetum webbii* Santos 1983
- *Echietum auberiani* Schönfelder in Schönfelder & Voggenreiter 1994
- *Erysimo scoparii-Pterocephaletum lasiospermi* Rivas-Martínez, Wildpret, Del Arco, O. Rodríguez, Pérez de Paz, García Gallo, Acebes, T.E. Díaz & Fernández-González 1993
- *Spartocytisetum nubigeni* Oberdorfer ex Esteve 1973 [*Spartocytisetum supranubii* Oberdorfer ex Esteve 1973 nom.mut. (art. 45) Rivas-Martínez et al. 2001]
- *Telinetum spachianae* Del Arco & Wildpret 1983
- *Telino benehoavensis-Adenocarpetum spartioidis* Santos 1983 [*Genisto benehoavensis-Adenocarpetum spartioidis* Santos 1983 nom. mut. (art. 45) Rivas-Martínez et al. 2001]
- *Violetum cheiranthifoliae* Rivas-Martínez, Wildpret, Del Arco, O. Rodríguez, Pérez de Paz, García Gallo, Acebes, T.E. Díaz & Fernández-González 1993

Abb. 218 *Echium wildpretii* mit Wolfredo Wildpret im Größenvergleich. Ein Exemplar hat oft mehr als 50 000 Einzelblüten (s. Details).

Abb. 219 *Echium auberianum* (Detail: azurblaue Blüten).

Dieser Vegetationstyp entspricht einem klassischen Modell der Gebirge der mediterranen und nordafrikanischen Länder, wo verschiedene Taxa der Hochgebirgsginster den entsprechenden Landschaften ihren Charakter verleihen. Zusammen mit diesem mediterranen Aspekt weisen auch hier bestimmte Endemiten gewisse Analogien zu charakteristischen Elementen der Massive Zentralafrikas und der südamerikanischen Anden auf. Das ist der Fall bei den endemischen wollkerzenähnlichen Riesennatternköpfen *Echium wildpretii* und *E. auberianum* (*Echietum auberiani*, Abb. 218 und Abb. 219), die an entsprechende Arten der Gattungen *Senecio*, *Lobelia* und *Espeletia* in Afrika und Südamerika erinnern.

Dieser Vegetationstyp befindet sich in der trockenen suprakanarischen Stufe, wo sie den größten Teil des Jahres von der Veränderung des Klimas durch die Höhenlage und einer gewissen Kontinentalität mit regelmäßigen Frösten von Oktober bis Mai beeinflusst wird. An der Untergrenze der kana-

Abb. 220 ***Descurainia bourgeauana*** **und** ***Spartocytisus supranubius*** **zeigen Vollblüte im Juni in der Gebirgshalbwüste der Cañadas und bieten einen unglaublichen Farb- und Duftrausch.**

rischen Ginsterheide, unterhalb von 2000 m über NN, stellen sich Übergänge mit den Pinares ein.

Auf Teneriffa hebt sich *Spartocytisus supranubius* ab 1900 m aus der Landschaft hervor und kann auf den Flanken des Teide bis zu 3200 m erreichen. Diese Art stellt sich häufig auf pyroklastischen Substraten und auf „Malpaíses" in der gesamten Gipfelregion im Gesellschaftskomplex des *Spartocytisetum nubigenii* ein. Des Weiteren heben sich aufgrund ihrer Mengen *Adenocarpus viscosus* var. *viscosus*, *Descurainia bourgeauana*, *Pterocephalus lasiospermus*, *Erysimum scoparium*, *Scrophularia glabrata* und *Nepeta teydea* hervor (Abb. 220). Diese werden innerhalb des Spartocytision nubigenii-Verbandes vor allem der Pflanzengesellschaft des *Erysimo scoparii-Pterocephaletum lasiospermi* zugeordnet. Häufig finden sich über das Gebiet verstreut und voll ausgebildet in der Klimax dieses Leguminosen-Gebüsches mehr oder weniger ausgedehnte Bestände von *Argyranthemum teneriffae*, *Pimpinella cumbrae*, *Cheirolophus teydis*, *Plantago webbii*, *Sideritis cretica* var. *eriocephala* und *Arrhenaterum calderae*.

Die orokanarische Stufe am Teide

In Höhen über 3000 m, die nur auf Teneriffa erreicht werden, weicht die Gebüschvegetation. Von dieser Höhe bis zum Gipfel finden sich zwischen dem vulkanischen Material nur noch verstreute und mehr oder weniger zahlreiche Bestände

Abb. 221 (links) *Viola cheiranthifolia.*
Abb. 222 (rechts) Das „Teide-Edelweiß" *Gnaphalium teydeum.*

Abb. 223 (oben) Büßerschnee.

von *Viola cheiranthifolia* (Abb. 221), die hin und wieder von einigen Exemplaren von *Argyranthemum teneriffae*, *Erysimum scoparium* und der Lichtnelke *Silene nocteolens* begleitet wird. Dieser Vegetationstyp des *Violetum cheiranthifoliae* wird der orokanarischen Stufe zugeordnet, in der die härtesten Klimabedingungen des Inselgebietes herrschen.

Am Gipfel angekommen, blicken wir in den vergleichsweise kleinen Krater von nur 60 bis 80 m Durchmesser: Hier weicht aus kleinen Klüften nur schwach Wasserdampf, der in den Spalten und Rissen aber bereits in 20 bis 40 cm Tiefe recht hohe Temperaturen von 70 bis 80 °C aufweist. An anderen Stellen werden gelbe Schwefelgase ausgestoßen. Solche Exhalationen von Fumarolen und Solfataren sind Zeichen eines ausklingenden Vulkanismus (Abb. 24).

In einigen Fumarolen, die in diesen Höhen zu finden sind, wächst in humid-temperierten Mikrohabitaten fumarolischer Exhalationen der

Endemit *Gnaphalium teydeum* (Abb. 222), der mit dem mitteleuropäisch-mediterran verbreiteten annuellen Gras *Vulpia myuros* eine neue endemische Pflanzengesellschaft aufbaut, das *Vulpio myuri-Gnaphalietum teydei* – die am höchsten aufsteigende bislang beschriebene Pflanzengesellschaft am Teidevulkan. Eine Novität wurde kürzlich von den Verfassern auf den feuchten, immer warmen vulkanischen Böden in Höhen von über 3600 m entdeckt: dort entwickelt sich eine neophytische, punktuell verbreitete Pflanzengesellschaft aus *Sagina procumbens* und einem noch nicht eindeutig bestätigten kleinen Moos.

Wir haben es jetzt an vielen Stellen gesehen: Gründe für die Persistenz solcher Pflanzenarten auf den Kanaren und für die heutigen Großdisjunktionen aus globaler Sicht liegen natürlich in ihrem ausgeglichenen Passatklima. Atmosphärische Störungen bringen das beschriebene System gelegentlich aus dem Gleichgewicht und verursachen den Einbruch der oben beschriebenen heißen Sahara-Luftmassen oder die Entstehung tropischer Sturmfronten. Letztere können in den Gipfelregionen zu beträchtlichen Schneefällen führen, vor allem in den Wintermonaten. Bei länger anhaltenden Kälteperioden häufen sich dann sogar mächtige Schnee- und Eismassen an, die interessanterweise bei der starken Sonneneinstrahlung nicht schmelzen, sondern den direkten Übergang vom gefrorenen Zustand in den gasförmigen Zustand zeigen: eine Sublimation. Dabei zeigen die Gebirgslagen der Inseln im Januar und Februar besonders kräftige Form- und Farbspiele (Abb. 223). Häufig lässt sich im Januar nach längeren Schnee- und Eisbildungen ein ungewöhnliches klimatisches Phänomen beobachten: die seltsamen Restformen des als nieve penitente aus den Anden beschriebenen so genannten Büßerschnees. Die oft langen, parallelen Reihen gleichförmiger, dem Sonnenhöchststand zugeneigter Schmelzfiguren, die oft mehrere Dezimeter groß sein können, erinnern an Scharen gebeugt dahinziehender Pilger. Grund für die Bildung solcher Zackenschnee-Figuren ist die genannte Sublimation, eine unmittelbare Verdunstung des Schmelzwassers durch die starke Insolation bei geringer Luftfeuchtigkeit und bei wärmeren Winden in diesen großen Höhen.

Barrancos und Felsvegetation

Barrancos sind meist tief V-förmig eingeschnittene Erosionstäler, deren Bildung bis in das Pliozän zurückreicht. Nachdem im späten Tertiär die eruptive Aktivität der ältesten Inseln weitgehend abgeschlossen war, setzte eine starke erosive Zerstörung des vulkanischen Reliefs ein. Dieser Prozess war nur unter solchen speziellen Klimabedingungen möglich, die sich durch hohe und gleichmäßig über das Jahr verteilte Niederschläge auszeichneten. Damals, in erdgeschichtlicher Vergangenheit, wurden Schluchten in das Vulkangestein geschnitten, deren Grund tief unter dem heutigen Meeresspiegel liegt. Daraus lässt sich ableiten, dass Phasen der Meeresregression während der frühquartären Vereisungen Nordeuropas mit entsprechenden

Feucht- und Trockenperioden auf den Kanaren übereinstimmen.

So herrschte auf den Kanaren während der nord- und mitteleuropäischen spätpleistozänen Kaltzeiten ein trockenes Klima mit sporadischen und heftigen Niederschlägen. Aufgrund der Trockenheit verschwanden die Walddecken weiter Teile der zentralen und westlichen Inseln. Die ungeschützten Felsen der Bergflanken waren einer intensiven Erosion ausgesetzt, große Schutt- und Geröllmengen wurden produziert und von den kurzen, heftigen Niederschlägen in die Täler transportiert. In und zwischen den einzelnen Barrancos entstanden die zerklüfteten Grate, die Interfluvios, während ihre tief ausgeschnittenen Talgründe mit alluvialem Material aufgefüllt wurden. Da diese Lockermaterialien in den immer wieder auftretenden regenreicheren Phasen abgetragen wurden, lassen sich heute meist nur noch Sedimente früherer Kaltzeiten nachweisen.

Form und Gestalt der Barrancos sind jedoch abhängig vom Alter der Inseln: die oben beschriebenen tief gefurchten Barrancos gibt es nur auf Teneriffa, Gran Canaria, La Palma und La Gomera. Fuerteventura und Lanzarote haben aufgrund ihres hohen geologischen Alters und der langen Verwitterung U-förmige, schon ausgeräumte Barrancos mit geringen Steilwandanteilen, und El Hierro besitzt wegen seines vergleichsweise jungen Alters noch keine Barrancos. Hier gibt es als Erosionsformen bislang nur flächenhafte oder gering eingeschnittene Hangrutschungen.

In den Barrancos ist die Biodiversität insbesondere dann außerordentlich hoch, wenn diese verschiedene Klima- und Vegetationszonen einer Insel durchqueren. Temperatur, Insolation und Feuchtigkeitsregime verändern sich dann graduell entlang eines Transsektes und wechseln abrupt in Abhängigkeit von der Exposition der Felshänge. Dadurch wird eine große Vielfalt an verschiedenen Mikroklimaten erzeugt. Die starke Inklination, das Fehlen bzw. die Instabilität der Böden sowie die episodische Verfügbarkeit von Wasser verstärken die zuvor genannten Faktoren. Sie tragen somit zu der Vielfalt an unterschiedlichen Habitaten bei, welche Mosaikkomplexe verschiedener Pflanzengesellschaften beherbergen. Das gilt besonders für die Felsstandorte.

Das zerklüftete Relief des Archipels oder die Felswände der Vulkane begünstigten von jeher die Ansiedlung und Entwicklung einer Reihe von felsbewohnenden Gesellschaften, die floristisch durch einen hohen Anteil an Endemiten charakterisiert sind. Dieser wird speziell auf den Kanaren zum Teil durch den Artenreichtum der Familie Crassulaceae bestimmt, wobei die Gattung *Aeonium* mit vielen Insel-Endemiten sowie die endemischen Gattungen *Greenovia*, *Monanthes* und *Aichryson* hervorstechen, wie wir es vorgestellt haben (S. 92). Es handelt sich um eigentümlich gebaute Kormophyten, die sich in diesen Habitaten mit Chasmophyten abwechseln, von denen verschiedene endemische Arten der Gattungen *Sonchus*, *Teline*, *Dorycnium*, *Silene*, *Taeckholmia*, *Sideritis*, *Micromeria*, etc. am charakteristischsten sind. Gleichzeitig fällt in diesen zerklüfteten

Landschaften die hohe Präsenz von Moos-, Flechten- und Farngesellschaften auf.

Die Artenzusammensetzung dieser Pflanzengesellschaften hängt von Höhe und Exposition der entsprechenden Habitate ab, obwohl sie in ihrer Gesamtheit als azonal angesehen werden können, da sie praktisch von Meereshöhe bis in die höchsten Gipfelregionen verbreitet sind.

Für all diese endemischen felsbewohnenden, also chasmophytischen Pflanzengesellschaften schuf Arnoldo Santos (1976) die Klasse der Greenovio-Aeonietea aufgrund des hohen Anteils an Endemiten in diesem auf dem kanarischen Archipel einzigartig weiträumig verbreiteten Vegetationstyp. Nach Rivas-Martìnez et al. (2001) unterscheidet man zwei Verbände: den Verband Soncho-Sempervivion, welcher die eher thermophilen Gesellschaften umfasst, die von den Steilküsten und zerklüfteten Bereichen der basalen Stufe bis zu den Klippen der humiden thermokanarischen Stufe verbreitet sind, und den Verband Greenovion aureae für solche Pflanzengesellschaften, die an die mesokanarische Stufe der Pinares und die darüber gelegenen Bereiche gebunden sind. Letztere sind hochspezialisiert und einzigartig für die jeweiligen Inseln. Ihre floristisch-soziologische Gliederung zeigt sich wie folgt:

Greenovion aureae Santos ex Rivas-Martínez, Wildpret, Del Arco, O. Rodríguez, Pérez de Paz, García Gallo, Acebes, T.E. Díaz & Fernández-González 1993
[Greenovio-Festucion agustini Santos 1983 (art. 5)]

- *Cheilantho guanchicae-Aeonietum smithii* Rivas-Martínez, Wildpret, Del Arco, O. Rodríguez, Pérez de Paz, García Gallo, Acebes, T.E. Díaz & Fernández-González 1993 nur auf Teneriffa
- *Greenovietum aizoi* Voggenreiter ex Rivas-Martínez, Wildpret, Del Arco, O. Rodríguez, Pérez de Paz, García Gallo, Acebes, T.E. Díaz & Fernández-González 1993 nur auf Teneriffa (sehr selten)
- *Greenovietum aureae* Rivas-Martínez, Wildpret, Del Arco, O. Rodríguez, Pérez de Paz, García Gallo, Acebes, T.E. Díaz & Fernández-González 1993 auf den westlichen Inseln (Abb. 89)
- *Greenovietum diplocyclae* Santos 1983 nur auf La Palma, Gomera und El Hierro (Abb. 224)
- *Greenovio-Aeonietum caespitosi* Sunding 1972 nur auf Gran Canaria
- *Tolpidetum calderae* Santos 1983 nur in der Cumbre von La Palma

Abb. 224 *Greenovia diplocycla*, ein Endemit der westlichen Inseln an besonnten Felsen der Kiefernwaldstufe.

Hier zeigen sich hervorragend alle bisher bekannten Phänomene der adaptiven Radiation: Wir haben in den vorangestellten Kapiteln ab S. 90 schon kennengelernt, dass infolge der geographischen Isolation, der vulkanischen Entstehung und des besonderen Passatklimas ganz bestimmte Pflanzentypen in ihrer speziellen Evolution sehr ausgeprägte Einnischungen in verschiedene insuläre Lebensräume mit charakteristischen Anpassungen entwickeln konnten. Da zudem auf den Inseln im Vergleich zum benachbarten afrikanischen Festland entsprechende Konkurrenten, Fressfeinde und Parasiten meist fehlten und die genetische Drift eine große Rolle spielte, konnte sich die typisch veränderte Inselvegetation mit ihren Paläo- und Neoendemiten entwickeln. Die hochendemischen Chasmophytengattungen *Aeonium*, *Greenovia*, *Monanthes* und *Aichryson* haben sich aus den ehemals periodisch trockenen, subtropisch-tropischen tertiären Wüstengürteln des alten Tethys-Umfeldes auf die trockenen Küstenbereiche der jungen Vulkaninseln entwickelt (vgl. Abb. 88–91). Von hier aus wurden nachfolgend alle Standorte von den Küsten bis in die subalpine Stufe besetzt, wo Wassermangel eine dominierende Rolle spielt. In einer solchen ökologisch-topographischen Isolation konnte die Ausbildung und Manifestation neuer Gattungen und Arten beginnen. Die Evolution setzte bei den damals kleinen Populationen rasch ein, wurde jedoch umso langsamer und konservativer, je mehr ökologische Nischen auf den Kanaren jeweils stabil besetzt waren. Diese *Aeonium*-monodominierten Pflanzengesellschaften sind das Ergebnis der genetischen Differenzierung. Diese hört ganz auf, wenn nicht immer wieder neue Lebensräume entstehen (z. B. durch Vulkanismus oder Erosion) und wird wieder aktiv, wenn ehemalige Lebensräume getrennt werden. Die getrennte Einnischung der ozeanischen Kanaren vom benachbarten Festland verminderte langfristig die Konkurrenz durch potentielle Zuwanderer, so dass die Evolution auch konservierend verlaufen konnte und dass sich somit auch Arten mit ursprünglichen Merkmalen erhalten haben. Diese koexistieren gerade in der Felsvegetation der Barrancos und der Steilküsten.

Das zeigt sich auch in der floristisch-soziologischen Differenzierung der kanarischen Semperviven-Vegetation, die sich für den Archipel derzeit wie folgt syntaxonomisch nach Rivas-Martinez et al. 2001 gliedern lässt:

Greenovio-Aeonietea Santos 1976
[Aeonio-Greenovietea Santos 1976 (nomencl. syn.)]

Soncho-Sempervivetalia Rivas Goday & Esteve ex Sunding 1972
[Soncho-Sempervivetalia Rivas Goday & Esteve 1965 (art. 2b), Greenovietalia Santos 1983 (art. 5), Soncho-Aeonietalia Rivas Goday & Esteve ex Sunding 1972 nom. mut. (art. 45) Rivas-Martínez et al. 2001]

Soncho-Sempervivion Sunding 1972
[Soncho-Aeonion Sunding 1972 nom. mut. (art. 45) Rivas-Martínez et al. 2001]

- *Aeonietum canariensis* Rivas-Martínez, Wildpret, Del Arco, O. Rodríguez, Pérez de Paz, García Gallo, Acebes, T.E. Díaz & Fernández-González 1993 nur auf Teneriffa
- *Aeonietum cuneati* Voggenreiter ex Rivas-Martínez, Wildpret, Del Arco, O. Rodríguez, Pérez de Paz, García Gallo, Acebes, T.E. Díaz & Fernández-González 1993 nur auf Teneriffa in den Hochlagen von Anaga (Lorbeerwald)
- *Aeonietum lanzerottensis* Reyes, Wildpret & León 2001 nur auf Lanzarote
- *Aeonietum lindleyi* Voggenreiter ex Rivas-Martínez, Wildpret, Del Arco, O. Rodríguez, Pérez de Paz, García Gallo, Acebes, T.E. Díaz & Fernández-González 1993 nur im Anaga-Gebirge von Teneriffa
- *Aeonietum longithyrsii* Santos 1976 nur auf El Hierro
- *Aeonietum palmensis* Santos 1983 nur auf La Palma
- *Aeonietum undulato- percarnei* Carqué, Wildpret & García Gallo in Wildpret, García Gallo & Carqué 1996 nur auf Gran Canaria
- *Aeonio decoris-Sonchetum leptocephali* F. Galván 1983 nur auf La Gomera
- *Aichrysetum tortuosi* Reyes, Wildpret & León 2001 nur auf Lanzarote
- *Davallio canariensis-Aichrysetum laxi* Wildpret, García Gallo & Carqué in Rivas-Martínez, Wildpret, Del Arco, O. Rodríguez, Pérez de Paz, García Gallo, Acebes, T.E. Díaz & Fernández-González 1993 auf allen Inseln (außer Lanzarote, La Graciosa und Alegranza)
- *Parietarietum filamentosae* Rivas-Martínez, Wildpret, Del Arco, O. Rodríguez, Pérez de Paz, García Gallo, Acebes, T.E. Díaz & Fernández-González 1993 nur auf Teneriffa, La Palma und La Gomera
- *Pericallido lanatae-Sonchetum gummiferi* Rivas-Martínez, Wildpret, Del Arco, O. Rodríguez, Pérez de Paz, García Gallo, Acebes, T.E. Díaz & Fernández-González 1993 nur auf Teneriffa
- *Phyllido viscosae-Aeonietum sedifolii* Santos & F. Galván 1983 nur auf Teneriffa, La Palma, La Gomera und El Hierro
- *Prenantho-Taeckholmietum pinnatae* Sunding 1972 nur auf Teneriffa, Gran Canaria und Fuerteventura
- *Reichardio famarae-Helichrysetum gossypini* Reyes, Wildpret & León 2001 nur auf Lanzarote
- *Soncho radicati-Aeonietum tabulaeformis* Santos & F. Galván 1983 nur auf Teneriffa
- *Umbilico gaditani-Aeonietum urbici* García Gallo & Wildpret in Rivas-Martínez, Wildpret, Del Arco, O. Rodríguez, Pérez de

Abb. 225 ***Vieraea laevigata*** **(oben), ein Teno-Endemit, und** ***Polycarpaea carnosa*** **(unten), ausschließlich auf Anaga- und Tenogebirge beschränkt, bilden eine eigene hochendemische Pflanzengesellschaft in Spalten senkrechter Felswände.**

Paz, García Gallo, Acebes, T.E. Díaz & Fernández-González 1993 corr. Rivas-Martínez et al. 2001

[*Umbilico horizontalis-Aeonietum urbici* García Gallo & Wildpret in Rivas-Martínez, Wildpret, Del Arco, O. Rodríguez, Pérez de Paz, García Gallo, Acebes, T.E. Díaz & Fernández-González 1993 (art. 43)] nur auf Teneriffa und La Gomera

- *Vieraeo laevigatae-Polycarpaeetum carnosae* Rivas-Martínez, Wildpret, Del Arco, O. Rodríguez, Pérez de Paz, García Gallo, Acebes, T.E. Díaz & Fernández-González 1993 nur auf Teneriffa, Küstenfelsen des Teno-Gebirges (Abb. 225)

Auf trockenen Standorten zwischen 300 und 500 m Meereshöhe der Barrancos von Teneriffa und auf Hausdächern wächst *Aeonium holochrysum* (Abb. 92), ein stets verzweigter, holziger Strauch mit Hochrosetten, oft vergesellschaftet mit anderen Sukkulenten. Er steht wohl der auf die Insel gelangten Stammart am nächsten. Teneriffa kann auch als das genetische Zentrum der Sempervivenradiation gelten. Ähnlich ist *A. urbicum* (Abb. 93), dieser hat aber immer nur einen Stamm. In sehr trockenen Felsspalten und -nischen mit wenig Boden gedeiht *A. haworthii. A. ciliatum* wächst an vorübergehend trockenen Standorten des hohen Lorbeerwaldes bis in den oberen Sukkulentenbusch hinabsteigend. Es bildet kurze Stämmchen, trägt an den Seitenzweigen Ausläuferwurzeln und hat lockere Rosetten mit zarteren Blättern, während *A. haworthii* insgesamt dichter ist und verdickte Blätter besitzt. *A. lindleyi* (Abb. 96) ist nur im Nordosten Teneriffas zu finden, an vergleichbaren Standorten wie *A. haworthii*. Dort wo die eine Art vorkommt, fehlt jedoch die andere infolge der oben beschriebenen Vikarianz. Beide Arten sehen auch ähnlich aus, obwohl sie verschiedenen Untergattungen angehören, und sie bestätigen somit die Konvergenz. An sehr trockenen Stellen im Nordwesten von Teneriffa wächst *A. sedifolium* (Abb. 95). Man kann diese Art als Vikarianzpartner von *A. lindleyi* ansehen, da die Areale dieser zwei nah verwandten Arten durch den Teidevulkanismus getrennt wurden. Die Arten *A. cuneatum*, *canariense* und *tabulaeforme* (Abb. 99 und 100) sind zu einer krautigen, stammlosen Wuchsform übergegangen und damit zugleich zu einer anderen Evolutionsstrategie. *A. canariense* wächst an windexponierten Felsen innerhalb zeitweise trockener Lorbeerwaldstandorte, auf Teneriffa oft vergesellschaftet mit *A. tabulaeforme*. Letztere Art geht hier bis zur Küste hinab. Die Nische von *A. cuneatum* sind die feuchteren, nordexponierten, dem starken Passatwind ausgesetzten

Felsspalten im Monteverdegebiet. *A. tabulaeforme* gedeiht noch in sehr kleinen Felsritzen, in denen *A. canariense* nicht mehr genügend Substrat findet. Die Rosetten von *A. tabulaeforme* mit ihrem regelmäßigen Blattstellungsmuster liegen den Felsen sehr flach an, was eine optimale Ausnutzung des Lichts erlaubt. Beide Formen bilden Ausläufer. *A. canariense* und *A. cuneatum* werden nur wenige Jahre alt; *A. tabulaeforme* stirbt nach Bildung eines Fruchtstandes im 2. oder 3. Lebensjahr. *A. spathulatum* kommt dagegen ebenfalls nur in 800–1000 m hoch gelegenen Schluchten des Nordens und Westens von Teneriffa vor, *A. smithii* (Abb. 97) im Süden und Osten an noch extremeren Standorten (hinsichtlich der Faktoren Trockenheit, Kälte und Meereshöhe bis über 2000 m).

Auf den anderen Inseln wachsen in entsprechenden ökologischen Nischen ebenfalls verschiedene *Aeonium*-Gesellschaften (z. B. *Aeonietum lanzerottensis*, *A. palmensis*, *A. longithyrsii*). Auf den vielgestaltigen älteren Inseln wie Gran Canaria oder La Gomera gibt es neben den auch auf Teneriffa vorhandenen Arten natürlich mehrere Inselendemiten. Vom genetischen Zentrum entferntere, jüngere Inseln wie La Palma und Hierro, oder Inseln mit eher gleichartigen Biotoptypen, wie Lanzarote und Fuerteventura, zeigen eine entsprechend geringere Arten- und Endemitenvielfalt und eine geringere Diversität an chasmophytischen Pflanzengesellschaften der Semperviven.

Natur und Mensch

Rechte Seite: **Alte Kulturlandschaft mit speziellem Trockenfeldbau auf Lanzarote.**

Wegen seiner günstigen geographischen Lage ist der Kanarische Archipel stets als Drehscheibe der internationalen Routen nach Europa, Afrika, und Amerika angesehen worden. Wegen seines Klimas – nach Meinung der touristischen Slogans „Das beste Klima der Welt" – hat sich die Inselgruppe ferner zu einem Gebiet entwickelt, das den so genannten Massentourismus nicht nur aufnimmt, sondern auch von ihm profitiert; der Tourismus bildet gegenwärtig die wichtigste Einnahmequelle, eine nicht nur heute ambivalente Entwicklung (s. WILDPRET DE LA TORRE, 1995).

Die Kanarischen Inseln sind ein Musterbeispiel für die Umgestaltung sehr vieler Inseln auf der Welt, an denen man die intensive Einwirkung des Menschen auf die Natur ablesen kann. Die anthropogenen Beeinträchtigungen lassen sich in drei Kategorien zusammenfassen:

- Unangemessener Gebrauch der natürlichen Ressourcen,
- Verunreinigung der Umwelt,
- Einführung fremder Arten.

Auf den Kanaren machen sich diese Einflüsse besonders bemerkbar wegen der begrenzten Oberfläche der Inseln, ihrer gebirgigen Gestalt und dem zunehmenden Bevölkerungsdruck.

Spuren der Ureinwohner der Kanaren und Zeugnisse ihrer Kultur sind nur noch in den verschiedenen Museen der Inseln, besonders im naturkundlichen Museum von Santa Cruz de Tenerife und im Museo Canario von Las Palmas de Gran Canaria zu besichtigen; diese „urkanarische Lebensform" hat sich im Laufe der Jahrhunderte zunehmend mit der portugiesischen und spanischen Kultur vermischt und wurde vielfach verdrängt. Die historischen Entwicklungslinien wollen wir kurz nachzeichnen: Die ersten überlieferten Daten, die sehr wahrscheinlich mit einer Inselentdeckung für die damalige Welt in Zusammenhang gebracht werden dürfen, betreffen die schon erwähnten phönizischen Expeditionen entlang der afrikanischen Westküste um 600 v. Chr., von denen schon der griechische Schriftsteller HERODOT in seinen Historien Kap. IV, 42 berichtet.

In nachantiker Zeit geriet der Archipel für mehr als ein Jahrtausend in Vergessenheit. Die Erwähnung der Kanaren in der Weltkarte im sizilianischen Reich des Normannenkönigs ROGER II (1130–1154) geht vielleicht noch auf die Kartographie des CLAUDIUS PTOLEMÄUS (85–160) aus Alexandria zurück. Weitere kartographische Hinweise einiger Atlantik-Inseln gibt es auch von arabischen Seeleuten aus dem Jahre 1147, die man bei großzügiger Textauslegung auf die Kanaren beziehen kann (KERL 1990).

Eine im Jahre 1339 von dem Mallorquiner A. DULCERT gezeichnete Karte ist wohl wirklich die erste, die zweifelsfrei von der Wiederentdeckung der Kanaren Kenntnis gibt. Vielleicht sind auch schon die Informationen des genannten Genuesen LANCELOTO MALOCELLO hier einbezogen, der offenbar um 1312 seine Kanarenexpedition begonnen hatte und dessen Name in der Insel Lanzarote verewigt ist.

Die Kirchenbücher sind da deutlicher und genauer: Am 15. November 1344 verlieh Papst CLEMENS VI. in Avignon dem französischen Botschafter am Heiligen Stuhl, UNIS DE LA CERDA, dem Urenkel des Kastilischen Königs ALFONSO X., auf dessen Wunsch nachweislich die Kanarischen Inseln als erbliches Lehen. Sein Werk wurde von JEAN DE BÉTHENCOURT (1360–1422) im Jahre 1402 fortgeführt, als es dem französischen Eroberer gelang, die Insel Lanzarote zu besetzen und diese erneut der Kastilischen Krone unter dem König ENRIQUE III. anzudienen. Die konsequente, nachfolgende Eroberung der anderen Inseln war dann nur noch eine Frage der Zeit.

Grundsätzlich kann man jedoch sagen, dass alle normannischen, spanischen und portugiesischen Eroberungsversuche mehr als 200 Jahre andauerten. Allein der Invasionsversuch der Portugiesen dauerte fast 60 Jahre von 1420 bis 1479. Auf Gomera konnten sich die Portugiesen festsetzen, obwohl es als Eigentum der normannischen Béthencourts galt. Aus der damaligen Zeit stammt der Begriff *señorio*, d.h. herrschaftlicher Besitz (BRAUNSBERGER-VON DER BRELIE & SCHULZ 1992) für die Inseln Lanzarote, Fuerteventura und Gomera, die lange nicht der spanischen Krone unterstellt waren. Bis 1479 herrschte Unklarheit über die Besitzrechte der Inseln zwischen den Spaniern und Portugiesen, bis in diesem Jahr im Vertrag von Alcáçovas festgelegt wurde, dass die *señorio*-Inseln Lanzarote, Fuerteventura, El Hierro und La Gomera der spanischen Krone gehören sollten. Damit war auch das Schicksal der restlichen großen Kanarischen Inseln Gran Canaria, Teneriffa und La Palma besiegelt: die entscheidende Phase der Eroberung dieser Inseln geschah durch Stammesfehden der Ureinwohner, durch Verrat und durch Kriegslist. Gran Canaria fiel zuerst im Jahre 1483 nach fünfjährigem Eroberungskrieg, Anfang 1496 wurde La Palma erobert, und Ende 1496 konnte schließlich Teneriffa für die Spanische Krone endgültig in Besitz genommen werden.

Entwicklung der Kulturlandschaft

Die erste Besiedlung der Kanaren mit ihren Ureinwohnern und deren Haustieren erfolgte jedoch vor etwa 2000 Jahren und fand in mehreren, aufeinanderfolgenden Wellen statt. Dies war der erste Eingriff in die einzigartige Natur, die sich auf den Inseln im Laufe von etwa 20 Mio. Jahren entwickelt hatte. Seit Beginn der europäischen Kolonisation wurden später und anhaltend besonders die Gebiete beansprucht, deren potentielle natürliche Vegetation thermophile Buschwälder (Bosque thermófilo und Sabinares), Baumheidegebüsche (Fayal-Brezal), Lorbeer-Kiefern- und Mischwälder (Monteverde, Pinares) sowie Teideginster-Formationen (Retamares) sind. Diese Ausbeutung dauerte mit mehr oder weniger starker Intensität bis zur Mitte des 20. Jahrhunderts, und selbst heute hat sich grundlegend noch nichts dazu geändert.

Prähispanische Phase

Bis zum 15. Jahrhundert waren Isolierung und karge Lebensbedingungen charakteristisch für die Inselbewohner. Ackerbau und Viehzucht der Guanchen basierten auf dem Anbau von Getreide vor allem mit Gerste und Weizen und der Haltung von Wanderviehherden. Die Verbindung der Inseln nach außen war äußerst gering, abgesehen von Schiffen, die dann und wann anlegten, oder Expeditionen auf der Suche nach Purpurfarbstoff aus den Flechtenarten *Roccella canariensis*, *Roccella vicentina*, *Roccella fusiformis* (s. Abb. 8), Drachenblut (Harz von *Dracaena draco*, s. Abb. 60) und Sklaven.

Phase des Zuckerrohranbaus

Im Laufe des 16. Jahrhunderts gewann die Anpflanzung von Zuckerrohr – aus Madeira eingeführt – auf Teneriffa, Gran Canaria und La Palma große Bedeutung. Diese Intensivierung der Landwirtschaft geschah auf Kosten der kanarischen Waldbestände, zum einen wegen des vermehrten Flächenbedarfs, zum anderen wegen der Gewinnung von Meilerholz für die Zuckersiederei. Außerdem wurden Getreide und aus dem Mittelmeerraum stammende Obstbaumarten eingeführt. Gleichzeitig erfolgte eine Invasion durch die wichtigsten syanthropen Ruderalpflanzen aus der mediterranen Region.

Phase des Weinanbaus

Die ersten Weine kamen mit den ersten Kolonisten im 15. Jahrhundert auf die Inseln. Schon bald nach der Eroberung ließ der Inselgouverneur im Anaga-Gebirge die ersten Reben anpflanzen, darunter die noch heute geschätzten Malvasier-Weinstöcke, die über Madeira aus der peleponnesischen Stadt Monemtrasia kamen. Zur Kennzeichnung des ersten Weinanbaugebietes erhielt schon 1554 die Ortschaft Icod kommentarlos den Beinamen „de los Vinos". Gegen Ende des 16. Jahrhunderts war die Weinproduktion Teneriffas schon auf über 10000 Liter gestiegen, und sie ist mit den beschriebenen Rückschlägen und Unterbrechungen bis heute ein wichtiger landwirtschaftlicher Faktor.

Seit dieser Zeit hat der Weinanbau nicht nur eine bedeutende Rolle in der Landwirtschaft, in der Geschichte, der Kultur und der Tradition auf dem Archipel gespielt. Wegen ihrer fruchtbaren vulkanischen Böden, der breiten Palette an Mikroklimaten und der Vielzahl der hier angebauten Trauben erlangte der Weinanbau besonders vom 16. bis zum 18. Jahrhundert eine herausragende Rolle auf den Kanaren, und vielerorts stützte sich die Wirtschaft einzelner Inseln auf die Produktion einheimischer Weine, die auf den englischen und amerikanischen Märkten besonders beliebt waren. Heute liegen die besten Rebfluren zwischen 100 und

Abb. 226 **Verwilderte Pflanzen von *Colocasia esculenta*.**

1000 m über dem Meer der gebirgigen Inseln: im Weinbaugebiet von Tacoronte-Acentejo auf Teneriffa hat sich beispielsweise eine mit mehr als 2500 ha großen Rebfluren das größte zusammenhängende Weinbaugebiet der Kanaren entwickelt. Mehr als 30 registrierte Winzer bauen hier die blauen „Listán Negro“ und die weißen „Listán Bianco”-Trauben an. Weine wie der „Viñatigo blanco“ oder der rote „Crater“ gehören zu den Spitzenprodukten kanarischer Vitikultur. Im Weinbaugebiet von Lanzarote ist im La Geria der „Grifo“ einer der berühmtesten Weine.

Phase der ökonomischen Regression im 18. Jahrhundert

Durch den konkurrenzbedingten Verlust der internationalen Absatzmärkte für Zuckerrohr und Wein nach der Etablierung der Zuckerrohrproduktion in der Karibik und der Weinproduktion im Mittelmeergebiet und in Frankreich setzte eine Regression ein, die bis zum Beginn des freien Handels im Jahre 1778 dauerte. In jener Zeit wurde das „*Reglamento para la liberación del Comercio*“ dank der Wirtschaftsexperten unter Karl III. und der Reformbestrebungen erlassen, und die Einfuhr von Kartoffeln, Mais und anderen Nutzpflanzen – Süßkartoffel (*Ipomaea*

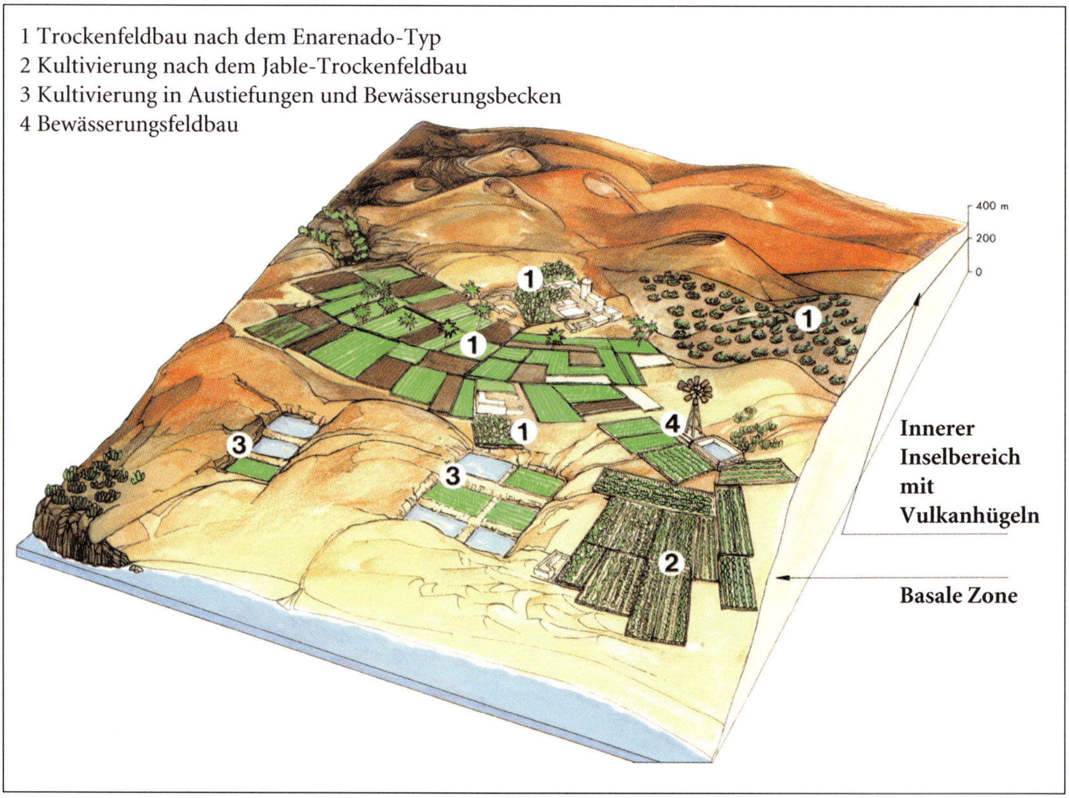

Abb. 227 **Höhenzonierung der landwirtschaftlichen Produktion auf den westlichen Kanaren mit niedrigem Relief (Lanzarote, La Graciosa und Fuerteventura, aus Atlas Interinsular de Canarias, 1990).**

1 Trockenfeldbau nach dem Enarenado-Typ
2 Kultivierung nach dem Jable-Trockenfeldbau
3 Kultivierung in Austiefungen und Bewässerungsbecken
4 Bewässerungsfeldbau

400 m
200
0
Innerer Inselbereich mit Vulkanhügeln
Basale Zone

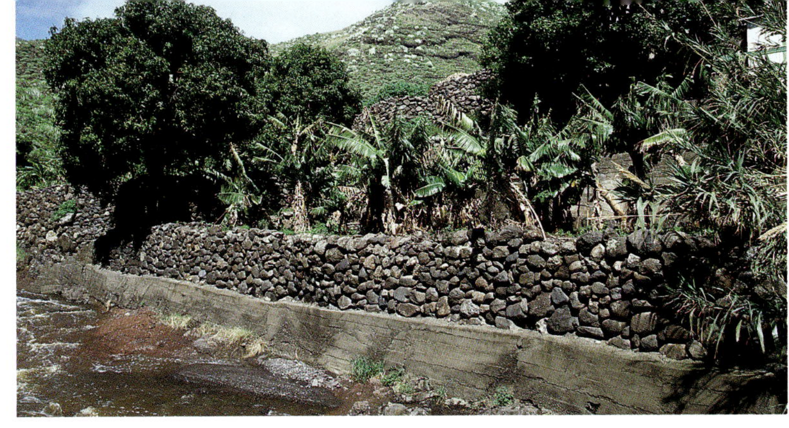

Abb. 229 Tropikalische Landwirtschaft bei Igueste de San Andrés mit Mangos, Papayas und Bananen im Unterbau.

batatas), Taoro- oder Ñame (*Colocasia esculenta*, Abb. 226) sowie *Agave americana* oder verschiedenen *Opuntia*-Arten (Abb. 12 und 153) – wurde danach verstärkt. Daraus entwickelten sich die noch heute sichtbaren, verschiedenen landwirtschaftlichen Nutzungssysteme der östlichen Purpurarien und der westlichen Fortunaten (s. Abb. 227 und 228, landwirtschaftliche Nutzungssysteme). In diese Epoche fiel auch die Gründung des Botanischen Gartens von Orotava zur Anzucht von Pflanzen aus den spanischen Kolonien in Übersee. Die Einfuhr exotischer Pflanzenarten nahm zu. Es entwickelte sich eine so genannte „tropikalische Landwirt-

Abb. 228 Höhenzonierung der landwirtschaftlichen Produktion auf Inseln mit hohem Relief (La Palma, Teneriffa, Gran Canaria, La Gomera und El Hierro, aus Atlas Interinsular de Canarias, 1990).

Anbaufrüchte
1 Getreide
2 Kartoffeln
3 Wein
4 Gemüse
5 Secano-Trockenfeldbau (Gemüse, Kartoffeln)
6 Bananen
7 Tomaten
8 Avocados
9 Glashauskulturen (Gemüse und Blumen)

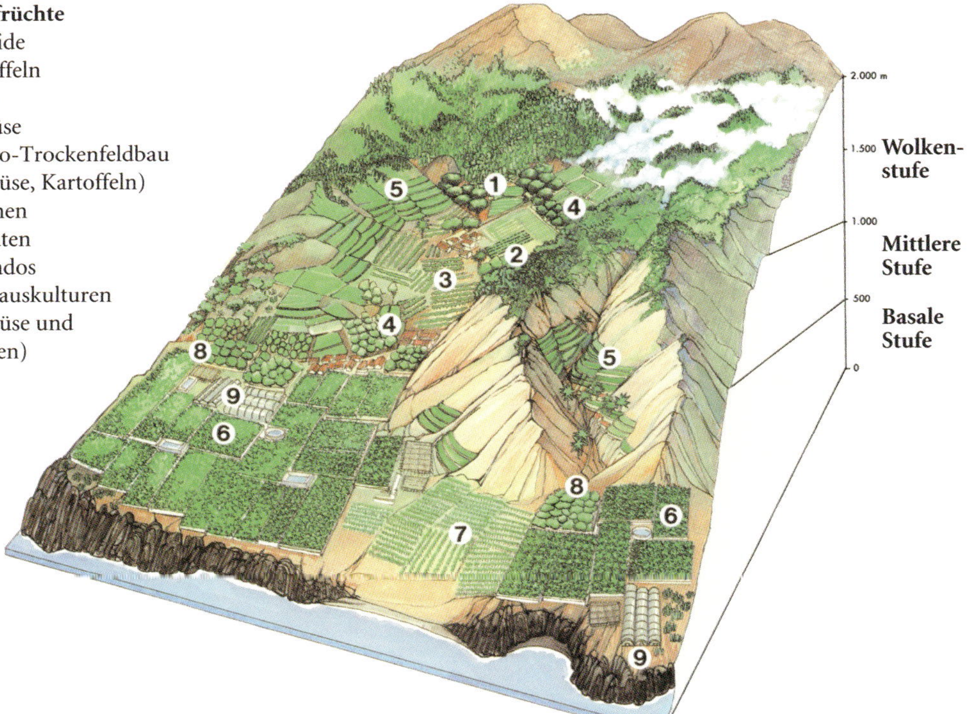

schaft“ mit dem Anbau zahlreicher überseeischer Gemüse- und Obstsorten in speziellen agroforestalen Systemen. Dieses kann man noch heute optimal am abgelegenen Eingang des Barranco von Igueste de San Andres westlich von Santa Cruz auf Teneriffa sehen sowie im oberen Teil des Valle de Gran Rey auf Gomera, und man fühlt sich dort in die spanische Gründerzeit versetzt (Abb. 229).

Liberale Phase

Diese Epoche erstreckte sich über die erste Hälfte des 19. Jahrhunderts. Kompensationshandel mit England und Frankreich wurde auf den Kanaren eingeführt. Der Handel mit Cochenille, dem roten Naturfarbstoff aus der Schildlaus (*Dactylopius coccus*) blühte auf, geriet dann aber in eine Krise. Da die Laus an Opuntien lebt, setzte ein verstärkter Anbau von Opuntien ein, ebenso eine vermehrte Einfuhr von südafrikanischen Mittagsblumen wie *Mesembryanthemun crystallinum* und *M. nodiflorum* (Abb. 10 und 11), die zur Sodaherstellung für den Export verwendet wurden.

In dieser Zeit formierte sich eine insulare Bürgerschaft unter Einbeziehung europäischer Immigranten, vorwiegend aus Frankreich, England und Deutschland. Die ersten Anzeichen für „Tourismus“ gab es bereits gegen Ende des 19. Jahrhunderts durch zahlreiche Reisende aus Mitteleuropa. Danach ging es kontinuierlich aufwärts, bis die beiden aufeinander folgenden Kriege (1914–1918 und 1939–1945) zu stärkeren Einbrüchen führten. Bis in die Nachkriegszeit war der Einfluss der Touristen insgesamt jedoch vergleichsweise unbedeutend. Die ersten Touristen kamen bis dahin per Schiff und hielten sich vorwiegend in den Städten Las Palmas auf Gran Canaria, Santa Cruz de Tenerife oder Puerto de la Cruz auf. In den Provinz-Hauptstädten sah man meist nur Reisende, die im eigentlichen Sinne keine Touristen waren, sondern durchreisende Kaufleute oder Matrosen und Kreuzfahrer, deren Schiffe in einem der Häfen anlegten.

Puerto de la Cruz im Orotavatal erfreute sich besonders in dieser Zeit seines guten Rufes und seiner Berühmheit. Unternehmen wie das Hotel Taoro – Ende des 19. Jahrhunderts als Sanatorium eröffnet und später als „Gran Hotel“ geführt – waren besonders in England und Deutschland bekannt. Eine Minorität wohlhabender und gebildeter Leute reiste an, um Klima, Landschaft, Ruhe und Luxus zu genießen. Damals setzte der so genannte „Elite-Tourismus“ ein: Schriftsteller, Künstler und Wissenschaftler hielten sich auf den Inseln auf und machten deren Schönheit bekannt, besonders die von Teneriffa und Gran Canaria.

In diese Zeit fällt auch die erste systematische wissenschaftliche Erfassung der Kanaren, als nach den enthusiastischen Beschreibungen Alexander v. Humboldts vor allem die Geologen und Botaniker den Archipel explorierten. Leopold v. Buch, Christen Smith, Philip Barker Webb und

Sabin Berthelot haben wir schon genannt. Zur Kenntnis der Einzigartigkeit von Landschaft, Flora und Fauna beigetragen haben auch der damalige französische Konsul August Broussonet, der 1799 die Kanaren zuerst besuchte; des weiteren Eugène Bourgeau, der 1845/46 mehr als 60 Pflanzenarten neu entdeckte, sowie der berühmte Zeitgenosse Darwins, der englische Geologe Charles Lyell, der 1853/54 den geologischen Aufbau der Inseln erforschte. Von den Biologen sollen Carl Bolle (1861/62) aus Berlin, Ernst Haeckel (1867) aus Jena, Wilhelm Hillebrand (1882) aus Nieheim in Westfalen und Hermann Christ (1884) aus Basel genannt werden. Sie alle trugen maßgeblich zum großen Bekanntheitsgrad im deutschsprachigen Raum bei. Das führte auch dazu, dass die erste deutsche Expedition, die „*Tiefsee-Expedition-Valdivia*" im Jahre 1898 auch nach Teneriffa und Gran Canaria ging. Der große Vegetationsgeograph A. F. W. Schimper hat ausführlich darüber berichtet (s. Schenck 1907).

Entwicklung zur Freihandelszone

1852 wurde der Archipel zur Freihandelszone erklärt. Damit beginnt die zeitgenössische Entwicklung. Die Handelsbeziehungen nahmen in Anbetracht der strategisch günstig gelegenen Häfen zu. Die Einwohnerzahl stieg, der Handel florierte. Etwas später ging man zu Monokulturen von Bananen und Tomaten über (Abb. 17). Die Banane (*Musa cavendishii*) brachte sehr schnell Geld ins Land. Sie stammt aus Indochina und wurde für den Export nach Frankreich und England angebaut, bis die eigenen Kolonien Spaniens in Süd- und Mittelamerika mehr Erträge brachten. 400 Liter Wasser braucht eine Bananenstaude pro Jahr, sie benötigt ein Jahr von der Blüte bis zur Fruchtreife (Abb. 230). Ihre Schale ist leicht schwarzfleckig. Der Bananenanbau wird mit kräftigen EU-Subventionen gefördert und dominiert deshalb über weite Teile die Insellandschaften, obwohl die Kanarenbanane allein nicht weltmarktfähig ist, denn sie gedeiht hier nur mit Hilfe eines arbeitsintensiven chemischen Pflanzenschutzes und der künstlichen Bewässerung. Heute versucht man mit zunehmendem Erfolg, den Bananenanbau durch Weinanbau zu ersetzen.

Abb. 230 Blüten- und Fruchtstand der Kanarenbanane (*Musa cavendishii*).

Landschaftsentwicklung seit 1950

Nach den kritischen Jahren des spanischen Bürgerkrieges und des 2. Weltkrieges beginnt in den fünfziger Jahren – sich in den Sechzigern fortsetzend – eine Epoche rapider Entwicklungen: Der Tourismus wird zum „Boom" und steigert sich zum „Massentourismus". Die Bevölkerung

Abb. 231 ***Nicotiana glauca*** **(oben),** ***Ricinus communis*** **(links) und** ***Pennisetum setaceum*** **(rechts), sind auffällige Neophyten auf den Inseln.**

Abb. 232 **(oben rechts)** ***Eschscholzia californica*** **breitet sich entlang der Straßen aus oberhalb Güimar/Teneriffa (Detail: Blüten).**

nimmt drastisch zu. Baumaßnahmen, Verkehrsverbindungen und die gesamte landwirtschaftliche Infrastruktur mit ihren Mono- und Treibhauskulturen wachsen entsprechend. Seit den 50er Jahren hat sich besonders die Blumenkultur entwickelt; es begann mit dem gewerblichen Anbau von Nelken, Rosen und Strelizien. Inzwischen sind zahlreiche Gartencenter und Zuchtbetriebe entstanden, die mittlerweile über 1000 verschiedene Kultursorten züchten und anbauen, dabei dominieren zur Zeit die Orchideen, Rosen und die südafrikanischen und australischen Proteaceen. Sie werden per Flugzeug täglich zu den zentralen Binnenmärkten, vor allem in die Niederlande geschickt. Gleichzeitig mit der Umgestaltung der Landschaft stellt sich eine Vielzahl exotischer Arten von Pflanzen und Tieren ein, deren Verwilderung in die natürliche Umwelt nicht übersehen werden kann.

In der Nachkriegszeit bis 1962 gab es eine erste Phase der Entwicklung des Fremdenverkehrs im heutigen Sinne. Als Folge der neuen spanischen Wirtschaftspolitik setzte eine enorme Veränderung ein: Der historische kanarische Tourismus individueller Minderheiten wird vom industriellen Tourismus ein- und überholt. Bau-Entwicklungspläne drängen zur Expansion. Das alte Straßennetz aus dem 19. Jahrhundert wird den neuen Erfordernissen teilweise angepasst. Die kanarischen Inselstraßen und Autobahnen entstehen, deren Bau hat vielfältige Nebenauswirkungen auf

Abb. 233 *Ficus microcarpa* ist ein beliebter und weit verbreiteter Straßen- und Parkbaum als Schattenspender in Städten und Dörfern.

Landschaft und Umwelt. Stellenweise führte der Straßenbau zu neuen, künstlichen Trassen mit Brücken, Tunnels und anderen Geländeeinschnitten, die ein neues Relief mit neuen Lebensräumen schufen. In diesem Milieu breiteten sich vorwiegend aggressive Neophyten aus, wie *Nicotiana glauca*, *Ricinus communis*, *Hyparrhenia hirta* und *Pennisetum setaceum* (Garcia-Gallo et al. 1999). Letzteres Gras, offenbar als ornamentale Zierpflanze in den 50er Jahren aus Afrika eingeführt, hat sich in jüngster Zeit signifikant vor allem in den basalen Sukkulentenstufen aller Inseln, insbesondere aber auf Gran Canaria und Teneriffa ausgebreitet und gilt derzeit als aggressivster „Alien" auf den Kanaren. Es gibt bereits eigenständige Pflanzengesellschaften aus diesen Neophyten, wie das *Cenchro ciliaris-Hyparrhenietum sinaicae* (Lygio-Stipetea) oder das *Polycarpaeo-Nicotianietum glaucae* (Abb. 231).

Abb. 234 (rechte Seite) *Castanea sativa*-Kastanienselven auf La Palma.

Gezielte Bekämpfungsmaßnahmen, vor allem komplettes Vernichten der Bestände durch „*Erradicación*" (= Ausreißen ganzer Pflanzen), grenzen mancherorts augenscheinlich an eine Sisyphusarbeit. Zusätzlich expandierten exotische Geoelemente, die man unglücklicherweise an den Straßenrändern angepflanzt hatte, z. B. *Eschscholzia californica* oberhalb von Güimar auf Teneriffa (Abb. 232) und vermengten sich mit Pionier-Elementen der autochthonen Flora.

Auch die verbliebenen Lorbeerwälder sind aktuell gefährdet: seit etwa 10 Jahren beobachten wir auf allen Kanaren wie auch in Marokko und Südspanien eine spontane Ausbreitung und Verwilderung von *Ficus microcarpa* (Abb. 233). Dieser überall als Schattenspender in Dörfern und Städten angepflanzte Zierbaum wurde erstmals Mitte des 19. Jahrhunderts aus Kuba eingeführt und zunächst ausschließlich über Stecklinge vermehrt. Seit etwa zehn Jahren wird beobachtet, dass eine Fliege der Gattung *Blastophaga* die Blüten der Feigen befruchtet; die daraus sich entwickelnden Früchte von *Ficus microcarpa* werden nun bevorzugt von Tauben gefressen und endozoochor verbreitet. Heute findet man die verwilderten Jungbäume von *Ficus* vielfach in Siedlungsnähe, sie wachsen sogar epiphytisch, und es besteht die Gefahr, dass sie in die Lorbeerwälder vordringen und die einheimischen laurophyllen Bäume bedrängen.

Wie bereits mehrfach erläutert, waren nur wenige Lorbeerwälder der Kanaren in der Vergangenheit vor der Abholzung geschützt – noch heute markieren Grenzsteine („**Mojones**") solches Eigentum von Städten, z. B. Monte de Aguirre und Santa Cruz de Tenerife, welche schon frühzeitig von den spanischen Siedlern an den Berghängen oberhalb der Ansiedlungen zum Schutz vor Erosion bewahrt und vor allem aber wegen ihrer fundamentalen Bedeutung für die Süßwasserbildung von jeher erhalten wurden. Ähnliches gilt für viele Kiefernwälder, z. B. Pinares oberhalb Vilaflor auf Teneriffa und in der Caldera de Taburiente auf La Palma. Im Gegensatz dazu waren die übrigen Flächen der Inseln jahrhundertelang der Ausbeutung durch die Bevölkerung ausgeliefert, deren Nachfrage nach Brenn- und Bauholz für Häuser und Schiffe mit der Zeit immer stärker anstieg. Eine eindrückliche Schilderung der Niederwaldwirtschaft, die zur Entstehung ausgedehnter Baumheide-Buschwälder auf den Kanaren geführt hat, gibt Voggenreiter (1974). Auch die Harzgewinnung an der Kanarenkiefer hat in der Vergangenheit eine große Rolle gespielt; Reste von Harzbrennöfen zur Herstellung von Dichtungsmaterial für die Schiffe kann man überall noch sehen.

Vielerorts kam es außerhalb der besonders geschützten Bereiche zu einer fast völligen Erschöpfung der Holzressourcen durch Kahlschlag und zu einer Umwandlung vormals bewaldeter Flächen in Kulturland. Eine Regeneration des Waldes wurde lange Zeit zusätzlich durch Überweidung verhindert. Eine beträchtliche Holzentnahme erforderte auch die enorme benötigte Menge an Stützholz für den Anbau von Weinreben, Bananen und Tomaten. Dazu nahm man meistens junge, 15jährige Lorbeerwald-

schösslinge und die langen Halme von *Arundo donax*. Für die Sicherstellung der landwirtschaftlichen Produktion gab es sogar einen intrainsulären Holzexport: es sind beispielsweise Holzrodungen in La Palma nachgewiesen, die nach Gran Canaria verschifft wurden, als man da schon längst kein Holz mehr hatte. In diesem Zusammenhang muss man auch den Anbau von Esskastanien (*Castanea sativa*) erwähnen, die wegen ihrer Früchte und ihres Holzes sich als sehr nützlich erwiesen. In der oberen Lorbeerwaldstufe der gebirgigen Inseln legte man regelrechte Kastanienselven (Abb. 234) an, die in speziellen agroforestalen Systemen ackerbaulich oder weidewirtschaftlich genutzt wurden. Deren Reste sieht man noch auf der Nordseite Teneriffas, auf Gomera, La Palma und Gran Canaria. Es fanden also die gleichen Prozesse statt, die seit dem 15. Jahrhundert auf allen Kanarischen Inseln zu großflächigen Zerstörungen von Waldformationen geführt haben und die bereits in vielen Arbeiten beschrieben worden sind (z. B. Knoche 1923, Voggenreiter 1974, Ceballos & Ortuño 1976, Suárez Rodríguez 1994, Wildpret de la Torre & Martín Osorio 1997).

Nachdem das Buthan in den späten sechziger Jahren die Holzkohle als Energieträger auf den Kanaren abgelöst hat, konnte jedoch vielerorts eine allmähliche Regeneration der ursprünglichen Vegetation einsetzen. Dieser Prozess wurde durch die zunehmende Landflucht in den letzten 20 Jahren und durch die Deklaration weiter Teile der Inseln zu Landschaftsschutzgebieten verstärkt (s. S. 203ff.).

Weitere Zeugnisse der früheren Holznachfrage im heutigen Landschaftsbild sind die häufigen *Eucalyptus*- und *Pinus radiata*- Anpflanzungen in potentiellen Lorbeerwaldgebieten. Aus dem Holz dieser schnellwüchsigen Baumarten wurden vor allem Stützpfosten gefertigt, die im Hausbau Verwendung fanden. *Eucalyptus* wurde seit dem Ende des 19. Jahrhunderts angepflanzt; *Pinus radiata* seit den 40er Jahren des 20. Jahrhunderts. Heute dezimiert man diese Fremdgehölze aus Australien und Kalifornien und überlässt die Flächen der Regeneration des Lorbeerwaldes.

Abb. 235 **Kanarische Jagdhunde sind oft verwildert.**

Derzeit findet auf den Kanaren so gut wie keine nennenswerte Viehhaltung mehr statt. Mehr als 80 % aller Fleischwaren und Tierprodukte werden eingeführt. In unmittelbarer Nähe von Ortschaften sieht man jedoch gelegentlich kleine Schaf- oder Ziegenherden. Nur in Fuerteventura gibt es noch massenhaft Ziegen und Schafe. Zahlreiche aufgegebene Ställe in den potentiellen Waldgebieten sowie zahlreiche Veränderungen in der Vegetation weisen jedoch immer noch auf frühere Viehherden hin. So ist es auch nachgewiesen, dass bis in die vierziger Jahre des 20. Jahrhunderts Hudewirtschaft auch in den Monteverde-Waldgebieten betrieben wurde. Die Bewohner der nahegelegenen Ortschaften trieben Vieh in den Wald und ließen es dort weiden. Außerdem nutzten sie das Laub, indem sie es zusammenkehrten und in den Ställen einstreuten, wodurch den O- und A-Horizonten der jeweiligen Waldböden verstärkt Nährstoffe entzogen wurden.

Der anthropozoogene Einfluss führte zu einer weitgehenden Zerstörung des Jungwuchses der verschiedenen Baumarten vor allem des Monteverde und somit zu einer fortschreitenden Überalterung des Waldes. Die von mitteleuropäischen Laubbaum-Hudewäldern bekannte Auflichtung des Primärwaldes und der Übergang zu Parklandschaften mit vereinzelten Baumgruppen im Schutz von dornenbewehrten Gebüschen (vgl. z.B. POTT & HÜPPE 1991) blieb hier jedoch aus. Heutzutage sind außer gelegentlichen Verbissspuren an alten Baumstämmen meist keine Spuren der ehemaligen Nutzung der Bergwälder mehr zu erkennen.

Derzeit spielt nur noch die Jagd eine große Rolle: Auf Felsen und alten Gemäuern ist häufig die Aufschrift „*Coto privado de caza*“ zu lesen, was auf die Grenze eines privaten Jagdreviers hinweist. Die Jagd mit speziell gezüchteten kanarischen Jagdhunden (Abb. 235) konzentriert sich in der Region vor allem auf Kaninchen und Rebhühner und ist aus diesem Grund ein bedeutender Kontrollfaktor für die Populationen dieser Tierarten. Das stellt einen wichtigen Schutz für die heimische Vegetation dar, da vor allem die Kaninchen auf den Kanaren eingeführt wurden und dort demzufolge keine natürlichen Feinde besitzen. Andererseits bahnen sich die Jäger rücksichtslos ihren Weg durch das Gelände, zerstören dabei auch seltene Pflanzen und hinterlassen zahllose kleine Trampelpfade. Vor allem außerhalb des Lorbeerwaldes findet man außerdem unzählige leere Hülsen von Schrotpatronen am Wegrand liegen.

Als weitere Jagdtiere sind in den Cañadas auf Teneriffa Mufflons aus Korsika und in der Caldera de Taburiente auf La Palma spezielle Wildziegen ausgesetzt worden, die sich stark vermehrt haben und die endemische Vegetation schädigen. Die Kontrolle und Dezimierung dieser Bestände ist eine der Hauptaufgaben der Nationalparkverwaltungen.

Wo die Touristen wohnen – Urbanisationen und anthropogene Vegetation

In den trockenen, südlichen Gebieten von Teneriffa und Gran Canaria begann am Ende der 60er Jahre eine intensive touristische Entwicklung durch den Bau moderner Beherbergungseinrichtungen, die heute die größte Kapazität an Touristenbetten der Kanaren bieten. Die Flughäfen der größten Inseln wurden modernisiert und ausgebaut. Die Inseln Lanzarote und Fuerteventura, die bis Ende der sechziger Jahre nur wenig Tourismus hatten, begannen sich besonders auf diesen „Boom“ einzustellen und installierten zur Deckung des Wasserbedarfs erste spezielle Meerwasser-Entsalzungsanlagen.

Lange Zeit wurden nur die in den Waldgebieten der westlichen hohen Inseln zutage tretenden Quellwässer genutzt, bis man schließlich in der

Abb. 236 Talsperre auf Gran Canaria.

zweiten Hälfte des 19. Jahrhunderts begann, so genannte „**Galerías**" anzulegen. Zu diesem Zweck wurden waagerechte Stollen in den Fels gehauen und bis in wasserführende Schichten getrieben. Das von ihren Wänden tropfende Wasser wurde aufgefangen und mittels gemauerter Kanäle in die Siedlungen transportiert. Die Stollen erreichten zunächst nur 200–300 m Länge und waren in Bereichen von Quellwasseraustritten angelegt („*Galerías-nasciente*"), dienten also mehr dazu, die geförderte Wassermenge zu erhöhen, als neue Ressourcen zu erschließen. Der enorme Bevölkerungszuwachs und die Nachfrage nach Wasser für die Landwirtschaft haben im 20. Jahrhundert jedoch dazu geführt, dass man begann, immer längere Stollen zu graben und Brunnen anzulegen, um auch oberflächenferne Wasserschichten zu erreichen. Zusätzlich wurden Anfang des 19. Jahrhunderts kleine Talsperren u.a. im zentralen Bereich des Barranco de Tahodio von Teneriffa und vermehrt auf Gran Canaria und Gomera errichtet (Abb. 236).

Somit ist die Süßwasserversorgung der Vulkaninseln durch zusätzliche spezielle Wassersammelsysteme mit Stauwehren, Talsperren und vor allem mit den Galerías gesichert. Fast 90 % des allein auf Teneriffa verbrauchten Süßwassers werden durch die Galerías gewonnen. Mit mehr als 1100 solcher bis zu 7 km Länge fast waagerecht in 200–1200 m Höhe in die Hänge getriebenen Stollen werden täglich bis zu 5 Mio. Hektoliter Wasser gewonnen. Mit dieser Fördermenge steht Teneriffa an der Spitze der kanarischen Süßwasserförderung.

Die Anlage von Stollensystemen zur verstärkten Ausbeutung der Grundwasserressourcen führte jedoch mancherorts relativ schnell zur Erschöpfung der natürlichen Quellen, und so kann es nicht überraschen, dass beispielsweise im Barranco de Tahodio oberhalb von Santa Cruz de Tenerife lediglich ein trockenes, nur nach Regenfällen Wasser führendes

Bachbett vorhanden ist (Himstedt 1999, Himstedt et al. 2000).

Für den reibungslosen An- und Abtransport der Touristen schuf man auf den meisten Inseln internationale Flughäfen, um den Ansturm von Charterflügen zu bewältigen. La Gomera verfügt seit 1972 über tägliche Fährverbindungen von Teneriffa aus; diese bringen der Insel eine bedeutende Anzahl von Touristen. La Palma entscheidet sich um 1980 für einen präferenten Ökotourismus neben dem normalen Fremdenverkehr als Ergänzung zur Landwirtschaft mit Monokulturen von Bananen und tropischen Obstbäumen. Die vorwiegend landwirtschaftlich orientierte Insel versucht, mit angepasster Touristik die Fehler und Mängel zu vermeiden, welche auf anderen Inseln in teilweise chaotischer Hektik entstanden sind. Die Insel El Hierro hat wegen ihrer isolierten Lage nur wenig Fremdenverkehr und auch nur einen Regionalflughafen. Dort findet man eine erhaltene Kulturlandschaft mit Gelassenheit und Ruhe, – ästhetische Werte, die auf den anderen Inseln mit Massentourismus in Rückstand geraten sind.

Von den sechziger Jahren bis heute – abgesehen von der Krise von 1972–74 und der europäische Krise Ende der siebziger Jahre – zeigt der Tourismus auf den Kanaren steten Aufstieg und Beständigkeit. Seit 1985–89 erholt sich der Tourismus wieder, erleidet aber um 1990–91 erneut einen merkbaren Rückschlag. Seit 1992 beginnt dann der aktuelle Boom: Ursache dafür sind der Krieg auf dem Balkan, in Israel und Palästina, die Ausdehnung des islamischen Integrismus in Nordafrika, politische Unruhen und Unsicherheiten, die den Fremdenverkehr von Afrika und Lateinamerika fernhalten. Die letzte Statistik weist mehr als 15 Mio. Besucher der Inseln für das Jahr 2001 aus; allerdings geht derzeit der Tourismus um etwa 14% für das Jahr 2002 zurück – erwartungsgemäß nach den Anschlägen des 11. September 2001 und eventuell auch infolge einer touristischen Wiedererstarkung der Küstenregionen Dalmatiens und der Türkei.

Die Mehrzahl der Touristen beschränkt ihre Aktivitäten bis heute auf konkrete Plätze, denn sie gehört zu Besuchergruppen, die von den Soziologen in die Kategorie der „fünf-'S'-Touristen" (Sonne, See, Sand, Spirituosen und Sex) eingestuft werden. Ähnliches mag für die so genannten „Aussteiger" vowiegend aus Nord-, West- und Mitteleuropa gelten, die zunehmend die ländlichen Regionen der Inseln bevölkern.

Für ein solches „anderes Leben" bilden die Kanarischen Inseln den idealen Schauplatz. Sie liegen weit entfernt von der Heimat ihrer mittel- und nordeuropäischen Besucher, sie sind exotische Räume vor der afrikanischen Küste und wirken doch durch ihre spanisch geprägte Kultur noch europäisch vertraut; wie einst in der Antike befinden sie sich – symbolisch verstanden für viele Menschen – am äußersten Rand der bekannten Welt. Ihre Vulkane scheinen unmittelbar mit der Kraft der Erde verbunden zu sein, die teils schroffen, bizarren Landschaften stehen für einen imaginären Urzustand der Erde. Und weil historische und kulturelle Sehenswürdigkeiten keine große Rolle spielen, kann der Archipel als ein riesiges

Spielfeld genutzt werden, gleichsam als leere Bühne der diversen Ferien- und anderer Lebensaktivitäten. Die ausgedehnten, lange Zeit ungenutzten Flächen – vor allem die weiten Strände und die kargen, bis vor 40 Jahren kaum zugänglichen Gebiete im Süden Teneriffas und Gran Canarias – boten beispielsweise den idealen Raum für die massenhafte Entwicklung des Badeurlaubs innerhalb geschlossener Club-Freizeiten oder Hotelanlagen. Noch heute reisen nur vergleichweise wenige Urlauber in die Gegenden, in denen sich seit jeher das Leben der Einheimischen abspielt, etwa in die interessanten Großstädte Santa Cruz de Tenerife und Las Palmas de Gran Canaria.

Eine scheinbar banale Eigenschaft aber macht die Kanaren besonders geeignet für die oben genannten Aktivitäten: Sie sind Inseln – und eine Insel ist per se ein abgeschlossener, ein im Verhältnis zum Festland „ganz anderer" Raum. Der Bruch mit der Normalität, den der moderne Urlaub und das alternative Leben anstreben, ist hier geographisch bereits vollzogen. Wer auf der Insel ankommt, hat sich nicht nur physisch, sondern auch symbolisch von zu Hause entfernt. Die Insel ist zudem – ebenso wie in kleinem Maßstab der Strand – ein streng umgrenzter Bewegungsraum. Die unendliche Komplexität, der man im Alltag gegenübersteht, schränkt sich ein auf wenige, überschaubare Möglichkeiten: ein Ausflug zum Teide oder in einen anderen Nationalpark, eine Besichtigungstour zu einigen Bodegas, eine Wanderung ins Landesinnere. Die Inselgeographie entlastet von Entscheidungen, Komplikationen und Problemen. Nicht zufällig bilden Inseln gleichsam mythische Traumziele: Kreta, Capri und Mallorca, Bali und Hawai'i, die Karibik und die Kanaren haben seit jeher stets für Phantasien von einer Welt jenseits der Alltagszwänge gedient. Inseln wurden zum irdischen Paradies verklärt – wir hatten es erwähnt: Schon in der Antike sprach man von den Kanarischen als den *„Glücklichen Inseln"*.

Ein „**naturliebender Tourismus**", der direkten Kontakt mit der Natur, der Landschaft und den Bewohnern sucht, kann allerdings auf ursprünglichen Wanderwegen die typischen und schönsten Orte vieler der Kanarischen Inseln erleben. In Zukunft kann dieser „**Ökotourismus**" eine interessante Ergänzung zum Massentourismus werden.

Im Unterschied zu früher, als die menschlichen Aktivitäten sich noch auf mittlerer Höhe (400–800 m über NN, gerodete Wälder) und in der Basalstufe (0–400 m über NN, Landwirtschaft) abspielten (Abb. 227 und Abb. 228, landwirtschaftliche Systeme), wirkt sich die gegenwärtige touristische Infrastruktur sehr stark an der Küste aus mit Urbanisationen, Sporthäfen, Gestaltung der Strände, Strandspazierwegen, Schwimmanlagen usw. und indirekt auch in den Randzonen und Anbindungsgebieten mit Industriegebieten, sekundärem Straßennetz, Wohnorten und allgemeinen Einrichtungen für die lokale und regionale Infrastruktur.

Die lokalen Eingriffe in die Landschaft zur Schaffung touristischer Infrastrukturen zeigen eine Höhenstufung vom Meer zu den Bergkämmen. In Bezug auf die gesamte Inseloberfläche sind sie als räumlich begrenzt einzustufen, in Bezug auf einzelne Ortslagen jedoch als sehr einschneidend. Vor allem die Naturhabitate der Litoralzonen haben – wie in anderen Gebieten mit Küstentourismus auch – die größte Beeinträchtigung erlitten: An sandigen Stränden, in Küstenlagunen, an Felsstränden, an Abhängen und Steilwänden, an den Mündungen der Barrancos, Schluchten usw. kann man viele schlechte Beispiele unkontrollierter Aktivitäten für touristische Zwecke beobachten.

Auf den feuchtesten und grünsten Inseln wie Teneriffa und La Palma hat sich zudem ein **„ansässiger" Tourismus** mit einer Aufenthaltsdauer von mindestens drei Monaten eingestellt, und zwar vorwiegend an den Luvseiten in Höhenlagen von 300 bis 400 m. Es handelt sich meistens um Ansiedlungen von mehr oder weniger weit auseinanderliegenden Villen mit Dichten zwischen 4 bis 20 Häusern pro Hektar, die fast nur von älteren Leuten bewohnt werden. Viele Gärten enthalten mannigfaltige Ansammlungen bunter, exotischer Pflanzen, die man in einigen Fällen als kleine botanische Gärten bezeichnen kann. Diese Entwicklung der Etablierung ständiger privater Ferienwohnsitze gibt es jetzt auch vermehrt auf Lanzarote und Fuerteventura.

Als Folge dieses Bodenverbrauchs ist die agrarisch genutzte Fläche der Inseln in den letzten Jahren erheblich zurückgegangen. Der Rückgang beruht teilweise auf der Aufgabe von Kulturflächen in Randlagen, wesentlich ist aber auch die Umstellung der Erwerbstätigen von der Landwirtschaft auf Tourismus und Baugewerbe sowie die Konkurrenz, die dieser Sektor auf das Reservoir an Bewässerungswasser ausübt. Als Beispiel sei das Orotavatal auf Teneriffa genannt, dessen Schönheit viele Naturfreunde, Künstler und Schriftsteller preisen. Seit 1982 verliert es jährlich 68 ha landwirtschaftlich genutzter Fläche und hat sich heute schon zu einem halbbebauten Tal verändert. Dieses Phänomen kann man auch schon in den großen Touristenvierteln im Süden von Gran Canaria und Teneriffa beobachten, wo anfangs nur wenig Ackerland bebaut wurde. In neuerer Zeit dehnen sich die Siedlungen landeinwärts aus auf den Flächen ehemaliger Bananen- und Tomatenplantagen, von denen häufig nicht einmal der durchwurzelte Oberboden entfernt wird, um ihn wiederzuverwenden. Dadurch nimmt der Missbrauch der spärlichen natürlichen Ressourcen zu, die sich nur schwer oder gar nicht revitalisieren lassen. Als Folge dieses Landbedarfs hat sich die Agrarfläche der Inseln in den letzten Jahren erheblich verkleinert. Die Landschaft wird aber auch indirekt durch die Bautätigkeit beeinflusst, insbesondere durch die Beschaffung von Baumaterialien. Der größte Teil der Steine für die Errichtung von Wellenbrechern an künstlichen Stränden, für Sport- und Fischerhäfen wird durch Sprengung von Basalt-Steilwänden gewonnen, sogar in Naturreservaten, die theoretisch als geschützt gelten, zu sehen im Teno-Gebirge. Die Entnahme von Sand an Stränden, in Schluchten und von pyroklastischem Material (picón) vulkanischen Ursprungs haben enorme sichtbare Schäden hinterlassen (Abb. 237).

Abb. 237 Picon-Abbau im Tenogebirge führt dazu, dass ganze Vulkane abgetragen werden können.

Abb. 238 Illegale „wilde" Bauten oberhalb von Santa Cruz de Tenerife.

Weil der Küstenbereich von den neuen Landstraßen oder den bebauten Gebieten aus leicht zugänglich ist, hat sich ein sekundäres Wegesystem entwickelt. Dieses gestattet und reizt zum Bau weiterer Siedlungen im Umfeld, meist in Eigenarbeit errichtet und häufig gesetzeswidrig. Die größte Anzahl dieser Häuser, oft ohne urbanistische Normative, dient als Zweitwohnung „auf dem Lande" für eine Art lokalen „**Volkstourismus**", vor allem der Stadtbevölkerung des Citykomplexes von La Laguna und Santa Cruz auf Teneriffa und von Las Palmas auf Gran Canaria. Gegen die Zunahme solcher „wilden" Ansiedlungen, die fast immer an der Küste aufgereiht liegen, ist bisher noch nichts unternommen worden; vielmehr haben die lokalen Ämter und Gemeinden damit begonnen, diese Infrastrukturen zu dulden und in einigen Fällen sogar minimal mit Strom und Trinkwasser usw. zu unterstützen, sobald dieselben über Konsolidierung und Nachdruck verfügten und die Bewohner Anspruch auf Versorgung erheben. Im Grunde genommen haben sie dazu kein Recht, denn der Ursprung ihrer Siedlung ist illegal (Abb. 238).

Maßgaben für Schutz und Kontrolle von Vegetation und Landschaft

Die einzige Möglichkeit zur Verwirklichung dieser Ziele liegt in der Anordnung rationeller Schutz- und Kontrollmaßnahmen. Der springende Punkt dabei ist jedoch die derzeit starke ökonomische Abhängigkeit des Tourismus vom Sektor „Dienstleistung". Bei den Verantwortlichen in der Tourismusbranche, den Inselverwaltungen und bei den Einwohnern ist aber eine zunehmend klare Absicht zu einer besseren Regelung solcher Probleme zu erkennen, die sich bislang nachteilig auf die Umwelt der Inseln auswirken. Dieser Personenkreis sieht allerdings schon mit wachsender Unruhe, dass die Verschlechterung der Umweltbedingungen negative Rückwirkungen auf die touristische Attraktivität der Kanaren haben könnte. Ein gutes Beispiel bildet die touristische Entwicklung an der Costa Adeje auf Teneriffa.

Costa Adeje auf Teneriffa und andere Ferienanlagen als Vorbilder für umweltverträglichen Tourismus

Die Grundlage für die Ansiedlung der Fremdenverkehrsorte an der Costa Adeje im Süden Teneriffas stellt das Klima dar. Costa Adeje hat aufgrund seiner leeseitigen Lage eine große Sonnenscheindauer (durchschnittlich 2734 Stunden im Jahr), eine gleichmäßige Jahresdurchschnittstemperatur (22 °C) sowie geringe Niederschlagsmengen (weniger als 100 mm pro Jahr) zu verzeichnen. Der Küstenabschnitt hat also den Vorzug eines ganzjährigen Urlaubsortes.

Costa Adeje zeichnet sich mit seiner erschlossenen Küstenlage, besonders der Nähe zur Autobahn und der direkten Anbindung an den Flughafen Tenerife-Sur für einen Fremdenverkehrsstandort aus. Dabei sind vor allem das Vorhandensein von Sandstränden und die direkt am Meer gelegenen Siedlungen für den Fremdenverkehr ausschlaggebende Faktoren. Diese Gegebenheiten heben Costa Adeje gegenüber den anderen Ferienorten Teneriffas hervor. Im Vergleich zu anderen ähnlichen Reisezielen im Mittelmeerraum weist Costa Adeje mit ihren Stränden aus schwarzem Lavasand jedoch eine Besonderheit auf: eine direkt am Strand verlaufende, großzügige und palmenbestandene Uferpromenade bis zum Hafen von Playas Americas. Im Anschluss daran ziehen sich entlang der Küstenstraße die fremdenverkehrsgeographischen Unterkunfts- und Verpflegungsmöglichkeiten sowie sonstige Dienstleistungsbetriebe.

Ein weiteres Charakteristikum von Costa Adeje ist das junge Baualter der 4–5-Sterne-Hotels entlang der Küste, die alle nach 1987 entstanden sind. Nach Norden hin häufen sich die erst vor kurzem erbauten Hotels. Daraus lässt sich schließen, dass sich der Fremdenverkehr in Richtung Norden ausbreitet, d.h. nur hier gab es noch Bauland für neue Hotelkomplexe in erster oder zweiter Strandlinie.

Abb. 239 Das Nobelhotel „Gran Hotel Bahía del Duque“ an der Costa Adeje auf Teneriffa wurde einer alten kanarischen Stadt nachempfunden (1993).

Abb. 240 Blick in die Gartenanlage des Hotels Colón Guanahani an der Playa Fañabé der Costa Adeje in Teneriffa.

Abb. 241 Bungalows in der Hotelanlage des RIU-Palace von Lanzarote.

Rechte Seite:

Abb. 242 *Euphorbia pulcherrima* aus dem tropischen Amerika zeigt schon ab November das tiefe Rot seiner Tragblätter.

Abb. 243 *Bougainvillea spectabilis* (Nyctaginaceae), ursprünglich aus Brasilien, ist ein häufig gepflanzter immergrüner Strauch, der mit Hilfe hakenförmiger Dornen klettern kann. Durch Züchtung gibt es die Hochblätter in zahlreichen Farbabstufungen von lila, rosa, orange bis weiß. Der wissenschaftliche Gattungsname erinnert an den französischen Seefahrer L. A. Comte de Bougainville (1729–1811), dessen Expedition die *Bougainvillea* entdeckte.

Abb. 244 *Delonix regia* (Leguminosae), der Flammenbaum oder Flamboyant, stammt ursprünglich von Madagaskar und wurde dort 1824 entdeckt. Heute ist dieser Zierbaum über die ganzen Tropen verbreitet; seine Blüten sind sogar die Nationalblume von Puerto Rico.

Abb. 245 *Plumeria alba* (Apocynaceae), der Pagodenbaum, ist von den Westindischen Inseln bis nach Südamerika verbreitet und kommt heute überall in den Tropen vor. Sein Name erinnert an den Botaniker Charles Plumier (1646–1704).

Abb. 246 *Bauhinia variegata* (Caesalpiniaceae), der sogenannte „Orchideenbaum“, ist überall in den Tropen verbreitet. Die Gattung wurde nach den Botanikern Johann und Caspar Bauhin (16./17. Jahrhundert) benannt.

Abb. 247 *Cassia didymobotrya* (Caesalpiniaceae). Von den rund 500 Arten der Gattung gibt es viele beliebte tropische Zierbäume und -sträucher.

242
244
243
247
245
246

Der Ortsteil Playa Fañabe, am südlichen Strand von Costa Adeje gelegen, ist das jüngste fremdenverkehrsgeographische Erschließungsgebiet. In diesem Ortsteil sieht man nur Bauten, die erst in den neunziger Jahren entstanden sind. Eine Ausnahme ist die Eröffnung des Guayarmina Princess schon Ende des Jahres 1989, dies ist jedoch auch das südlichste Hotel dieses Ortsteils. 1990 wurde das Colon Guanahani eröffnet und erst Ende 1993 folgte das Gran Hotel Bahia del Duque im nördlichsten Erschließungsgebiet (Abb. 239–241). Das Hotel Fañabe Costa Sur wurde 1994 eröffnet. Erst durch die Neubauten der Hotels Jacaranda und Jardines de Nivaria 1997 wurde zum Gebiet Playa del Duque bzw. zum Gran Hotel Bahia del Duque aufgeschlossen. Endgültig geschah es mit dem 2001 fertiggestellten Hotel Anthelia Park, womit auch hier die erste Strandlinie und die zweite Strandlinie bebaut und erschlossen sind. Diese touristische Urbanisation hat nur hochwertige Hotels und Appartmentanlagen mit vorbildlichen Umweltstandards und Infrastruktur für nachhaltige Wassernutzung mit jeweils eigenen Meerwasserentsalzungsanlagen, Kläranlagen, mustergültigen Müllentsorgungen usw. Hier sind besonders lobenswert die beiden Privathotels der Familie Adrian-Adrian, die Anlagen Guanahani und Jardines de Nivaria zu erwähnen, wo man von Anfang an hohe Umweltstandards gesetzt und konsequent durchgeführt hat. Ein gutes Beispiel ist auch das Hotel Tigaiga in Puerto Cruz, das die Familie Talg bereits in der 3. Generation bewirtschaftet. Dieser Hotelkomplex hat mehrfach internationale Umweltpreise erhalten. In diesem Zusammenhang wollen wir auch das Gran Hotel Salinas an der Costa Teguise auf Lanzarote erwähnen. Gebaut vom Architekten Fernando Higueraz und gestaltet von Cesar Manrique gehört es mit in die erste Liga der kanarischen Hotels. Das gleich gilt auch für die RIU-Hotelanlagen in Lanzarote, Gran Canaria, Teneriffa und Fuerteventura. Vom gärtnerischen Standpunkt her gesehen, finden sich in diesen Touristenzentren üppige, künstlich bewässerte Parks und Gärten mit vielen sehr dekorativen, meist tropischen Zierpflanzen (Abb. 242–247).

Natur- und Umweltschutz

Die autonome Kanarische Gemeinschaft veröffentlichte schon im Jahr 1987 ein „Gesetz zur Deklaration der Kanarischen Naturschutzgebiete", welches mehr als 40 % der Oberfläche der Inseln zu Naturschutzgebieten erklärte. Das Gesetz blieb jedoch fast ohne Erfolg und Durchsetzungskraft und wurde größtenteils aus Mangel an konkreter gerichtlicher Handhabe nicht beachtet. Am 27. Mai 1989 wurde das Gesetz daher zurückgezogen und später verschärft und erweitert als „Gesetz zum Schutz von Naturgebieten, Pflanzen und Wildtieren" erneut erlassen. Die Verordnungsurkunden sind so abgefasst, dass sich alle Gebiete auf Dauer halten und entwickeln lassen können. Insgesamt gibt es 147 Schutzgebiete auf dem Archipel, die in 6 Kategorien eingeteilt sind:

1. Naturparks,
2. Landschaftsschutzgebiete,
3. Naturschutzgebiete,
4. Artenschutzgebiete,
5. Geschützte Landschaftsbestandteile,
6. Orte von wissenschaftlichem Interesse.

Dazu kommen noch die vier international bekannten Nationalparks:

1. Timanfaya Nationalpark (Lanzarote),
2. Teide Nationalpark (Teneriffa),
3. Garajonay Nationalpark (Gomera). Patrimonio de la Humanidad,
4. Taburiente Nationalpark (La Palma).

Die vier Nationalparks der Kanarischen Inseln, die von der Regierung schon in der Franco-Zeit ausgewiesen wurden, sind in das Netz der spanischen Nationalparks integriert. Im Juli 2002 wurden auch zahlreiche submarine Küstenabschnitte vor allem auf Teneriffa, Lanzarote und Fuerteventura zu Nationalparks erklärt.

Wissenschaftliche Grundlagen für deren Einrichtung und Verwaltung existieren bereits auf breiter Grundlage und wurden jüngst von der geobotanischen Arbeitsgruppe der Universität La Laguna für den gesamten Archipel veröffentlicht (Beltran Tejera et al. 1999). Auf dieser Basis werden seit 1999 unter dem Titel „*Estrategia Canaria de Biodiversidad, ESB*“ auf allen Inseln die Ziele der Konventionen zum Erhalt der natürlichen Vielfalt von Rio de Janeiro (1992) und der Konvention der EU von 1998 zum nachhaltigen Schutz der Biodiversität umgesetzt. Die Umsetzung des ESB-Projektes umfasst alle Lebensräume von den submarinen Reservaten bis in die Hochgebirgslagen. Dort werden alle Arten, deren Vielfalt und Status, ihre Ökosysteme, deren Interaktion und Verbreitung systematisch erfasst und diagnostiziert. Daran beteiligt sind alle Experten, alle Fachinstitutionen und öffentlichen Organisationen, um eine breite Akzeptanz in der Bevölkerung und bei den politischen Entscheidungsträgern für das ESB-Unterfangen zu erreichen (http://www.canariassostenible.com).

Eine wichtige Erkenntnis in diesem Zusammenhang ist beispielsweise, dass die kanarische Flora über auffallende Kapazitäten zur Wiederbesiedlung gestörter Lebensräume und zur Reetablierung entsprechender Vegetationseinheiten verfügt. In den Sukkulentengebüschen der Basalstufe, den Baumheidegebüschen, den Lorbeer- und Kiefernwäldern, den Teide- und La Palma-Ginster-Formationen und der Felsvegetation gibt es viele Beispiele für natürliche Regeneration vorher gestörter oder zerstörter Bestände; das soll aber der bewussten Zerstörung nicht Vorschub leisten, sondern zu angemessenen Renaturierungsmaßnahmen überall auf dem Archipel ermutigen.

Biosphärenreservate und Nationalparks

Rechte Seite:
Im Nationalpark Garajonay auf La Gomera.

Die Kategorie **Nationalpark** ist die höchste Schutzstufe, die ein Naturraum erhalten kann. Hauptziele sind Protektion und Erhaltung natürlicher Ressourcen, aber auch Förderung der wissenschaftlichen Erforschung sowie Unterstützung von Umwelterziehung und Ermöglichung einer Kontaktaufnahme des Menschen mit seiner natürlichen Umgebung.

Die Nutzung der Nationalparks und Biosphärenreservate ist nach folgenden Kategorien klassifiziert:

I. Reservierte Zone

Der Zugang ist nur zu wissenschaftlichen Zwecken oder aus Verwaltungsgründen gestattet. Aufgrund der großen Empfindlichkeit der Ökosysteme der Parks umfasst diese Zone meist mehr als 90 % der jeweiligen Gesamtfläche.

II. Zone für eingeschränkte Nutzung

Der Zugang ist nur möglich mit besonderer Genehmigung. Die Absicht ist, einen intensiven Kontakt des Menschen mit der Natur zu ermöglichen. Ein Antrag auf Genehmigung muss im voraus beim Verwaltungsbüro der Parks gestellt werden.

III. Zone für moderate Nutzung

Der Zugang mit Fahrzeugen ist normalerweise verboten.

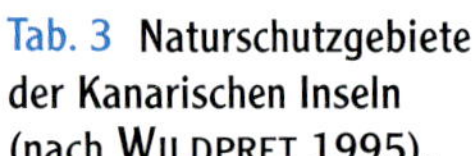
Tab. 3 **Naturschutzgebiete der Kanarischen Inseln (nach WILDPRET 1995).**

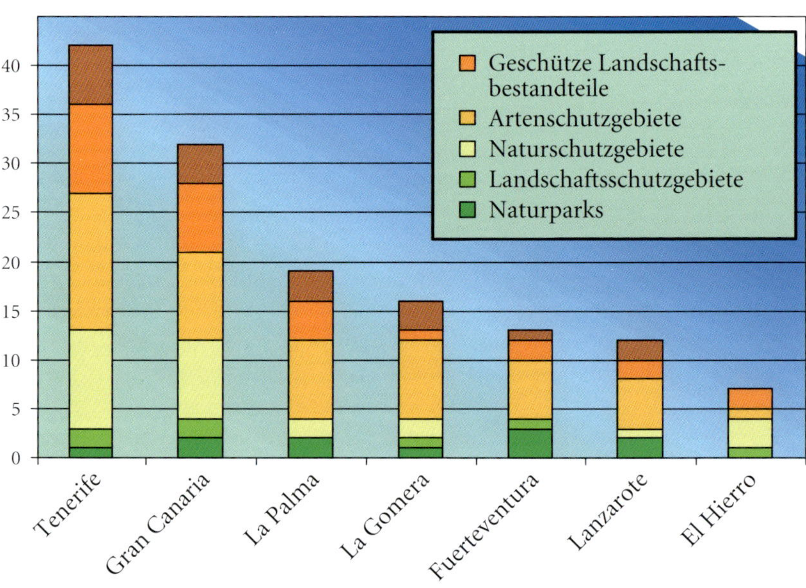

Abb. 248 **Vulkankegel von 1730 bis 1736 im Nationalpark Timanfaya.**

IV. Zone für besondere Nutzung

Die Nutzung ist hier auf das Nötigste beschränkt und gewährt nur unerlässliche Dienstleistungsbetriebe für die Besucher und Verwaltungseinrichtungen. Der Zugang zu dieser Zone kann eingeschränkt werden. Meist stehen Führer zur Verfügung, die den Besucher auf Fußwanderungen in die Zonen moderater und eingeschränkter Nutzung begleiten.

Eine komplette Übersicht über alle seit der inselweiten Unterschutzstellung 1987 ausgewiesenen Schutzgebiete (Espacios naturales de Canarias) für den gesamten Archipel gibt die Monographie von José L. Martín Esquivel et al. (1995), in der alle Naturschutzgebiete, Naturparks und Naturdenkmäler aufgeführt und beschrieben sind (s. auch Tab. 3). Wir kommen bei der Beschreibung der einzelnen Inseln fallweise darauf zurück.

Timanfaya-Nationalpark auf Lanzarote

Timanfaya wurde im Jahr 1974 zum Nationalpark erklärt und befindet sich zwischen den Gemeindebezirken von Yaiza und Tinajo. Seine Ausdehnung beträgt 51 km^2, und er ist der Repräsentant des jüngsten Vulkanismus von 1730 bis 1736 auf den Kanarischen Inseln, wobei er der einzige ist, der direkt ans Meer grenzt. Die Stellen der damals stärksten Eruptionen, die „Montañas de Fuego“ haben auf nur wenigen Quadratkilometern mehr als 25 Vulkankrater (Abb. 26 und 248). Die Ausbrüche erfolgten damals entlang einer tektonischen Spalte, die von Südwest nach Nordost verläuft, wo viel pyroklastisches Material in Dicken von mehr als 50 m ausgestoßen wurde. Das zeigen heute die Lavaarten „aa“ und „pahoehoe“, Heißwasserdampfquellen, Fumarolen,

Lavaröhren und weitere spezielle Erscheinungen, die nachfolgend beschrieben werden. Nach einer Ruhepause von über 80 Jahren begannen im Jahre 1824 erneute Ausbrüche: am 31. Juli der Volcan del Tao und am 25. Oktober Volcan del Tinguaton.

Bis auf den heutigen Tag kann der Besucher Spuren dieser geschichtlich datierbaren Eruptionen in der vulkanischen Aktivität wahrnehmen, z. B. auf dem Islote de Hilario in Form von geothermischer Aktivität (s. Abb. 23). Diese werden durch die Reste einer Magmakammer in 2000–4000 m Tiefe hervorgerufen. So können heute in einer Tiefe von nur 13 m noch etwa 610 °C und an der Erdoberfläche zwischen ca. 100 °C und 120 °C gemessen werden.

Zahllos erscheinen die Vulkane aus vielen vergangenen Epochen, die sich in einem 9 km langen und 5 km breiten Streifen entlang der Fissurlinie erstrecken. Diese grandiose Landschaft zeigt neben den Phänomen der Geothermie in den Montañas de Fuego zahlreiche weitere Formen des rezenten Vulkanismus: großflächig ausgebreitet und von tiefen, meterbreiten Spalten zerrissen, bedecken dünne Lavaplatten die Tunnel und Röhren, unter denen sich ein Vierteljahrhundert zuvor magmatische Schmelzflüsse zum Meer hin bewegten. Steil ragen vereinzelt kleine, 6–15 m hohe und 1–4 m breite Erhebungen aus den Lavaströmen heraus, die physiognomisch an riesige Bienenkörbe erinnern, welche man „hornitos" nennt. ALEXANDER V. HUMBOLDT, der solche durch vulkanische Gase emporgewölbten Ausbruchsöffnungen bereits kannte, führte die Bezeichnung als *Terminus technicus* in die wissenschaftliche Literatur ein.

Vom biologischem Standpunkt her betrachtet kann man den Timanfaya Nationalpark als privilegierten Ort für die Erforschung des Pflanzenwuchses auf scheinbar sterilen Böden betrachten. Dieser Prozess beginnt mit der Ansiedlung von *Stereocaulon vesuvianum*- und *Ramalina bourgeauana*, *R. decipiens*- und *R. maderensis*-Flechten, die in der Lage sind, auf blankem Fels zu existieren. Insgesamt sind mehr als 180 Flechten katalogisiert worden (BARRENO 1991). Die Flechten formen in einem langsamen Prozess den Stein in Boden um. Dadurch wird es auch höher entwickelten Pflanzen möglich, sich anzusiedeln, denn diese brauchen ein meist tiefgründiges und nahrhafteres Substrat (Abb. 36).

Durch den Niederschlagsmangel und lange Trockenperioden auf den östlichen Inseln findet die Ansiedlung von höher entwickelten Pflanzenarten dort nur langsam und vereinzelt statt. So mussten sich die verschiedenen Pflanzen auch an die entsprechenden klimatischen Bedingungen anpassen, indem sie neue Formen wie kugelförmige und haarige Blätter entwickelten oder Blätter in Nadeln umwandelten oder längere Wurzeln entwickelten. In vielen Fällen haben diese Anpassungen zur Entstehung von Unterarten geführt, die heute allesamt endemisch sind.

Im Timanfaya Nationalpark sind verschiedenene kanarische und lokale Endemiten heimisch, wie *Aeonium lancerottense*, *Echium lancerottense* ssp. *lancerottense*, *Nauplius intermedius*, *Allium subhirsutum* ssp.

obtusitepalum und *Polycarpea robusta*. Charakteristisch sind grundwasseranzeigende, linienhaft wachsende Bestände von *Juncus acutus* (Abb. 249). Probleme im Nationalpark bereiten neuerdings starke Invasionen von *Rumex lunaria*, die Anfang des 20. Jahrhunderts von Hierro als Futterpflanze hierher gebracht wurde und sich in den letzten 100 Jahren so stark ausgebreitet hat, dass man sie als „Plage“ bekämpfen muss. Ähnliches gilt für die südafrikanischen Zierpelargonien (*Pelargonium capitatum*), die sich aus Gärten verwildern. Im Umfeld der Demonstrationsstelle für Geothermie (Abb. 23) breitet sich *Launaea arborescens* aus, denn trockene *Launaea*-Büsche werden dort ständig verbrannt.

Die Fauna mag vom Besucher vielleicht kaum bemerkt werden, trotzdem beherbergt Timanfaya wichtige Tierarten wie die endemische Haria-Eidechse (*Gallotia atlantica*), den Lanzarotegecko (*Tarentola angustimentalis*) den „Guincho“, den Schmutzgeier (*Neophroa percnopterus*), den Gelbschnabelsturmtaucher (*Calonectris diomedea*), die Sturmschwalbe, usw. (s. auch Martinez Puebla et al. 1998).

Der Teide-Nationalpark auf Teneriffa

Der Teide-Nationalpark wurde schon 1954 gegründet und umfasst gegenwärtig eine Fläche von ca. 19000 ha. Damit steht er in Bezug auf seine Ausdehnung unter den spanischen Nationalparks an fünfter Stelle. Mit einer durchschnittlichen Höhe von mehr als 2000 m besteht er aus einem riesigen Vulkankessel, an dessen Südflanke sich flache Einschnitte befinden. Im Zentrum, wie durch eine gewaltige Explosion aus dem Innersten der Erde hervorgestampft, erhebt sich der Teide. Die Ureinwohner nannten den Berg „Echeide“, die Hölle. Sie mieden ihn, war er doch Sitz der bösen Gottheit Guayota. Die heutige Generation hat dagegen weniger Skrupel. Sogar eine Seilbahn führt bis unter die Spitze. Doch der Gipfel war lange Zeit gesperrt. Erst seit die Wege besser befestigt sind, darf täglich eine begrenzte Zahl von Besuchern den höchsten Punkt der Insel erklimmen. Zu sehr bröckelte das poröse Lavagestein unter den schweren Sohlen der Gipfelstürmer. Bei neuer Gefahr für den Berg und die Besucher ist sogar mit einer dauerhaften Schließung zu rechnen.

Viele Jahrhunderte lang konnte der „Gipfel Teneriffas“ nur vom Meer aus betrachtet werden, und in der Vorstellung der Seeleute und Schriftstel-

Abb. 249 *Juncus acutus* zeigt Grundwasseraustritte in der Vulkanasche und bildet somit lineare Vegetationsstrukturen.

ler vermischte sich die Wirklichkeit mit Legenden über die „Hölleninsel". Im Jahr 1555 beschrieb Guillaume Le Testu im Atlas seiner „Cosmographie Universelle" die Insel als „Insel des Gipfels". Die Astronomen nutzten schon immer die ausgezeichneten Bedingungen, die der Himmel über den Cañadas für ihre Forschungen bot, und so konnte der Astronom Jean Mascart von hier aus 1910 erstmalig den Halleyschen Kometen photographieren. Wegen der meist wolkenfreien, durchsichtig-klaren Luft entstand auf der 2367 m hohen Montaña de Izaña auf Teneriffa im Jahr 1909 Spaniens höchst gelegenes Observatorium. Hier wurde schon zu Kaiser Wilhelms Zeiten das erste deutsche Observatorium und später 1964 in der Sternwarte das erste deutsche Teleskop eingerichtet, dem im Jahre 1985 zwei weitere hier und auf der Insel La Palma folgten (s. auch S. 242).

Der Nationalpark „Del Teide" umfasst mit 19000 ha Fläche fast den gesamten Bereich der Caldera, einen Felszirkus mit dem Teide in der Mitte. Für den Geographen erschließen sich ungeahnte Bilder: Von steilen Vulkanhängen stürzen Lavaströme Hunderte von Metern in die Tiefe, erstarrt in meterdicken Wülsten, als die glühende Masse erkaltete. Bis zum Horizont dehnen sich unbegehbare schwarzrote, unbeschreiblich zerrissene Gesteinswüsten, aufgeplatzt, als die Gase sich ihren Weg ins Freie suchten. Hier leuchtet grüner Schwefel aus den pulverigen Bimssteinschichten, dort lagert pechschwarzer Obsidian wie Kohle auf dem Untergrund. Schlägt man ihn mit dem Hammer an, so springen messerscharfe Klingen davon ab; die Ureinwohner haben sich daraus primitive Werkzeuge gefertigt.

Die Verwitterung hat seltsame Formen aus Gestein herausmodelliert. Wände blaugrüner Kaolinit-Schichten, die hydrothermal gebildeten Azulejos, leuchten in der Sonne. In zerklüfteten gelbroten Berghängen sind Türme entstanden, an denen Bergsteiger ihr Können erproben. Weite Ebenen entstanden aus dem abgetragenen Material, durchzogen von Rillen, die die wenigen Gewitter und Regengüsse mit Sturzbächen gegraben haben. Fast alle Felsgestalten hat der Wind geschaffen, der feinen Sand als Schmirgel benutzte. Am imposantesten ragt ein elegant gewundener Pilz aus der Gruppe der Roques de Garcia mit farbigen Schichten aufgebaut in den blauen Himmel, so eindrucksvoll geformt, dass ihn die 1000-Peseten-Scheine der ehemaligen spanischen Währung abbildeten (Abb. 250).

Geologisch gesehen ist die Caldera de Las Cañadas aus einem so genannten „Prä-Caldera-Vulkan" hervorgegangen, der wahrscheinlich einige tausend Meter höher war als der heutige Caldera-Rand mit seinen 2500–3000 m hohen Gebirgszacken. In dieser Caldera wölbten sich der Pico Viejo und der Pico del Teide in den letzten zweihunderttausend Jahren bis zur heutigen Größe auf (Abb. 33 und 37). Die Caldera-Umwallung ist in ihren südlichen und südöstlichen Abschnitten in der Form eines Ellipsenbogens erhalten geblieben, und sie überragt steil abfallend und zerrissen den über 2000 m hoch gelegenen Talboden der Cañadas. In dieser Höhe wachsen die hochendemischen Retamares von hochspezialisier-

Abb. 250 (oben) Die Formation der Roques de García mit dem Teide im Hintergrund als sandgeschliffene imposante Felsen.

Abb. 251 Im Cañadas-Circus sieht man im Sommer und Herbst sehr schön die Halbkugelpolstervegetation: Nach dem Abblühen bleiben die sparrigen ockergelben weichen Besen der Fruchtstände von *Descurainia bourgeauana* stehen. Aus der Ferne betrachtet gleichen sie einer weit verstreuten Schafherde.

Abb. 252 *Erysimum scoparium.*

Abb. 253 *Scrophularia glabrata.*

Abb. 254 *Nepeta teydea.*

Abb. 255 *Helianthemum juliae.*

ten und angepassten Halbkugelbüschen mit *Spartocytisus supranubius* und *Descurainia bourgeauana* dominiert (Abb. 217, 220 und 251). Hier zählt man über 170 wolkenfreie Tage im Jahr und mehr als 3350 Sonnenstunden, die nahezu 75 % der möglichen Einstrahlung entsprechen. Die mit 300 mm vergleichsweise geringen Niederschläge fallen hauptsächlich im Winter in Form von Schnee und Regen, von denen etwa die Hälfte verdunstet. Eine relative Luftfeuchtigkeit von weniger als 50 %, eine Jahresmitteltemperatur von etwa 9 °C und riesige Temperaturschwankungen über das Jahr und am Tage, die innerhalb von 24 Stunden mehr als 16 °C betragen können, verdeutlichen dieses extreme Hochgebirgsklima inmitten des Atlantischen Ozeans. Die Elemente der Retamares sind daran besonders angepasst: dichte und tiefe Wurzelbildung in verschiedenen Bodentiefen ermöglichen die Koexistenz vieler unterschiedlicher Arten: z. B. *Erysimum scoparium*, *Adenocarpus viscosus*, *Scrophularia glabrata*, *Pterocephalus lasiospermus*, *Nepeta teydea*, *Pimpinella cumbrae* und *Helianthemum juliae* (s. Abb. 211, 214, 252–255).

Die blattabwerfenden, wachsüberzogenen, rutenförmigen Assimilationszweige vor allem von *Spartocytisus* sind an die intensive Sonneneinstrahlung besonders adaptiert. Von April bis Juni blühen die Cañadas und entwickeln einen unbeschreiblichen Duft. Dann werden unzählige Bienenkörbe aufgestellt: Basis für den einzigartigen und sehr schmackhaften Honig. Im Juni blühen auch die endemischen Riesenformen der Natternköpfe: der rotblaue, bis über 2 m Höhe erreichende, rotblaue *Echium wildpretii* und der kleinere azurblaue *Echium auberianum* (Abb. 218 und 219).

Die meisten Besucher des Gipfels steigen von La Orotava in die Montaña Blanca auf und verbringen dann die Nacht an einem Ort, der „*Altavista*" („Hoher Blick") genannt wird. Hier gründete GRAHAM TOLLER das erste „*Refugio de Altavista*" (Schutzhütte), das sich heute noch dort befindet. Im Winter ändert die Natur vollständig ihr Erscheinungsbild, sie scheint feindseliger zu werden. Im Nationalpark Teide herrschen dann vor allem Schneefall und niedrigere Temperaturen.

Garajonay Nationalpark auf La Gomera. Patrimonio de la Humanidad

1986 nahm die UNESCO den einzigartigen, 4000 ha großen Monteverde-Urwald in das „*Schützenswerte Naturerbe der Welt*" auf. El Cedro und der Parque Garajonay lassen sich als Monteverde bis in die Urzeiten zurückverfolgen. Die alten Lorbeerbäume, die hier bis zu 30 m hoch werden, bilden die „*Grüne Lunge*" von Gomera, den einzigartigen Lorbeerwald in der Inselmitte. Der Waldboden wird hier niemals trocken und schafft so einen idealen Biotoptyp für über 50 verschiedene Moose und Farne, die sich hier über zigtausende von Jahren entwickelt und erhalten haben. Hier stehen die ältesten, größten und mächtigsten Perseas und Viñatigos der Kanaren.

Die meist feuchten Wälder des Nationalparks sind ein besonders wichtiges Refugium für Endemiten und spezielle Farne. Insgesamt 27 Farnarten sind hier nachgewiesen, wobei *Woodwardia radicans*, *Pteris arguta*, *Dryopteris oligodonta*, *Diplazium caudatum* und *Asplenium onopteris* flächenhaft am weitesten verbreitet sind. Besonders erwähnenswert sind die andernorts seltenen, feuchtigkeitsliebenden Farne *Vandenboschia speciosa*, *Adiantum capillus-veneris*, *Adiantum reniforme* sowie *Ceterach aureum* (Abb. 256), die in den feuchten Lorbeerwäldern der Barrancos vergleichsweise häufig sind. Von den epiphytischen Flechten fallen vor allem *Lobaria pneumonaria* und die orangerote *Lethariella canariensis* ins Auge. In der Strauch- und Krautschicht der Lorbeerwälder und an den Waldrändern sind als besondere Gomera-Endemiten zu erwähnen: *Argyranthemum callichrysum* und *Senecio steetzii* (vgl. auch Abb. 174 und 189 sowie ESQUIVEL et al. 1995).

Abb. 256 *Ceterach aureum.*

Taburiente Nationalpark auf La Palma

Die Caldera de Taburiente besteht aus einem Ensemble von spektakulären, bis über 2000 m hohen Berggipfeln, die vom Roque de los Muchachos (Höhe 2426 m) bis hinunter zu Dos Aquas am Ausgang des Parks in der Schlucht von Las Angustias auf Meeresniveau herabreichen. Im Jahre 1954 wurde diese einmalige Caldera in einem Umfang von nahezu 4700 ha zum Nationalpark erklärt.

Der deutsche Geologe Leopold von Buch, der um 1825 den Archipel erforschte, beschrieb die Caldera als einen „*Krater von entsetzlicher Tiefe*". Tatsächlich stürzen vom 2426 m hohen Roque de los Muchachos schroffe Basaltwände fast anderthalbtausend Meter als Erdrutsch hinunter. Jüngeren Forschungen zufolge entstand das Naturwunder – mit einem Durchmesser von 9 km – durch eine Kombination aus Einsturz, Erdrutsch und Erosion. Es wird vermutet, dass sich über dem heutigen Kessel ein 3000 bis 4000 m hoher Vulkankegel auftürmte. Durch die Entleerung der Magmakammer brach unter dem Druck der Lavamassen das Kammerdach zusammen. Um diesen einzigartigen Ort zu schützen, wurde die Caldera zum Nationalpark. Der größte Senkkrater der Welt mit einem Durchmesser von 8 km ist 1500 m tief – ein gigantischer Kessel, eingerahmt von über 2000 m hohen Rändern der Caldera (Abb. 257).

Am Caldera-Boden tritt an einigen Stellen der so genannte Basal-Komplex (Hernandez-Pacheco 1971), die älteste Formation der Insel, zu Tage. Er ist aus Kissenlava aufgebaut, die beim Ausstoß hochtemperierter Gesteinsschmelzen im Meerwasser durch plötzliche Abkühlung entsteht (Abb. 258). Bis zu 1 m mächtige Strukturen mit stellenweise zwischengelagerten marinen Sedimenten findet man hier in Höhen zwischen 200 und 600 m. Die Caldera de Taburiente wird von dem fast 1000 m tief eingeschnittenen Barranco de las Angustias entwässert. Schon beim Eintritt in den Barranco vermitteln riesige glattgeschliffene Felsblö-

Abb. 257 **Die Caldera des Nationalparks Taburiente auf La Palma vom Roque de los Muchachos aus gesehen.**

Abb. 258 **Kissenlava (= Pillow lava) aus untermeerischen Vulkanergüssen. Die blumenkohlartigen Formen sind als Querschnitte von schlauch- und röhrenförmiger Lava anzusehen.**

Abb. 259 **(linke Seite) Kiefernwälder in der Caldera de Taburiente.**

cke und mächtige Geröllmassen einen tiefen Eindruck über die gewaltigen Kräfte des fließenden Wassers aus der Caldera. Steile Felswände und Felsvorsprünge sowie Abgründe bilden unheimliche Schluchten, die man durchwandert, bis man einen weiten Talgrund erreicht, in dem dichte *Pinus canariensis*-Wälder die Berghänge überdecken (Abb. 259). Daraus ragen die über 2000 m hohen Gipfel der Caldera-Umrahmung. Über 1500 m tief ist der Absturz zur Caldera-Basis. Hier steht der schlanke Monolith IDAFE. Sein Sturz würde nach dem Glauben der Ureinwohner Unheil bringen.

Besonders erwähnenswert ist der Wasserreichtum der Caldera mit unterschiedlichen Aquiferen und geschichteten Quellhorizonten sowie schönen Wasserfällen nach Niederschlagsereignissen, welche über wasserundurchdringlichem Lavagestein zutage treten. Seit dem Beginn des 20. Jahrhunderts hat man sich diese geologische Besonderheit zur Wassergewinnung zunutze gemacht: viele Galerías wurden auch hier in die Berge getrieben, um an das Wasser zu gelangen. Diese ergeben Wassermengen von 100–300 Liter pro Sekunde (MARTINEZ 1998).

Der Park besteht aus tief eingeschnittenen, sehr steilwandigen Barrancos und tiefen Wasserrinnen, die nach Starkniederschlägen gefährlich schnell und hoch anschwellen und zu reißenden Tobeln werden können. Das ist oft im Barranco de Taburiente der Fall. Die Berghänge sind Domänen des kanarischen Kiefernwaldes vom Typ des *Loto hillebrandii-Pinetum canariensis* mit ausschließlicher *Pinus canariensis* und zahlreichen Endemiten im Unterwuchs, wie *Lotus hillebrandii* (Abb. 210), *Echium gentianoides*, *Echium wildpretii* ssp. *trichosiphon*, *Helianthemum cirae* und *Genista benehoavensis*, letzterer mehr an der Cumbre vertreten mit *Juniperus cedrus*, *Bencomia exstipulata* und *Viola palmensis*.

Die Fauna des Parks ist weniger auffällig als die Varietät der Flora oder die spektakulären geologischen Erscheinungen; nennenswert sind jedoch drei bisher bekannte Fledermausarten (*Pleconus tenerifae*, *Pipistrellus maderensis*, *Tardaria teniotis*) als Vertreter der Säugetiere, zwei Reptilien-Arten (*Gallotia galloti-palmae*, *Tarentola delalandii*) als einheimische Eidechsen und Geckos, die La Palma-Gottesanbeterin (*Pseudoyersinia canariensis*) als Vertreterin der Invertebraten und vor allem die Vögel, von denen der Berthelot's Pfeifer (*Anthus berthelotii berthelotii*) häufig zu beobachten ist.

Jede Insel – ein Unikat

Rechte Seite:
Vom Architekten Cesar Manrique erbaute Schwimmanlage Janeos del Agua auf Lanzarote.

Botanische Vielfalt, vulkanischer Formenreichtum, wüstenähnliche Dünenstrände und Spaniens höchster Berg sind nur einige Highlights, die den Besucher in der kanarischen Inselwelt erwarten. Ähnliches gilt für die kulturellen Besonderheiten der Kanaren: Hochgewachsen und blondschöpfig sollen die Guanchen, Teneriffas Ureinwohner, gewesen sein. Gute Seefahrer waren sie angeblich nicht. Wir haben es schon gesehen: Wie und woher sie auf die Kanarischen Inseln gekommen sind, bleibt ein Rätsel. Die Guanchen waren Ziegenhüter und doch mutige Krieger. Sie gehorchten ihren Häuptlingen oder Königen, den Menceys, und setzten den ersten Inseleroberern großen Widerstand entgegen. Da es durch den vulkanischen Ursprung der Kanaren keine metallischen Bodenschätze gibt, lebten die Altkanarier noch in einer Art Steinzeitkultur, als sich die Spanier im 14. Jahrhundert anschickten, die Inselgruppe zu erobern. JEAN DE BETHENCOURT, der französische Abenteurer, nannte Teneriffa die „*Insel der Hölle*". Ob er damit auf die Vulkantätigkeit des Teide oder die Kriegslist der Ureinwohner anspielte, ist nicht geklärt. Teneriffa war die letzte der sieben Inseln, die dem christlichen Glauben unterworfen und der kastilischen Krone angegliedert wurde. BENCOMO, der letzte Mencey der Guanchen, ergab sich 1496 dem kastilischen Konquistador FERNÁNDEZ DE LUGO. Beide Herren leben unsterblich weiter in den Pflanzengattungen *Bencomia* (Rosaceae, Abb. 177) und *Lugoa* (Asteraceae, Abb. 260), so benannt von WEBB & BERTHELOTT (1836–1850). Nach der Angliederung an Kastilien wurde die Insel mit Andalusiern, Galiciern und anderen Festlandspaniern besiedelt. Ihre ersten Hauptstädte waren Betancuria auf Lanzarote, Las Palmas auf Gran Canaria und schließlich La Laguna auf Teneriffa (Abb. 261). Für den Entschluss der spanischen Eroberer, auf der knapp 600 m hohen Mulde zwischen den westlichen Ausläufern des Anaga-Gebirges und dem Teidemassiv ihre Hauptstadt fernab der Küste anzulegen, mag es sicherlich mehrere Gründe gegeben haben: Erstens gab es hier ein endorheisches Binnengewässer, die namengebende Lagune also mit winterlichen sichtbaren Süßwasservorkommen. Hier gab es ferner genügend mächtige Böden zur Anlage von Äckern ohne Terrassierung und künstliche Bewässerung und große Weideflächen. Außerdem war man in der Höhe mit Blick auf beide Inselhälften vor den Zugriffen von See her sicher. Doch schon zu Beginn des 16. Jahrhunderts, als die Spanier die nahen Anaga-Wälder für ihre Zuckermühlen stark dezimiert hatten, wurde der Wasserzufluss aus dem Anaga-Gebirge schwächer, so dass die Lagune im 18. Jahrhundert bereits völlig ausgetrocknet war. Heute stehen Häuser auf dem flachen Lagunenboden, und tiefe Drainagegräben, gesäumt von *Arundo donax*, zeugen noch immer überall von den stark schwankenden Was-

Abb. 260 ***Lugoa revoluta*, benannt nach dem spanischen Konquistador FERNÁNDEZ DE LUGO, der 1496 den letzten Mencey BENCOMO besiegte (s. *Bencomia*, Abb. 177).**

Abb. 261 **Die Talebene von La Laguna als ehemalige endorheische Lagune zwischen Anaga-Gebirge und dem Teide-Massiv.**

serständen in dieser Mulde. Periodisch nach starken Regenfällen steigt aber das Grundwasser in der alten Lagune, und es kommt in der Stadt zu großen Überschwemmungen, zuletzt im Jahre 1977.

Gran Canaria hatte mehrere Jahrzehnte versucht, die Provinzen zu teilen: Seit 1927, als eine große wirtschaftliche Rezession auf Gran Canaria herrschte, ist nun der Archipel in zwei Provinzen aufgeteilt: Teneriffa ist heute Hauptinsel der Provinz Santa Cruz de Tenerife. Las Palmas de Gran Canaria ist Hauptstadt der gleichnamigen Provinz Gran Canaria. Wie auf allen anderen Kanarischen Inseln auch, werden wirtschaftliche und politische Belange jeweils durch den jeweiligen Cabildo Insular (Inselrat) bestimmt; die Präsidentschaft der autonomen Region wechselt aber alle vier Jahre seither zwischen Santa Cruz de Tenerife und Las Palmas de Gran Canaria.

Teneriffa

Auf annähernd dreieckigem Grundriss erhebt sich mit 2057 km² Oberfläche die größte Insel der Kanaren im Pico del Teide zu 3718 m und weist damit auch den höchsten Gipfel des Archipels auf. Der Inselkörper gliedert sich in einen großen zentralen Teil und zwei im Osten und Nordwesten angesetzten kleinen „Halbinseln“ des Anaga- und des Teno-Gebirges.

Den ab November schneebedeckten Gipfel des Teide hatten die Ureinwohner der kleinen Nachbarinsel La Palma immer vor Augen. „*Tener*“-„*Ife*“ (weißer Berg) nannten sie deshalb die Insel Teneriffa. Die Landspitzen Punta de Anaga im Nordosten, Punta de Teno im Nordwesten und Punta de la Rasca im Süden bilden die Eckpfeiler dieser Vulkaninsel. Es handelt sich um die größte Insel des Kanarischen Archipels. Vom Meer steigt das Land pyramidenförmig zu einer Gebirgszone auf, die sich wie

Abb. 262 **Mächtige, hellgefärbte, phonolithische und ignimbritische, pyroklastische Konkretionen bauen an der Südküste von Teneriffa eine Landschaft auf, die als Tosca blanca bezeichnet wird. Die Gesteinsformationen entstammen dem Cañadas-Vulkanismus.**

ein Rückgrat durch die ganze Insel zieht und die auf dem Teide ihren Höhepunkt findet. Von dieser Gebirgszone streben tiefe Barrancos strahlenförmig dem Meer zu.

Die Hauptmasse nehmen mächtige, ineinandergeschachtelte Stratovulkane ein. Der äußere Kegelmantel bildet die Südabdachung der Insel und steigt von der flachen Küste bis in Höhen von 2100 und 2300 m hinauf, um dann – die so genannten Cañadas bildend – gegen einen inneren Caldera-Rand abzubrechen. Die südlichen Abhänge werden von zahlreichen Barrancos zerschnitten, die unvermittelt die Kraterwand durchsetzen und keine Talanfänge mehr erkennen lassen. Doch ist die steilwandige Umrandung der Caldera, ein längliches Ringgebirge vom Somma-Typ, nicht vollständig geschlossen. Wo sie im Norden aussetzt, wird die von steilen Kliffen gesäumte Flanke der Insel von den Lavamassen des nächstinneren Vulkankegels, jenes des Pico de Teide selbst, gebildet, der sich aus dem gewaltigen Krater 1500 m hoch erhebt. Er überdeckt seinerseits wieder teilweise den älteren Kegel des Pico Viejo.

Der Cañadas-Vulkan besteht vorwiegend aus Phonolithen, über die sich in den als Bandas del Sur bekannten Küstenbereichen mächtige Pozzolanschichten legen (Abb. 262), während der Teide sich aus trachytisch-phonolithischen Gesteinen aufbaut. Mehrere Phonolith-Ströme sind glasig erstarrt. Die Laven des Pico Viejo gleichen noch stark jenen, die im Cañadas-Vulkan gefördert wurden. Zahlreiche junge Adventivkegel werden vorherrschend aus olivinreichen Basalten aufgebaut.

Egal, wie man sich Teneriffa nähert, der Pico del Teide dominiert immer den ersten Eindruck. Dabei ist seine Kegelspitze nur ein Reststück eines viel größeren, höheren und gewaltigeren prähistorischen Vulkanes, von dem nach dessen Explosion nichts bis auf den derzeitigen Kraterrand der Caldera de las Cañadas übrig geblieben ist. Dieser Gipfelkrater der Cañadas gehört mit seinen nahezu 17 km Durchmesser zu den größten vulkanischen Kratern der Erde. Hier in über 2000 m Meereshöhe hinterließen die Lavaströme verschiedener Vulkanausbrüche eine wahrhaftige Mondlandschaft aus schwarzen Aschenbergen (Abb. 33-38), schwarzglänzenden Obsidiangeröllen, eingesprenkelten grünbläulichen Lavabänken (Abb. 43), Geröllwüsten, Schwemmlandebenen, der Valle de Ucanca (Abb. 42) und bizarren Felsformationen (Abb. 250). Hier wachsen auf stabilisierten Andosolen die mittlerweile bekannten riesigen Bestände des Teide-Ginsters im Gesellschaftskomplex des *Spartocytisetum nubigeni*. Dieser silbergraue Rutenstrauch ist auch Pionier bei der Besiedlung der historischen Lavablöcke, später folgt der Codeso (*Adenocarpus viscosus*), wenn sich bereits rankerförmige Böden entwickelt haben. Entlang der Straßen oder an Wegen, wo die Böden wallartig aufgeschüttet sind, und an geneigten Felshängen mit instabilen, leicht rutschenden Böden bildet sich der Vegetationskomplex des *Erysimo scopari-Pterocephaletum lasispermi* mit oftmals hohen Deckungsanteilen von *Descurainia bourgeauana*. Wo in Senken der Schnee länger liegen bleibt und wo Schmelzwässer punktuell höhere Bodenfeuchtigkeit sicherstellen, erreicht *Echium wildpretii* hohe Deckungsanteile (Abb. 218 und 219). Dort wo an den „Azulejos“ oder an den „Roques de Garcia“ basaltische und phonolithische Felsen steil aufragen, wächst die hochendemische Semperviven-Gesellschaft des *Cheilantho guanchicae-Aeonietum smithii* (Abb. 97).

Das große Erlebnis einer Teide-Besteigung ist die Beobachtung des Sonnenaufgangs aus fast 4000 m Höhe über dem Atlantik: „*Sobald die Sonne wie ein roter Ball am Horizont in den tiefblauen, wolkenfreien Himmel aufsteigt, breitet sich der Schatten des Teide als ein langes, spitzes Dreieck auf dem Wasser aus*“, so eindrucksvoll beschreibt zuletzt Willi KERL (1990) dieses einmalige Naturschauspiel in der reinen, durchsichtigen Höhenluft, und so haben es seit ALEXANDER V. HUMBOLDT (1799) zahllose Teide-Besteiger immer wieder erlebt und dokumentiert. Auch der Begründer der modernen Ökologie, der Jenaer Zoologie-Professor Ernst HAECKEL (1870), äußert sich ähnlich enthusiastisch bei seiner Pik-Besteigung des Teide, die er mit dem damaligen Direktor des botanischen Gartens von Orotava, dem Schweizer Hermann WILDPRET unternommen hatte.

Beim Auf- und Abstieg stößt man gelegentlich auf die graublättrigen, dem Boden anliegenden Teide-Veilchen (*Viola cheiranthifolia*), die im Juli blühen (Abb. 221). A. v. HUMBOLDT und A. BONPLAND wussten bereits von der Existenz des Teide-Veilchens; in einem Brief an seinen Bruder Wilhelm schreibt Alexander über die Cañadas-Landschaft: „*diese Wüste, bedeckt von Lava und Vulkansteinen, hat keine Vögel und Insekten, wo nichts wächst außer der Violeta decumbens …*“. In späteren Jahren wurde dieses hochendemische Cañadas- und Teide-Veilchen den beiden Pionieren zugeeignet: *Viola cheiranthifolia* Humb. et Bonpl. Sie ist den extremen klimatischen Bedingungen mit intensiver Sonneneinstrahlung, starken täglichen Temperaturschwankungen, äußerster Sommertrockenheit und monatelanger Schneebedeckung im Winter optimal angepasst. Dieser Lokalendemit wächst auch noch am Calderarand in den Gipfellagen der Montaña Blanca und Montaña de Guajara. Dort gibt es stellenweise auch noch Ginsterbüsche des *Spartocytisetum nubigeni*, denen einige niedrigwüchsige Kanarenkiefern und Kanarenzedern (*Juniperus cedrus*) beigemengt sind.

Die Landschaft rund um den Vulkan ist nicht der einzige landschaftliche Höhepunkt, den Teneriffa zu bieten hat. Noch immer gehört das Orotava-Tal, in dem Alexander v. HUMBOLDT bei seinem Besuch der Insel 1799 ergriffen notierte, dass er noch nirgends „… *ein so mannigfaltiges, so anhebendes, durch die Verteilung von Grün und Felsmassen so harmonisches Gemälde gesehen habe …*“. Das weite Tal beeindruckte inzwischen aber auch die Tourismus- und die Immobilienindustrie – hier findet sich heute zwar eine der zersiedeltesten Gebiete der Insel, aber noch immer beeindruckt der Blick vom Mirador de Humboldt bei Orotava, der vom Meeresstrand bei Puerto de la Cruz über das weite Tal bis auf den mächtigen Teide-Gipfel reicht.

Grün oder trocken – die landschaftlichen Gegensätze auf Teneriffa

Grün oder trocken ist auch bei der Wahl des Inselaufenthaltes die wichtigste Frage. Der Passat regnet nämlich nur im Norden an den Hängen des wilden Anaga-Gebirges und der mit Lorbeerwald und der Kanaren-Kiefer bewachsenen Nordseite der Insel.

Trocken ist dagegen der Süden Teneriffas, rund um die für ruhigere Ferien geeigneten Orte Los Gigantes und Puerto de Santiago sowie im lebhaften Playa de las Americas und im etwas bedächtigeren Los Cristianos und im mondänen Playa de Fañabe. Das bedeutet aber nicht, dass sich die Landschaft nur in braunen und grauen Farben präsentiert: Die Tabaibales mit ihren Kandelaber-Euphorbien setzen grüne Punkte auf die Hänge immer dann, wenn es wenig geregnet hat im Winter oder im Frühjahr. Im trockenen Sommer und im Herbst erscheinen diese Formationen gelblich-grau ausgetrocknet, und sie färben sich zuletzt leicht kupferrot. Auch die Landwirtschaft, die zwischen den Dörfern Guía de Isora, Vilaflor, Arico und Güimar selbst ohne Regen im Trockenfeldbau erfolgreich Obst und Gemüse anbaut, lockert das Landschaftsbild auf.

Teneriffas Qualitäten liegen im Norden oft im Hinterland verborgen. Das üppig grüne Anaga-Gebirge im Nordosten gehört zu den eindrucksvollsten Gegenden. Die Erosion hinterließ eine wild zerklüftete Landschaft mit tief eingeschnittenen Schluchten. Kleine Dörfer kleben an den schroffen Berghängen. Die hier lebenden *Tinerfeños* haben der Natur durch Terrassenfeldbau ein paar Quadratmeter Acker abgetrotzt, auf denen sie mühselig Gemüse und Kartoffeln anbauen (Abb. 263). In den

Abb. 263 **Im Anaga-Gebirge werden noch heute auf terrassierten Feldern vor allem Obstbäume, Weinreben, Ñames, Kartoffeln, Zwiebeln und Tomaten, gelegentlich auch Getreide für den eigenen Bedarf angebaut.**

höher liegenden Lorbeerwäldern hängen meist vom späten Vormittag an dicke Passatwolken. Bei einer Fahrt ins nordöstliche Anaga-Gebirge kann man im Mercedes-Wald, bei 800 m Meereshöhe und einem feuchten, mediterranen Klima naturnahe Lorbeerwälder erleben, die zwar in der Höhe durch Nutzung und Rodung degradiert erscheinen, jedoch an den Steilhängen und im Kammbereich der Berge in Baum-Heiden mit den dominierenden Arten *Erica arborea* und *Myrica faya* übergehen. Bei einer Wanderung von El Bailadero über den Pijaral (854 m) zum Chinobre (910 m) sieht man induktiv an der verschiedenen Artenzusammensetzung der Vegetation von üppigen Farnbeständen mit *Woodwardia radicans* und *Diplazium caudatum*, langen Bartflechten ausschließlich auf nordexponierten Berghängen, deutlich die unterschiedliche Niederschlagsverteilung zwischen der Nord- und Südflanken von Bergrücken.

An der Cresteria de Bailadero begegnen uns riesige Bestände des Monteverde mit Baumheiden vom Typ des *Ilici canariensis-Ericetum platycodonis* an den steilen, windexponierten Berghängen. Diese stehen im Komplex mit Lorbeerwäldern vom Typ des *Lauro-Perseetum indicae* an den unteren Hangabschnitten, wo es feuchter ist und wo sich tiefgründigere Böden befinden (Abb. 178). Entlang der Straße auf Felsabdachungen, meist in regenexponierter Nordexposition finden sich Buschformationen, die von *Teline canariensis* dominiert werden. Diese sind auch Ersatzgesellschaften des Monteverde. An schattigen, feuchten Felshängen kleben die Rosetten von *Aeonium cuneatum*, die eine hochendemische Pflanzengesellschaft an den regenreichsten Stellen des Anaga-Gebirges bildet.

Beim Eintritt in den Monte del Pijaral (830 m) sieht man dieses Phänomen erneut: die Baumheiden mit *Erica platycodon* beherrschen die windexponierten, höchsten Bergflanken und -spitzen; in den Barrancoschluchten wachsen sehr gut erhaltene Viñatigos vom Typ des *Lauro-Perseetum indicae*, reich an Moosen und hohen Farnen (*Woodwardia radicans*, *Polystichum setiferum*, *Dryopteris oligodonta* u.a.). Auf den dicken Stämmen und Ästen von *Laurus* und *Persea* gedeihen epiphytische Farne, vor allem *Davallia canariensis*, *Polypodium macaronesicum* mit viel *Aichryon laxum*, *Lobaria meridionalis* und vielen Moosen (Bartramio-Polypodion serrati-Gesellschaften). Wandert man weiter zur Vaguada angosta, sieht man am Grunde des Barranco hohe Bäume von *Ocotea foetens*, die hier die wohl schönsten Bestände des *Diplazio caudati-Ocoteetum -foetentis* der Insel darstellen. Dieser Wald ist außerordentlich reich an hygrophilen Farnen, wie *Diplazium caudatum*, *Culcita macrocarpa* und *Vandenboschia speciosa*. Da der Boden hier über Jahre fast niemals austrocknet, sind die Baumstämme an ihrer Basis reichlich mit *Hymenophyllum tunbrigense* bedeckt. An etwas höheren Barrancohängen folgt hier klassisch der kanarische Lorbeerwald, das *Lauro-Perseetum indicae*.

Der Weg hinauf zum Chinobre, der durch riesige Brezales zur höchs-

Abb. 264 ***Viola anagae.***

Abb. 265 **Kanareneidechse *Gallotia galloti* (Foto: Anselm Kratochwil).**

ten Gebirgsflanke des Anaga führt und an Felsplateaus endet, bietet ringsum größte Bestände des lokalen Endemiten *Viola anagae* (Abb. 264).

Auf dem Weg von Taganana zur Küste führt die Straße an einem mächtigen, beim Aufstieg in der Erdkruste steckengebliebenen und dabei erstarrten Phonolithen vorbei, dem schon erwähnten Roque de las Animas (706 m). Seine nördlichen, schon stark verwitterten Berggrate ragen nahezu senkrecht 300 m empor und bilden eine unzugängliche Felswand, die als Refugium für wild wachsende Drachenbäume schon Leopold von Buch (1825) beeindruckte (s. auch S. 76ff.). Hier ist der *locus classicus* der seltenen Anaga-Endemiten *Cheirolophus tagananae* und *Lugoa revoluta* (Abb. 260). Fährt man weiter an der Nordküste entlang, bietet sich zwischen der Playa de Almáciga und der Playa de Benijo ein Bild wilder Naturschönheit mit zahlreichen bizarr geformten Klippen und kleinen Felseninseln. Die Roques de Anaga, zwei kleine Basaltfelseninseln, sind ebenfalls Standort wildwachsender Drachenbäume. Der tief ins Meer hinausragende Vorposten Roque de Fuera ist ein Echsenrefugium mit der Kanareneidechse *Gallotia galloti* (Abb. 265), dem heimischen Skink (*Chalcides vivianus*), der lebendige Junge zur Welt bringt, und dem Mauergecko (*Tarentola delalandii*), der in der Sonne schwarz wird und nachts kreideweiß sein kann.

Auch das wilde, unwirtliche Teno-Gebirge im Westen mit bis zu 600 m hohen, fast senkrechten Felsabbrüchen zum Meer hin hat mit seiner dramatischen Landschaft eine eigene Kraft. Besonders auffallend sind die bunten Erden, die sich in den eindrucksvollsten Einfärbungen von Gelb über Ocker bis zu Rot überall auf der Insel finden lassen. Das Teno-Bergland wird gegen die Hauptmasse der Insel durch das große tektonische Tal zwischen Puerto de Santiago und Garachico abgegrenzt. Es gehört mit dem Anaga-Gebirge und Teilen des Gebirgsstocks von Adeje zu den drei ältesten Regionen Teneriffas, wie wir schon gesehen haben (S. 48). Mit dem hohen Alter haben Verwitterung und Erosion hier außerordentlich tiefe Täler mit steilen Hängen und schroffen Abstürzen geschaffen, besonders eindrucksvoll zu sehen im Talkessel von Masca.

Hier haben sich eindrucksvolle Retamares vom Typ des *Echio aculeati-Retametum rhodorhizoidis* ausgebildet, die Dauergesellschaften an steilen Hängen auf den tiefergründigen kolluvialen Böden bilden mit *Retama raetam*, *Echium aculeatum* und die Tabaibales *Euphorbia regis-jubae* und *Euphorbia atropurpurea*. Letztere stellt überall in der Ladera von Masca auf tiefgründigen Lithosolen in den alten Felskomplexen das Schlussglied

Abb. 266 Das *Greenovietum aureae* ist als endemische chasmophytische Pflanzengesellschaft in der thermokanarischen Stufe der westlichen Inseln anzutreffen.

der Vegetationsentwicklung dar (*Euphorbietum atropurpureae*, s. Hüppe et al. 1993). Auffällig sind im Frühling die Rosetten von *Greenovia aurea* an den Felswänden (Abb. 89 und 266).

Am Punta Morro del Diablo am Nordabfall des Teno-Gebirges kann man vorzüglich beobachten, wie sich mit der Annäherung an die Steilküste durch die Zunahme der Windstärke und schließlich der aufs Land verwehten salzhaltigen Gischt die Form der Arten und die Zusammensetzung der Pflanzengesellschaften den sich verändernden Umweltbedingungen anpassen: Die Sträucher werden niedriger, die Kugeln kleiner und die salzertragenden Arten nehmen zu. Häufig hat der Sukkulentenbusch als Ersatzgesellschaft die aufgelassenen Terrassenlandschaften erobert. So lässt sich vom Meeresufer hangaufwärts eine charakteristische Catena des *Ceropegio dichotomae-Euphorbietum aphyllae* beobachten, welche zunächst noch durch hohe Anteile der salzgischtertragenden *Astydamia latifolia* gekennzeichnet ist und mit zunehmender Entfernung vom Meer in *Euphorbia canariensis*-reiche Bestände übergeht. Am Roque del Fraile kommt in den höchsten Lagen auch *Euphorbia atropurpurea* hinzu. Hier sind die Felsen voll von epilithischen Flechten: *Rocella canariensis*, *R. vicentina*, *R. tuberculata*, *R. fuciformis*, *Pertusaria gallica*, *Lecanora sulphurea*, *Parmelia tinctoria*, *Ramalina decipiens*, *R. maciformis*, um die häufigsten zu nennen. Als Chasmophyten fallen hier überall die Wandteller von *Aeonium tabulaeforme* ins Auge, und als endemische Seltenheit wollen wir hier das *Vieraeo laevigatae-Polycarpeetum carnosae* erwähnen, mit dem Lokalendemiten *Vieraea laevigata* (Abb. 225) und der insulär disjunkten *Polycarpea carnosa* (Abb. 225), die nur in

Abb. 267 Die Felsformation *„Los Gigantes"* an der Westküste des Teno-Gebirges auf Teneriffa.

den alten Gebirgsstöcken von Anaga und Teno vorkommt. Sie wachsen auch an den Felswänden der Los Gigantes, die fast 500 m hoch unmittelbar und senkrecht aus dem Meer aufsteigen (Abb. 267). Hier mündet der Barranco von Masca.

Landschaftliche und kulturelle Höhepunkte auf Teneriffa

Ja, es ist wirklich so: der Süden und der Norden dieses mehr als 2000 km^2 großen Eilands im Atlantik bilden zwei recht unterschiedliche Lebensräume. Der Süden wird beherrscht von den Metropolen des Tourismus. Viele Tage im Jahr scheint hier die Sonne und beschert den Urlaubern ein nahezu ideales Badewetter. Längs der Südküste erstrecken sich vulkanische Landschaften, bedeckt mit großflächigen *Euphorbia balsamifera*-Tabaibales, wo noch keine Urbanisationen oder Tomaten- und Bananenfelder sind. Der Norden ist grüner, vegetationsreicher, rauer, frischer, mehr von den Winden, Wolken und Nebeln des Passats geprägt. Die dominierenden stillen Lorbeer- und Baumheidewälder des Teno- und Anaga-Gebirges, die längs der Nordküste sanft ansteigenden Rebhänge von Tacoronte-Acentejo und Icod de los Vinos; Puerto Cruz und Orotava mit ihren schmucken Palästen im kanarisches Baustil; über den Pass von La Laguna geht es wieder zur Südküste in die Hauptstadt Santa Cruz mit ihren Parks, Museen und Märkten und von dort wieder entlang der Autopista del Sur, u. a. über Güimar und Vilaflor in die Urbanisationen von Americas und Cristianos.

Ouvertüre in Icod de los Vinos: Hier zieht der auffällige *Drago milenario* (Abb. 268) die Touristenbusse magisch an; er ist natürlich nicht so alt, wie von den Reiseprospekten gewünscht, sein wirkliches Alter beträgt 350–400 Jahre (s. Kap. 5). Bis vor wenigen Jahren verlief die Hauptstraße

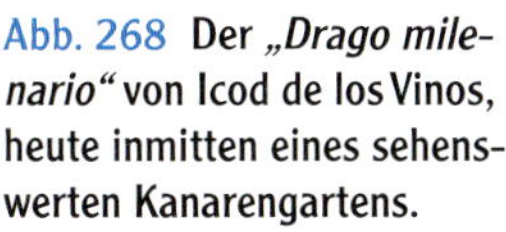
Abb. 268 **Der „*Drago milenario*" von Icod de los Vinos, heute inmitten eines sehenswerten Kanarengartens.**

noch direkt am Drago vorbei – jetzt hat man mit einer Umgehungsstraße großzügig Abhilfe geschaffen und im Umfeld unter der Regie der Botaniker von der Universität La Laguna einen wirklich sehenswerten Kanarengarten angelegt, in dem fast alle natürlichen Ökosysteme Teneriffas nachgestellt und gepflanzt sind.

Die Weiterfahrt geht nach Garachico: Die kleine Ortschaft an der Nordküste Teneriffas zieht sich den Hang empor und empfängt den Besucher mit angenehmer Ruhe und Gemächlichkeit. Von dem weiten Platz im Zentrum, der von der Kirche Santa Ana und den historischen Fassaden der Klöster San Francisco und Santo Domingo flankiert wird, schlendert man durch die Gassen parallel zum Meer und geht dann weiter den Hang hinauf, entdeckt einige stattliche Häuser und Paläste mit prächtigen Fassaden und sehr dicken Mauern. Im 17. Jahrhundert florierte in Garachico der Anbau von Malvasier-Reben. Bis hinüber nach Großbritannien, Holland und Amerika wurde der süße, gehaltvolle Malvasier-Wein verschifft und bescherte dem Ort einen gewissen Wohlstand, ehe schließlich im Jahre 1704 der Vulkan oberhalb der Ortschaft ausbrach und weite Teile der Altstadt, des Hafens und der Rebkulturen zerstörte. Dies trieb Garachico für lange Zeit in die wirtschaftliche Bedeutungslosigkeit. Erst in jüngster Zeit wurden Klöster, Kirchen und Paläste restauriert. In einem grandiosen Palastgebäude aus dem 17. Jahrhundert residiert nun das noble Hotel San Roque. Das Castillo de San Miguel, einst eine trutzige Verteidigungsanlage von 1575, überdauerte den verheerenden Vulkanausbruch und ist heute ein Naturkundemuseum.

Mit Traumstränden war der grüne Norden lange Zeit nicht gerade gesegnet. Im touristischen Zentrum Puerto de la Cruz mussten sich die Urlauber mit der von dem kanarischen Künstler und Architekten César Manrique entworfenen Wasserlandschaft Lago de Martiánez begnügen. Dann wurden am westlichen Ende der Stadt, gleich hinter dem Castillo de San Felipe, mächtige Felsen ins Wasser gesetzt, um den stürmischen Atlantik-Wellen die Stirn zu bieten. Wiederum nach den Plänen César Manriques entstand die große Strand- und Gartenanlage Playa Jardín, eine schwarze Lava-Pracht, die sich bis zum sehenswerten Natur- und Tierpark „Loro Parque“ hinunterzieht. Das aber war den Stadtverordneten des urbanen Ferienortes Puerto de la Cruz noch nicht genug: Sie realisierten im Frühjahr 1997 die letzte Idee des 1992 tödlich verunglückten Manrique: Die Playa Martiánez, ein bislang nur von Einheimischen bevorzugter kleiner Sandstreifen, wurde nach seinen Plänen ausgebaut. Der Strand bildet heute das Ende der Uferpromenade Avenida de Colón und beginnt dort, wo früher das berühmte Tanzcafé Columbus stand.

Ursprünglich war Puerto Cruz ein Fischer- und Hafenort, der zunächst Puerto Orotava geheißen hat. Während der spanischen Inquisition war Puerto Cruz ein Hort des Liberalismus. Man sagte: „Die Fässer gingen voll von Wein zum Festland und kamen zurück voll mit verbotenen Büchern.“ So siedelten sich viele ausländische Intellektuelle hier an und gaben der Stadt ihr internationales Flair. 1931 war Puerto Cruz auch die erste republikanische Gemeinde in der II. Spanischen Republik, und die Stadt hat sich von Orotava segregiert.

Noch bis ins 19. Jahrhundert wurden nunmehr von Puerto de la Cruz aus alle Weine nach Europa verschifft, die auf Teneriffa produziert wurden. Ein Teil des Hafens bewahrt noch heute den Charme seiner wechselhaften Geschichte. In der zweiten Hälfte des letzten Jahrhunderts entwickelte sich die Stadt zum Mekka des internationalen Tourismus.

Wer sich für die üppige Vegetation Teneriffas interessiert und dazulernen möchte, welche seltenen Pflanzen- und Baumarten hier gedeihen, sollte unbedingt seine Schritte aus dem turbulenten Zentrum der Stadt den Hang hinauf zum Jardín Botánico lenken. Ende des 18. Jahrhunderts ließ der spanische König CARLOS III. an dieser Stelle den Jardín de Aclimatización de la Orotava anlegen, um tropische Gewächse aus den lateinamerikanischen Überseeprovinzen hier zunächst an das kanarische und später an das zentralkastilische Klima in Madrid zu gewöhnen, wo die angepassten Pflanzen und Bäume dereinst in den Parks und Gärten am königlichen Hofe gedeihen sollten, wie wir es schon kurz ausgeführt haben (S. 189). Es zeigte sich jedoch, dass viele Gewächse im Klima der Nordküste Teneriffas prächtig heranwuchsen, das kontinentale Klima Madrids jedoch nur schlecht vertrugen. Und so brach man das Projekt um das Jahr 1788 ab. Der Botanische Garten oberhalb von Puerto de la Cruz verwilderte zusehends, ehe sich 1860 der aus der Schweiz stammende Gärtner HERMANN WILDPRET des Gartens annahm und ihn fortan pflegte. Rund 3000 exotische Bäume und Pflanzen gedeihen heute auf diesem mehr als 25 000 m² großen Areal. Der Garten wird gerade erweitert.

Mit ihrem kolonialen Charme verzaubert La Orotava alle Besucher mit hübschen Altstadtgassen, prachtvollen Palästen und blumengeschmückten Herrenhäusern. Beste Beispiele für die typische Architektur der Kanarischen Inseln – eine Mischung aus englischen und andalusischen Architekturelementen – sind die verzierten Holzbalkone und kunstvollen Deckentäfelungen. Die berühmten „*Casas de los Balcones*", zwei ehemalige Bürgerhäuser aus dem 17. Jahrhundert, gelten als architektonisches Kleinod. Dort kann der Besucher eine umfangreiche Kunsthandwerkssammlung bewundern und den kanarischen Stickerinnen bei der Arbeit zuschauen. Anlässlich der Fronleichnamsfeiern schmücken die Einwohner Straßen und Plätze mit farbenfrohen Teppichen aus Blumen, vielfarbigem Sand und Vulkanerde. Der Ortskern der Stadt wurde von der spanischen Regierung zum „*Conjunto Histórico-Artístico*" erklärt und von der Europäischen Union in die „Liste der erhaltenswerten europäischen Kulturgüter" aufgenommen (Abb. 269). Trotzdem ist La Orotava vom organisierten Dauertourismus freigeblieben.

Von La Orotava geht die Fahrt zum Museo del Pueblo Guanche, das sich der Lebens- und Arbeitsweise der Guanchen widmet, den Ureinwoh-

Abb. 269 **Casa de los Balcones und alte Häuser im Zentrum von La Orotava.**

nern Teneriffas. In der Casa Torrehermosa, einem restaurierten Stadtpalast mit lauschigem Innenhof, werden heute typisch kanarische Kunstgewerbeprodukte von lokalen Erzeugern verkauft, darunter Keramik, Flechtarbeiten, Möbel, Holzobjekte, Puppen, Textilien und sehr schöne Messer mit verzierten Griffen aus Kuhknochen und Ziegenhorn. Früher wurden diese Messer – „*cuchillos canarios*" genannt – von den Arbeitern in den Bananenplantagen der Umgebung verwendet. Vom Mirador Humboldt aus, der eine weite Aussicht auf Puerto de la Cruz und Umgebung eröffnet, fahren wir in Richtung La Victoria de Acentejo und La Matanza de Acentejo. Beide Orte liegen heute nahe der Autobahn und sind geprägt vom Weinbau. Kaum jemand, der hier auf der Autopista in Richtung La Laguna oder Santa Cruz hindurchrauscht, erinnert sich an die historischen Geschehnisse, welche in den Ortsnamen enthalten sind. „*La Matanza*" bedeutet Schlacht bzw. Gemetzel und geht zurück auf die blutige Schlacht der Guanchen gegen die Spanier im Mai 1494. Damals lockten hier die Ureinwohner Teneriffas die angreifenden Spanier unter der Führung von ALONSO FERNÁNDEZ DE LUGO in eine unwegsame Schlucht und vernichteten einen Großteil ihrer Streitmacht. Im Dezember 1495 kam es dann an einem nahe gelegenen Ort zu einer erneuten Schlacht, aus der diesmal die Spanier siegreich hervorgingen. Damit war die Niederlage der rebellierenden Guanchen endgültig besiegelt; die Spanier nahmen Besitz von der Insel und nannten den Ort ihres militärischen Sieges „*La Victoria*".

Pflichtprogramm für Gäste im Norden ist ein Besuch von La Laguna, der alten, und Santa Cruz de Tenerife, der neuen Hauptstadt der Insel. La Laguna war auf Teneriffa die bereits erwähnte erste Stadtgründung der spanischen Eroberer am Christophorus-Tag des Jahres 1497 als San Cristobal de La Laguna nach dem Sieg über den letzten Guanchen-König BENCOMO, der sich im Dezember 1495 mit seinen 5000 Kriegern ergab. Dem spanischen Kolonialstil des späten Mittelalters entsprechend, wurden die Straßen der Universitäts- und Bischofsstadt schachbrettartig angelegt. La Laguna war bis zum 18. Jahrhundert hinein Hauptstadt des gesamten Archipels.

Das Prunkstück der Kathedrale ist die herrliche, Anfang des letzten Jahrhunderts in London gefertigte Orgel. Die „*Iglesia de la Concepción*", der Bischofspalast und schöne Herrenhäuser gehören zum architektonischen Schatz der Stadt. Im gesamten Innenstadtbereich sind Wohnhäuser im kanarischen Stil mit kunstvoll geschnitzten Holzbalkonen zu bewundern. Die Christusfigur in der Wallfahrtskirche San Francisco wird von den Gläubigen der ganzen Insel verehrt. Das Heiligenbild war ein

Abb. 270 **Iglesia de la Concepción in Santa Cruz de Tenerife. Hier liegt das spanische Gründerzentrum der Stadt am Rande eines wasserführenden Barrancos aus dem Anaga-Gebirge.**

Abb. 271 **Santa Cruz dehnt sich entlang der Küste nach Westen und nach Osten aus und bildet heute eine Metropole.**

Geschenk des Inseleroberers Fernández de Lugo. Die Stadt ist heute Patrimonio del Humanidad der UNESCO.

Die heute mehr als 200000 Einwohner zählende Hafenstadt Santa Cruz de Tenerife ist ehemals Hauptstadt der ganzen Provinz, bis man 1927 nach der Depression von Gran Canaria zwei Provinzen schuf, ist nun seither Hauptstadt der Insel und der gleichnamigen Provinz, zu der die Inseln Teneriffa, La Palma, La Gomera und El Hierro gehören. Die fünfschiffige Iglesia de Concepción aus dem 17. Jahrhundert beherbergt Kunstschätze aus der Kolonialzeit, darunter das Kreuz der Eroberung und die Flaggen, die Lord Nelson bei seinem missglückten Eroberungsversuch verloren hatte. Teil der ehemaligen Stadtbefestigung war das Castillo de Paso Alto mit der berühmten Kanone „*Tigre*", von der die Kugel abgefeuert wurde,

Abb. 272 **Der Kunststrand *„Playa de las Teresitas"* wird ständig mit weißem Saharasand angefüllt.**

durch die Nelson einen Arm verlor, als er am 25. Juli 1797 versuchte, die Insel zu erobern. An der Plaza de Candelaria steht das Denkmal an die Menceys (Könige der Guanchen). Im Museum *„Naturaleza el hombre"* in einem der schönsten Gebäude der Stadt kann man interessante Exponate aus der Welt der Ureinwohner sehen. Der Museumsschatz mit seinen Begräbnisstätten, Fossilien, Totenschädeln und Mumien gilt als beste Sammlung der Kanarischen Inseln und ist sehr modern interaktiv eingerichtet. Im Museum der Schönen Künste werden die Werke einheimischer Künstler und berühmter Meister (Ribera, Brueghel, Madrazo) gezeigt. Ruheoasen im lebhaften Treiben der Stadt sind der Park García Sanabria und die kreisrunde Plaza España, deren wunderschöne Gartenanlagen auf den Ruinen des ehemaligen Castillo de San Cristobal angelegt wurden (Abb. 270). Andere kleine Parks und Gartenanlagen kommen dazu und machen Santa Cruz zu einer blumenreichen Stadt, wo man über 500 verschiedene Pflanzenarten aus aller Welt kartieren kann.

Santa Cruz dehnt sich heute nordwärts Richtung La Laguna und westwärts Richtung Candelaria aus und entwickelt sich mittlerweile zu einer Metropole (Abb. 271). In der östlichen Verlängerung der Stadt entlang der großen Hafenanlagen gelangt man zur Playa de las Teresitas (Abb. 272). Hier hat man mit großem Aufwand aus einer unruhigen, dunklen Lavasandküste einen bis zu 100 m breiten und fast 1,5 km langen geschützten Badestrand geschaffen, mit einem langen Damm im Meer und angefrachtetem Sand aus der Spanischen Sahara. Dies geschah erstmals Anfang der siebziger Jahre.

Weiterfahrt nach Candelaria:
In diesem Ferien- und Fischerort der Ostküste wird in der direkt am Atlantik stehenden Basilika – ein Werk des Architekten Juan Marrero –

Abb. 273 **Montaña Roja bei El Médano, Teneriffa, ein 170 m hoher Vulkankegel.**

die prachtvolle Statue der Schutzpatronin der Insel verehrt. In der Nähe scheinen die Fischernester Barranco Hondo, Igueste de la Candelaria, Las Caletillas, Araya und Cuevecitas wie Balkone über dem Atlantik zu schweben. Von hier ist es nicht weit nach Güimar. Ein im gleichnamigen Tal gelegenes Dorf mit der kleinen Kirche San Pedro Apóstel, weißgetünchten Hauswänden und zauberhaftem Hauptplatz. Vom Mirador de Don Martin genießt man einen schönen Rundblick über das Tal mit seinen kargen Vulkanfeldern und grünen Gemüsegärten. Im Süden zur Küste hin gelangt man nach Puerto de Güimar, und man passiert zwei wunderbar konisch geformte Vulkane, die noch ganz natürliche Pflanzengesellschaften besitzen; die Montaña Grande de Güimar. Hier wachsen sehenswerte Bestände von *Euphorbia regis-jubae* und *Plocama pendula* auf den sonnenexponierten Vulkanhängen, die auf den Schattenhängen von *Euphorbia canariensis* und *Periploca laevigata*-Cardonales abgelöst werden. Im Krater der Montaña Grande bietet sich das gleiche Bild, jedoch wächst hier auf den Sonnenseiten *Euphorbia balsamifera*. Weiter südlich zum Hafen hin kann man in den Malpaises von Güimar hervorragend die natürliche Vegetationsfolge vom salzbesprühten Litoral mit *Astydamia latifolia* zu den oligohalinen *Euphorbia balsamifera*-tabaibal dulce mit schönen *Ceropegia fusca*-Exemplaren (*Ceropegio fuscae-Euphorbietum balsamiferae*) bis hin zu den großflächigen Cardonales vom Typ des *Periploco laevigatae-Euphorbietum canariensis* studieren (Abb. 146).

Lohnenswert ist auch ein Ausflug in die Ladera von Güimar, wo man oberhalb des Ortes auf schwierigem Weg das Valle de Güimar emporsteigt, bis man auf große *Arbutus canariensis*-Bestände trifft, die einen Monteverde seco kennzeichnen vom Typ des *Visneo-Arbutetum canariensis*. Am Fondo del Barranco del Agna greift der Lorbeerwald sogar auf die Südseite der Insel über, hier liegt fast immer die Passatwolke, die für die

notwendige Feuchtigkeit sorgt, um hier neben *Arbutus canariensis* und *Visnaea mocanera* auch Bestände von *Persea indica* zu ermöglichen.

Weiter geht es nach El Médano und zur Montaña Roja:
Trotz des Touristenansturms auf die ganze Insel ist es im Fischerdorf El Médano noch relativ ruhig. Hier gibt es aber das größte natürliche Sandstrandgebiet der Insel, wo sich aus mürben, rötlich-gelben Ignimbriten entsprechende Dünenfelder (El Médano = die Düne) im Wechsel mit Lavasteilküsten gebildet haben. Zwischen dem Ort El Médano und der Montaña Roja (171 m), einem vulkanischen Schlackenkegel, liegt die etwa 50 m breite Playa del Médano, ein beliebter Treffpunkt für Surfer. Zum Baden eignet sich besser die nicht so windige, 200 m breite Playa de la Tejita jenseits der Punta Roja, wo derzeit eine neue Infrastruktur für Campingplätze und Ferienhäuser geschaffen wird.

An der Südküste zwischen El Médano und der Montaña Roja (Abb. 273), wo man auf ein trockenheißes Klima trifft (<100 mm Niederschläge pro Jahr), findet man auf dem Sand und den durch Kalk verfestigten Tuffschichten (Tosca-Schichten, Abb. 262) eine Halbwüstenvegetation mit *Launea arborescens*, einem dornig-stacheligen Kugelbusch, *Traganum moquinii* auf den Primärdünen und dem salzanzeigenden *Zygophyllum fontanesii* als auffallenden Arten. Die Verteilung und Häufigkeit der Arten im Relief zeigt sogar eine Art „*Wadi*“-Vegetation. Am Aufstieg zum Montaña Roja, ist der Beginn einer lockeren Sukkulentenbuschformation aus *Euphorbia balsamifera* zu beobachten.

Abb. 274 Paisaje Lunar mit Erdpyramiden.

Von hier aus geht die Fahrt nach Vilaflor. Das höchst gelegene Dorf der Kanaren liegt 1400 m über dem Meeresspiegel. Es grenzt unmittelbar an die untere Kiefernwaldstufe, wo am Ortsrand aus lichten Beständen einige ungewöhnlich mächtige Bäume herausragen. Hier steht die mächtigste Kiefer Teneriffas an der Casa Forestal. Sie ist fast 60 m hoch und hat einen Stammumfang von 8 m (Abb. 204). Die malerische Pfarrkirche am oberen Ortsrand San Pedro Apóstol verdankt ihre Gründung 1550 der Familie Solder, die mit Zuckermühlen zu Ansehen und Reichtum gelangte. Sie prägte den Ortskern mit den schönen Portikusfassaden an den Wohnhäusern und den Gurtbögen an der Kirche, die ihr Familienemblem zeigen. Hier steht auch das Geburtshaus von Hermano Pedro de San José de Bethancourt (1626–1667), der als Franziskanermönch nach Guatemala ging, dort viel Gutes für die Menschen geleistet hat und deshalb in der Kathedrale San Francisco el Grande begraben liegt; sein Grab wird seither von Millionen von Pilgern besucht, und Papst JOHANNES PAUL II. hat ihn am 30. Juli 2002 in Guatemala-City heiliggesprochen. Seine Gebetsgrotte bei El Médano und das Bethlemiten-Kloster in Vilaflor, wo sein Andenken bewahrt wird, sind ebenfalls Ziel zahlreicher Pilger.

Den an den Sukkulentenbusch anschließenden Kanarenkiefernwald, in der trockengemäßigten Klimazone bis zur Untergrenze der Passatwolke gelegen, mit seinen Charakterarten neben *Pinus canariensis* und den Unterschieden im Aufbau zwischen der feuchteren Nordseite (800 bis 1000 mm pro Jahr) und der trockeneren Südseite (500–800 mm pro Jahr), zeigt sich am besten am Nordabfall des Volcán Negro und bei der Auffahrt zur Caldera oberhalb von Vilaflor. Der Pinar de Vilaflor ist noch sehr naturnah: hier sind offene Waldtypen mit viel *Chamaecytisus proliferus* ssp. *angustifolius* im Unterwuchs, die als Regenerationsstadien jüngerer Bestände angesehen werden können. In der Nähe der Kraterwände der Cañadas sind an unzugänglichen Stellen noch Kanarenzedern (*Juniperus cedrus*) am Aufbau der Pinares beteiligt. An den basaltischen und phonolithischen Felswänden wächst oft *Aeonium smithii*. Ähnlich eindrucksvoll ist eine Wanderung von Vilaflor zu den Felspyramiden der Paisaje Lunar (Abb. 274).

Abb. 275 **Barranco del Infierno bei Adeje mit permanentem Wasserfall.**

Den Abschluss unserer Rundfahrt bildet der Barranco del Infierno bei Adeje:
Schon LEOPOLD V. BUCH (1825) beschrieb diesen Barranco *„den Botanikern wie den Geologen gleich sehr zu empfehlen“*. Er führt durch schöne Cardonales und thermophile Buschwälder mit viel *Convolvulus floridus* und *Hypericum canariense*. Etwa zwei Stunden Fußmarsch benötigt man von Adeje bis zum Ende dieser *„Höllenschlucht“* für eine Wanderung durch diesen Barranco, der umso tiefer und enger wird, je weiter man in die gewaltige, in ihren geologischen Schichten und vulkanischen Strukturen gut aufgeschlossene Erosionsspalte eindringt. Mehr als 300 m stürzen die Felswände am Schluss des Barrancos jäh hinab, kommen seitlich bedrohlich sehr nahe und hängen gelegentlich sogar über. Langsam weicht hier, wo kein Sonnenstrahl mehr hingelangt, die Vegetation des Sukkulentenbusches dem Kanarischen Weidenbusch (*Salicetum canariensis*), und es dominieren die Pflanzen feuchterer Standorte, unter denen auch Lokalendemiten wie *Sideritis infernalis* nicht feh-

len. Am Ende der Wanderung steht man vor einem Katarakt: Aus etwa 80 m Höhe stürzt über mehrere Stufen das Wasser in die Tiefe. Es ist der einzige permanente Wasserfall der Insel, und er bildet zu jeder Jahreszeit ein für die Kanaren sehr fremdartiges Bild (Abb. 275).

La Palma

Die „Grüne Insel", die „Isla Verde" am westlichen Rand ist eine der einzigartigsten des Kanarischen Archipels. Blauen Postkartenhimmel gibt es natürlich auch, aber nicht das gesamte Jahr über. Gerade in den Wintermonaten schiebt hier der Passat mächtige Wolkenbänke zusammen mit ausgiebigen Niederschlägen in der Folge – von irgendwo muss das üppige Grün ja herkommen. Was macht denn den Reiz der Insel aus? Auf engstem Raum wechseln tief eingeschnittene Schluchten und Täler im alten Inselkern mit seinen zerrissenen Gebirgen. Es gibt Reste tertiärer Lorbeer- und Kiefernwälder, dazu die allgegenwärtigen archaisch anmutenden Drachenbäume, und im feuchten Norden wachsen an den Hängen der tiefeingeschnittenen Barrancos Fayales und Lorbeerwald mit überdimensionalen *Woodwardia*-Farnen (Abb. 173).

Aber die 47 mal maximal 29 km große vulkanische Insel La Palma ist jederzeit für eine Überraschung gut. Schon wenn man sich ihr beim Anflug nähert, gerät das Klischeebild von „den Kanaren" als klassischem Strandurlauberziel ins Wanken. Unvermutet taucht das tropfenförmige Eiland im tiefblauen Atlantik auf mit seinen rötlich-schwarz schimmernden Felswänden, die steil ins Meer abfallen. Weiß sind nur die Passatwolken, die den mit stattlichen 2426 m höchsten Gipfel des Roque de los Muchachos umspielen.

Die Gestalt eines Keils, dessen Spitze nach Süden gerichtet ist, prägt den Umriss von La Palma. Den ganzen geologisch älteren, nördlichen Teil der Insel nimmt eine mächtige vulkanische Kuppel ein, in deren Zentrum die gewaltige, steilhangige Caldera de Taburiente ausgeräumt ist. Wo der Barranco de las Angustias diese nach Westen entwässert, erhebt sich eine nach außen abfallende Umwallung, die mit dem Roque de los Muchachos (2443 m) den Kulminationspunkt der Insel trägt, von radialen Barrancos tief zerschnitten. Die Caldera de Taburiente, die lange Zeit als Locus typicus einer vulkanisch ausgesprengten oder eingebrochenen Hohlform galt, ist eine von engen Schluchten durchsägte, hauptsächlich durch Abtragung entstandene Talweitung riesigen Ausmaßes.

Nach Süden schließt sich an den Kesselrand ein langgestreckter Rücken an, dem eine Reihe von jüngeren Vulkanen aufgesetzt sind. Der nördliche Abschnitt, als Cumbre Nueva bekannt, erreicht 1435 m Höhe. Die südliche Fortsetzung, Cumbre Vieja, hat ihre größte Erhebung bei 1950 m, sie ist paradoxerweise die jüngere von beiden (Abb. 21). Die sanften Abdachungen dieses Rückens sind weitaus weniger stark und tief zertalt als die gewaltige Vulkankuppel des älteren Nordens. Die Insel wird beinahe durchgehend von felsigen Steilküsten gesäumt.

La Palma entpuppt sich als Kontinent im Kleinen, mit dichtem Monteverde und ausgedehnten Pinares, Baumheiden und eigenwilliger Kulturlandschaft im Norden; mit karger, heißer Mondlandschaft weiter südlich, entstanden nach gewaltigen Vulkanausbrüchen, und mit kleinen Dörfern, in denen die Zigarren noch in ähnlich mühsamer Handarbeit hergestellt werden wie anderswo die Naturseide aus den Kokons der Raupen. Noch heute gibt es folkloristisch und touristisch vermarktete Reste einer ehemals weit verbreiteten Seidenfabrikation. El Paso ist der einzige Ort der Kanaren, wo noch immer Seidenraupen gezüchtet werden. In Heimarbeit hergestellte Stoffe aus El Paso-Seide sind noch heute begehrt.

Aufgrund des großen Wasserreichtums der Insel und der daraus möglichen intensiven landwirtschaftlichen Nutzung der Böden vor allem im Nordteil der Insel entwickelte sich die Inselhauptstadt Santa Cruz de la Palma nach ihrer Begründung 1493 sehr schnell zur blühendsten Stadt des Archipels. Ihre prächtigen Patrizierpaläste erinnern an jene Zeit um 1600, als der Hafen von Santa Cruz noch zu den bedeutendsten Anlegestellen auf dem Weg von Europa nach Amerika zählte. Schon 1502 errichtete man in Tazacorte und Los Sauces Rohrzuckermühlen; damit wurde La Palma neben Teneriffa berühmt als „Zuckerinsel“ für den europäischen Markt. Frühzeitig wurden auch die bekannten Malvasier-Trauben eingeführt und brachten den Weinanbau zum Erblühen. In der Ägide des habsburgischen Kaisers KARL V. florierte der Handel mit Flandern: Tuchweberei und Spitzenherstellung wurden auf La Palma verfeinert und weiterentwickelt. In dieser Zeit der Handelsbeziehungen kamen zahlreiche nichtspanische Zuwanderer und Kaufleute auf die Insel, die oftmals ihre Familiennamen hispanisierten und eine wohlhabende Bürgerschaft etablierten. Diese wirtschaftliche Bedeutung war auch das Verhängnis der Stadt: im Jahre 1553 wurde sie von französischen Seeräubern geplündert und zerstört, jedoch in kurzer Zeit danach wieder neu errichtet. So beschreibt Willy KERL (1990) die Entwicklung: „Hatte Santa Cruz de la Palma bereits vor seiner Zerstörung neben Sevilla und Antwerpen zu den drei einzigen Städten des Reiches gehört, denen von KARL V. das alleinige Recht zum Handel mit den neuentdeckten „indischen“ Gebieten verliehen worden war, so erlangte die schnell wieder aufblühende Stadt nun auch administrativ den ersten Platz unter den kanarischen Städten. Nachdem im Jahr 1558 das oberste Gericht für die spanischen Kolonien in Amerika auf der Insel La Palma seinen Dienstsitz errichtet hatte, bestimmte 1546 ein Dekret PHILIPPS II., dass sich nun auch alle nach Amerika fahrenden Schiffe in Santa Cruz de la Palma registrieren zu lassen hätten, weil die Insel die wirtschaftlich bedeutendste sei.“ Als Zuckerrohr und Weinbau ihre große Bedeutung verloren, schwand auch der Einfluss von La Palma zugunsten der größeren und bevölkerungsreichen Inseln Teneriffa und Gran Canaria.

Abb. 276 **Plaza de España in Santa Cruz de La Palma mit dem Eingangsportal der Kirche *„El Salvador“*.**

Liebe auf den zweiten Blick

Noch heute kommen die Kreuzfahrtschiffe nach La Palma – nicht zuletzt, um den ehemaligen Reichtum der Hauptstadt mit den schönen kanarischen Häuserfronten, den Patios, den Innenhöfen, dem Rathaus und der mächtigen Pfarrkirche „El Salvador“ an der Plaza de España (Abb. 276) zu bestaunen.

Beim zweiten Blick fällt auf, wie grün die Insel ist. Dunkel die dichten Kiefernwälder im Norden, hell die ausgedehnten Bananenplantagen im Osten und Süden. Den Beinamen „Isla Verde“ (grüne Insel) trägt sie ganz offenbar zu Recht, wie die Palmeros zu sagen pflegen.

Von hier aus startet man am besten eine Inselrundfahrt:

Vom Parkplatz des Unesco-Biosphärenreservats „Los Tilos“ im Norden kann man leicht in den einzigartigen Lorbeerwald gelangen; besonders eindrucksvoll ist eine Wanderung durch das steinige Bett des immerfeuchten „Barranco de los Aquas“. Hier wachsen noch eindrucksvolle Bestände des *Lauro-Perseetum indicae* im Komplex mit Baumheiden vom Typ des *Myrico fayae-Ericetum* (s. auch Abb. 173).

Archaisch mutet der wahrscheinlich gepflanzte, große Drachenbaumhain von La Tosca nahe Barlovento an. Hier, fast 600 m hoch, am niederschlagsreichsten Ort von La Palma, beginnt eine der ursprünglichsten Regionen der Insel – mit Weilern wie Gallegos, Franceses, Tablado und Don Pedro, in denen die Zeit stehengeblieben zu sein scheint. Felszeichnungen zeugen davon, dass die waldreiche Gegend in vorspanischer Zeit ein bevorzugter Siedlungsplatz der Ureinwohner war. Die meisten Petroglyphen wurden in der Gegend von Garafía entdeckt – Spiralmuster und mäandernde Linien, die noch ihrer Deutung harren.

Besonders eindrucksvoll bietet sich die Kulturlandschaft um das 600 m hoch gelegene Dorf Puntagorda im Nordwesten der Insel dar. Besonders schön ist es hier im Winter, wenn Ende Januar oberhalb der grünen Felder und Weiden die blühenden Mandelbäume die Gegend beherrschen (Abb. 277).

Lieblicher ist die Insel im Westen – dank der ausgedehnten Mandelbaumkulturen zwischen Las Tricias und Tijarafe. Hier fährt man durch Kulturlandschaften, die offenbar aus ehemaligen thermophilen Buschwäldern oder trockenen Monteverde-Wäldern hervorgegangen sind. *Juniperus turbinata* ssp. *canariensis* und *Arbutus canariensis* finden sich nur noch sehr selten an unzugänglichen steilen Felsen und Berghängen inmitten heutiger Kulturflächen oder *Cistus monspeliensis*-Garrigues.

Abb. 277 **Blühende Mandelbäume beherrschen in den Wintermonaten Januar und Februar den Nordwesten von La Palma.**

Einige steile Felsen sind botanisch jedoch sehr interessant: hier fallen die endemischen Semperviven *Aeonium palmense*, *A. nobile* und *Greenovia diplocycla* in meist großen Beständen direkt ins Auge (Abb. 224). Weiter südlich, auf der Felskuppe „Mirador el Time", öffnet sich der Blick auf das zersiedelte „Valle de Aridane", ein sanft abfallendes Hangtal, dessen Zentrum Los Llanos ist. Die heimliche Hauptstadt von La Palma, auf der „Sonnenseite" der Insel, beginnt Santa Cruz den Rang abzulaufen. Breite Alleen geben dem Ort ein modernes Gepräge, die von Indischem Lorbeer bestandene Plaza de España und die benachbarte Plaza Chica sind seine idyllischen Ecken.

Die größte Sehenswürdigkeit aber liegt genau im Zentrum in der Insel: Die auf S. 217 beschriebene „Caldera de Taburiente", von Kennern nicht zu Unrecht als eines der schönsten Wandergebiete auf den Kanaren geschätzt. Den ultimativen Überblick aber liefert der Roque de los Muchachos (2426 m): Zu diesem höchsten Gipfel der Insel, an dem die Kuppeln der Observatorien stehen, gelangt man über die Serpentinenstraße von Santa Cruz nach Garafía (s. Abb. 210). Die Fahrtstraße hinauf führt durch die riesigen Kiefernwälder der Insel, die pflanzensoziologisch der endemischen Gesellschaft *Loto hillebrandii-Pinetum canariensis* zugeordnet werden. Sie beginnen auch hier oberhalb der Lorbeerwaldstufe und enden auf den Höhen der Caldera. Dort beginnt die La Palma-Ginsterstufe mit *Adenocarpus spartioides* und *Genista benehoavensis*. Dieser „Coldeso de la Cumbre", das *Genisto benehoavensis-Adenocarpetum* vikariiert zum „Retamar del Cumbre" von Teneriffa, dem *Spartocytisetum nubigeni*. Vereinzelte

Spartocytisus supranubius-Büsche wachsen auch hier, ebenso *Eryngium scoparium*. Anstelle des Teide-Veilchens finden sich auf den höchsten Piks der Caldera einzelne Individuen von *Viola palmensis*.

Bereits seit Jahren zieht der Nationalpark eine wachsende Gemeinde naturverbundener Wanderer an. Der vielleicht schönste Einstieg in den Krater führt über Los Brecitos auf einem von der Forstbehörde hervorragend präparierten und gefahrlosen Weg, der sich sanft abfallend durch eine von Kiefernwäldern vom Typ des *Loto hillebrandii-Pinetum* bestandene lichte Parklandschaft abwärts windet – bis auf den Grund, wo man förmlich von steil hochschießenden Bergriesen umzingelt ist. Inmitten des bewaldeten Kessels, unter würzig duftenden langnadeligen Kiefern, stehen rustikale Picknickbänke. Die Stille wird lediglich von einem plätschernden Gebirgsbach durchbrochen, Wasserlöcher erlauben sogar ein erfrischendes Bad. Von Los Llanos erreicht man in 20 Minuten das Besucherzentrum des Nationalparks Caldera de Taburiente. Jeeptaxis bringen die Wanderer von dort hinauf bis zum Parkplatz von Los Brecitos; hier beginnt der etwa zweistündige Abstieg in den Kessel, den man anschließend durch den „Barranco de las Angustias“ wieder verlassen kann. Einblick in die Caldera bietet sich auch von der „Cumbrecita“ aus, dem mit 1309 m niedrigsten – und bequem zu erreichenden – Ort des Kesselrands.

Auf La Palma und Teneriffa sind die Sterne zum Greifen nah

Schon seit Ende des 19. Jahrhunderts galt Teneriffa als günstiger Standort für Sonnenbeobachtungen. Im Höhenbereich von 1500 bis 1900 m kommt es hier wie auf La Palma durch den Nord-Ost-Passat und den entsprechenden Anti-Passat sehr häufig zur Bildung einer Inversionsschicht. Diese gleichmäßig dichte Wolkendecke blockt das Aufsteigen der am Boden erwärmten turbulenten Luft ab. Über dieser Schicht weht meist ein starker Nord- bis Nordwestwind, der die erhitzte Luft wegbläst, die das optische Bild stört. So werden über längere Zeiträume hinweg scharfe Sonnenbilder ermöglicht. Ähnlich gute Beobachtungsbedingungen bieten sich weltweit nur noch auf Hawai'i, in Kalifornien, Chile und Südwestafrika. Mit Gesetzen gegen „Lichtverschmutzung“ sorgt die hiesige Inselregierung dafür, dass keine grellen Leuchtreklamen oder himmelwärts abstrahlende Straßenlaternen das Funkeln der Sterne trüben.

Nach einer umfangreichen Testkampagne entschieden sich die europäischen Wissenschaftler Ende 1979 erstmals für Teneriffa als Standort der neuen deutschen Sonnenteleskope. Das „Observatorio del Teide“, in etwa 2400 m Höhe auf einem flachen Nebengipfel des Pico del Teide (3717 m) im Izaña-Gebiet gelegen, hatte sich im Test für Sonnenbeobachtungen bewährt.

Am 28. und 29. Juni 1985 wurden dann aber zusätzlich auf Teneriffa und La Palma in Anwesenheit zahlreicher Staatsoberhäupter aus Europa neue internationale Observatorien der Sonnen- und Astrophysik feierlich

Abb. 278 Am 28. und 29. Juni 1985 wurden auf Teneriffa und La Palma in Anwesenheit zahlreicher Staatsoberhäupter neue Observatorien der Sonnen- und Astrophysik feierlich eingeweiht. Am Roque de los Muchachos auf La Palma begrüßte König JUAN CARLOS I. von Spanien die Repräsentanten von sechs europäischen Staaten.

eingeweiht (Abb. 278 und Mitteilungen der DFG 1985). Die Grundlagenforschung feierte ein einmaliges, heiteres Fest.

Das Szenario hatte etwas Unwirkliches, Weltentrücktes. Hoch über den Wolken, in der faszinierenden Vulkanlandschaft des Roque des los Muchachos in 2400 m Höhe auf La Palma hielten sechs Staatsoberhäupter, darunter vier Könige, Hof (Abb. 278). „Thronsaal" war ein weißer offener Pavillon mit Baldachindach, an den Seiten begrenzt von großen Spiegeln in Sonnen- und Sternenmotiven. Das „Volk", darunter Hunderte von Wissenschaftlern aus vielen Ländern, hatte in einem improvisierten Amphitheater gegenüber dem Pavillon Platz genommen. Aus überdimensionalen Lautsprechern erklang eigens für den Anlass von CARMEN HERNANDEZ komponierte Sphärenmusik; neben den Nationalflaggen standen zahlreiche eigenwillige „Banderas de Cosmos" – Fahnen des Weltalls, entworfen von CÉSAR MANRIQUE – kerzengerade im Wind der Bergregion. Diese Flaggen mit ihren symbolischen Motiven der Sonne, Sterne, Magnetfelder und Umlaufbahnen deuteten an, worum es hier ging. Hof (KÖNIG JUAN CARLOS I. und KÖNIGIN SOFIA von Spanien, KÖNIG CARL XVI. GUSTAF und KÖNIGIN SILVIA von Schweden, KÖNIGIN MARGARETHE von Dänemark, KÖNIGIN BEATRIX von Holland, der DUKE OF GLOUCESTER in Vertretung der britischen Königin, Bundespräsident RICHARD VON WEIZSÄCKER sowie der irische Staatspräsident PATRICK HILLERY) und Hofstaat hatten sich zu Ehren der Wissenschaft versammelt: Die neuen internationalen Observatorien für Sonnen- und Astrophysik auf Teneriffa und La Palma wurden feierlich ihrer Bestimmung übergeben. Die in unser heutiges 21. Jahrhundert ausgreifende Astrophysik geehrt vom höfischen Protokoll – wo und wann hat es ein solches Fest für die Wissenschaft schon einmal gegeben?

Die beiden unterschiedlich konstruierten Kanaren-Teleskope ergänzen sich in ihren Beobachtungsmöglichkeiten: Das Gregory-Teleskop folgt der scheinbaren täglichen Bewegung der Sonne am Himmel, der Strahl wird dann in der Drehachse so ausgelenkt, dass alle nachgeschalteten Instrumente wie der Spektrograph fest montiert sein können. Beim Vakuum-Turm-Teleskop hingegen wird das Sonnenlicht durch ein Spie-

Abb. 279 **Über den Wolken sind auf La Palma die Kanaren-Teleskope (Detail links) und auf Teneriffa das „Observatorio del Teide“ (Detail Mitte) als Sonnenteleskope errichtet. Die kanarischen Farben „Blau-Weiß-Gelb“ bestimmen das Bild, wozu *Spartocytisus supranubius* und *Descurainia bourgeauana* beitragen (Detail rechts).**

gelsystem in einen senkrecht im Turm installierten Tubus von 2,5 m Durchmesser bei einer Eingangsöffnung von 60 cm geworfen. Da der am Boden dieses hoch evakuierten Tubus liegende Hauptspiegel eine Brennweite von 46 m hat, muss der Strahl noch einmal durch Umlenkspiegel „gefaltet“ werden, ehe er in den bis 16 m unter die Erdoberfläche reichenden Spektrographen oder horizontal in die drei Laboratorien geleitet werden kann. So können kleinste Strukturen an der Sonnenoberfläche sichtbar gemacht werden; große Gebiete in hochauflösenden Spektren werden untersucht.

Strahlend zeigt sich in dieser Höhe also nicht nur das Objekt aller Bemühungen, die Sonne, sondern die kanarischen Farben (Blau-Weiß-Gelb) bestimmen noch immer das Bild: in den Farben der Vegetation; aber auch der wolkenlose Himmel, die zur Hitzeabstrahlung mit Titanoxid weiß gestrichenen Türme der Teleskope und der gelb blühende Ginster fügen sich ein (Abb. 279).

Auf dem Weg in den Süden

Überall in Küstennähe sieht man die Tabaibales mit *Euphorbia balsamifera*, die in der Zone „unter den Wolken“ in Küstennähe rings um die Insel wachsen, nur nicht auf den jungen Lavazungen der letzten Jahrhunderte oder Jahrzehnte. Sie bilden einen La Palma-endemischen „tabaibal dulce“, das *Echio breviramis-Euphorbietum balsamiferae*. Die Zone der „Cardonales“ oberhalb ist jedoch nur unvollständig erhalten: Landwirtschaft und Siedlungen haben vor allem dazu beigetragen. So sind *Euphorbia canariensis*-Bestände heute ziemlich selten, und nennenswerte Cardonales gibt es noch bei Martin Luis und im Barranco Seco von Puntallana sowie im Barranco del Humo in der Region Breña Alta zu besichtigen. Vielfach bevorzugen monodominante Bestände von *Euphorbia regis-jubae* das potentielle Areal des palmerischen *Euphorbietum canariensis* (Santos 1993, Del Arco et al. 1999).

Abb. 280 Gomera ist durch tiefe, strahlenförmige Barrancos zerteilt.

Die Straße von Los Llanos nach El Paso nach Süden durchschneidet bei Las Manchas hoch aufgetürmte, spröde Lavamassen. Hier hatten die Ausbrüche dreier Vulkane (der 1900 m hohe Hoyo Negro, der 1700 m hohe Duraznero und der 808 m hohe Birigoyo) im Jahre 1949 schwere Verwüstungen angerichtet. Die Lavaströme gingen bei Puerto de Naos ins Meer. Weiter südwärts erreicht man Fuencaliente. Die Gemeinde Fuencaliente, d. h. „Heiße Quelle“ – welche allerdings im Jahre 1677 durch einen Vulkanausbruch verschüttet wurde, umfasst den Südzipfel der Insel.

Hier bildet der südlich vom Ortszentrum gelegene, fast kreisrunde Vulkan San Antonio das Wahrzeichen der südlichen Inselhälfte. Von seinem 650 m hohen, nahezu ebenmäßigen Rand blickt man in den etwa 50 m tiefen Krater. Dort wächst am Kraterboden aufgrund der lokalen günstigen Feuchtigkeitsbedingungen eine stattliche Population von *Pinus canariensis* (Abb. 203). Im Süden schließt sich das jüngste Vulkangebiet der Kanaren an: der im Jahre 1971 durch wochenlang anhaltende Eruptionen entstandene Teneguia-Vulkan, dessen Lava-, Lapilli- und Aschemassen bis heute noch nicht bewachsen sind. Nur erste *Astydamia latifolia*-Bestände dringen hierher vor (Abb. 142).

La Gomera

Bei 378 km² Flächengröße zeigt Gomera einen fast kreisrunden, nur im Nordosten abgeflachten Grundriss. Die Insel steigt mit durchweg felsigen Steilküsten aus dem Meer. Ihre Flanken sind durch tief eingerissene, strahlenförmig verlaufende Barrancos zerschluchtet. Das über 1000 m hoch gelegene Inselinnere besitzt dagegen ein ausgesprochen flaches Relief. Die dort ausgebildeten muldenförmigen Täler brechen mit jähen Steilhängen, über die in der winterlichen Regenzeit Wasserfälle hinabstürzen, in die tiefen Barrancos ab, deren Öffnungen gegen das Meer wiederum die einzigen Eintrittspforten der Insel bilden.

Wie ein einziger großer Vulkankegel ragt die Kanareninsel La Gomera aus dem Atlantik (Abb. 280). Von der Küste zur Hochebene mit ihrer

Abb. 281 **Blick von Agulo im Norden Gomeras nach Teneriffa; der Pik des Teide im Hintergrund.**

höchsten Erhebung, dem Garajonay, führen Wege durch zerklüftete Schluchten. Von oben schaut man über das Meer auf die Nachbarinseln La Palma, El Hierro und den Vulkankegel des Teide auf Teneriffa (Abb. 281).

Vor 40 Mio. Jahren begann der tektonische Aufbau der Insel am Meeresgrund. Vor etwa 12 Mio. Jahren war der Bau der Insel beendet. Erosion vollendete das Kunstwerk; reißende Bäche haben insgesamt 53 Barrancos geschaffen, was an Gesteinen weich war, wurde erodiert, was hart war, blieb als schroffe Felsen und Klippen zurück, unterbrochen von tiefgründigen und fruchtbaren Ackerflächen, die vielerorts kunstvoll in regelrechte Terrassenkaskaden verwandelt worden sind (Abb. 281). Sie ist die einzige der großen Kanaren ohne auffälligen quartären Vulkanismus. Es gibt also keine Lavaströme, keine Vulkankegel, keine Ascheflächen, Strand gibt es auf der Felseninsel Gomera kaum, der schwarze Sand, der im Sommer an einigen Stellen liegt, wird im Winter weggeschwemmt. Wer einen reinen Badeurlaub verleben möchte, ist auf der kleinen Schwester von Teneriffa am falschen Platz. Zu entdecken gibt es dennoch viel: Wuchtige Felsformationen in Ocker, Rot und Schwarz, tief eingeschnittene Schluchten, Palmen, Papayabäume, Kanarenkiefern sowie die Stille auf der Fortaleza, einem Tafelberg, auf dem die Ureinwohner der Kanaren mit den Göttern Verbindung aufnahmen. Hier beherrschen Acebuchales mit *Olea europaea* ssp. *guanchica* und Brezales aus *Erica arborea* das Vegetationsbild unterhalb der Steilwände, die wiederum einen speziellen Endemitenreichtum zeigen mit *Cheirolophus satarataënsis* und *Limonium oedivivum*.

Abb. 282 **Vallehermoso mit den mächtigen Phonolithen Roque Cano im Hintergrund.**

Abb. 283 **Roque Agando im Nationalpark Garajonay.**

Abb. 284 **„Los Órganos“ an der Nordküste von La Gomera sind sehr alte plutonische Gesteine aus dem Basalkomplex der Insel, ein ehemaliger Vulkanschlot (piton) mit regelmäßig angeordneten Säulen.**

Zu den wichtigsten magmatischen Erstarrungsformen auf La Gomera gehören tausende vulkanischer Spaltenfüllungen, die Diques, welche manchmal sogar mehrere Kilometer lang als Gangmauern sichtbar sind. Die so genannten Roques und Fortalezas, als phonolithische Felsen (z. B. Roque del Cano mit 646 m oberhalb der Ortschaft Vallehermoso, Abb. 282) markante Strukturen bilden. Diese fast nur auf der nördlichen Inselhälfte verbreiteten Monolithen sind seit dem Quartär durch Abtragung freigelegt. Auch der zuckerhutförmige Roque de Agando (1246 m) im Nationalpark Garajonay ist eine solche phonolithische Schlotfüllung und zugleich der höchste und wichtigste Phonolith auf Gomera (Abb. 283). Hier wachsen die einzigen natürlichen Vorkommen von *Pinus canariensis* auf der Insel an Felshängen, und die lokalen Endemiten *Echium acanthocarpum* und *Senecio hermosae* runden das Bild dieser einzigartigen „Zuckerhut-Landschaft“ ab.

Die Fortalezas sind großflächige, freigelegte Schlotfüllungen, besonders gut zu sehen im

Süden der Insel beim nahe der Ortschaft Chipude gelegenen gleichnamigen Berg La Fortaleza (1234 m), der festungsartig seine Umgebung überragt. In seiner Nähe wachsen die einzigen Drachenbäume der Insel.

Die mehrere Dutzend Meter hohen sechseckigen Basaltsäulen Los Organos an der Nordküste sind eine Attraktion für Touristen (Abb. 284). Dieses Lava-Ergussgestein mit seinen auffallend geordnetem Muster entstand, als die Lava zu Säulen mit regelmäßigen Formen von Polygonen erstarrte. Basaltsäulen kommen in vielen ehemals vulkanischen Gebieten der Erde vor. Die auf Gomera nun vom Meer umspülte Oberfläche sieht aus wie ein regelmäßiges Muster von Pflastersteinen. Die meisten Basaltsäulen haben den Querschnitt von gleichseitigen Sechsecken, gelegentlich kommen auch Fünfecke vor. Viel seltener sind dagegen Sieben- oder Achtecke. Wegen dieser Formenvielfalt hatten die Geologen schon lange vermutet, dass das Entstehen der Säulen nichts mit der Kristallisation des Gesteins zu tun haben kann. Dieser Vorgang würde nämlich ein einheitliches Muster liefern. Vielmehr sind die Säulen eine Folge der Abkühlung des Ergussgesteins. Wie bei fast allen Materialien ist bei Basalt die Abkühlung mit einer Verkleinerung des Volumens verbunden. Deshalb zieht sich auch erkaltende basaltische Lava ein wenig zusammen, und dabei kommt es zu Rissen in der Oberfläche. Allerdings ist der Vorgang bisher nur selten direkt beobachtet worden. Eine Ausnahme bildet das Abkühlen von Lavaseen am Kilauea-Vulkan auf Hawai'i. Warum die Säulen die regelmäßigen Formen von Polygonen annehmen, liegt offenbar daran, dass die heiße Lava bei der Bildung von Basalt aufgrund der Wasserverluste bei der Abkühlung solche hexagonalen Säulen entstehen lässt: Beim Abkühlen basaltischer Lava diffundiert Wärme zur kühleren Oberfläche und wird dort abgestrahlt. Dass die Säulen in den meisten Fällen den Querschnitt von gleichseitigen Sechsecken annehmen, wird damit erklärt, dass zur Erzeugung dieser Form die minimale Bruchenergie notwendig ist. Andere Polygone kommen nur vor, wenn die Gleichmäßigkeit der Austrocknung gestört ist.

Von Los Cristianos im Süden von Teneriffa geht das Boot nach San Sebastián de La Gomera, eine Überfahrt, die Welten überbrückt: Auf der Nachbarinsel wirkt alles ein paar Nummern kleiner als auf Teneriffa. Die gomerische Inselhauptstadt hat weder Hochhäuser noch Verkehrsprobleme, selbst einer Ampel bedarf es bislang nicht. Allerdings gibt es auch nicht viel zu sehen in San Sebastián, wenngleich sich die Stadt Mühe gibt, touristisches Kapital daraus zu schlagen, dass Christoph Kolumbus hier angeblich auf seiner Entdeckungsreise in die Neue Welt die Wasservorräte aufgefrischt hat. Am Brunnen des ehemaligen Zollgebäudes wird daran erinnert: dort kann man die Inschrift lesen: „*Con esta agua se bautizó América* – Mit diesem Wasser wurde Amerika getauft." In der Casa Colón soll der Entdecker abgestiegen sein und in der Pfarrkirche de la Asunción die Messe besucht haben. Wen wundert's da, dass sich La Gomera neuerdings mit dem Beinamen „Isla Colombina" schmückt. 1492 kam Christoph Kolumbus mit seinen 87 Mann und drei Schiffen zum Wassertanken hier auf seiner Fahrt in das unbekannte Indien. Drei Tage waren geplant; 36 Tage jedoch hat sein Aufenthalt auf der Insel gedauert. Der Grund soll eine Lovestory mit der Beatrice von Bobadilla gewesen sein. Wohlversorgt mit Wasser und Nahrungsmitteln brach der Colon mit seinen Schiffen Santa Maria, Pinta und Niña nach Amerika auf. Der Torre del Conde am Hafen von San Sebastián (Abb. 285) galt fortan als Zwischenlager für Silber- und Goldlieferungen aus den spanischen Kolonien. Von San Sebastián führt die Carretera del Norte über Hermigua nach Agulo, ganz gewiss eines der schönsten Dörfer der Kanaren (Abb. 281): Die Gassen sind gepflastert, die alten Steinhäuser tragen Holzbalkone, und die Pfarrkirche San Marcos beeindruckt durch ihre maurisch inspirierten Kuppeldächer.

Die zweitkleinste Kanaren-Insel wirkt wie erfunden für Wanderungen. Ein kreisrunder, schroffer Felsklotz, radial tief zerfurcht durch Barrancos. Die grüne Insel ist so zerklüftet, dass ihre Einwohner eine Pfeifsprache erfanden, mit der sie sich über die Schluchten hinweg verständigen konnten. Die Sprache war fast vergessen, wird jetzt aber wieder eifrig gelernt. Mancher Taxifahrer erhöht dezent sein Trinkgeld, indem er seinen Fahrgästen vorpfeift, was Isla bonita, schöne Insel, auf „Silbo" heißt. Schon in frühen Chroniken wird von dem „El Silbo" gesprochen, der mit den Ureinwohnern aus Afrika einbracht sein soll. Es ist eine Sprachnachahmung mit sechs Lautgruppen, die als Pfeifsprache umgesetzt wird – eine Form der Kommunikation über weite Entfernung hinweg.

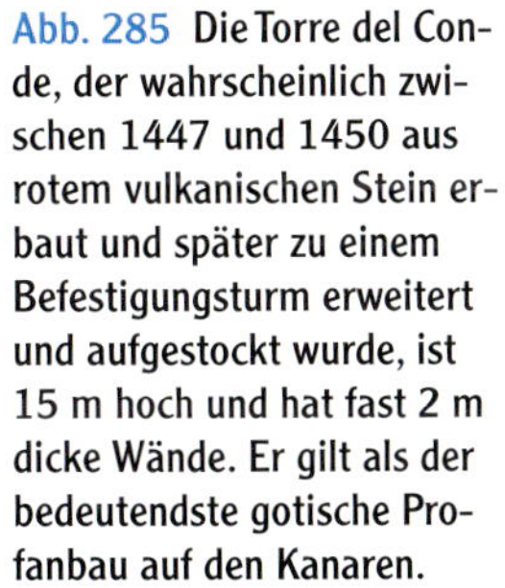

Abb. 285 Die Torre del Conde, der wahrscheinlich zwischen 1447 und 1450 aus rotem vulkanischen Stein erbaut und später zu einem Befestigungsturm erweitert und aufgestockt wurde, ist 15 m hoch und hat fast 2 m dicke Wände. Er gilt als der bedeutendste gotische Profanbau auf den Kanaren.

Palmerales und schöne Schluchten

Die reichhaltige Pflanzenwelt Gomeras, besonders die herausragende Vielzahl endemischer Felspflanzen, wie *Polycarpea carnosa* und *Aeonium gomerense* sowie weitere wichtige natürliche Vegetationsformationen sind in zahlreichen Naturschutzgebieten und Naturparks der Insel erhalten. Zu nennen sind hier vor allem das Naturreservat von Benchijigua, eine große alte Caldera, die zum großen Barranco erodiert ist und vom Roque de Agando überragt wird (Abb. 283). Hier wachsen die Inselendemiten *Limonium redivivum* und *Sideritis cabrerae* an Felsen. Der Roque de Agando selbst ist berühmt für die äußerst seltenen Endemiten *Sideritis marmorea* und *Echium acanthocarpum*.

Ein weiteres wichtiges Naturschutzgebiet der Insel bildet die Küstenplattform von Puntallane mit seinen Abrasionshängen, mit fossilen Dünen und basaltischen Vulkanhängen des Barrancos de La Sabina, die diese geomorphologisch deutlich hervorstechende Küstenfläche klar abgrenzen. Hier gibt es die Tabaibales mit *Euphorbia balsamifera*, die stellenweise den Gomera-Endemiten *Euphorbia bravoana* auf nährstoffreicherem Boden beherbergen. Hier sieht man häufig Fischadler (*Pandion haliaetus*). Weitere größere Bestände von Cardonales und Tabaibales mit *Ceropegia dichotoma* und *Euphorbia bravoana* findet man in der infrakanarischen Stufe des Barranco von Majona, der vom Meer bis zur Inselmitte auf über 1100 m Höhe ansteigt. In der Waldstufe hat man hier allerdings die natürliche Zonation stark durch Anpflanzungen von *Pinus canariensis*, *P. radiata* und *P. halepensis* verändert.

Der Höhepunkt eines Gomera-Besuchs ist die Exkursion in den Nationalpark Garajonay, die grüne Lunge der Insel. Er erstreckt sich fast über das ganze Hochland und umfasst den größten zusammenhängenden Lorbeerwald des Archipels (Abb. 174). Dieser wird beständig von feuchten, kühlen Passatwolken genährt und wirkt wie ein grünes Zauberreich – eine dunkle, geheimnisvolle Welt. Die Vegetation ist stellenweise so dicht, dass kaum ein Lichtstrahl durch das Kronendach der Bäume dringt. Wer den Reiz dieses Waldes auskosten möchte, meldet sich im Besucherzentrum zu einer sachkundig geführten, kostenlosen Wanderung an.

Garajonay ist ein Zentrum der Biodiversität der Insel mit bislang mehr als 400 nachgewiesenen Blütenpflanzen, mehr als 160 Moos- und Farnpflanzen, 1600 Invertebraten- und Wirbeltierarten. Viele der Arten sind endemisch, manche sogar inselendemisch, wie *Ceterach aureum* (Abb. 256) oder *Ilex perado* ssp. *lopezlilloi*. Auf diesen Nationalpark haben wir bereits hingewiesen (S. 216).

In dem von der UNESCO 1985 zum Kulturgut der Menschheit ernannten Gebiet gibt es den einmaligen Lorbeerwald **El Cedro** mit bizarren Flechten, mit Moosen und mannshohen Farnen. Regenzeug muss man mitnehmen, auch wenn es im Süden der Insel knochentrocken

Abb. 286 **Terrassenlandschaft mit Kanarenpalmen im Süden der Insel, überragt vom Roque del Sombrero.**

ist. Oben im Regenwald wandert man häufig durch Passatwolken. Feiner Sprühregen macht den Abstieg von El Cedro nach Hermigua wegen des glitschigen Pfades riskant. Die Bäche sind nach Regenfällen oft lange wasserführend. Ohne große Mühe kommt man auf den Garajonay, den mit 1487 m höchsten Berg Gomeras. Weit geht der Blick nach Teneriffa mit dem winters schneebedeckten Gipfel des Teide.

Überall in den Barrancos sieht man im Grenzbereich vom Sukkulentenbusch zum Lorbeerwald die oft linienhaft angeordneten Haine der Palmerales: Die größten zusammenhängenden Palmenbestände mit über 2000 Individuen wachsen im Barranco von Juan Vera im Naturpark des Roque de El Sombero (Abb. 286) im Süden der Insel inmitten großflächiger Cardonales aus *Euphorbia canariensis*. Mit insgesamt über 100 000 gezählten Exemplaren gilt die kanarische Palme (*Phoenix canariensis*, Abb. 126) als Nationalbaum der Insel; sie verleiht der Insel ihr subtropisches Flair. Der Miel del Palma (Palmenhonig) wird aus den Sprossspitzen der Kanarenpalme gewonnen, dazu werden die neuen Palmwedel abgetrennt, das Meristem praktisch freigelegt und angeritzt, so dass Gewebsflüssigkeit (Palmsaft) ausläuft, der aufgefangen wird. 8 bis 10 Liter Saft gibt eine Palme pro Nacht ab; das ungefähr zwei Monate lang. Die beernteten Palmen erkennt man an einem breiten Blechring am Stamm, der vor allem zum Schutz gegen gefräßige Mäuse und Ratten dient.

Im Valle Gran Rey

Die Palmenhaine und die kunstvoll in die Talflanken modellierten Terrassenkulturen machen das Valle Gran Rey zu einer der spektakulärsten Landschaften des Archipels (Abb. 287). Besonders ausdrucksvoll ist der Blick vom Mirador César Manrique in La Caleta am Taleingang.

Erst kamen ein paar Weltflüchtlinge, dann die Aussteiger auf Zeit, Erben der angewelkten Hippie-Kultur, und dann ihre hastigen Nachläufer, die nicht wahrhaben wollen, dass auch sie Touristen sind. Und dann baute man zur Entrüstung aller auch noch einen Flughafen. Für wen eigentlich, fragen die Gomera-Fans. Eine Frage, die kaum jemand vernünftig beantworten kann. Denn ein „Sonnenziel" wie andere Kanaren-Inseln kann Gomera nie werden – es fehlt an brauchbaren Stränden. Erlebt man nun das schnelle Ende einer Legende?

Abb. 287 **Terrassenlandschaft im Valle Gran Rey vom Mirador La Caleta am Taleingang. Im Hintergrund sieht man dunkelgrüne Flecken an den Barrancowänden aus *Salix canariensis*, die man Sauzales nennt.**

Das flinke Tragflügelboot, das häufig wegen des Wellenganges in Los Cristianos auf Teneriffa nicht auslaufen kann, war im Grunde schon Beleidigung genug für den richtigen Gomera-Reisenden. Auf der Fähre konnte man wenigstens die Mitreisenden in Ruhe sortieren. Da waren zunächst nur wenige Leute mit echten Koffern. Sie leisteten sich den schönen Parador Nacional oberhalb des Hafens von San Sebastian oder das erste Komforthotel in Playa de Santiago im trockenen Süden. In der Mehrzahl waren aber stets junge Leute mit Rucksäcken, die sich nach der Ankunft um den Linienbus nach Valle Gran Rey drängten, der vor dem Bau neuer Straßen die ganze Nordhälfte der Insel umkurven musste.

Valle Gran Rey ist noch immer ein wunderschönes, saftig-grünes Tal mit filigranen Terrassenfeldern an den steilen Hängen. Vom Meeresniveau steigt dieser gigantische Barranco bis auf etwa 1000 m Höhe an; beim Durchfahren erkennt man auch noch in der terassierten Kulturlandschaft die ursprüngliche Vegetationsstufung mit den *Traganum moquinii*- und *Tamarix canariensis*-Beständen am Strand und den vielen halophilen Salzsträuchern. Die Zone der Tabaibales und der Cardonales ist nur noch an den nicht so steilen Felshängen identifizierbar; die thermokanarische Stufe ist am Vorkommen von *Retama raetam* abzugrenzen. Wo hier an steilsten, oft senkrechten Felswänden das unterirdische Wasser zutage tritt, wachsen „hängende" Weidenbüsche mit *Salix canariensis*, die man **„Sauzales"** nennt. Sie verleihen mit den zahlreichen Kanarenpalmen den Terrassenhängen ein besonderes Flair (Abb. 287). Einige Talendemiten an Felsen im oberen Barrancoabschnitt sind noch zu nennen: *Cheirolophus satarataënsis*, *Limonium dendroides* und *Parolinia schizogynoides*.

Da aber, wo es sich zum Meer öffnet, gibt es heute etwas, das man wohl am treffendsten als alternativen Massentourismus bezeichnet. Heute leidet Gomera insgesamt unter rückläufigen Bevölkerungszahlen: in den letzten 20 Jahren ist die Inselbevölkerung von ursprünglich 40 000 Personen auf nunmehr 16 000 Einwohner zurückgegangen. Die jungen Menschen wandern aus, verdingen sich in den Touristenzentren von Teneriffa und Gran Canaria; die Feldarbeit bleibt den Alten. Deren einzige Hoffnung ist oft ein reicher Tourist, der Ihnen für gutes Geld ihr Land abkauft.

El Hierro

Mit 277 km^2 ist Hierro – die Isletas ausgenommen – die kleinste Insel des Archipels. Von stellenweise mauerartigen Steilküsten über 1000 m Höhe eingefasst, gleicht es einem Dreieck, das an allen Schenkeln eingebuchtet ist. Das Innere wird von einer Hochfläche eingenommen, die im Nordwesten mit einem gewaltigen halbkreisförmigen Steilhang von 15 km Durchmesser und bis 900 m senkrechter Höhe zu dem sichelförmigen Vorland der Bucht El Golfo abbricht (Abb. 288). Nach dem Formenbild ist Hierro die erhalten gebliebene Hälfte eines riesigen Kraters, dessen andere Hälfte im Meer versunken ist. Dies lässt sich besonders gut von der Aussichtsplattform des Mirador Virgen de la Peña (720 m) südlich des Dorfes Guarazola beobachten, die César Manrique im Jahre 1989 am nordöstlichen Rand des Golfo errichtet hat.

Die Herbe. Atlantische Stürme biegen die Sabina-Bäume, Wolken hüllen die Aussichtsterrasse des „Mirador de Jinama" in Schleier – die Gewalt von Wind und Wetter wirkt auf der kleinsten Kanareninsel besonders eindrücklich. Ihr Kennzeichen sind terrassierte Felder, überwältigende Ausblicke auf die von Obstbaum-, Bananen- und Ananaspflanzungen bedeckte Tiefebene des Golfo, Lorbeerwald an Steilhängen und Kanaren-

Abb. 288 El Golfo, die Nordküste von El Hierro.

kiefernwälder im Inselinnern, von Schlacken- und Aschekegeln durchsetzt. Der Weg hierher ist einer der schönsten Wege der Insel.

Hierro ist von zahlreichen jungen Vulkankegeln besetzt, aus deren Krater sich noch wenig verwitterte Lavaströme ergossen haben. Auch Explosions-Krater finden sich in kleineren Ausmaßen. Das flache Vorland der Bucht El Golfo füllen junge Lavadecken auf. Die Insel wird deshalb auch hier von einer Steilküste begrenzt, die freilich nur eine Durchschnittshöhe von 10 m besitzt.

Wer früh aufbricht, kann von der Inselhauptstadt im Nordosten an einem Tag die schönsten Gegenden der Insel erkunden. Das 600 m hoch gelegene Valverde selbst, oft eingehüllt in feucht-kühle Passatnebelwatte, bietet kaum „klassische" Sehenswürdigkeiten; mit seinen 1500 Einwohnern ist es idyllisch und verschlafen wie ein großes Dorf (Abb. 289).

Durch Mocanal und Guarazoca, die ebenfalls stillen Dörfer westlich der Hauptstadt, fährt man bis zum Aussichtsrestaurant „Mirador de la Peña", von dort durch das verlassene Kolonialdorf Las Montañetas und vorbei am Schäferort San Andrés. Die Hauptstraße führt zuerst über die weite Hochebene „Meseta de Nisdafe" mit ihren Vulkanhügeln, dann in kühnen Serpentinen durch Nebelwald 1000 Höhenmeter hinunter nach Frontera, der „heimlichen Hauptstadt" El Hierros im klimabegünstigten Tal von „El Golfo". In diesem weiten, lieblichen Kraterrand, dessen andere Hälfte im Meer versunken ist, gedeihen Ananas, Bananen, Mangos und Papayas; an den steilen Rändern rankt der Wein. Der Glockenturm der 150 Jahre alten Kirche „Nuestra Señora de Candelaria" ist im ganzen Tal zu sehen: getrennt vom Kirchenschiff krönt er den Gipfel eines Lavakegels.

Über den hübschen Weinort Sabinosa gelangt man zum Mini-Kurort Pozo de la Salud mit seinem „Gesundbrunnen", dessen schwefelhaltigem

Abb. 289 Kirche von Valverde.

Abb. 290 **Vulkan am Faro de Orchilla im Westen der Insel. Hier verlief in der frühen Neuzeit der Nullmeridian an dem damals westlichsten Punkt der bekannten Welt, bis er 1882 durch den Meridian von Greenwich abgelöst wurde.**

Wasser seit Jahrhunderten heilsame Kräfte zugesprochen werden. Durch phantastische Vulkanlandschaft und über eine abenteuerliche Serpentinen-Straße geht es weiter in das karge Weideland La Dehesa im äußersten Westen. Die größten zusammenhängenden landwirtschaftlichen Nutzflächen der Insel finden sich im südlichen Hochland La Dehesa und in der geneigten Ebene von El Julan. Hier wachsen massenhaft Bestände von *Schizogyne sericea*, *Periploca laevigata* und zahlreiche Exemplare der Sabinares.

Ein Abstecher zum Leuchtturm von Orchilla führt zum Ende der antiken Welt: Hier verlief der Nullmeridian des Claudius Ptolemäus (85–160) aus Alexandria in seiner „Geographischen Anleitung zur Anfertigung von Landkarten". Nach dem Geographen Claudius Ptolemäus hatte man auf mittelalterlichen Karten den Nullmeridian durch den Kanarischen Archipel verlegt, der bis zur Entdeckung der Azoren im Jahre 1432 als das am weitesten nach Westen vorgeschobene Gebiet der damals bekannten Welt galt (Kerl 1990). Im Jahre 1634 wurde dann dieser Längengrad durch El Hierro am Punta de Orchilla gezogen (Abb. 290). Er bildete bis 1882 die Grundlage des damaligen Koordinatensystems im spanischen Weltreich und wurde danach endgültig durch den Meridian von Greenwich abgelöst.

Abb. 291 **Santuario de Nuestra Señora de los Reyes im Westen der Insel.**

Von dort ist es nicht weit zum lichten Wacholderwald El Sabinar (Abb. 163), wo windgeschorene und gedrehte Stämme von *Juniperus turbinata* ssp. *canariensis* mit herrlich deformierten Baumkronen vom Passat nach Südwesten niedergebeugt sind. Diese werden zum Meer hin großflächig vom Sukkulentenbusch aus *Euphorbia obtusifolia* und *E. balsamifera* abgelöst. Am Ende steht auf einer Lavazunge des Vulkans Orchilla der Faro de Orchilla, der westlichste Leuchtturm des Archipels, und von hier ist es wiederum nicht weit zur westlichsten Landspitze der Kanaren, der Punta de Orchilla, die wohl nach den Färberflechten, den *Roccella*-Flechten benannt ist.

Oben an den Lavahängen stemmen sich die knorrigen, bizarr verformten Sabinares, Wacholderbäume von sagenhaftem Alter, gegen den ewigen Wind. Die erst vor kurzem asphaltierte Piste durch den unbesiedelten Südwesten El Hierros führt zum Inselheiligtum Santuario de Nuestra Señora de los Reyes; es beherbergt die Schutzpatronin El Hierros, die „Jungfrau der Heiligen Drei Könige" (Abb. 291). Nur alle vier Jahre zur *bajada,* dem höchsten Inselfest, verlässt sie ihre Einsiedelei: In einer einzigartigen Prozession wird die Madonnenfigur über 28 km und sämtliche Höhenzüge der Insel bis nach Valverde getragen, das nächste Mal 2005.

Über eine Panorama-Piste kann man dem höchsten Gipfel der Insel entgegenfahren, dem Malpaso (1500 m), und wieder auf die Hauptstraße Richtung Valverde gelangen. Von ihr führt eine Straße durch lichten Kiefernwald nach El Pinar, Ort der Mandelblüte und traditionsreichen Kunsthandwerks. Weiter zur Südspitze der Insel erreicht man den sonnigen Fischerort La Restinga, der umgeben ist von Lavawüste. Auf dem Rückweg nach Valverde lohnt ein Abstecher zum Mirador de las Playas, der beim großen Sturm im Winter 1999 weitgehend zerstört wurde und jetzt wieder erreichbar ist. Von hier oben gibt es einen phantastischen Blick auf die von mächtigen Steilwänden umschlossene Bucht von Las Playas, geologisch gesehen die „kleine Schwester" des großen Kraterrandes von El Golfo auf der anderen Seite der Insel.

Vegetation und Fauna von El Hierro

Im Gegensatz zu den übrigen westlichen Kanaren gibt es in der Fayal-Brezal-Höhenstufe nur wenige Exemplare von *Erica arborea*. Hier an den Golfo-Hängen überwiegen *Myrica faya* und die endemische *Myrica rivas-martinezii* vermischt mit den anderen bekannten Lorbeerwaldelementen. Im Unterholz des Monteverde wuchern üppige Tüpfel-Farnbestände von *Ceterach aureum*, *Notholaena maranthae*, *Polypodium macaronesicum*, die Streifenfarne *Asplenium canariense* und *A. adiantum-nigrum*. Zwei Lorbeerwaldtypen lassen sich für Hierro differenzieren: zunächst der Monteverde Seco, das *Visneo mocanerae-Arbutetum canariensis* auf den steilen Hängen der Riscos de Tibataje und Jinama sowie bei El Mocanal und Sabinosa auf stark wasserzügigen Böden und der Lorbeerwald vom Typ des *Lauro-Perseetum indicae* auf feuchteren Böden. Letzter ist auf Hierro nur fragmentarisch erhalten und meist vom Fayal-Brezal, dem *Fayo-Ericetum arboreae,* substituiert. Einige nennenswerte Lorbeerwaldbestände gibt es in den Hochlagen der Felskanten von Frontera und El Derrabado, oft durchsetzt und unterwachsen mit *Pericallis murrayi* (Abb. 292).

Von größerer flächenhafter Bedeutung ist der hierrensische Pinar, der als Pflanzengesellschaft dem *Bystropogono ferrensis-Pinetum canariensis* nach Del Arco et al. (1996) zugerechnet wird. Er bedeckt große Teile der

Südseite der Insel als typischer, offener Wald, unterwachsen je nach Alter, Degradations- oder Regenerationszustand der Bestände nach Brand mit den charakteristischen Cistrosen (*Cistus symphytifolius*, *C. monspeliensis*), *Chamaecytisus proliferus* oder *Bystropogon origanifolius* ssp. *ferrensis* (Abb. 293).

Berühmt ist Hierro jedoch für seine Sabinares (Abb. 163). Die *Juniperus turbinata* ssp. *canariensis*-Wacholderhaine von El Julan und La Dehesa am Westende der Insel sind die berühmtesten und schönsten des gesamten Archipels. Sie sind floristisch sehr arm, durchsetzt von angrenzenden Elementen der Retamares aus der thermokanarischen Stufe mit *Retama rhodrhizoides*, *Echium aculeatum* und *Echium hierrense*, um die häufigsten und wichtigsten Endemiten hier zu nennen.

In der küstennahen, infrakanarischen Stufe sind vor allem im Süden und im Westen der Insel schöne Tabaibales mit *Euphorbia balsamifera* und Cardonales mit *Euphorbia canariensis* entwickelt. Letztere formieren sich mit *Aeonium valverdense* und *A. hierrense* zu einer endemischen Pflanzengesellschaft, gut ausgebildet in einem schmalen Streifen im äußersten Nordosten der Insel sowie an den rezenten Vulkanhängen von El Julan: Hier gibt es auch viele Überlagerungen der Cardonales mit küstennahen Salzpflanzen und mit Ruderalpflanzen. Insgesamt gesehen besitzt El Hierro also eine äußerst vielfältige Vegetation; viele der 600 derzeit auf Hierro bekannten Arten

Abb. 292 Monteverde mit *Pericallis murrayi*.

Abb. 293 Großflächige Kiefernwälder bedecken die Lavahänge auf der Südabdachung von Hierro.

Abb. 294 **Naturschutzgebiet „Los Roques de Salmor" im Nordosten der Insel mit kleineren Felseninseln, die Refugien für zahlreiche endemische Eidechsen sind.**

sind endemisch, einige neue Arten wurden neuerdings von Marc v. GAISBERG (2000) sowie SCHOLZ et al. (2000) aus den Gattungen *Teucrium*, *T. heterophyllum* ssp. *hierrense* (nur für El Hierro) und *T. heterophyllum* ssp. *brevipilosum* (für die westlichen Kanaren) und *Lolium edwardii* (nur für den Kraterrand von El Hierro). Eine Zusammenfassung geben v. GAISBERG & STIERSTORFER (2001).

Im Naturschutzgebiet der „Roques de Salmor" mit dem Roque Chico, Roque Grande und Punta de Archno (Abb. 294) gibt es die Refugien für die Eidechsen, vor allem *Gallotia galloti* (Abb. 265) und *Tarentola boettgeri*. Die Rieseneidechsen *Gallotia simony simony* und *Gallotia simony machadoi* leben hier und in der Fuga de Gorretea zusammen mit Fischadlern (*Pandion haliaetus*) und einer Vielzahl von Seevögeln. Hier werden die Eidechsen in einem Laboratorium sogar gezüchtet und später freigelassen. Die verwilderten Katzen sind ihre größten Feinde.

Gran Canaria

Im Grundriss (1532 km²) nahezu kreisförmig, erweckt Gran Canaria den Eindruck eines einzigen großen Vulkans, dem lediglich im Nordosten durch eine Nehrung die Isleta angegliedert ist. Die Insel kulminiert im zentralen Pozo de las Nieves (1950 m) und wird durch radial angeordnete Täler allseitig tief zerschnitten. Die Barrancos von Tejeda und Tirajana greifen mit gewaltigen Talweitungen gegen das innere Hochland vor. Die Küsten sind vor allem im Nordwesten und Südwesten sehr steil, während sich im Osten eine im Durchschnitt 2 bis 3 km breite Küstenebene zwischen Bergland und Meer schiebt (KLUG 1968).

Nach SCHMINCKE (1968) wurde Gran Canaria im mittleren Miozän als zusammengesetzter basaltisch-ignimbritischer Schildvulkan hawaiischen Typs über dem Meeresspiegel aufgebaut. Lage und Verbreitung der Eruptivgänge werden im Zusammenhang mit dem Einfallen der Basaltschichten als Beweis für eine zentral geprägte vulkanische Struktur angesehen. Das Haupteruptionszentrum lag wahrscheinlich im Westteil der jetzigen Insel, während der Nord- und Ostteil des heutigen Gran Canaria vermutlich schon im mittleren Miozän primär viel niedriger war als der West- und Südwestteil. Die Basalte, die in verhältnismäßig dünnen, örtlich von Tuffen getrennten Strömen auftreten, bilden als mehrere hundert Meter mächtige Serie den westlichen Sockel der Insel.

Der Südwestteil ragt zu größerer Höhe auf und wird fast ausschließlich aus den Gesteinen der miozänen vulkanischen Serien aufgebaut. Weit verbreitet sind die Älteren Basalte. Sie wurden als Deckenergüsse gedeutet, deren Förderstellen westlich der heutigen Inseln gelegen haben (HAUSEN 1962). Die gesamte südliche Abdachung besteht aus flach lagernden Phonolithen und Ignimbriten, den Mantelresten eines großen zerstörten Zentralvulkans.

In der Nordosthälfte Gran Canarias dagegen treten vorwiegend die postmiozänen vulkanischen Gesteine auf. Sie sind in der Hauptsache basaltischer Natur. Im Unterbau dieses Teiles Gran Canarias sind die älteren Gesteine jedoch ebenfalls vorhanden. Im Innern der Insel trennt eine rund 25–30 km lange, halbkreisförmige Verwerfung die Ignimbrite von den Basalten. Die Verwerfungszone stellt den erhaltenen Rand einer Einbruchscaldera von etwa 20 km Durchmesser dar (HAUSEN 1962, SCHMINCKE & SWANSON 1967). Jungtertiäre Konglomerate, denen bei Las Palmas miozäne Meeresablagerungen zwischengeschaltet sind, bilden im Nordosten und Südwesten der Insel gewaltige Aufschüttungskegel. Der Isthmus von Guanarteme wird von teilweise noch rezenten Dünen gebildet, wie sie auch auf der Landzunge von Maspalomas verbreitet sind.

Die Insel ist ungemein kontrastreich: fruchtbare acker- und obstbauliche Ländereien im Passateinflussbereich des Nordens; das stellenweise unberührt scheinende zentrale Hochgebirge mit seiner faszinierenden Bergwelt und der wüstenhafte Süden mit den Dünen von Maspalomas und seiner gigantischen Ferienindustrie und einem Millionenpublikum an Touristen. Dazu kommt als wirtschaftliches und kulturelles Zentrum die Hauptstadt Las Palmas mit ihren bedeutenden Versorgungshäfen an der Schnittstelle der Schifffahrtslinien zwischen Europa, Afrika und Amerika. Die ebenfalls von zahlreichen Barrancos radial zerfurchte Insel ist durch das Zentralmassiv klimatisch deutlich differenziert, wegen seiner Vielfalt an Landschafts-, Klima- und Vegetationsformen wird Gran Canaria auch gern als *„continente en miniatura“* bezeichnet (SUNDING 1972).

Kontinent im Kleinen – eine landeskundliche Inselrundfahrt

In der Mittagssonne liegen die Straßen der Altstadt von Las Palmas wie ausgestorben da. Vom Autolärm der quirligen Inselhauptstadt Gran Canarias ist hier im historischen Viertel Vegueta mit seinen verwinkelten

Abb. 295 **Casa Colón in Las Palmas de Gran Canaria, wo Kolumbus bis 1492 gewohnt hat.**

Gassen nichts zu hören. Die Altstadt ist eine Welt für sich – in der Mittagswärme werden Fensterläden und Türen geschlossen, und es herrscht Ruhe. Ein Stadtrundgang führt in die Calle Montes de Oca. Schräg gegenüber dem Kolumbus-Museum liegt die Casa Montes de Oca mit ihrem wunderbaren Patio – heute ein gutes Restaurant. Dieses Haus wurde im 16. Jahrhundert von einem jüdischen Kaufmann errichtet, der im Zuge der Inquisition vom spanischen Festland fliehen musste. Das geschichtsträchtige Gebäude hat Verbindung nach nebenan zu einer kleinen Kirche Ermita de San Antonio Abad, die später Christoph Kolumbus auf seinen Reisen in die Neue Welt aufsuchte, um einen guten Verlauf seiner Entdeckungsreisen zu erbitten. In der Casa Colón, in der Kolumbus 1492 gewohnt haben soll, ist heute das Museum untergebracht – hier sind seine Reisen dokumentiert, und alte Seekarten bezeugen die damalige Weltsicht im Übergang vom ausgehenden Mittelalter in die frühe Neuzeit (Abb. 295). Gleich um die Ecke liegt die große Kathedrale de Santa Ana, deren Baubeginn fünf Jahre nach der ersten Reise von Kolumbus datiert, die aber erst 1821 endgültig fertig war. Die lange Bauzeit spiegelt sich im Stilmix dieser Kirche von Gotik über Barock nach Neoklassik wider.

Von Las Palmas ist es nur etwas mehr als eine Stunde Autofahrt zu einer der beeindruckendsten Landschaften der Kanaren: dem Zentralmassiv von Gran Canaria. Der schnellste Weg aus der Stadt führt über die Avenida Marítima und die Carretera del Centro zunächst nach Tafira Alta. In dem Villenvorort lohnt sich ein Zwischenstopp für einen Spaziergang durch den Jardín Canario, den weitläufigen, landschaftlich sehr schön gelegenen Botanischen Garten. Dieser wurde 1952 vom schwedischen Botaniker Eric Sventenius auf einer Fläche von 27 ha begründet. Dort sind inzwischen etwa 3500 der kanarischen Gefäßpflanzen eingesetzt worden, darunter fast 80 % aller kanarischen Endemiten. In der Nachbarschaft des Botanischen Gartens entwickelt sich der Campus der neuen Technischen Universität von Gran Canaria. Über die Orte Santa Brígida und San Mateo schlängelt sich die Carretera del Centro ins Herz der Insel zum Cruz de Tejeda hinauf. Ein berühmter Aussichtspunkt für eine atemraubende Szenerie: tief gestaffelte Felswände im Dunst, Steinnadeln ragen auf, steile Klippen stemmen sich schroff gegen den Wind.

Abb. 296 **Höhlenwohnungen in Artenara mit vorgesetzten weißen Außenwänden.**

Ein Nebensträßchen führt ins Höhlendorf Artenara (Abb. 296). Hier haben schon vor langer

Zeit Gläubige eine Kapelle in das weiche Tuffgestein geschlagen. Auf dem Altar steht die Statue der als Schutzpatronin der Folkloregruppen und Radfahrer verehrten „Virgen de la Cuevita" – entsprechend bunt fällt die jeden August abgehaltene Fiesta aus. Absolutes Muss in Artenara: das wie ein Balkon am Berg klebende Höhlenlokal „La Silla" mit toller Aussicht über weite Geländepartien der Caldera de Tejeda. Die traditionsgemäße troglobionte Wohnform in vulkanischen Höhlensiedlungen hatte große Vorteile: die aus den Tuffen herausgemeißelten Wohnungen waren isotherm, also ganzjährig wohltemperiert – kühl im Sommer und warm an kalten Wintertagen. Mit ihren weißen Außenwänden, den kanarischen Holztüren und den blumengeschmückten Fenstern unterscheiden sich diese Höhlenwohnungen im Innern meist nicht von den herkömmlichen Häusern.

Empfehlenswert ist eine Exkursion von der Straße zum Pinar de Tamadaba links ab nach Acusa. Die nach Südwesten abrupt abfallende Vega de Acusa war ein bedeutender Siedlungsplatz der kanarischen Ureinwohner, heute ist die Region nahezu entvölkert. Die Route wird allgemein als Herausforderung gesehen: In engen Haarnadelkurven, die Vorsicht und fahrerisches Geschick verlangen, läuft die Straße in den kargen Barranco de Aldea hinein, und dann weiter über Aldea de San Nicolás Richtung Agaete. Wenn man die Parkausbuchtung am „Mirador del Balcón", dem einzigen Fleckchen, um in aller Ruhe das wilde Szenarium der Berge zu genießen, besucht, hat man ein Seherlebnis, so als stünde man am Grand Canyon.

Der schüttere Pinar de Tamadaba (Abb. 297) ist Gran Canarias besterhaltener Kiefernwald mit einem Areal von mehr als 1000 ha. Da die herabfallenden Nadeln der Kanarenkiefer auf dem nur zu etwa 20 % bewachsenen Waldboden häufig als Verpackungsmaterial beim Bananen-

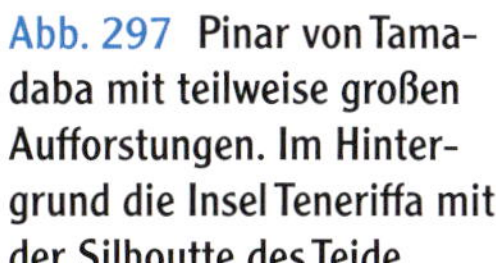

Abb. 297 Pinar von Tamadaba mit teilweise großen Aufforstungen. Im Hintergrund die Insel Teneriffa mit der Silhoutte des Teide.

versand oder als Düngemittel gebraucht worden sind, gedeiht in der dünnen Humusschicht im Wesentlichen nur ein spärlicher *Cistus monspeliensis*- oder *Micromeria varia*- Unterwuchs. Hier leben unter Steinen und in Felsspalten die größten Reptilien der Kanaren: die auf Gran Canaria endemische, bis zu 80 cm große Eidechse *Gallotio stehnii* und der Gran Canaria-Skink, *Chalades sexlineatus*.

Das Inselinnere Gran Canarias ist ein Dorado für Naturliebhaber und Wanderer. Angefangen vom Cruz de Tejeda, dem mit 1490 m höchsten Pass der Insel, und seinem traumhaften Ausblick. Dieser reicht hin bis zum Bandama, einem 574 m hohen Berg direkt neben einem 200 m tiefen, kraterförmigen Maar (Abb. 30), dem einzigen des gesamten Archipels. Dazu sieht man Teror, ein schönes Bergdorf mit aufwendig gestalteten Holzbalkonen und kunstfertigen Holztüren an den weiß verputzten Häusern. Ebenso gelangt man von hier in den Barranco Los Palmitos, wo es eine künstliche Oase mit über 1000 Palmen, dazu einem Kaktus-, Orchideen- und Vogelpark gibt.

Abb. 298 **Roque Bentaiga.**

Vom Pass gelangt man auch in die Caldera de Tejeda. Unterhalb der Passhöhe am Cruz de Tejeda liegt um das gleichnamige Dorf auf der Nordseite der Insel die gewaltige Caldera de Tejeda. Die 500–600 m hohen Felswände und die bis zu 1000 m großen Höhenunterschiede zwischen Talboden und Caldera-Rand sind besonders eindrucksvoll. Am südlichen Caldera-Rand finden sich in etwa 1600 m Höhe auch die steinernen Wahrzeichen der Insel: der an einen knieend betenden Mönch erin-

Abb. 299 **Puerto de Mogán liegt am Ausgang des gleichnamigen Barrancos und hat einen sehr schönen Yachthafen (Detail).**

Abb. 300 **Kulturlandschaft bei Vega de San Mateo im Inselinneren von Gran Canaria.**

nernde Roque de San José, deshalb meist „El Fraile" genannt (Abb. 53), und der überragende, wuchtige Monolith Roque Nublo (Abb. 53). Ein noch wuchtigerer, wenn auch nicht so hoher Monolith aus der Roque-Nublo-Formation ist der nördlich gelegene Roque de Bentayga (Abb. 298), der den Barranco de Tejeda vom Barranco de Chorillo trennt. Hier finden sich zahlreiche Zeugnisse von Kultstätten der Ureinwohner.

Von hier empfiehlt sich der Weg westwärts in den Barranco von Mogán. Am kurzen, steinigen Lavastrand des Barranco de Mogán liegt die Hafenstadt Puerto de Mogán, eine wunderschöne, idyllische Stadt mit Kanälen, Brücken, malerischen Ferienhäusern und einem Yachthafen (Abb. 299). Dieser Bilderbuchort mit seinen weißen und bunten Häusern und den farbenfrohen Blumen ist erst seit 1950 über eine Autostraße zu erreichen; bis dahin benötigte man von Las Palmas eine Tagesreise per Boot oder gar drei Tage durch das Inselinnere mit Pferden oder Maultieren. Von hier aus fährt man in den steilen Barranco hinein durch die Euphorbien-Sukkulentenstufen vorbei an Mandel- und Zitruskulturen, an Plantagen von Avocados (*Persea americana*), Mangos (*Mangifera indica*), Paprika (*Capsicum annuum*) und Kaffee (*Coffea arabica*), die zusammen mit den Bananenkulturen ein tropisches Flair ausstrahlen. Die *Euphorbia canariensis*-Cardonales sind reich an *Euphorbia regis-jubae*, *Rubia fruticosa* und *Kleinia neriifolia*. Die endemische *Aeonium percarneum* verleiht den Beständen ihren eigenständigen Charakter für Gran Canaria mit eigener Pflanzengesellschaft: *Aeonio percarnei-Euphorbietum canariensis* Del Arco et al. 2002. Auch die Gebüsche der thermokanarischen Stufe sind einer endemischen Pflanzengesellschaft zuzuordnen; das *Pistacio lentisci-Oleetum* ist ein Oliven-Buschwald aus *Pistacia lentiscus* und *Olea europaea* ssp. *guanchica* mit stellenweise hohen Anteilen an *Hypericum canariense* und *Jasminium odoratissimum*. Besonders schöne Bestände davon gibt es im Nordwesten der Insel, beispielsweise im Monte Lentiscal der Caldera de Bandama. An steilen, unzugänglichen Felswänden stehen die Olivengebüsche im Kontakt zu den Restwäldern des Monteverde seco, des *Visneo-Arbutetum canariensis*; hier beherrschen heute ausgedehnte Kulturflächen das Landschaftsbild (Abb. 300).

Oasis und Dünen von Maspalomas

An der Mündung des Barranco von Fataga gibt es noch die Reste eines ehemals größeren Sumpfgebietes, die Oasis de Maspalomas, einer Brackwasserlagune, die größtenteils in den siebziger Jahren den Hotelbauten weichen musste.

Hier auf der sandigen, von Grund- und Meerwasser gleichermaßen geprägten Lagune wachsen noch Tamariskenbestände aus *Tamarix canariensis*, durchsetzt von *Phoenix canariensis*, scharfkantigen Binsenrieden aus *Juncus acutus* und *J. maritimus* und anderen Halophyten, die sonst im Archipel nur auf den Ostinseln vorkommen (Abb. 138–145). Östlich der Oase erstreckt sich eine fast 8 km lange feinsandige Strandzone mit 20 m hohen, langsam vorrückenden Wanderdünen aus hellen Foraminiferensanden, die im Gebiet von Maspalomas nahezu eine Fläche von 250 ha einnehmen (Abb. 133). Die bis in den Grundwasserbereich ausgewehten Dünentäler und -mulden sind wiederum Lebensraum der Tamariskengesellschaften, durchsetzt mit den östlichen Elementen des *Traganetum moquinii* und des *Launeetum arborescentis* (Abb. 116 und 144). Fast das ganze Dünengelände wurde zum Naturpark erklärt, und dieser erlaubt jährlich mehreren Millionen Touristen nahezu grenzenlosen Sonnengenuss.

Lanzarote

Lanzarote ist die nördlichste Insel der Kanarischen Inseln. Man zählt mehr als dreihundert Vulkankrater; sie sind während der verschiedenen Eruptionsphasen entstanden, die die Insel im Laufe ihrer Geschichte erlebt hat.

Nach einer Zeit vulkanischer Ruhe verzeichnete man im Jahr 1824 die letzten neuen Vulkanausbrüche auf Lanzarote, bei denen drei neue Krater entstanden: Tao, Tinguatón und Chinero, wobei der letztgenannte der einzige Repräsentant jener Eruption im Timanfaya Nationalpark ist (Romero-Ruiz 1991).

Unter den Purpurarien bildet sie mit einer Flächengröße von 795 km^2 die kleinere Insel. Sie hat die Form eines an beiden Enden doppelseitig eingebuchteten, flach aufgewölbten elliptischen Schildes. Diesem sitzen, landschaftsbestimmend, zahlreiche Vulkankegel zwischen 400 und 600 m

Abb. 301 **Passatwolke auf der Halbinsel Jandía auf Fuerteventura.**

relativer Höhe auf, die im Norden in das Bergland von Famara-Guatifay und im Süden in das von Los Ajaches übergehen. Beide Höhenzüge stellen mittelgebirgsartige Rücken dar, denen ihrerseits einzelstehende Vulkane als größere Erhebungen der Insel aufgesetzt sind. Der höchste Punkt wird jedoch mit dem Erosionsgipfel Peñas del Chache (671 m) im Famara-Rücken erreicht. Das nördliche Bergland bricht steil nach Westen zur Meeresstraße El Río ab, welche Lanzarote von der kleinen Insel Graciosa trennt. Dem südlichen Inselrücken ist vor einem Steilrand in gleicher Richtung die Küstenebene El Rubicón vorgelagert.

Zwischen den beiden Bergländern sind alle Vulkane nahezu linear aufgereiht. So erhebt sich im Westen die Vulkankette der Montaña del Fuego de Timanfaya, die beim großen Ausbruch von 1730–1736 entstand. Die Inselmitte durchzieht ein 3 bis 5 km breiter Sandstreifen mit heute zum größten Teil festgelegten Wanderdünen.

Analog den physiognomischen Gegebenheiten auf Fuerteventura, genügen die knapp 600 m hohen Vulkanberge (z.B. Montaña de la Corona, 609 m, im Norden und Montaña de Guardilama, 603 m, im Süden) im Allgemeinen wegen ihrer geringen Höhe nicht, um den Nordost-Passat zu ausreichenden Niederschlägen zu zwingen. Im Allgemeinen streichen die Passate über die Insel hinweg, nur an manchen Tagen sind die höchsten Lagen aber in einem Wolkenschleier gehüllt, der ausreicht, um auch hier einige Arten der Lorbeerwälder gedeihen zu lassen (s. Abb. 1 und 301). Die einzigen nennenswerten Niederschläge bringen winterliche Nordwestzyklone und Polarlufteinbrüche (Perturbaciones oceanicas und Invasiones de aire polar, s. S. 69) mit unregelmäßigen Regenmengenverteilungen über die Jahre hinweg. Es ist keine Seltenheit, wenn jahrelang überhaupt kein Regen fällt. Verschärfend kommen Wetterlagen des „Harmattan“ oder „tiempo sur“ dazu, die das Thermometer dann tagelang auf über 35–40 °C klettern lassen. In den Nächten führt das Fehlen kompakter Wolkendecken zusätzlich zu einer raschen Abkühlung des

Abb. 302 (oben) Im Schutz der kunstvoll aufgeschichteten kleinen Steinwälle gedeihen zahlreiche Obst- und Gemüsesorten, bei La Geria auf Lanzarote.

Abb. 303 (Mitte) Trockenfeldbau bei La Caleta auf Lanzarote mit schmalen Strohhalmbändern gegen den austrocknenden Wind.

Abb. 304 (unten) Trockenfeldbau bei La Caleta auf Lanzarote mit kleinen Saathäufchen; im Hintergrund Getreidefeld.

Bodens und damit zur Bildung von Tau, der das Ackerland unter den ausgebreiteten Lapilli-Schichten weitgehend vor dem Austrocknen bewahrt, eine Erklärung für die hiesigen Geburtsstätten des „rofe“, des speziellen „enarenado natural“ und „enarenado artificial“ als Formen des kanarischen Trockenfeldbaus (s. Abb. 14–16). Der aus Regenmangel hier entwickelte spezielle Trockenfeldbau des Secano prägt daneben noch weite Inselteile durch die geometrisch angeordneten dunklen Lapilli-Mulden mit ihren Steinmäuerchen, unter denen man im Wind- und Verdunstungsschutz vor allem Wein, Aprikosen, Mandeln, Melonen und allerlei Gemüse anbaut (Abb. 302).

Selbst die Flugsandfelder von El Jable westlich von Teguise, wo der Wind über die Jahrtausende feine kalkhaltige, marine Foraminiferen-Sande in einem ca. 3 km breiten Streifen über die Inselmitte treibt, werden diese landwirtschaftlich genutzt: in der Wirkung dem Enarenado-System vergleichbar, wird der Sand nur oberflächlich mit Saatfurchen durchzogen, die nach Einsaat der Feldfrüchte wieder geschlossen werden. Zum Schutz gegen den austrocknenden Wind und den vordringenden Wehsand säumen schmale Gerstenstreifen oder Strohhalmbänder die Äcker (Abb. 303–304).

Vegetationslandschaften von Lanzarote

Die Landschaften und die Vegetation von Lanzarote sind seit den ersten Studien von Berthelot (1839), Bolle (1893) und Engler (1910) immer wieder erfasst und bearbeitet worden und sind heute deshalb bestens bekannt (Wildpret de la Torre et al. 1995, Reyes-Betancort et al. 1999, Reyes-Betancort et al. 2000).

Das alte Lavagebiet El Islote de la Vieja erstreckt sich nördlich der Salinen von Janubio (Abb. 305) in etwa 6 km Länge und 2–3 km Breite von Osten nach Westen. Diese Malpaises wurden von den Lavamassen des 18. Jahrhunderts inselhaft umflossen, bilden also definitionsgemäß eine Kipuka. Hier wachsen nicht nur die Sukkulentenbüsche des *Euphorbietum balsamiferae*, sondern stellenweise sind im Trockenfeldbausystem sogar Getrei-

Abb. 305 **Salinen von Janubio.**

Abb. 306 ***Aeonium lancerottense.***

Abb. 307 (rechts) ***Ferula lancerottensis.***

defelder angelegt. Die Tabaibales mit der crassicaulen *Euphorbia balsamifera* bedecken ohnehin große Teile der infra- und thermomediterranen Stufe der Insel. Die schönsten Bestände gibt es entlang des Famara-Massivs von der Küste bis fast zum Gipfel sowie im Nordosten der Insel im Malpais de la Corona. Dort haben sie einen eigenen, endemischen Charakter, gekennzeichnet durch *Aeonium lancerottense* und *Ferula lancerottensis* (Abb. 306 und 307). An manchen Stellen im Famara-Bergland auf aufgelassenem Acker- und Weideland gibt es noch auffällige Dominanzbestände von *Euphorbia regis-jubae*, die einen „tabaibal amargo" aufbauen mit hohen Anteilen an *Kleinia neriifolia*, *Helianthemum canariense*, *Caralluma buchardii*, *Lycium intricatum*, u.v.a. In den höchsten Steilfelsen der Famara, meist in Nordexposition finden sich immergrüne

Abb. 308 „El Golfo“, eine intensiv grün schimmernde Lagune auf Lanzarote.

Hartlaubsträucher des Ölbaums (*Olea europaeus* ssp. *guanchica*) zusammen mit *Pistacia lentiscus*, *Convolvulus floridus*, *Convolvulus lopezsocasi*, *Maytenus senegalensis*, *Ephedra fragilis* und *Rhamnus crenulata*. Diese Gebüsche bilden einen eigenen Vegetationstyp, das *Convolvulo lopezsocasii-Oleetum cerasiformis*.

Ein Fluss junger Lava aus dem 18. Jahrhundert trennt die Montaña del Golfo vom Hauptgebiet des Islote de la Vieja. Von den zwei vorhandenen Kratern ist besonders der westliche eine besondere Naturschönheit: Zur Hälfte von der Meeresbrandung zerstört, hat sich hinter einem flachen Wall aus vulkanischen und marinen Sanden eine Menge Meerwasser angesammelt und bildet dort eine etwa 150 m lange, bis zu 3 m tiefe, stark salzwasserhaltige gelblich-grün schimmernde Lagune (Abb. 308).

Bau- und Landschaftskunst

Wir haben es schon mehrfach gesehen, überall auf den Kanaren hat der Architekt César Manrique seine Spuren hinterlassen. Das ist besonders auf Lanzarote der Fall, wo er gelebt und gearbeitet hat. Er hat die Insel vor den anderswo verbreiteten Hochhäusern bewahrt und überall kunstvolle Bauten und Skulpturen errichtet. Heute pflegt die Foundation César Manrique sein Andenken und bewahrt sein Lebenswerk. Seine modernen „Höhlenwohnungen“ auf Lanzarote mit ihrer typischen Schwarzweiß-Farbgebung und der Einbeziehung der vulkanischen Gesteine sind ein neuer touristischer Magnet.

Kunstvoll hergerichtete Mauerlandschaften sind weit verbreitet: Kilometerweit erstrecken sich im Obst- und Weinbaugebiet von La Geria entlang dem südlichen Rand der großen Malpaís die natürlichen Lapilli-Ablagerungen – hier picón genannt , in dem hauptsächlich die Malvasier-

Abb. 309 **Süßkartoffeln (*Ipomoea batatas*).**

reben für den Grifo-Wein oder Feigen, Aprikosen, Orangen oder andere Obstbäume stehen (Abb. 16). Mühsam und kostspielig ist die Anlage und Pflege der trichterförmigen Pflanzgruben: 250 bis 350 solcher Gruben werden im Allgemeinen pro Hektar angelegt. Bis zur Mitte des 18. Jahrhunderts gibt es in zeitgenössischen Berichten keine Angaben über diese Anbaumethoden; deshalb ist es sehr wahrscheinlich, dass damit erst nach den Eruptionen der Jahre 1730–1736 begonnen wurde (Kerl 1990). Dank des Trockenfeldbaus wird neben den Frucht- und Obstkulturen im großen Umfang auch Tomaten-, Kartoffel- und Süßkartoffelanbau mit *Ipomoea batatas* betrieben (Abb. 302 und 309).

La Graciosa und Alegranza

Wie viele Lanzarote-Touristen haben schon am Mirador del Rio an der Nordspitze von Lanzarote gestanden, dem berühmten Aussichtspunkt im Norden der Vulkaninsel, und sehnsüchtig hinüber geschaut – auf eine anmutige kleine Insel: La Graciosa. Da liegt sie, zum Greifen nah und doch so fern, traumhafte Strände, einfache Sandpisten ohne Autoverkehr, ein idyllisches Fischerdörfchen – fast ein noch unberührtes Paradies (Abb. 310). Ihre Vegeta-

Abb. 310 **Blick vom Mirador del Río auf die Inseln La Graciosa und Alegranza.**

Abb. 311 **Ausgedehnte Sanddünen dominieren die Strände von La Graciosa. Im Hintergrund die Montaña Amarilla.**

tion ist nur sehr spärlich: *Euphorbia regis-jubae-* und *Caralluma buchardii*-Bestände am Vulkankegel, riesige Dünen mit *Cakile maritima*, *Euphorbia paralias*, *Salsola tetrandra* und *Atriplex halimus* bedecken die flachen Küstenstreifen ringsum; am schönsten ausgeprägt jedoch im Norden der Insel (Abb. 311). Ähnliches gilt für Montaña Clara, wo allerdings besonders der Purpurarienendemit *Carraluma buchardii* mengenmäßig auffällt.

Wie viele haben sich da nicht schon gewünscht: Jetzt in ein kleines Schiff zu steigen und schnell hinüber zu fahren, um die „*Anmutige*", wie La Graciosa übersetzt heißt, einmal aus der Nähe zu betrachten. Doch in der Landenge ist die Strömung des Atlantik stark, das Meer oft rau, kein Platz für einen Hafen. So ist bei fast allen Touristen der Wunsch nach einem Inseltrip unerfüllt geblieben. Denn die wenigsten wissen, dass sie um die Nordspitze zum Westzipfel herumfahren müssen, um das Fischerdörfchen Orzola zu erreichen. Der Ort ist nicht nur berühmt dafür, dass die Fischer dort ihren Fang auf die Leine hängen, Orzola ist auch der einzige Hafen, von dem aus täglich drei oder vier Boote nach La Graciosa starten. Wer leicht seekrank wird, sollte die Tour lieber nur bei glatter See antreten, und darauf ist nicht immer Verlass. Denn gerade Lanzarote ist für seine frische Brise – vor allem im Winter und im Frühjahr – bekannt.

Was bisher also eher spontan nur wenige Urlauber wagten, den Trip aufs kleine beschauliche Nachbareiland, kann man jetzt auch schon im Reisebüro buchen. Lanzarote plus La Graciosa aus dem Reisekatalog – Transfer inklusive. Das Angebot lockt aber eher Individualisten, die sonst nur die karge Ruhe Hierros oder allenfalls noch das Bergwandern auf La Palma und Gomera schätzen. Kurzum: La Graciosa fasziniert vor allem Individualisten. Hier dürfen keine Hotels gebaut werden, und auch jeglicher Autoverkehr würde das Idyll zerstören. Urlauber wie Tagesausflügler landen in der Inselhauptstadt Caleta de Sebo, ein beschaulicher

Ort mit weißen, schmucken Häuschen, einem Hafen und einer Hand voll originellen Kneipen.

Wenn Siesta ist – und die dauert auch auf La Graciosa bis 17 Uhr – wirkt der Ort wie ausgestorben. Kaum jemand ist unterwegs, nur ein Hund oder paar Katzen dösen im Schatten vor sich hin. Die Kirche mit einem schönen Holzaltar ist angenehm kühl und auch schon die einzige sakrale Sehenswürdigkeit der Insel.

Viele Besucher haben ihre gemieteten Mountainbikes an eine Hauswand gelehnt und sitzen jetzt im „*Varadero*" in der Nachmittagssonne. Für wenig Geld haben sie sich eine große Dorade knusprig braun braten lassen. Dazu gibt es den obligatorischen gemischten Salat mit Essig und Öl und natürlich die berühmten „*papas arrugadas*", die kleinen schrumpligen Pellkartoffeln mit der höllisch scharfen roten und der milderen grünen Sauce. Hier werden die Kartoffeln noch wirklich in Meerwasser gekocht, und wie viel Knoblauch an den Saucen ist, das kümmert hier keinen. Bei einem Rosado, natürlich einem „*Grifo*", wie der Vino de la Casa von der benachbarten großen Schwesterinsel Lanzarote heißt. So sitzt man bis zum Sonnenuntergang.

Fuerteventura

Manche behaupten, dass es in Fuerteventura mehr Ziegen als Einheimische geben soll. Eines aber ist sicher: Die kilometerlangen, saharagelben Sandstrände auf der Insel Fuerteventura sind mit Abstand die schönsten der Kanarischen Inseln. Sie zählen sogar zu den schönsten in Europa: Türkisfarbenes, kristallklares Meer, Sonne im Überfluss, aber auch an heißen Tagen ein erfrischender Wind und schneeweiße oder saharagelbe Strände an der Ostküste.

Rund 1700 km^2 groß, besitzt Fuerteventura die flache Gestalt eines asymmetrisch aufgewölbten, langgestreckten Ovals, dem im Süden durch den dünenbesetzten Isthmus de la Pared die sichelförmige Halbinsel Jandía angegliedert ist. Von der Küste Afrikas liegt es weniger als 100 km entfernt. Fuerteventura weist die längste Küstenlinie der gesamten Inselgruppe auf (Tab. 1). Der westliche Teil der Insel wird von schroff ins Meer abfallenden Kliffs und kleinen Badebuchten geprägt. Das Inselinnere ist karg: Weite Ebenen werden von rundlichen Bergkuppen, erloschenen Vulkankegeln und engen Barrancos unterbrochen. Den Hauptkörper der Insel teilt eine große, annähernd meridional gerichtete Längstalung – ein von Vulkaniten und Sedimenten angefüllter Graben (Klug 1968) – in zwei unterschiedlich geformte Bergländer. Das westliche ist trotz engständiger Barrancos einigermaßen geschlossen. Es erhebt sich im Pico de la Atalaya bis 724 m. Die zugerundeten Formen im Bereich der Wasserscheiden kontrastieren mit den reliefstärkeren Plateaurändern des östlichen Berglandes. Dieses ist durch breite, muldenförmige Täler bei geringer Höhenentwicklung stärker aufgelöst, zumal die größeren Quertäler bis in das Längstal zurückgreifen, also keine Talanfänge mehr besitzen. Den abgeflachten Norden der Insel bedecken Sand-

Abb. 312 **Endlose Sandstrände kennzeichnen die Ostseite von Fuerteventura.**

und Lavafelder, aus denen sich reihenförmig angeordnete, auch auf die Rücken des östlichen Berglandes und in das Längstal übergreifende Vulkankegel erheben. Ein weiteres großes Lavafeld im Südosten der Insel liegt im Umkreis von Vulkanen, die das Längstal in einzelne Becken gliedern.

Die Halbinsel Jandía, die mit 807 m im Pico de la Zarza den höchsten Punkt Fuerteventuras aufweist, kann als ein isolierter Teil des östlichen Berglandes angesehen werden, in dem sich möglicherweise die Restform eines alten Schildvulkans erhalten hat (s. Abb. 301). Mit dem Bergland hat Jandía den vulkanischen Aufbau aus flachgelagerten Basalttafeln mit zwischengeschalteten Tuffen und Agglomeraten gemeinsam. Es sind die Gesteine der Älteren Basaltserie, die auch auf Lanzarote verbreitet sind und miozänes Alter besitzen. Im Süden der Insel Fuerteventura greifen sie, in Resten auf den höchsten Erhebungen erhalten, auf den Gesteinskomplex des westlichen Berglandes über. Das beste Zeugnis für die Zeit vor der Entstehung der Insel und damit das sicherste Argument für ihren ozeanischen Ursprung sieht man an den Felsen, die an der Playa de los Muertos in der Umgebung von Ajuy zu Tage treten. Hier fanden Geologen am Grund der mesozoischen Serie einen Aufschluss, der sich als ozeanische Kruste vom Beginn der Atlantiköffnung herausstellte. Die submarine Entstehung erfolgte zunächst ab dem Mesozoikum und ist im Wesentlichen durch eine Sediment-Serie des Ozeanbodens repräsentiert, auf dem submarine vulkanische Materialien lagern. Unter diesem vulkanischen Gestein befinden sich wiederum teilweise fossilführende Sedimente (Abb. 132).

Die Gesteine des Basalkomplexes sind dank biostratigraphischer Untersuchungen der Mikroflora und –fauna sowie der marinen Makrofossilien der Sedimente datiert worden. Die Flora ist durch fossile Algen vertreten, die Fauna vor allem durch Foraminiferen. Unter den Makrofossilien sind besonders Exemplare von *Partschiceras* cf. *whiteavesi* zu erwähnen, ein Cephalopode aus der Gruppe der Ammoniten, die die Meere des Mesozoikums (vor 250–65 Mio. Jahren) beherrschten und dem heutigen *Nautilus* ähnlich waren. Im Gegensatz zu den restlichen Kanarischen Inseln, die klar voneinander getrennt sind, bilden Fuerteventura und Lanzarote eine gemeinsame vulkanische Einheit, die sich ab einer Tiefe von 3000 m vom Meeresboden erhebt und von Süd-Südwesten nach Nord-Nordosten ausgerichtet ist. Fuerteventura und danach Lanzarote waren die ersten Inseln, die die Meeresoberfläche erreichten, was durch einen Hot Spot ausgelöst wurde, der den kanarischen Archipel vor wenig mehr als 20 Mio. Jahren entstehen ließ. Heute werden die beiden Inseln durch die Meerenge von Bocaina voneinander getrennt. Allerdings werden dort keine Tiefen über 40 m gemessen. Während längerer geologischer Zeiträume war die Meereshöhe im Vergleich zu ihrem heutigen Niveau um mehr als 100 m abgesunken, was verdeutlicht, dass Fuerteventura und Lanzarote nicht nur eine gemeinsame vulkanische Einheit sind, sondern auch über einen langen Zeitraum ihrer geologischen Geschichte hinweg eine einzelne Insel bildeten.

Jener Teil des Reliefs von Fuerteventura, der sich durch sanfte Formen auszeichnet, ist durch ein vergleichsweise hohes Alter geprägt, während andere Bereiche durch quartäre eustatische Bewegungen und wenige jüngere Vulkanausbrüche gestaltet wurden. Lang andauernde Erosionsprozesse schufen große Barrancos und Täler, die durch konstante Sedimentablagerungen im Flussbett und an den Hängen ihre typisch U-Form erhielten. Auf derLeeseite besitzt die Insel einige flache Küstenabschnitte, wo man auch ausgedehnte Sandflächen mit Dünenfeldern finden kann (Abb. 312), während auf der Luvseite Steilküsten vorherrschen, die zeitweise einer starken Brandung ausgesetzt sind. Innerhalb der Insellandschaft heben sich besonders quartäre Formationen, wie Kalkkrusten „caliches“, äolische Sande „jables“ und die Schuttfelder an den Hängen hervor.

Von Morro Jable aus gelangt man beim Marsch zum Barranco Valle del Ciervo durch die einzigartigen Bestände der lokalendemischen *Euphorbia handiensis* (Abb. 76), die mit ihrer ebenmäßigen Verzweigung und reicher Bestachelung an Kakteen erinnert. Von dort führt der Weg talaufwärts zum Kamm des Jandía-Gebirges mit mehreren über 700 m hohen Erhebungen, darunter Fuerteventuras höchster Berg, der Pico de la Zarza (807 m). Hier fällt die sichelförmige Bergkette – Rest eines alten Vulkans – zu allen Seiten schroff mehrere hundert Meter ab. An ihren Hängen

Abb. 313 **Die Landschaft westlich von La Oliva zeigt die typischen Inselfarben: erdfarbene Braun-, Ocker- und Gelbtöne kontrastieren zum blauen Himmel.**

wächst Buschvegetation aus Lorbeerwaldelementen mit einigen Lokalendemiten, darunter *Argyranthemum winteri* (Abb. 86).

Ferner gibt es trockene, steppenartige, muldenförmige Täler und segmentbogenförmig verlaufende, kahle Bergketten der zentralen, nord- und südverlaufenden, etwa 35 km langen Betancuria-Mittelgebirge, die bis auf 800 m reichen und von Barrancos zerschnitten sind, vereinzelte Vulkankegel, da und dort Windmühlen, immer wieder Ziegenherden und wie hineingetupft in diese Öde kleine Ortschaften,die wie grüne Oasen wirken – schon bald nimmt uns der eigenwillige Reiz dieser Gegend gefangen. Schnell dahinziehende Wolkengebilde zaubern ein Licht- und Schattenspiel auf die Berge und lassen das Gestein in den unterschiedlichsten Rot- und Brauntönen aufleuchten (Abb. 313). Auf dem Weg zum Leuchtturm nach Jandía, zum äußersten Zipfel der langgestreckten Insel, führt zunächst fast schnurgerade und dann windungsreich die staubige Piste durch karges Land, in dem das Gelb der *Launaea arborescens*-Büsche zusammen mit dem Braun der verbrannten Erde die Hauptfarbtöne bilden.

„*Dieses Skelett aus Erde, felsige Eingeweide, die aus der Tiefe des Meeres emporsteigen, Vulkanruinen; dieses rötliche, vom Dunst gepeinigte Gerippe*! *Und doch, welche Schönheit! Ja, welche Schönheit!*“ Diese herbe Liebeserklärung schrieb Miguel de Unamuno (1864 bis 1936), als er auf der Insel 1924 als Verbannter lebte. Der Rektor der spanischen Universität von Salamanca war als Kritiker der Militärdiktatur von Primo de Rivera in Ungnade gefallen. Don Miguel, wie er auf Fuerteventura genannt wurde, gilt als ihr Inselpoet. Die Insel war für ihn eine „*Oase in der Wüste der Zivilisation*“. Und in einem Gedicht über *Launaea arborescens* (Abb. 116) schrieb er: „*Die Blume hat keine Blätter, verachtet den Laubschmuck, ist nicht mehr als ein Skelett einer stacheligen Pflanze. Sie ist der vollkommenste Ausdruck der Insel.*“

„*Oase warst du mir, gelobte Insel*“, schrieb er ebenfalls über dieses etwa 110 km lange und zirka 30 km breite sanfthügelige Eiland mit seiner kargen, aber dennoch faszinierenden Landschaft, dessen größtes touristisches Zentrum weit im Süden auf der Halbinsel Jandía liegt. Von Morro Jable über die Hotelstadt Jandía bis zur Costa Calma reihen sich Appartement-Anlagen, Bungalowsiedlungen, Ferienklubs und Hotes mit Swimmingpools aneinander, aufgelockert durch Grünzonen, Palmengärten und *Hibiskus*.

Die zweite große Urlauberstadt von Fuerteventura befindet sich ganz im Nordosten der Insel und heißt Corralejo, ein ehemaliges Fischerdorf. Vom Hafen gibt es eine Fährverbindung zur Nachbarinsel Lanzarote, außerdem verkehren Boote zum vorgelagerten, unbewohnten Vulkaninselchen Lobos, wo man noch selten gewordene Vogelarten beobachten kann. Zahlreiche etwa 100 m hohe Vulkankegel sowie Lavablockfelder, salzhaltige Lagunen und kleine feinsandreiche, helle Strände prägen das Bild dieser nicht mehr als 6 km^2 großen Insel. Ihren Namen hat sie den früher vorkommenden Seemönch-Robben (*Monachus albiventer*) zu verdanken, die von den Begleitern BETHENCOURTS von Lanzarote aus hier jagten, um Robbenfelle, „*peaux de loups marins*", zur Herstellung von Schuhen zu besorgen. Deswegen nannte man diese Insel „*Isle de Loups*", woraus im Spanischen „*Isla de Lobos*" wurde (KERL 1990).

3 km südlich von Corralejo lockt eine herrliche Sand- und Dünenlandschaft von 7 km Länge, die zum Glück unter Naturschutz gestellt wurde.

„*Une forte aventure*", ein schwieriges Abenteuer, nannte der Franzose JEAN DE BÉTHENCOURT seinen Eroberungszug, der ihn zwischen 1402 und 1405 mehrmals von Lanzarote aufbrechen ließ, um die Nachbarinsel Fuerteventura zu erobern. Vor der Kolonisierung war die Insel in zwei Königreiche unterteilt: die Halbinsel Jandía und die Hochebene der Maxorata. BÉTHENCOURT und sein Mitstreiter GADIFER DE LA SALLE erforschten zuerst das fruchtbare Gebiet von Vega de Río de Palmas. Hier siedelten die Kolonisatoren um 1405 einige hundert Bauern und Handwerker aus der Normandie an, um das Land zu bebauen und die erste Insel-Hauptstadt „Betancuria" zu errichten. Im 15. und 16. Jahrhundert hatten die Einwohner Fuerteventuras unter grausamen Piratenüberfällen zu leiden. Deshalb flüchteten viele Siedler ins Zentrum der Insel und gründeten Ortschaften wie Tuineje oder Pájara. Der Tourismus hat heute Fischfang und Landwirtschaft in den Schatten gedrängt. Die ehemaligen Fischerorte Morro del Jable und Corralejo haben sich in lebhafte Ferienzentren verwandelt. Viele der rund 20000 Majoreros, wie die Einwohner von Fuerteventura genannt werden, haben die Feldarbeit gegen die Betreuung der immer zahlreicher werdenden Feriengäste eingetauscht.

Erstes Ziel eines Inseltrips kann La Oliva im Norden sein, früher Inselhauptstadt, an dessen ruhmreiche Vergangenheit das stattliche Herrenhaus „Casa de los Coroneles" und die Pfarrkirche „Nuestra Señora de Candelaria" erinnern. Interessant daneben ist die „Casa Mané", ein Kulturzentrum, in dem Plastiken und Gemälde zeitgenössischer kanarischer Künstler gezeigt werden. Weiter geht es nach Antigua, dessen „Pueblo Majorero", ein Museumsdorf mit Werkstätten und Läden von Kunsthandwerkern, umgeben von einem Kakteengarten, ebenfalls einen Besuch wert ist. Mittelpunkt der Anlage bildet eine restaurierte Windmühle, die vom lanzarotischen Künstler CÉSAR MANRIQUE entworfen wurde. Im Inneren verbirgt sich das Feinschmeckerrestaurant „Escuela El Molino", das gleichzeitig Hotelfachschule ist. Köstliche Fischgerichte, Zicklein und Kaninchen stehen auf der Speisekarte.

Der ehemalige Königssitz der Ureinwohner und Hauptort des Königreichs Maxorata zählt heute mehr als 5000 Einwohner und ist damit die wichtigste Stadt im Norden der Insel. Sie wird von Getreidefeldern und der kargen Vulkanlandschaft des Malpaís de Arena umgeben

Südlich von La Oliva findet man nahe der Ortschaft Tindaya das Denkmal an den baskischen Dichter und Schriftsteller MIGUEL DE UNAMUNO (1864–1936).

Abb. 314 **Die weißen Windmühlen sind ein Wahrzeichen von Fuerteventura (hier Mühle bei Llanos de la Concepción). Sie dienten ursprünglich als Wasserpumpen.**

Abb. 315 **Iglesia de Santa María in Betancuria.**

In der südlich von Betancuria gelegenen Einsiedelei Ermita de Nuestra Señora de la Peña verehren die Insulaner ihre Schutzheilige Nuestra Señora de la Pena. Die wertvolle Alabasterstatue der Jungfrau ist ebenso sehenswert wie die Deckentäfelung der Kapelle. Zwischen Betancuria und Valle de Santa Ines schneiden sich die Schluchten ins Land, die den landschaftlich reizvollen „Parque Natural de Betancuria" bilden.

Die heute rund 2500 Einwohner zählende „zweite" Inselhauptstadt La Antigua liegt in einem fruchtbaren Tal am Fuße des Gebirges von Betancuria. Sehenswert sind die schöne Pfarrkirche und die beschaulichen Plätze mit ihren weißgekalkten, blumengeschmückten Häusern. Rund um Antigua stehen zwischen La Ampuyenta und Tuineje viele der weißen Windmühlen, die früher als Wasserpumpen dienten (Abb. 314). Einige Windräder erfüllen noch heute diese Funktion und schöpfen Wasser aus mehr als 100 m Tiefe. Andere Mühlengebäude dienen Künstlern als Atelier oder wurden in Mühlenrestaurants verwandelt, so wie die direkt am Ortsrand von Antigua gelegene Windmühle.

Das Schmuckstück der Ortschaft Pájara ist die weiß getünchte Pfarrkirche aus dem 17. Jahrhundert, deren Portal mit aztekischen Motiven dekoriert ist. Diese Ornamentik erinnert an die Handelsbeziehungen zwischen den Kanarischen Inseln und Mittelamerika. Eine schöne Deckentäfelung und die im Barockstil gefertigte Kanzel schmücken den Innenraum der Kirche. Von Pájara führt eine Straße über das winzige Dorf Ajuy zum Hafen Puerto de la Pena. In der Umgebung geben schlanke Palmen und Feigenkakteen der Landschaft ein afrikanisches Aussehen.

Ein kurzer Abstecher auf kurvenreicher Straße zum Panoramarestaurant „Mirador de Morro Velosa" in mehr als 600 m Höhe, von dem man einen grandiosen Rundblick hat, dann erreichen wir Betancuria, einstiger Bischofssitz, das als schönster Ort der Insel gilt und in einem fruchtbaren Tal, eingerahmt von Hügeln, liegt. Der gut erhaltene Dorfkern mit der dreischiffigen „Iglesia de Santa Maria", die sehenswerte Kunstschätze birgt, steht unter Denkmalschutz (Abb. 315). Der Inseleroberer Jean de Béthencourt wählte das wasserreiche und windgeschützte Tal am Fuße des Pico de Betancuria (645 m), um an dieser Stelle die erste Hauptstadt der Insel zu gründen. Zu den architektonischen Schönheiten der Stadt zählt die Kathedrale Santa María an der Plaza de Concepción. Der Innenraum wird von Ölgemälden italienischer und flämischer Meister geschmückt. Sehenswert sind die im andalusischen Mudejar-Stil gefertigte Kassettendecke über der Sakristei und die Kanzel mit den Figuren der vier Evangelisten. Das Banner der kastilischen Eroberer und eine Skulptur der Heiligen Catalina gehören ebenfalls zum Kirchenschatz. Das am Portal eingemeißelte Wappen des Erzbischofs erinnert daran, dass Betancuria früher Bischofssitz gewesen ist. Der hohe Glockenturm überragt die mit roten Dachziegeln bedeckten Häuser der Stadt. Das von zwei Kanonen flankierte Archäologische Museum stellt Funde aus der Stadt und Inselgeschichte aus, darunter Exponate aus der Zeit der Guanchen sowie Gemälde, Dokumente und Kunsthandwerk aus den Jahrhunderten nach der Kolonisierung.

Inseln des Lichts

„*Ein in den Atlantik geworfenes Stück afrikanische Sahara*“ – so definierte weiterhin Miguel de Unamuno die zweitgrößte Kanaren-Insel Fuerteventura. Auf der Insel leben afrikanische Kaninchen, Rebhühner und fast 30 000 Ziegen, die dem Autofahrer gerne vor die Stoßstange laufen. Zu Füßen der Berge träumen stille Einsiedeleien und schläfrige Dörfer mit weißen oder erdfarbenen, flachen Schachtelhäusern. Der beständig wehende Passatwind rüttelt an den Flügeln der weißen Windmühlen und türmt immer neue Wanderdünen auf. Fuerteventuras Entstehungsgeschichte war vor 20 Mio. Jahren abgeschlossen. Spätere Vulkanausbrüche vergrößerten die Fläche des Eilands. Die Vulkane haben ihre Tätigkeit jedoch seit langem eingestellt, und die Spuren der letzten Vulkantätigkeit sind weitgehend verwittert. Fuerteventura ist die Kanareninsel mit der niedrigsten Bevölkerungsdichte. Auf der Landzunge von Jandía leben weniger als 10 Einwohner pro km^2. Die geringe Niederschlagsmenge und die damit verbundene Wasserarmut sind heute das größte Problem der Insulaner. Eine moderne Wasseraufbereitungsanlage in der Hauptstadt Puerto del Rosario, Wasserauffangbecken, Brunnen und kleine Stauseen sorgen für die Bewässerung der Felder, auf denen Getreide, Tomaten, Zwiebeln und andere Gemüsearten gedeihen. Wälder sind auf Fuerteventura unbekannt, nur einzeln stehende Palmen und Kakteenhaine bilden oasenartige Flecken, die dem Inselbild einen afrikanischen Anstrich verleihen (Abb. 316). Schon im Jahre 1339 war „*La forte ventura*“ auf der Karte des Katalanen Dulcert verzeichnet.

Wir beginnen eine naturkundliche Inselrundreise im Süden auf der Jandía-Halbinsel: Ganz im Süden, hinter dem Dorf Puerto de la Cruz,

Abb. 316 **Oase mit Kanarenpalmen bei Pájara.**

befindet sich der Leuchtturm. Reizvoll ist auch der Abstecher nach Cofete, zur 12 km langen Playa de Barlovento de Jandía – ein Ziel zum Baden, Träumen und Sonne tanken. Die Sonne brachte der „Insel des Lichts" viele Touristen – und damit auch bescheidenen Wohlstand. Trotzdem ist Fuerteventura noch nicht überlaufen, selbst wenn im Dorf Morro Jable wegen der vielen Besucher zuweilen kein Parkplatz mehr zu finden ist. Die Hauptattraktion von Morro Jable ist die Promenade entlang des Meeres mit zahlreichen ausgezeichneten Fischrestaurants.

Am Istmo de la Pared, der etwa 6 km breiten, 8 km langen und 60 m hohen „Landenge der Mauer" verlassen wir die Halbinsel Jandía. Noch zu Beginn des Tertiärs trennte offenbar eine Meerenge beide Inselteile voneinander (Kerl 1990). Marine Treibsande von der nördlichen Barlovento-Küste haben mit fossilreichen Kalksanden hier mit etwa 45 km^2 das größte Dünengelände der Insel geschaffen (Abb. 312).

Das gesamte Dünengebiet der Insel steht sogar unter Naturschutz. Der feine,weiße Sand wurde nicht von der Sahara herüber geweht, sondern ist durch Kalkablagerungen von Meerestieren entstanden. Ein anderes wüstenähnliches Gelände erstreckt sich hinter der Costa Calma. Bis zum Horizont erhebt sich ein Meer aus blendend weißem Muschelsand. Eine fossile Dünenlandschaft, die im Zusammenspiel von Wind und Wasser im Verlauf von Millionen Jahren entstanden ist. Obwohl der Harmattan – oder Saharawind – das Land austrocknet, sieht man doch noch überraschend viele Pflanzen, die der Natur trotzen: etwa die dornige *Lycium intricatum*, die bonsaiartige *Euphorbia balsamifera* oder die vielgliedrigen Cardones. Interessant ist das Gran Valle mit wenigen, zerstreut auftretenden *Euphorbia regis-jubae*-Kandelabern. *Euphorbia canariensis* wird hier durch den Lokalendemiten *E. handiensis* ersetzt, einen bis zu 50 cm hohen und sehr stacheligen „Kaktustyp“, der zerstreut oder in Gruppen wächst (Kunkel 1965).

Und natürlich ist auch die Inselhauptstadt Puerto del Rosario, der „Rosenkranzhafen“, einen kurzen Besuch wert. Eine schmucke Stadt ist Rosario nicht – noch nicht. Um das Image der Stadt zu verbessern, wird an einem netteren Erscheinungsbild hart gearbeitet: Häuser werden gestrichen, Bäume gepflanzt und eine Promenade angelegt. Während in Rosario die Urlauber flanieren, haben nach den Surfern auch Mountainbiker die wüste Landschaft von Fuerteventura als Zielgebiet entdeckt. Die Insel hat für jeden Schwierigkeitsgrad etwas zu bieten. Zu den Highlights zählen die Touren durch die „Valles de Ortega“ und zum „Playa de los Muertos“. Puerto de Cabras (Ziegenhafen) nannten die Insulaner bis Mitte dieses Jahrhunderts die im Ostteil der Insel gelegene, 1797 gegründete Ortschaft. Der Name war zutreffend, denn bis Anfang des 19. Jahrhunderts zählte man an dieser Stelle nur eine Handvoll Häuser und mehr Ziegen als Einwohner. Mit der zunehmenden Entwicklung des Getreidehandels gewann der Hafen an Bedeutung und wurde 1860 aufgrund seiner günstigen Lage zur neuen Inselhauptstadt ernannt, nachdem zuerst Bétancuria und dann Antigua diese Rolle abtreten mussten. Ein schnelles Wachstum machte die Schaffung von neuem Wohnraum nötig, an die Errichtung von repräsentativen Bauwerken wurde dabei nicht gedacht. Heute ist Puerto del Rosario mit seinen mehr als 15 000 Einwohnern zwar die größte Stadt, in den großzügig angelegten Straßenzügen wird der Fremde jedoch vergebens nach historischen Sehenswürdigkeiten suchen.

Pflanzenvielfalt einer „Wüsteninsel“

In den letzten Artenlisten sind circa 670 Arten von Gefäßpflanzen für Fuerteventura aufgeführt (Wildpret de la Torre & Martin-Osorio 2000). Genau sind es 527 Vertreter der Dicotyledoneae, 126 der Monocotyledoneae, 17 Farne und eine Nadelholzart. Mit 90 Arten ist die Familie Asteraceae die am häufigsten vertretene, gefolgt von den Poaceae mit 77 Arten und den Fabaceae mit knapp 60. Ebenso gehören 31 Sippen der Caryophyllaceae, 29 der Brassicaceae und 26 der Chenopodiaceae der Flora von Fuerteventura an. Biogeographisch gesehen, befinden sich auf der Insel 41 Kanaren-Endemiten, 32 Ostkanaren-Endemiten und 15 Lokalendemiten. Der Rest der Flora besteht aus Sippen mit größerem Verbreitungsgebiet.

Es ist anzunehmen, dass sich die Zahl der Endemiten aufgrund der ständigen Einflussnahme der Tiere und Menschen verringert hat. Viele

Arten, die früher eine wichtige Rolle in der ursprünglichen Vegetation hatten, sind heute verschwunden. Einige von ihnen wurden wahrscheinlich niemals durch die Wissenschaft beschrieben. Nach einer jüngeren Studie über Material, das man aus einer der wichtigsten prähistorischen Ablagerungen der Insel entnommen hat, fand eine große Menge an Holz von *Olea europaea* ssp. *guanchica* und in geringerem Maße auch von *Laurus* bei den Ureinwohnern von Fuerteventura Verwendung als Feuerholz. Dies bestätigt, dass in jüngerer Vergangenheit möglicherweise in den am meisten durch den Nebel begünstigten Höhenlagen gebietsweise Lorbeerwälder vorhanden waren, und dass die Thermophilen Buschwälder mit einem hohen Anteil von *Olea europaea* ssp. *guanchica* einen Hauptanteil an der natürlichen Vegetation der Insel hatten.

Insgesamt 15 endemische Taxa charakterisieren den Sektor „Majorero" auf der Insel; davon sind 9 ausschließlich auf die Jandía-Halbinsel beschränkt (s. *):

***Aichryson bethencourtianum* (Crassulaceae)
***Aichryson pachycaulon* ssp. *pachycaulon* (Crassulaceae)
***Argyranthemum winteri* (Asteraceae)
Astragalus mareoticus var. *handiensis* (Fabaceae)
***Carduus bourgeaui* (Asteraceae)
Crambe sventenii (Brassicaceae)
Echium bonnetii var. *fuerteventurae* (Boraginaceae)
***Echium handiense* (Boraginaceae)
***Euphorbia handiensis* (Euphorbiaceae)
***Herniaria hartungii* (Caryophyllaceae)
Limonium ovalifolium ssp. *canariense* (Plumbaginaceae)
Asteriscus sericeus (Asteraceae)
***Ononis christii* (Fabaceae)
***Onopordon nogalesii* (Asteraceae)
Salvia herbanica (Lamiaceae)

In den terrestrischen Lebensräumen zeigt sich die Biodiversität auf Fuerteventura also am weitesten auf der Halbinsel von Jandía entwickelt. Darüber hinaus wachsen dort neun weitere Taxa, die außer auf Fuerteventura auch auf Lanzarote zu beobachten sind und deshalb als „endemismos purpurarios" bezeichnet werden: *Bupleurum handiense*, *Ferula lancerottensis*, *Limonium bourgeaui*, *Matthiola fruticulosa* var. *bolleana*, *Minuartia platyphylla*, *Reichardia famarae*, *Senecio bollei*, *Senecio leucanthemifolius* var. *falcifolius* und *Sideritis pumila*. Ebenfalls wurden in Jandía vereinzelte Exemplare einiger charakteristischer Arten der potentiellen Thermophilen Buschwälder („bosques termófilos") gefunden, sowie einige typische Arten der Lorbeer- und Baumheidebuschwälder („monteverde") inklusive der Mehrheit an Farnen und Felspflanzen, die in dieser Formation wachsen. Im übrigen haben sich auf den der Punta Jandía nahegelegenen Sandflächen auch die beiden einzigen endemischen Pflanzenassoziationen von Jandía ausgebildet: das *Euphorbietum handiensis* und das *Frankenio-Zygophylletum gaetuli*. Außerdem ist hervorzuheben, dass sich die schönsten *Euphorbia canariensis*-Bestände („cardonales") von Fuerteventura auf dieser Halbinsel befinden (Abb. 76).

Auf Fuerteventura lassen sich zusätzlich drei klimatisch bedingte Vegetationsstufungen voneinander unterscheiden:

- Eine Serie von *Euphorbia balsamifera* „tabaiba dulce" in den Barrancos im Norden der Insel (Lycio intricati-Euphorbio balsamiferae sigmetum), die durch wüstenartiges, der infra-thermomediterranen Stufe entsprechendes Klima bedingt ist.
- Eine Serie von *Euphorbia canariensis* „cardón" auf skelettreichen, felsigen Böden auf Lava in der Halbinsel von Jandía und am Montaña Cardones (Kleinio neriifoliae-Euphorbietum canariensis), die durch trockenes, der oberen inframediterranen- bzw. unteren semiariden Stufe entsprechendes Klima bedingt ist (Abb. 317).
- Eine Serie von *Olea europaea* ssp. *guanchica* „acebuche" auf tiefgründigen Böden (*Micromerio rupestris-Oleetum cerasiformis*), die durch trockenes, der unteren thermomediterranen- bzw. semiariden Stufe entsprechendes Klima bedingt ist. Durch seine frühere Nutzung ist er heute allerdings auf die höchsten und unzugänglichsten Bereiche beschränkt.

Abb. 317 **Die Cardonales am Barranco de Vinamar auf dem Weg zum Pico de la Zarza auf der Jandía-Halbinsel sind mit die größten des gesamten kanarischen Archipels.**

Auffällig ist die Salzvegetation in den Küstenabschnitten dieser Insel. Hier wollen wir die wichtigsten Typen differenzieren:

- Die „saladares de mato moro" (*Suaedetum verae*) bilden eine von Sträuchern bestimmte Pflanzengesellschaft, die oft auf zeitweise von salzhaltigem Wasser durchflossenen Böden der Barrancos anzutreffen ist.
- Der „saladar cespitoso encharcado" (*Sarcocornietum perennis*) ist eine von Hemikryptophyten bestimmte Pflanzengesellschaft der Salzmarschen unter ständigem Einfluss von Meerwasser. Auf der Insel Lobos befindet sich in dieser Assoziation der Lokalendemit *Limonium ovalifolium* ssp. *canariense* („siempreviva de Lobos").
- Der „saladar genuino" (*Zygophyllo fontanesii-Arthrocnemetum macrostachii*) ist an Küstenstandorten zu finden, die aufgrund der auftretenden Trockenheit, die durch die langfristig geringen Schwankungen der Gezeiten verursacht wird, eine hohe Salzkonzentration ihrer Böden aufweisen.
- Der „matorral halófilo costero de roca" (*Frankenio capitatae-Zygophylletum fontanesii*) wächst an extrem trockenen Felsstandorten der Küste mit beträchtlichem Salzeintrag.

Auf den Sandfeldern und Dünen sind folgende Vegetationstypen zu klassifizieren:

- Der „matorral halo-psammófilo de la Punta de Jandía" (*Frankenio-Zygophylletum gaetuli*) hat sich auf einem schmalen, vom Wind gepeitschten Gebiet der Punta de Jandía entwickelt und dient dort als Schutzschild zur Befestigung kleinerer Sandanhäufungen.
- Der „matorral nitro-psammófilo de llanos" (*Polycarpaeo niveae-Lotetum lancerottensis*) besiedelt Strände und Dünentäler sowie durch äolische Sande bedeckte Flächen.
- „Dunas con balancones" (*Traganetum moquinii*) findet man in der Regel auf den dem Meer am nähesten gelegenen Dünenkämmen gut entwickelter Dünenfelder.
- Die „comunidad psammófila de vaguada" (*Euphorbio paraliasi-Cyperetum capitati*) ist auf instabilen Sandflächen und in Dünentälern entwickelt, die durch ihre Nähe zum Meer eine erhöhte Salzkonzentration aufweisen.
- Der „herbazal nitro-halófilo de arenas" (*Salsolo kali-Cakiletum maritimae*) ist eine von Therophyten bestimmte Pflanzengesellschaft, die an sandigen Küsten vor allem im Spülsaum anzutreffen ist.

Man findet diese Pflanzengesellschaften in gleicher Ausprägung auch auf Lanzarote, La Graciosa und Alegranza. Als Gebüschformationen sind über Grundwasserlinien so genannte Galeriewälder auf dieser „Wüsteninsel" zu unterscheiden:

- Die „Palmerales" (*Periploco laevigatae-Phoenicetum canariensis*) sind aufgrund ihrer Nutzung ziemlich selten geworden und heute nur noch auf wasserführendem Gelände anzutreffen.

- „Tarajales“ (*Suaedo verae-Tamaricetum canariensis*) sind am Grund sowie an den Ausläufen von Barrancos ausgebildet. Außerdem findet man sie an Stränden und endorheischen Flächen in Küstennähe, wo sie einem unterschiedlichen Grad an Hydromorphierung sowie unterschiedlichen Salzkonzentrationen ausgesetzt sind.
- Die für die Insel repräsentativste Vegetation wird durch Pflanzengesellschaften gebildet, welche Sukzessionsstadien natürlicher Vegetation darstellen, die vor allem zur Klasse *Pegano harmalae-Salsoletea vermiculatae* gehört.

Am Beispiel von Fuerteventura haben wir gesehen, dass diese älteste Insel des Archipels wegen ihrer langen Eigenständigkeit und ihrer hohen Zahl von Inselendemiten eine besondere Note besitzt. Die Reste an naturnaher Vegetation befinden sich nur teilweise in Gebieten, in denen bereits einige Schutzmaßnahmen ergriffen werden. Daher gibt es immer noch zahlreiche wissenschaftlich interessante Bereiche außerhalb dieser Schutzzonen, die bereits als Schutzgebiete für das Natura 2000 Projekt vorgeschlagen worden sind und die einen dringenden Schutz benötigen.

Verzeichnisse

Literaturverzeichnis

ABDEL-MONEN, A., N. D. WATKINS & P. W. GAST (1972): Potassium-argon ages, volcanic stratigraphy and geomagnetic polarity history of the Canary Islands: Tenerife, La Palma and Hierro. – Am. J. Sci. 272: 805–825.

ALDRIDGE, A.E. (1978): Anatomy and evolution in the Macaronesian *Sonchus* subgenus *Dendrosonchus* (Compositae: Lactucaceae). – Bot. J. Linn. Soc. 76: 249–285.

ALDRIDGE, A.E. (1979): Evolution within a single genus: *Sonchus* in Macaronesia. – In: BRAMWELL, D. (Hrsg.): Plants and Islands: 279–291. – Academic Press, London.

ALMEIDA-PÉREZ, R. (1999): El Drago de Gran Canaria – Retrospectiva y comentarios de un hallazgo botánico „sorprendente". – Macaronesia 1: 50–56.

ANCOCHEA, E., J. M. FUSTER, E. IBAROLLA, A. CENTRERO, J. COELLO, F. HERNAN, J. M. CANTAGREL & C. JAMOND (1990): Volcanic evolution of the island of Tenerife (Canary Islands) in the light of new K-Ar-data. – Journ. Volc. Geotherm. Res. 44: 231–249.

ARAÑA, V. (2000): Vulkankatastrophen. Ein beherrschbares Risiko? – Spektrum der Wissenschaft 2: 68–75, Heidelberg.

ARAÑA, V. & J. C. CARRACEDO (1978): Los volcanes de las islas canarias. 1. Tenerife. – 151 S., Ied. Reseda, Madrid.

ARAÑA, V., J. C. CARRACEDO, J. M. CARABALLO, J. M. FÚSTER, L. GARCÍA CACHO & M. J. PELLICIER (1978a): Hoja 1.096–II (Tejina) y Memoria explicativa. Mapa geológico de España 1:25000. – I. G. M. E., Ministerio de Industria, 12 S., Madrid.

ARAÑA, V., J. C. CARRACEDO, J. M. CARABALLO, J. M. FÚSTER, L. GARCÍA CACHO & M. J. PELLICIER (1978b): Hoja 1.104–II (Santa Cruz de Tenerife) y Memoria explicativa. Mapa geológico de España 1:25000. – I. G. M. E., Ministerio de Industria, 18 S., Madrid.

ASCHAN, G., M. S. JIMÉNEZ, D. MORALES & R. LÖSCH (1994): Aspectos microclimáticos de un bosque de laurisilva en Tenerife. – Vieraea 23: 125–141.

AXELROD, D. I. (1975): Evolution and biogeography of Madrean-Tethyan Sclerophyll Vegetation. – Ann. Missouri Bot. Garden 62: 280–334.

BARKMAN, J. J. (1958): Phytosociology and ecology of cryptogamic epiphytes (including a taxonomic survey and description of their vegetation units in Europe). – Van Gorcum, 628 S., Hak, Prakke, Assen.

BARRENO, E. (1991): Phytogeography of terricolous lichens in the Iberian Peninsula and Canary Islands. – Bot. Chron. 10: 199–210.

BECKER, S. (1999): Biodiversität der Sukkulentenvegetation im Barranco de Tahodio auf der Kanareninsel Teneriffa. – Diplomarbeit, Inst. f. Geobotanik, 187 S., Universität Hannover.

BECKER, S., T. HIMSTEDT & W. WILDPRET DE LA TORRE (2000): Notas corológicas sobre *Bystropogon odoratissimum* Bolle. – Vieraea 28: 169–170.

BELTRAN TEJERA, E., W. WILDPRET DE LA TORRE, CATAUNA LEON ARENCIBIA, A. GRACIA GALLO & J. REYES HERNANDEZ (1999): Libro Rojo de Flora Canaria contenida en la Directiva Habitates Europea. – 694 S., La Laguna.

BENABID, A. & F. CUZIN (1997): Populations de dragonnier (*Dracaena drago* L. subsp. *ajgal* Benafid et Cuzin) au Maroc: Valerus taxonomique, biogeographique et phytosociologique. – Compt. Rend. Acad. Sci. Paris.,Scic. Vie 320: 267–277, Paris.

BERTHELOT, S. (1839): "Miscellanees canariensis". – In: WEBB, P. B. & S. BERTHELOT: Historie Nat. Iles Canaries 1(2): 185–194, Paris.

BEYHL, F. E. (1994): Sukkulente Schwalbenwurzgewächse der Kanaren. – Der Palmengarten 58: 115–119.

BEYHL, F. E. (1995): Der Drachenbaum und seine Verwandtschaft. II. Der echte Drachenbaum, *Dracaena cinnabari* von der Insel Sokotra. – Palmengarten 59: 140–195, Frankfurt.

BIONDI, E., M. ALLEGREZZA, F. TAFFETANI & W. WILDPRET DE LA TORRE (1994): La vegetazione delle coste basse sabbiose delle isole di Fuerteventura e Lanzarote (Isole Canariae, Spagna). – Fitosociologia 27: 107–121.

BOERGESEN, F. (1924): Contributions to the knowledge of the

vegetation of the Canary Islands (Tenerife and Gran Canaria). – Kgl. Danske Vidensk. Selsk. Skr., Nat.-Mat. Afd., 8. Rk., VI. 3: 283–391.

Böhle, U.-R., H. Hilger, R. Cereff & W.F. Martin (1994): Noncoding chloroplast DNA for plant molecular systematics at the infrageneric level. – In: Schierwater, B., B. Streit, G.P. Wagner & R. de Salle (Hrsg.): Molecular Ecology and Evolution: Approaches and Applications: 391–403, Basel.

Bolle, C. (1860): Addenda ad floram Atlantidis, praecipue insularum Canariensium Gorgadumque. – Bonplandia 8: 281– 282.

Bolle, C. (1893): Botanische Rückblicke auf die Inseln Lanzarote und Fuerteventura. – Bot. Jahrb. 16(2): 224–261.

Borgen, L. (1969): Chromosome Numbers of Vascular Plants from the Canary Islands, with Special Reference to the Occurence of Polyploidy. –Nytt Mag. Bot 16: 81–121.

Borgen, L. (1977): Check-list of chromosome numbers counted in Macaronesian vascular plants. – Oslo.

Borgen, L. (1979): Karyology of the Canarian Flora. – In: Bramwell, D. (Hrsg.): Plants and Islands. – S. 329–346, Academic Press, London.

Bornmüller, J. (1904): Ergebnisse zweier botanischer Reisen nach Madeira und den Canarischen Inseln. – Bot. Jahrb. 33: 387–492.

Boulos, L. (1967): Nomenclatural changes and new taxa in *Sonchus* from the Canary Islands. – Nytt Mag. Bot. 14: 7–18.

Boulos, L. (1968): The genus *Sonchus* and allied genera in the Canary Islands. – Cuad. Bot. 3: 19–26.

Boulos, L. (1972): Révision Systématique du Genre *Sonchus* L. s.l. I–III. – Bot. Not. 125: 287–319.

Bramwell, D. (1970): Generic delimination in the *Sempervivon*-group . – Nat. Cact. & Succ. Journal 25: 50–51.

Bramwell, D. (1972a): Endemism in the Flora of the Canarian Islands. – In: Valentine, d.h. (Hrsg.): Taxonomy, phytogeography and evolution. – S. 141 –159, Academic Press, London.

Bramwell, D. (1972b): A revision of the genus *Echium* in Macaronesia. – Lagascalia 2: 37–115.

Bramwell, D. (1973): Studies in the Genus *Echium* from Macaronesia. – Monogr. Biol. Canar. 4: 71–82.

Bramwell, D. (1975): Some morphological aspects of the adaptive radiation of Canary Island *Echium*-species. – Anal. Inst. Bot. Cavanilles 32: 241–254.

Bramwell, D. (1976): The endemic flora of the Canary Islands. Distribution, relationships and phytogeography. – In: Kunkel, G. (Hrsg.): Biogeography and ecology of the Canary Islands. S. 207–240, Junk-Verlag, Den Haag.

Bramwell, D. (1979, ed.): Plants and Islands. – Academic Press, 459 S, London.

Bramwell, D. (1985): Contribución a la biogeografía de las Islas Canarias. – Botánica Macaronésica 14: 3–34.

Bramwell, D. & Z. Bramwell (1976): Wild flowers of the Canary Islands. – Stanley Thornes Pub., 261 S, London.

Bramwell, D. & Z. Bramwell (1987): Flores Silvestres de las Islas Canarias. – Rueda, 376 S., Madrid.

Bramwell, D. & Z. Bramwell (1987): Historia Natural de las Islas Canarias – Guía Básica. – Rueda, 294 S., Madrid.

Bramwell, D., C.J. Humphries, B.G. Murray & S.J. Owens (1972): Chromosome Studies in the Flora of Macaronesia. – Bot. Noticer 125: 139–152.

Bramwell, D. & I. B. Richardson (1973): Floristic Connections between Macaronesia and the East Mediterranean Region. – Monogr. Biol. Canar. 4: 118–125.

Bramwell, D., J.R. Pérez de Paz & J. Ortega (1976): Studies in the Flora of Macaronesia: Some chromosome numbers of flowering plants. – Bot. Macar. 1: 9–16.

Braunsberger-von der Brelie, E. & P. O. Schulz (1992): dtv Merian Reiseführer: Kanarische Inseln. – 2. Aufl, dtv, 279 S., München.

Bravo, T. (1964): Geografía General de las Islas Canarias. 2 Bde, St. Cruz de Tenerife.

Bruyns, P. (1985): The genus *Ceropegia* on the Canary Islands (*Asclepiadaceae*: *Ceropegieae*). A morphological and taxonomic account. – Beitr. Biol. Pflanzen 60: 427–458.

Buch, L. v. (1825): Physicalische Beschreibung der Canarischen Inseln. – 1. Aufl., Berlin.

Burchard, O. (1929): Beiträge zur Ökologie und Biologie der Kanarenpflanzen. – Bibl. Bot. 98: 1–262, 78 Tafeln, Stuttgart.

Byström, K. (1960): *Dracaena draco* L. in the Cape Verde Islands. – Acta Horti Gotoburgensis 23: 179–214.

CABILDO INSULAR DE TENERIFE (1998): CD-Map Tenerife. Aplicación de Visualización y Consulta del Sistema de Información Geográfica. Versión 1.0. – CD-ROM.

CARLQUIST, S. (1974): Island Biology. – New York, London.

CARRACEDO, J. C. (1979): Paleomagnetismo e historia volcánica de la isla de Tenerife. – Aula de Cultura del Cabildo Insular de Tenerife.

CARRACEDO, J. C. (1988a): Marco geodinámico. – In: AFONSO, L. (Hrsg.): Geografía de Canarias, Vol. 1: Geografía física. 2. Aufl.: 29–38. Ed. Interinsular Canaria, Santa Cruz de Tenerife.

CARRACEDO, J. C. (1988b): Etapas en la formación de las Canarias. – In: AFONSO, L. (Hrsg.): Geografía de Canarias, Vol. 1: Geografía física. 2. Aufl.: 39–54. Ed. Interinsular Canaria, Santa Cruz de Tenerife.

CARRACEDO, J. C. (1988c): Tenerife: El edificio insular. – In: AFONSO, L. (Hrsg.): Geografía de Canarias, Vol. 5: Geografía comarcal (Tenerife, Gran Canaria). 2. Aufl.: 11–19. Ed. Interinsular Canaria, Santa Cruz de Tenerife.

CASPER, S. J. (2000): Die Geschichte des Kanarischen Drachenbaumes in Wissenschaft und Kunst. Vom *Arbor Gadensis* des POSIDONIUS zur *Dracaena draco* L. – Hausknechtia, Beiheft 10: 128 S., Jena.

CEBALLOS FERNÁNDEZ DE CÓRDOBA, L., & F. ORTUÑO MEDINA (1951): Estudio sobre la Vegetación y la Flora Forestal de las Canarias occidentales. – 465 S., Madrid.

CEBALLOS, L. & F. ORTUÑO (1976): Estudio sobre la vegetación y flora forestal de las Canarias Occidentales. – 2. Aufl., Cabildo Insular de Tenerife, 433 S., Santa Cruz de Tenerife.

CHRIST, H. (1885): Vegetation und Flora der Canarischen Inseln. – Engler's Botanische Jahrbücher, Bd. 6.

CIFERRI, R. (1962): La laurisilva canaria: una paleoflora viviente. – Ric. Sci., Ser. 2, 32(1): 111–134.

COSTA, M. (1997): Biogeografía. In: J. IZCO et. al., Botánica: 683–742. McGrawl-Hill-Interamericana de España, S.A.U. Madrid.

CRIADO, C. (1988a): El relieve erosivo. – In: AFONSO, L. (Hrsg.): Geografía de Canarias, Vol. 1: Geografía física. 2. Aufl.: 105–142. Ed. Interinsular Canaria, Santa Cruz de Tenerife.

CRIADO, C. (1988b): Tenerife: Área metropolitana: Macizo de Anaga. – In: AFONSO, L. (Hrsg.): Geografía de Canarias, Vol. 5: Geografía comarcal. 2. Aufl.: 42–48. Ed. Interinsular Canaria, Santa Cruz de Tenerife.

DANSEREAU, P. (1968): Macaronesian studies II. Structure and function of the laurel forest in the Canaries. – Collect. Bot. 7(1): 227–280.

DE NICOLAS, J.P., J.M. FERNÁNDEZ-PALACIOS, F.J. FERRER & E. DE NIETO (1989): Inter-island floristic similarities in the Macaronesian region. – Vegetatio 84: 117–125.

DEIL, U. & K. MÜLLER-HOHENSTEIN (1984): Fragmenta Phytosociologica Arabia-Felicis I – Eine *Euphorbia balsamifera*-Gesellschaft aus dem jemenitischen Hochland und ihre Beziehung zu makaronesischen Pflanzengesellschaften. – Flora 175: 407–426.

DEL ARCO AGUILAR, M. J. (1989): El orígen de la flora Canaria. – Quercus 41: 14–21.

DEL ARCO AGUILAR, M. J., J. R. ACEBES GINOVÉS & W. WILDPRET DE LA TORRE (1983): Colonización vegetal de las arenas saharianas de la playa de Las Teresitas, Tenerife (I. Canarias). *Ononido-Cyperetum capitati* Wildpret, del Arco & Acebes; ass.nov. – Vieraea 12(1–2): 349–357.

DEL ARCO AGUILAR, M. J., & W. WILDPRET DE LA TORRE (1983): *Fayo-Ericetum arboreae* Oberd. 1965 subas. *telinetosum* subas. nov., *Telinetum canariensis* as.nov. y *Telinetum spachianae* as.nov., nuevas comunidades vegetales para la isla de Tenerife (I. Canarias). – Vieraea 12(1–2): 329–338.

DEL ARCO AGUILAR M. J., P. L. PÉREZ DE PAZ & W. WILDPRET DE LA TORRE (1987): Contribución al conocimiento de los pinares de la isla de Tenerife. – Lazaroa 7: 67–84.

DEL ARCO AGUILAR, M. J., J. F ARDÉVOL GONZÁLEZ & P. L. PÉREZ DE PAZ (1990): Contribución al conocimiento de la vegetación de Icod de Los Vinos. Tenerife (Islas Canarias). – Vieraea 19: 63–94.

DEL ARCO AGUILAR, M. J., P. L. PÉREZ DE PAZ, W. WILDPRET DE LA TORRE, V. LUCIA SAUQUILLO & M. SALAS PASQUAL (1990): Atlas Cartografico de los Pinares canarios: I. La Laguna y El Hiero. – Gobierno de Canarias, 90 S., Santa Cruz de Tenerife.

DEL ARCO AGUILAR, M. J., & W. WILDPRET DE LA TORRE (1991): Contribución al conocimiento de la vegetación litoral del

Archipiélago Canario. I. Las comunidades de *Ruppia maritima*, *Salsola oppositifolia*, *Zygophyllum fontanesii* y *Z. gaetulum*. Homenaje al Profesor Dr. Telesforo Bravo. Tomo I: 97–116. Secretariado Publicaciones Universidad La Laguna.

Del Arco Aguilar, M. J., P. L. Pérez de Paz, O. Rodriguez, M. Salas Pascqual & W. Wildpret de la Torre (1992): Atlas cartografico de los pinarios: II. Tenerife. – 228 S., Santa Cruz de Tenerife.

Del Arco Aguilar, M. J., P. L. Pérez de Paz, O. Rodríguez Delgado, M. Salas Pascual & W. Wildpret de la Torre (1992): Atlas Cartográfico de los Pinares Canarios: II. Tenerife. – 228 pp. + 44 mapas, Dirección General de Medio Ambiente y Conservación de la Naturaleza, Consejería de Política Territorial, Gobierno de Canarias.

Del Arco Aguilar, M. J., P. L. Pérez de Paz, O. Rodríguez Delgado, M. Salas Pascual & W. Wildpret de la Torre (1992): Atlas cartográfico de los pinares canarios: II. Tenerife. – Gobierno de Canarias, S./C. de Tenerife.

Del Arco Aguilar, M. J., J. R. Acebes Ginovés & P. .L. Pérez de Paz (1996): Bioclimatology and climatophilous vegetation of the Island of Hierro (Canary Islands). – Phytocoenologia 26(4): 445–479.

Del Arco Aguilar, M. .J., A. Marrero Rodríguez, P. Oromí Masoliver, O. Rodríguez Delgado & F. J. González Artiles (1997): Hábitats de Canarias: Monteverde, Pinares y Alta montaña. – In P. L. Pérez de Paz (ed.), Máster en Gestión ambiental, Ecosistemas insulares canarios. Usos y aprovechamientos en el territorio, vol I: 217–227.

Del Arco Aguilar, M. J., Rodríguez O., M. A. Díaz, P. L. Pérez de Paz, J. A. Sevilla & J. A. Reyes Betancort (1999): Vegetación canaria. Propuesta para unificar criterios cartográficos. – Vieraea 27: 121–131.

Del Arco Aguilar, M., J. R. Acebes, P. L. Pérez de Paz & M. C. Marrero (1999): Bioclimatology and climatophilous vegetation of Hierro (part 2) and La Palma (Canary Islands). – Phytocoenologia 29(2): 253–290.

Del Arco Aguilar, M., M. Salas, J. R. Acebes, M. del C. marrero, J. A. Reyes-Betancort & P. L. Pérez de Paz (2002): Bioclimatology and climatophilous vegetation of Gran Canaria (Canary Islands). – Ann. Bot. Fenn. 39: 41–56, Helsinki.

DFG (1985): Mitteilungen der Deutschen Forschungsgemeinschaft 2: 6–9, Bonn-Bad Godesberg.

Dietz, R.S. & W.P. Sproll (1970): East Canary Islands as a Microcontinent within the Africa-North America Continental Drift fit. – Nature 226: 1043–1045.

Dirkse, G. M., A. C. Boumann & A. Losada-Lima (1993): Bryophytes of the Canary Islands, an annotated checklist. – Cryptogamie, Bryologie, Lichénologie 14: 1–47.

Dirkse, G. M. & A. C. Boumann (1996): A revision of *Rhynchostegiella* (Musci, *Brachytheciaceae*) in the Canary Islands. – Lindbergia 20(2–3): 109–121.

Egea, J. M.; C. Hernández-Padrón & X. Llimona (1987): Aportación al conocimiento de las comunidades de líquenes saxícolas de los pisos inferiores de Tenerife (Canarias). – Bullt. Inst. Cat. Hist. Nat. 54 (Sec. Bot., 6): 37–53.

Ehrig, F.R. (1998): Die Hauptvegetationseinheiten der Kanarischen Inseln im bioklimatischen Kontext. – Kieler Geogr. Schriften Bd. 97: 67–115.

Ellenberg, H. (1956): Aufgaben und Methoden der Vegetationskunde. – In: Walter, H. (Hrsg.): Einführung in die Phytologie, Bd. 4, Teil 1. Ulmer, 136 S., Stuttgart.

Ellenberg, H. (1981): Reason for stem succulents being present or absent in the arid region of the world. – Flora 171: 114–169.

Ellenberg, H. (1996): Vegetation Mitteleuropas mit den Alpen. 5. Auflage. – Ulmer, 1095 S., Stuttgart.

Engler, A. (1879): Versuch einer Entwicklungsgeschichte der extratropischen Florengebiete der nördlichen Hemisphäre. – Leipzig.

Engler, H. A. G. (1910): Über die Vegetation der Kanarischen Inseln. – In: Die Pflanzenwelt Afrikas 1(67): 822–866.

Esquivel, J. L. M., M. Garcia Court, C. E. Redondo Rojas, J. Garcia Fernandez & J. Carralero Jaime (1995): La Red Canaria de Espacios Naturales Protegidos. – Textband u. Tabellenband, Medio Ambiente Canarias, 412 S., La Laguna.

Esquivel, J. L. M., W. Wildpret de la Torre & A. Machado-Carrillo (1999): Canarias Parques Rurales y Naturales. – 253 S., Lunwerg Ed., Barcelona.

Esteve Chueca, F. (1968): Datos

para el estudio de las clases *Ammophiletea*, *Juncetea* y *Salicornietea* en las Canarias Orientales. – Collect. Bot. 7(15): 303–323, Barcelona.

ESTEVE CHUECA, F. (1969): Estudio de las alianzas y asociaciones del orden *Cytiso-Pinetalia* en las Islas Canarias Orientales. – Bol. Real Soc. Esp. Hist. Nat. (Biol.) 67: 77–104.

ESTEVE CHUECA, F. (1972): Nuevas referencias a la vegetación litoral de Gran Canaria. *Lotus lancerottensis* Webb & Berth. ssp. *kunkelii* ssp. nov.. – Cuad. Bot. Canar. 14/ 15: 43–48, Las Palmas de Gran Canaria.

ESTEVE CHUECA, F. (1973): Estudio de las asociaciones *Spartocytisetum nubigeni* (Oberd. 1965) emend. y *Sideriti-Pinetum canariensis* ass. nov. en las islas Canarias. – Trab. Dep. Bot. Univ. Granada 2(1): 3–9.

ESTEVE CHUECA, F. (1973): Sinopsis de las Alianzas y Asociaciones en la Clase *Cytiso-Pinetea* y Orden *Cytiso-Pinetalia*. – Monogr. Biol. Canar. 4: 89–92.

ESTEVE CHUECA, F. (1983): Breves notas sobre plantas y comunidades de Gran Canaria. – Lazaroa 5: 157–164.

ESTEVE CHUECA, F., & O. SOCORRO ABREU (1977): Estudio fitosociológico de los prados áridos y otras comunidades vegetales de Lanzarote (Islas Canarias). – Bot. Macar. 3: 85–97.

EVERS, A.M.J. (1964): Das Entstehungsproblem der makaronesischen Inseln und dessen Bedeutung für die Artentstehung. – Ent. Bl. 60: 81–87.

EVERS, A.M.J. (1966): Probleme der geographischen Verbreitung und der Artbildung auf den atlantischen Inseln. – Dt. Entomolog. Zeitschr, N.F. 13: 299–305.

EVERS, A.M.J., K. KLEMMER, I. MÜLLER-LIEBENAU, P. OHM, R. REMANE, P. ROTHE, R. ZUR STRASSEN & D. STRUHAN (1970): Erforschung der mittelatlantischen Inseln. – Umschau 6: 170–176.

EVERS, A.M.J., P. OHM & R. REMANE (1973): Ergebnisse der Forschungsreise auf die Azoren 1969. I. Allgemeine Gesichtspunkte zur Biogeographie der Azoren. – Bol. Mus. Munic. Funchal 27: 5–17.

FAVARGER, C. & J. CONTANDRIOPOULOS (1961): Essai sur l'endémisme. – Ber. Schweiz. Bot. Ges. 71: 384–408.

FERNANDEZ, A. (1998): Guía de visita del Parque Nacional de Garajonay. La Gomera. – Parques Nacionales, Ministerio de Medio Ambiente, 161 S., Madrid.

FERNÁNDEZ CALDAS, E., M. L. TEJEDOR SALGUERO & P. QUANTIN (1982): Suelos de regiones volcánicas: Tenerife, Islas Canarias. – Secretariado de Publicaciones, Universidad de La Laguna. Collección Viera y Clavijo 4: 250 S.

FERNÁNDEZ, M. & A. SANTOS (1983): La vegetación litoral de Canarias. 1. *Arthrocnemetea*. – Lazaroa 5: 143–155.

FERNÁNDEZ CALDAS, E. & M. L. TEJEDOR (1988): Los suelos. – In: AFONSO, L. (Hrsg.): Geografía de Canarias, Vol. 1: Geografía física. 2. Aufl.: 243–256. Ed. Interinsular Canaria, Santa Cruz de Tenerife.

FERNÁNDEZ GALVÁN, M. (1983): Esquema de la vegetación potencial de la Isla de Gomera. – Proc. II Congr. Int. Fl. Macar. (19–25 de Junho de 1977): 269–293, Funchal.

FERNÁNDEZ GALVÁN, M. & A. SANTOS GUERRA (1984): La vegetación del litoral de Canarias. I. *Arthrocnemetea*. – Lazaroa 5 (1983): 143–155.

FERNÁNDEZ-GONZÁLEZ, F. (1997): Bioclimatología. – In: J. IZCO et al.: Botánica: 607–682. McGrawl-Hill-Interamericana de España, S.A.U., Madrid.

FERNANDEZ-PALACIOS, J. M. (1992): Climatic responses of plant species on Tenerife, The Canary Islands. – Journ. Vegetat. Science 3: 595–602.

FERNANDEZ-PALACIOS, J. M. & J. P. DE NICOLAS (1995): Altitudinal pattern of vegetation variation on Tenerife. – Journ. Vegetat. Science 6: 183–190.

FERNANDEZ-PALACIOS, J. M. & A. DE LOS SANTOS (1996): Ecología de las Islas Canarias. Muestro y análisis de poblaciones y comunidades. – Sociedad La Cosmologica, Santa Cruz de la Palma, Islas Canarias.

FERNANDOPULLÉ, D. (1976): Climatic characteristics of the Canary Islands. – In: KUNKEL, G. (Hrsg.): Biogeography and ecology in the Canary Islands: 185–206. Junk, The Hague.

FOLLMANN, G. (1993): Vorarbeiten zu einer Monographie der Flechtenfamilie *Roccellaceae* (*Opegraphales, Ascolichenes*). IX. Bestandsaufnahme und Verbreitung, Haushalt und Vergesellschaftung, Gefährdung und Schutz der makaronesischen Sippen. – Courier Forsch.-Inst. Senckenberg 159: 175–193.

FRANKENBERG, P. (1978): Lebensformen und Florenelemente im nordafrikanischen Trockenraum. – Vegetatio 37(2): 91–100.

Frey, W., J.-P. Frahm, E. Fischer & W. Lobin (1995): Die Moos- und Farnpflanzen Europas. 6. neu bearb. Aufl. – In: Gams, H. (Hrsg.): Kleine Kryptogamenflora. Band IV. Fischer, 426 S., Stuttgart, Jena, New York.

Frey, W. & R. Lösch (1998): Lehrbuch der Geobotanik; Pflanzen und Vegetation in Raum und Zeit. – 1. Aufl., Fischer Verlag, 436 S., Stuttgart.

Fuster, J. M., V. Araña, J. L. Brandle, J. M. Navarro, U. Alonso & A. Aparico (1968): Geología y volcanología de las Islas Canarias, Tenerife. – Instituto Lucas Mallada, C. S. I. C., 218 S., Madrid.

Gaisberg, M. v. (2000): A revision of *Teucrium heterophyllum* L. `Hér. with two new subspecies of the Canary Islands. – Willdenowia 31: 263–271.

Gaisberg, M. v. & C. Stierstorfer (2001): La fitodiversidad de El Hierro. – Medio Ambiente Canarias 22: 3–6, Las Palmas de Gran Canaria.

Gandullo, J. M., A. Bañares, A. Blanco, M. Castroviejo, A. Fernández López, L. Muñoz, O. Sánchez Palomares & R. Serrada (1991): Estudio ecológico de la Lauri-silva Canaria. – Collección técnica, ICONA, 189 S., Madrid.

García Casanova, J., & W. Wildpret de la Torre (1991): Sobre la presencia de *Cakile marítima* Scop. y de *Ononis tournefortii* Coss. en la costa de El Médano, Granadilla (Tenerife). – Vieraea 19: 347–348.

García Casanova, J., O. Rodríguez Delgado, W. Wildpret de la Torre (1996): Montaña Roja: Naturaleza e Historia de una Reserva Natural y su entorno (El Médano-Granadilla de Abona). – Ayuntamiento de Granadilla de Abona, Viceconsejería de Medio Ambiente, 412 pp., Centro de la Cultura Popular Canaria.

García Gallo, A. (1988): Flora y vegetación del municipio de La Laguna (Tenerife): Àrea central y meridional. – Dissertation. Dept. de Biología Vegetal (Botánica), 308 S., Universidad de La Laguna.

García Gallo, A., W. Wildpret de la Torre, M. Del Arco Aguilar & P. L. Pérez de Paz (1989): Sobre la presencia de *Ulex europaeus* en la isla de Tenerife. – Bol . Soc. Broteriana, Ser. 2, 62: 221–225.

García Gallo, A. & W. Wildpret de la Torre (1990): Estudio floristico y fitosociológico del bosque de Madre de Agua en Agua García (Tenerife). – Homenaje al Prof. Dr. Telesforo Bravo 1: 307–347.

García Gallo, A. & W. Wildpret de la Torre (1991): Estudio floristico y fitosocoiológico del bosque de Madre del Agua en Agua García (Tenerife). Homenaje al Profesor Dr. Telesforo Bravo. – Tomo I: 307–348, Secretariado Publicaciones Universidad La Laguna.

García Gallo, A., O. Rodríguez Delgado, W. Wildpret de la Torre & E. Carqué Álamo (1992): Contribución al estudio de la Clase *Parietarietea judaicae* Rivas-Martínez in Rivas Goday (1955) 1964 em.nom. Oberdorfer 1977 en las Islas Canarias. – Documents phytosociologiques 13: 239–246.

García Gallo, A.; W. Wildpret de la Torre & M. T. Jimenez-Felipe (1994): Vegetación actual del Monte Verde en el sotobosque de las plantaciones de especies forestales foraneas en la Isla de Tenerife (Canarias). – Anais do Instituto Superior de Agronomia : 783–790.

García Gallo, A. (1997): Flora y vegetación del municipio de La Laguna (Tenerife): Àrea central y meridional. – 283 S., Exmo. Ayuntamiento de San Cristobál de La Laguna.

García Gallo, A., W. Wildpret de la Torre, E. Carqué Álamo & M. T. Jiménez Felipe. (1997): Ornamental flora introduced and naturalized in Tenerife. – Proceeding Book IAVS Symposium Tenerife 12–16 April 1993: 75–91.

García-Gallo, A., W. Wildpret de la Torre, O. Rodríguez-Delgado, P. L. Perez de Paz, M. C. León Arencibia, C. Suárez-Rodríguez & J. A. Reyes-Betancort (1999): El xenófito *Pennisetum setaceum* en las Islas Canarias (Magnoliophyta, Poaceae). – Vieraea 27: 133–158.

García, J.-L. (1988a): El espacio agrario. – In: Afonso, L. (Hrsg.): Geografía de Canarias, Vol. 3: Geografía económica – Aspectos sectorales. 2. Aufl.: 10–40. Ed. Interinsular Canaria, Santa Cruz de Tenerife.

García, J.-L. (1988b): Recursos forestales. – In: Afonso, L. (Hrsg.): Geografía de Canarias, Vol. 3: Geografía económica – Aspectos sectorales. 2. Aufl.: 170–180. Ed. Interinsular Canaria, Santa Cruz de Tenerife.

García Rodriguez, J.-L., Hernandez, J. (1990): Atlas interinsular de Canarias. – 126. S., Santa Cruze de Tenerife.

Géhu, J. M. & E. Biondi (1995): Essai de typologie phytosociologique des habitats et des végétations halophiles des littoraux sédimentaires périméditerranéens et thermo-atlantiques. – Fitosociologia 30: 201–221.

Géhu, J. M., E. Biondi, J. Géhu-Franck, F. Hendoux & L. Mossa (1996): Apport à la connaissance de la végétation du littoral marocain sud-occidental: Les communautés végétales psammophiles des dunes et placages sableux du Maroc macaronésien. – Bull. Soc. Bot. Centre-Ouest. 27: 179–214.

Geo-Special (1998): Kanarische Inseln. – No. 5, 174 S.

Gessner, B. (1986): Standortsökologische Untersuchungen an *Plocama pendula* Ait. (*Rubiaceae*) auf Teneriffa (Kanarische Inseln). – Beitr. Biol. Pflanzen 61: 117–144.

Gil Rodríguez, M. C., J. Afonso Carrillo & W. Wildpret de la Torre (1982): Ocurrence de *Halophila decipiens* Ostenfeld on Tenerife, Canary Islands. – Aquat. Bot. 12: 205–207.

Gil Rodríguez, M. C., J. Afonso Carrillo & W. Wildpret de la Torre (1987): Praderas submarinas de *Zostera noltii* (*Zosteraceae*) en las Islas Canarias. – Vieraea 17: 143–146.

Gil González, M. L.; C. E. Hernández Padrón & P. L. Pérez de Paz (1990): Catálogo de los líquenes epifíticos y terrícolas del Bosque Madre del Agua (Agua García, Tenerife, Islas Canarias). – Vieraea 19: 95–110.

Gilmer, K. & J.W. Kardereit (1989): The biology and affinities of *Senecio teneriffae* Schulz Bip., an annual endemic from the Canary Islands. – Bot. Jahrb. Syst. 111: 263–373.

González Henríquez, M. N., J. D. Rodrigo Pérez & C. S. Suárez Rodríguez (1986): Flora y vegetación del Archipiélago Canario. – Edirca, 335 S., Las Palmas de Gran Canaria.

González-Mancebo, J. M., E. Beltrán Tejera, A. Losada-Lima & A. Sánchez-Pinto (1996): La vida vegetal en las lavas historicas de Canarias, colonización y recubrimiento vegetal con especial referencia al Parque National de Timanfaya. – Organismo Autónomo, Parques Nationales de Espana, Madrid.

Grabherr, G. (1997): Farbatlas Ökosysteme der Erde. – Eugen Ulmer, 364 S., Stuttgart.

Grisebach, A. (1873): Die Vegetation der Erde nach ihrer klimatischen Anordnung. 2 Bde. – Leipzig.

Guppy, H.B. (1921): The testimony of the endemic species of the Canary Islands in favor of the Age and Area Theory of Dr. Willis. – Ann. Bot. 25: 513–517.

Haeckel, E. (1870): Eine Besteigung des Pik von Teneriffa. – Zeitschr. Ges. Erdk. 5: 1–28. Berlin.

Haeupler, H. (1982): Evenness als Ausdruck der Vielfalt in der Vegetation. – Cramer, Vaduz. Dissertationes Botanicae 65: 268 S.

Haeupler, H. (1998): Ein Vergleich zwischen "echten Inseln" und Habitatisolaten. – Braunschweiger Geobot. Arbeiten 5: 39–50.

Hafellner, J. (1995): A new checklist of lichens and lichenicolous fungi of insular Laurimacaronesia including a lichenological bibliography for the area. – Fritschiana 5: 132 S.

Hähnel, W. (1992): Geologie und Vulkanismus auf Teneriffa. – La Laguna.

Hansen, A. & P. Sunding (1985): Flora of Macaronesia. Checklist of vascular plants. – Sommerfeltia 1: 167 S.

Hansen, A. & P. Sunding (1993): Flora of Macaronesia. Checklist of vascular plants. 4th rev. ed. – Sommerfeltia 17: 1–295

Hausen, H. (1962): New Contributions to the Geology of Grand Canary. – Soc. Sci. Fennica, Comm. phys. math. 27(1): 418 S., Helsinki-Helsingfors.

Hedberg, D (1961): Monograph of the genus *Canarina* L. (Campanulaceae). – Jv. bot. Tidskr. 55: 17–62.

Hempel, L. (1980): Studien über fossile und rezente Verwitterungsvorgänge im Vulkangestein der Insel Fuerteventura (Islas Canarias). – Forschungsberichte des Landes Nordrhein-Westfalen Nr. 2927, Westdeutscher Verlag, 32 S., Opladen.

Hernandez-Pacheco, A. (1971): Nota previa sobre el Complejo basal de la Isla de la Palma (Canarias). – Estudio Geologicos 27: 255–265.

Himstedt, T. (1999): Der Vegetationskomplex des „Monte Verde" im Barranco de Tahodio auf der Kanareninsel Teneriffa. – Diplomarbeit, 207 S., Institut für Geobotanik, Universität Hannover.

Himstedt, T, J. Hüppe & W. Wildpret de la Torre (2000): Phytodiversität im Lorbeerwald „Monte de Aguirre" (Anaga-Gebirge, Teneriffa). – Ber. Reinhold-Tüxen-Ges. 12: 405–408.

Hobohm, C. (2000): Biodiversität . – UTB, Quelle und Meyer, 214 S., Heidelberg.

Hohenester, A. & W. Welss (1993): Exkursionsflora für die Kanarischen Inseln mit Ausblicken auf ganz Makaronesien. – Verlag Eugen Ulmer, 374 S.

Höllermann, P. (1982): Studien zur aktuellen Morphodynamik und Geoökologie der Kanareninseln Teneriffa und Fuerteventura. – Abh. Akad. Wiss. Göttingen, math. phys. Kl. 34(3): 406 S., Göttingen.

Höllermann, P. (1995): Wald- und Buschbrände auf den westlichen Kanarischen Inseln. – Abh. Akad. Wiss. Göttingen 46: 184 S., Göttingen.

Hooker, J. D. (1866): Considérations sur les flores insulares. – Ann. Sci. Nat. 5 sér. 6: 267–299.

Hooker, J. D. (1878): On the Canarian Flora as compared with the Maroccan. – In: Hooker, J.D. & J. Ball (Hrsg.): Journal of a tour in Marocco and the Great Atlas. Appendix E, S. 404–421, London.

Hübl, E. (1988): Lorbeerwälder und Hartlaubwälder (Ostasien, Mediterraneis und Makaronesien). – Düsseldorfer Geobot. Kolloq. 5: 3–26.

Huetz de Lemps, A. (1969): Le climat des Iles Canaries. – Faculté des Lettres et des Sciences Humaines de Paris-Sorbonne, 226 S., Sedes, Paris.

Humboldt, A. v. (1814): Voyages aux regions équinoxiales du Nouveau Continent 1799–1804. –. Paris. Reise in die Aequinoctial-Gegenden des neuen Continents. 3 Bände. – Stuttgart 1961 (einzige von A. v. Humboldt anerkannte Ausgabe in deutscher Sprache).

Humboldt, A. v. & A. Bonplandt (1815): Reise in die Aequinoctial-Gegenden des neuen Continents in den Jahren 1799, 1800, 1801, 1802, 1803 und 1804. Erster Theil, Stuttgart und Tübingen.

Humphries, C.J. (1976a): A revision of the Macaronesian genus *Argyranthemum* Webb ex Schulz Bip. (Compositae: Anthemidae). – Bull. Brit. Museum (Nat. Hist.) Bot. 5: 145–240.

Humphries, C.J. (1976b): Evolution and endemism in *Argyranthemum* Webb ex Schulz Bip. (Compositae: Anthemidae). – Bot. Macaronesica 1: 25–50.

Humphries, C.J. (1979): Endemism and Evolution in Macaronesia. – In: Bramwell, D. (Hrsg.): Plants and Islands. Academic Press, S. 171–199, London.

Hüppe, J., R. Pott & W. Wildpret de la Torre (1996): Standörtliche Differenzierungen im subtropischen Sukkulentenbusch der Kanareninsel Teneriffa. – Phytocoenologia 26(4): 417–444.

Ibañez, M. & M. R. Alonso (1990): La proyección U.T.M.: Su aplicación al estudio de la fauna y flora Canaria. – Homenaje al Prof. Dr. Telesforo Bravo 1: 453–470.

Kahne, A. (1968): Die Pflanzenwelt der Kanarischen Inseln. – Mitt. Pollichia 3(5): 43–87.

Kämmer, F. (1974): Klima und Vegetation auf Tenerife, besonders im Hinblick auf den Nebelniederschlag. – Scripta Geobotanica 7: 78 S.

Kelletat, D. (1989): Physische Geographie der Meere und Küsten. – Teubner Studienbücher Geographie, 212 S., Stuttgart.

Klement, O. (1965): Zur Kenntnis der Flechtenvegetation der Kanarischen Inseln. – Nova Hedwigia 9(1–4): 503–582.

Klug, H. (1968): Morphologische Studien auf den Kanarischen Inseln. – Schriften d. Geograph. Institutes der Univ. Kiel 24(3): 183 S., Kiel.

Knapp, R. (1973): Die Vegetation von Afrika. – In: Walter, H. (Hrsg.): Vegetationsmonographien der einzelnen Großlebensräume 3, Stuttgart.

Knoche, H. (1923): Vagandi Mos – Reiseskizzen eines Botanikers: 1. Die Kanarischen Inseln. – Librairie Istra, 303 S., Straßburg, Paris.

Koppe, F. & R. Duell (1982): Beiträge zur Bryologie und Bryogeographie von Tenerife. – Bryol. Beitr. 1: 37–107.

Krog, H. & H. Østhagen (1980): The genus *Ramalina* in the Canary Islands. – Norw. J. Bot. 27: 255–296.

Kull, U. (1982): Artbildung durch geographische Isolation bei Pflanzen – die Gattung *Aeonium* auf Teneriffa. – Natur u. Museum 112: 33–40.

Kunkel, G. (1965): Notizen über die Vegetation der Jandía-Halbinsel /Fuerteventura, Kanarische Inseln). – Willdenowia 4: 79–88.

Kunkel, G. (1976a): Biogeography and Ecology in the Canary Islands. – Junk, The Hague.

Kunkel, G. (1976b): Notes on the introduced elements in the Canary Islands' flora. – In: Kunkel, G. (Hrsg.): Biogeography and ecology in the Canary Islands: 249–266. Junk Verlag, Den Haag.

Kunkel, G. (1991): Flora y vegetación del archipiélago Canario. Tratado florístico. 2ndo parte. Dicotiledóneas. – Gran biblioteca Canaria 16, Edirca, 312 S., Las Palmas de Gran Canaria.

KUNKEL, G. (1992): Flora y vegetación del Archipiélago Canario. Tratado florístico. 1er parte. – Las Palmas de Gran Canaria.

KUNKEL, G. (1993): Die Kanarischen Inseln und ihre Pflanzenwelt. 3. Aufl. – Gustav Fischer, 239 S., Stuttgart.

LEMS, K. (1958): Botanical notes on the Canary Islands. I. Introgression among the species of *Adenocarpus* and their role in the vegetation of the islands. – Bol. Inst. Nac. Invest. Agron. 18(39): 351–370, Madrid.

LEMS, K. (1958): Phytogeographic study of the Canary Islands. – Dissertation, 2 vols., 1: 204 pp.; 2: 144 pp. University of Michigan, Ann Arbor.

LEMS, K. (1960a): Botanical notes on the Canary Islands. 2. The evolution of plant forms in the islands. *Aeonium*. – Ecology 41: 1–17.

LEMS, K. (1960b): Floristic botany of the Canary Islands. – Sarracenia 5: 1–94.

LEMS, K. (1961): Botanical notes on the Canary Islands. 3. The life-form spectrum and its interpretation. – Ecology 42: 569–572.

LEMS, K. (1968): Structure of vegetation in the Canary Islands. – Cuad. Bot. Canar. 3: 27–52, Las Palmas.

LEMS, K. (1984): Phytogeographic study of the Canary Islands. – Thesis, 1958. 1: 204 pp.; 2: 144 pp. University of Michigan. Authorized facsimile printed by microfilm/xerography on acid-free paper by University microfilms International. Ann Arbor, Michigan, U.S.A.

LEMS, K. & C.M. HOLZAPFEL (1968): Evolution in the Canary Islands. 1. Phylogenetic relationships in the genus *Echium* (*Boraginaceae*) as shown by trichome development. – Bot. Gaz. 129: 95–107.

LID, J. (1967): Contributions to the Flora of the Canary Islands. – 212 S., Oslo.

LINDINGER, L. (1926): Beiträge zur Kenntnis von Vegetation und Flora der Kanarischen Inseln. – Hamburgische Universitätsabhandlungen aus dem Gebiet der Auslandskunde 21, Reihe C, Naturwissenschaften 8: 349 S., Hamburg.

LIU, H.-Y. (1989): Systematics in *Aeonium* (Crassulaceae). – Nat. Mus. Nat. Sci., Spec. Pub. 3: 1–102, Taiwan.

LOBIN, W. (1982): Untersuchungen über Flora, Vegetation und biogeographische Beziehungen der kapverdischen Inseln. – Cour. Forsch.-Inst. Senkenberg 53: 1–112, Frankfurt.

LOHMEYER, W. (1975):. Über einige anthropogene nitrophile Unkrautgesellschaften der Insel Gran Canaria. – Schr. Reihe Vegetationskde. 8: 111–140.

LOHMEYER, W., & W. TRAUTMANN (1970): Zur Kenntnis der Vegetation der Kanarischen Insel La Palma. – Schr. Reihe Vegetationskde 5: 209–236.

LOJANDER, H. (1887): Beträge zur Kenntnis des Drachenbaumes. – Strassburg.

LOSADA-LIMA, A.; J. M. GONZÁLEZ-MANCEBO; E. BELTRÁN TEJERA; M. B. FEBLES PADILLA; M. C. LEÓN-ARRENCIBA & A. BAÑARES BAUDET (1987): Contribución al estudio de los briofitos epífitos en el Monte de Aguas y Pasos (Los Silos, Tenerife). – Vieraea 17: 345–352.

LÖSCH, R. (1980): Die Hitzeresistenz der Pflanzen des kanarischen Lorbeerwaldes. – Flora 170: 456–465.

LÖSCH, R. (1987): Artenevolution im Bereich der mittelatlantischen Inseln. – Natur u. Museum 117(10): 325–327.

LÖSCH, R. (1990): Funktionelle Voraussetzungen der adaptiven Nischenbesetzung in der Evolution der makaronesischen Semperviven. – Diss Bot. 146: 482 S., Cramer, Berlin, Stuttgart.

LÖSCH, R. (2000): Ökophysiologie, Ökologie und Chorologie der makaronesischen Sempervivoideae und Evolution des Verwandtschaftskreises. – Beiträge des 1. Symposiums der A.F.W. Schimper-Stiftung von H. und E. WALTHER: Ergebnisse weltweiter ökologischer Forschung: S. 37–52, Stuttgart-Hohenheim.

LÖSCH, R. & E. FISCHER (1994): Vikariierende Heidebuschwälder und ihre Kontaktgesellschaften in Makaronesien und Zentralafrika. – Phytocoenologia 24: 695–720.

LÖTSCHERT, W. (1977): Zur Ökologie, pflanzengeographischen Stellung und Entstehung der Kanaren-Flora. – Beitr. Biol. Pflanzen 53: 429–446.

LUDWIG, D. (1982): Die Gefäßpflanzenflora der Insel Teneriffa. 2. Aufl. – unveröffentlichter Bestimmungsschlüssel, Inst. f. Spezielle Botanik, Ruhr-Universität, 471 S., Bochum.

LÜPNITZ, D. (1971): Zur Physiognomie des Kanarischen Sukkulentenbusches. – Mainzer Naturw. Arch. 10: 133–148.

LÜPNITZ, D. (1975): Die vertikale

Vegetationsgliederung auf der Insel Pico – Azoren. – Cuad. Bot. Canar 23–24: 15–24.

Lüpnitz, D. (1975): Geobotanische Studien zur natürlichen Vegetation der Azoren unter Berücksichtigung der Chorologie innerhalb Makaronesiens. – Beitr. Biol. Pflanzen 51: 149–319.

Lüpnitz, D. (1995a): Beitrag zur phytogeographischen Stellung der Kanarischen Inseln. – Mainzer naturwiss. Archiv 33: 83–98, Mainz.

Lüpnitz, D. (1995b): Kanarische Inseln. Florenvielfalt auf engem Raum. – Palmengarten, Sonderheft 23: 117 S., Frankfurt.

Lüpnitz, D. (1999): Der Einfluß von Feuer auf die Kanarischen Kiefernwälder. – Mitt. Dtsch. Dendrol. Ges. 84: 23–38.

Lüpnitz, D. (2000): Die pflanzengeographische Bedeutung marokkanischer Drachenbaum-Populationen. – Der Palmengarten 64: 128–137, Frankfurt.

Lüpnitz, D. & M. Kretschmar (1992): Standortökologische Untersuchungen an *Phoenix canariensis* Hort. ex. Chabaud (*Arecaceae*) auf Gran Canaria und Teneriffa. – PHF 4: 23–63.

Lüpnitz, D. & M. Ladwig (1992): Standortökologische Untersuchungen an *Euphorbia canariensis* L. (*Euphorbiaceae*). – Mainzer Naturw. Arch. 30: 119–137.

Machado, A. (1993): Protección de la naturaleza y del paisaje en Canarias. El Campo 128: 95–106.

Machado, A. (1998): Biodiversidad. Un paseo por un concepto y las islas Canarias. – 67 S., Cabildo Insular, Santa Cruz de Tenerife.

Machado, A. & P. Oromi (2000): Elenco de los coleópteros de las Islas Canarias. – An. Inst. Est. Cana. LX, La Laguna.

Mägdefrau, K. (1944): Die Moosvegetation der Lorbeerwälder auf Teneriffa. – Flora 137: 125–138.

Mägdefrau, K. (1969): Die Lebensformen der Laubmoose. – Vegetatio 16: 285–297.

Mägdefrau, K. (1975): Das Alter der Drachenbäume auf Teneriffa. – Flora 164: 347–357.

Marrero Rodríguez, A. (1991): La flora y vegetación del Parque Natural de „Los Islotes del Norte de Lanzarote y Riscos de Famara“. Su situación actual. Comunicalóes apresentadas nas 1as Jornadas Atlánticas de Proteccáo do Meio Ambiente. Acores, Madeira, Canarias e Cabo Verde (Angra do Heroísmo, 25 Junho – 1 Fevereiro de 1988): 195–211.

Marrero, A., R.S. Almeida & M. González-Martín (1998): A new species of wild drago tree, *Dracaena coracaenaceae*, from Gran Canaria and its taxonomic and biogeographic implications. – Bot. J. Linn. Soc. 128(3): 291–314.

Marrero Gomez, M. C., O. Rodriguez Delgado & W. Widpret de la Torre (1999): Contribution al estudio taxonomico descriptivo de la Tabiata dulce (*Euphorbia balsamifera*). – Rev. Acad. Canar. Cienc. XI: 265–286.

Marrero-Gomez, M. C., O. Rodriguez Delgado & W. Wildpret de la Torre (2000): Contribution al estudio descreptivo y etnobotanico del balo (*Plocama pendula*). – Estudios Canarios 64: 47–76, La Laguna.

Martin Osorio, V.E. & W. Wildpret de la Torre (1999): Evolución de las flora y vegetación de las Cañadas del Teide en los últimos 50 años (1946–1996). – Anal. Inst. Can. XLIII: 9–31. La Laguna.

Martinez, A. P. (1998): Visitor's guide Caldera de Taburiente National Park. – Parques Nacionales, Ministerio de Medio Ambiente, 201 S., Madrid.

Martinez Puebla, E., J. Prieto Ruiz & A. Centellas Bodas (1998): Nationalpark von Timanfaya. Besucherführer. – Ministerio de Medio Ambiente, 152 S., Madrid.

Marzol Jaén, M. V. (1988a): El clima. – In: Afonso, L. (Hrsg.): Geografía de Canarias, Vol. 1: Geografía física. 2. Aufl.: 158–202. Ed. Interinsular Canaria, Santa Cruz de Tenerife.

Marzol Jaén, M. V. (1988b): La lluvia, un recurso natural para Canarias. – Caja General de Ahorros de Canarias, 220 S., Santa Cruz de Tenerife.

Marzol Jaén, M. V., J. L. Sánchez Megía, P. Valladares, R. Pérez González & P. Dorta (1996): La captación del agua del mar de nubes en Tenerife. Método e instrumental. – In: Marzól, M. V., P. Dorta & P. Valladares (Hrsg.): Clima y agua: la gestión de un recurso climático: 333–350, La Laguna.

Medall, F. & P. Quezel (1999): The phytogeographical significance of SW-Marocco compared to the Canary Islands. – Plant Ecology 140: 221–224.

Meisel, K. (1969): Über einige Unkrautgesellschaften von Maisäckern auf Teneriffa. – Vegetatio 18: 257–262.

Méndez Pérez, B., & W. Wildpret

de la Torre (1983): Estudio fitogeográfico de la parte alta de los barrancos del término municipal de Arafo (Tenerife). – Proceedings II Congr. Int. Fl. Macar. (19–25 de Junho de 1977): 295–326.

Mendoza-Heuer, I. (1974): Die makaronesischen Arten der Gattung *Sideritis* L. – Ber. Schweiz. Bot. Ges. 84: 261–303.

Mester, A. (1986): Estudio corológico, fitosociológico y ecológico de la laurisilva del Parque Nacional de Garajonay (Gomera) incluyendo la vegetación epífita. – Diplomarbeit, 145 S., Departamiento para Sistemática y Geobotánica de la Escuela Superior Técnica de Aquisgrán, La Palma.

Mester, A. (1987): Estudio fitosociológico de las comunidades de la clase *Pruno-Lauretea azoricae* en La Gomera (Islas Canarias). – Vieraea 17(1–2): 409–428.

Meusel, H. (1935): Wuchsformen und Wuchstypen der europäischen Laubmoose. – Nova Acta Leopoldiana N.F. 3: 123–277.

Meusel, H. (1952): Ueber Wuchsformen, Verbreitung und Phylogenie einiger mediterran- und mitteleuropäischer Angiospermen-Gattungen. – Flora 139: 333–393.

Meusel, H. (1962): Die mediterran-mitteleuropäischen Florenbeziehungen auf Grund vergleichender chorologischer Untersuchungen. – Ber. Deutsch. Bot. Ges. 75: 107–118.

Meusel, H. (1965): Die Reliktvegetation der Kanarischen Inseln in ihren Beziehungen zur süd- und mitteleuropäischen Flora. – In: Gersch, M. (Hrsg.): Gesammelte Vorträge über moderne Probleme der Abstammungslehre 1: 117–136, Jena.

Meusel, H. & A. Kästner (1990): Lebensgeschichte der Gold- und Silberdisteln, Monographie der mediterran-mitteleuropäischen Compositen-Gattung *Carlina*. Bd. I. – Wien.

Meusel, H. & A. Kästner (1994): Lebensgeschichte der Gold- und Silberdisteln, Monographie der mediterran-mitteleuropäischen Compositen-Gattung *Carlina*. Bd. II. – Wien.

Möller, H. (1967, 1974): Kanarische Pflanzenwelt. – 2 Bde, 236 S. u. 184 S., Santa Cruz de Tenerife.

Molero, J. & A. M. Rovira (1998): A note on the taxonomy of the Macaronesian *Euphorbia obtusifolia* complex (*Euphorbiaceae*). – Taxon 47: 321–332.

Nezadal, W., R. Lindacher & W. Welss (1999): Lokalendemiten und Phytodiversität der westkanarischen Inseln La Palma und La Gomera. – Feddes Repert 110: 19–30.

Nickol, M. G. (1994): *Rhamnus glandulosa*; Reihenwohnungen im Lorbeerwald. – Der Palmengarten 58: 120–122, Frankfurt.

Oberdorfer, E. (1960): Pflanzensoziologische Studien in Chile. Ein Vergleich mit Europa. – Flora et Reg. Mundi II.

Oberdorfer, E. (1965): Pflanzensoziologische Studien auf Teneriffa und Gomera (Kanarische Inseln). – Beitr Naturk. Forsch. SW-Deutschl. 24: 47–104, Karlsruhe.

Oberdorfer, E. (1970): Pflanzensoziologische Strukturprobleme am Beispiel Kanarischer Pflanzengesellschaften. – In: R. Tüxen (ed.): Gesellschaftsmorphologie (Strukturforschung). – Bericht Internat. Symp. Vegetationsk.: 273–281, Rinteln 1966, W. Junk, Den Haag.

Ohsawa, M., W. Wildpret de la Torre & M. Del Arco (1999): Anaga cloud forest. A comparativ study on evergreen broad-leaved forests and trees of the Canary Island and Japan. – Lab. of Ecology, 315 S., Liba-Univ. Japan.

Oromí Masoliver, P., J. L. Martín Esquivel & P. L. Pérez de Paz (1997): Hábitats de Canarias: dulceacuícolas, aerolianos y subterráneos. In P. L. Pérez de Paz (ed.), Máster en Gestión ambiental, Ecosistemas insulares canarios. Usos y aprovechamientos en el territorio, vol I: 229–240, Santa Cruz de Tenerife.

Page, C.N. (1973): Ferns, Polyploids, and their Bearing on the Evolution of the Canarian Flora. – Monogr. Biol. Canar. 4: 83–88.

Pérez Carballo, M. (1997): Anaga – Excursiones a pie. 2. Aufl. – 316 S., Ayuntamiento de Santa Cruz de Tenerife, Gobierno de Canarias.

Pérez de Paz, P. L. (1978): Revisión del género *Micromeria* Bentham (Lamiaceae: Stachyoideae) en la Región Macaronésica. – Inst. Estud. Canar., Sér. Cienc. Nat. 14: 1–306, La Laguna.

Pérez de Paz, P. L. (Hrsg.) (1990): Parque Nacional de Garajonay, Patrimonio Mundial. – ICONA, Excmo, Cabildo Insular de La Gomera.

Pérez de Paz, P. L. (1992): Orígen de la Flora Canaria. – In: Kunkel, G. (Hrsg.): Flora y Vegetación del Archipiélago Canario:

33–54, Las Palmas de Gran Canaria.
PEREZ DE PAZ, P. L. (1999): Plantas medicinales o útiles en la Flora Canaria. – Francisco Lemus Editor, 386 S., La Laguna.
PÉREZ DE PAZ, P. L., & J. R. ACEBES GINOVÉS (1978): Las Islas Salvajes: contribución, conocimiento de su flora y vegetación. – In: Contribución al estudio de la Historia Natural de las Islas Salvajes: 77–105. Ed.Cabildo Insular de Tenerife, Santa Cruz de Tenerife.
PÉREZ DE PAZ, P. L., M. DEL ARCO AGUILAR & W. WILDPRET DE LA TORRE (1981): Contribución al conocimiento de la flora y vegetación de El Hierro (Islas Canarias). I. Lagascalia 10(1): 25–57.
PÉREZ DE PAZ, P. L., & J. R. ACEBES GINOVÉS (1983): Contribución al estudio de la flora y vegetación de las Islas Salvajes. – Proceed. II. Congr. Inter Flora Macar.: 221–267, Funchal.
PÉREZ DE PAZ, P. L., M. DEL ARCO AGUILAR & W. WILDPRET DE LA TORRE (1985): Validación de *Senecietum incrassatii* P. Pérez, M.del Arco & W.Wildpret (1981) ass.nov.. – Vieraea 14(1–2): 203.
PÉREZ DE PAZ, P. L., M. DEL ARCO AGUILAR & W. WILDPRET DE LA TORRE (1987): Contribución al conocimiento de la vegetación hidrofítica de Canarias. – In: M. J. DEL ARCO AGUILAR & W. WILDPRET DE LA TORRE (eds.), V. Jornadas de Fitosociología. Vegetación de Riberas de Agua dulce II. Secret. de Public. Univ. La Laguna Ser. Informes, 22: 11–34.
PÉREZ DE PAZ, P. L., M. DEL ARCO AGUILAR & W. WILDPRET DE LA TORRE (1990): Contribución al conocimiento de los matorrales de sustitución del Archipiélago Canario. Nuevas comunidades para El Hierro y La Palma. – Vieraea 19: 53–62.
PÉREZ DE PAZ, P. L., M. DEL ARCO AGUILAR, J. R. ACEBES GINOVÉS & W. WILDPRET DE LA TORRE (1990): La vegetación cormofítica (vascular) del Parque Nacional de Garajonay. –In: P. L. PÉREZ DE PAZ (ed.): Parque Nacional de Garajonay, Patrimonio Mundial: 137–171. ICONA, Excmo, Cabildo Insular de La Gomera.
PÉREZ DE PAZ, P.L. & L. NEGRIN SOSA (1992): Revisión Taxonómica de *Sideritis* L. subgénero *Marrubiastrum* (Moench) Mendoza-Heuer. – Phanerogamarum Monographiae 20: 1–327, Berlin, Stuttgart.
PÉREZ DE PAZ, P. L., J. R. ACEBES GINOVÉS, M. J. DEL ARCO AGUILAR & M. SALAS PASCUAL (1993): Consideraciones fitosociológicas sobre los pinares de Gran Canaria. – Itinera Geobotánica **7**: 513–517.
PÉREZ DE PAZ, P. L., M. J. DEL ARCO AGUILAR, O. RODRÍGUEZ DELGADO, J. R. ACEBES GINOVÉS, M. V. MARRERO GÓMEZ & W. WILDPRET DE LA TORRE (1994): Atlas Cartográfico de los Pinares Canarios III: La Palma. – Viceconsejería de Medio Ambiente, Consejería de Política Territorial, Gobierno de Canarias, 160 pp. + 7 mapas, Santa Cruz de Tenerife.
PÉREZ DE PAZ, P. L., M. SALAS PASCUAL, O. RODRÍGUEZ DELGADO, J. R. ACEBES GINOVÉS, M. J. DEL ARCO AGUILAR & W. WILDPRET DE LA TORRE (1994): Atlas Cartográfico de los Pinares Canarios IV: Gran Canaria y plantaciones de Fuerteventura y Lanzarote. – Viceconsejería de Medio Ambiente, Consejería de Política Territorial, Gobierno de Canarias, 199 pp. + 22 mapas, Santa Cruz de Tenerife.
PÉREZ DE PAZ, P. L., M.J. DEL ARCO, O. RODRÍGUEZ DELGADO, J.R. ACEBES GINOVÉS, M.V. MARRERO GÓMEZ & W. WILDPRET DE LA TORRE (1994a): Atlas cartográfico de los pinares canarios: III. La Palma. – Gobierno de Canarias, S./C. de Tenerife.
PÉREZ DE PAZ, P. L., M. SALAS PASCUAL, O. RODRÍGUEZ DELGADO, J.R. ACEBES GINOVÉS, M.V. MARRERO GÓMEZ, M.J. DEL ARCO & W. WILDPRET DE LA TORRE (1994b): Atlas cartográfico de los pinares canarios: IV. Gran Canaria. – Gobierno de Canarias, S./C. de Tenerife.
PÉREZ DE PAZ, P. L., W. WILDPRET DE LA TORRE, M. J. DEL ARCO AGUILAR, O. RODRÍGUEZ DELGADO, J. R. ACEBES GINOVÉS & A. GARCÍA GALLO (1995): Inventariación de los tipos de habitats incluidos en el Anexo I de la Directiva 92/43/CEE. 117 pp. + 33 mapas, ICONA, Canarias.
PÉREZ DE PAZ, P. L., A. GARCÁ GALLO & A. HEENE (2000): Control y erradicación del „Rabo-Gato“ (*Pennisetum setaceum*) en la isla de La Palma. – Excmo, Cabildo Insular de La Palma, 124 S..
PIGNATTI, E. & S. PIGNATTI (1989): Life forms distribution and phytogeographical affinities of the Canarian flora. – Flora 183: 87–95.
PILON-SMITS, E. A. H., H. T. HART, J. W. MAAS, J. A. N. MEESTERBURRIE, R. KREULER & J. VAN

Brederode (1992): The evolution of crassulacean acid metabolism in *Aeonium* inferred from carbon isotype composition and enzymactivities. – Oecologia 91: 548–553.

Pitard, J. & L. Proust (1908): Les Isles Canaries. Flore de l'Archipel. – Paris.

Poelt, J. & A. Vězda (1981a): Bestimmungsschlüssel europäischer Flechten. Ergänzungsband 1 – Cramer, 258 S., Lehre.

Poelt, J. & A. Vězda (1981b): Bestimmungsschlüssel europäischer Flechten. Ergänzungsband 2 – Cramer, 390 S., Lehre.

Pott, R. (1993): Teneriffa – Exkursion des Institutes für Geobotanik der Universität Hannover. – Exkursionsskript, Inst. f. Geobotanik, 81 S., Universität Hannover.

Pott, R. (1995): Die Pflanzengesellschaften Deutschlands. – 2. Aufl., Ulmer, 622 S., Stuttgart.

Pott, R. (1996): Biotoptypen. – Ulmer, 448 S., Stuttgart.

Pott, R. & J. Hüppe (1991): Die Hudelandschaften Nordwestdeutschlands. – Abh. Westf. Mus. f. Naturkunde 53(1/2): 313 S., Münster.

Praeger, L.R. (1932): An Account of the *Sempervivum* Group. – Roy. Horticult. Soc., 265 S. (Reprint 1965), London.

Pütter, A. (1926): Das Alter der Drachenbäume von Tenerife. – Die Naturwissenschaften 14: 125–129.

Reifenberger, A. (1994): Reisehandbuch Teneriffa. 2. Aufl. – Conrad Stein, 375 S., Kiel.

Reyes-Betancort, J. A. (1995): Contribución al estudio de la flora y vegetación de Lanzarote: municipios de Arrecife y San Bartolomé. – Tesis de Licenciatura, Departamento de Biología Vegetal (Botánica), 182 pp., Universidad de La Laguna.

Reyes-Betancort, J. A., W. Wildpret de la Torre, M. C. Leon Arencibia (1999): El Paisaje vegetal de Lanzarote a partio de fuentes escritas (siglos XV-XX). – Estudios Canarios 153: 33–54, La Laguna.

Reyes-Betancort, J. A., C. Leon Arencibia, W. Wildpret de la Torre & M. Medina Perez (2000): Estudo de Conservacion de la Flora silvestre amenazada de Lanzarote (Islas Canarias). – Gobierno de Canarias, Medio Ambiente, 177 S., Santa Cruz de Tenerife.

Richter, M. (2001): Vegetationszonen der Erde. –1. Auflage, Klett-Perthes, 448 S., Gotha.

Rikli, M. (1912): Lebensbedingungen und Vegetationsverhältnisse der Mittelmeerländer und der atlantischen Inseln. – Jena.

Rivas Goday, S. (1960): Prontuario de Ecología vegetal. – Ministerio de Educación Nacional, Biblioteca Cátedra, n° 183, Madrid.

Rivas Goday, S., & F. Esteve Chueca. (1965): Ensayo fitosociológico de la *Crassi-Euphorbietea macaronesica* y estudio de los tabaibales y cardonales de Gran Canaria. – Anal. Inst. Bot. A. J. Cavanilles 22: 220–339.

Rivas-Martínez, S. (1973): Ensayo sintaxonómico de la vegetación cormofítica de la Península Ibérica, Baleares y Canarias hasta el rango de Subalianza.I. Vegetación acuática, helofítica y turfófila. – Trab. Dep. Bot. y F. Veg. 6: 31–43.

Rivas-Martínez, S. (1983): Pisos bioclimáticos de España. – Lazaroa 5: 33–43.

Rivas-Martínez, S. (1987): Memoria del Mapa de Series de Vegetación de España 1:400 000. – Ed. Ministerio de Agricultura, Pesca y Alimentación, ICONA, Serie Técnica, 268 pp., Madrid.

Rivas-Martínez, S. (1995): Clasificación bioclimática de la tierra. – Folia Botanica Madritensis 16: 29 S.

Rivas-Martínez, S. (1997): Syntaxonomical synopsis of the North American natural potential vegetation communities, I. – Itinera Geobotanica 10: 5–148 (Bioclimatic classification system of the world: 10–11).

Rivas-Martínez, S., C. Arnaiz, E. Barreno & A. Crespo (1977): Apuntes sobre las Provincias corológicas de la Península Ibérica e Islas Canarias. – Opusc. Bot. Pharm. Complutensis 1: 1–48. Madrid.

Rivas-Martínez, S., J. C. Básconeś, T. E. Díaz, F. Fernández-Gonzalez & J. Loidi (1991): Sintaxonomía de los hayedos del suroccidente de Europa. – Itinera Geobotanica 5: 457–480.

Rivas-Martínez, S. & F. Fernández-Gonzalez (1991): On priority of Genistion purgantis Tüxen & Oberdorfer 1958 and Senecioni-Genistetum purgantis Tüxen & Oberdorfer 1958. – Lazaroa 12: 380–383.

Rivas-Martínez, S., W. Wildpret de la Torre, , T. E. Diaz, P. L. Pérez de Paz, M. del Arco Aguilar & O. Rodríguez Delgado (1993a): Excursion guide. Outline of Tenerife Island (Canary Islands). – Itinera Geobotanica 7: 5–168.

Rivas-Martínez, S., W. Wildpret de la Torre, M. Del Arco Aguilar, O. Rodríguez, P. L. Pérez de Paz, A. García Gallo,

J. R. Acebes Ginovés, T. E. Díaz González & F. Fernández González (1993): Las comunidades vegetales de la Isla de Tenerife (Islas Canarias). – Itinera Geobot. 7: 169–374.

Rivas-Martínez, S., F. Fernández-González & J. Loidi (1999): Checklist of plant communities of Iberian Peninsula, Balearic and Canary Islands to suballiance level. – Itinera Geobotanica 13: 353–451.

Rivas-Martinez, S., Fernandez-Gonzales, F., Loidi, J., Lousa, M. & A. Penas (2001): Syntaxonomical checklist of vascular Plant communities of Spain and Portugal to association level. – Itinera Geobotanica 14: 1–341, Leon.

Rodríguez, A. M. (1992): Evolución de la Flora Canaria. – In: Kunkel, G. (Hrsg.): Flora y Vegetación del Archipiélago Canario: 55–92. – Las Palmas de Gran Canaria.

Rodríguez Delgado, O. (1993): Bibliografía geobotánica Canaria. – Itinera Geobot. 7: 437–508.

Rodríguez Delgado, O. & M. V. Marrero Gómez (1990): Evolución y aprovechamiento de los Bosques Termófilos (los „Montes Bajos“) de la Isla de Tenerife. – Annuario de Estudios Atlanticos 36: 595–630.

Rodríguez Delgado, O., W. Wildpret de la Torre, M. J. Del Arco Aguilar & P. L. Pérez de Paz (1990): Contribución al estudio fitosociológico de los restos de sabinares y otras comunidades termófilas de la Isla de Tenerife (Canarias). – Rev. Acad. Canar. Cienc. 2: 121–142.

Rodríguez Delgado, O., W. Wildpret de la Torre, M. Del Arco Aguilar, E. Beltrán Tejera & P. L. Pérez de Paz (1991): Contribución al estudio de los matorrales del Archipiélago Canario. Secuencia catenal en la Comarca de Agache, SE de Tenerife. – Vieraea 19: 295–308.

Rodríguez Delgado, O., & M. V. Marrero Gómez (1996): Flora y vegetación del Sureste de Tenerife. – In: Guía de los Recursos Patrimoniales del Sureste de Teneife (Arafo, Arico, Candelaria, Fasnia, Güímar). I. Recursos naturales. 2. El medio biotico: 28–35. Asociación Cultural Sureste de Tenerife.

Rodríguez Delgado, O., M. Marrero Gómez, & A. Díaz Hernández (1996): Hábitats naturales de interés comunitario con presencia en el Sureste de Tenerife. – In: Guía de los Recursos Patrimoniales del Sureste de Tenerife (Arafo, Arico, Candelaria, Fasnia, Güímar). 1. Recursos naturales. 2. El medio biótico: 44–53. Asociación Cultural Sureste de Tenerife.

Rodríguez Delgado, O., A. Marrero Rodríguez, M. A. Peña Estévez, M. J. Del Arco Aguilar & F. J. González Artiles (1997): Hábitats de Canarias: Matorral xérico y Bosques termófilos. – In P. L. Pérez de Paz (ed.), Máster en Gestión ambiental, Ecosistemas insulares canarios. Usos y aprovechamientos en el territorio, vol 1: 203–215.

Rodríguez Delgado, O., M. del Arco Aguilar, A. García Gallo, J. R. Acebes Ginovés, P. L. Pérez de Paz & W. Wildpret de la Torre (1998): Catálogo sintaxonómico de las comunidades vegetales de plantas vasculares de la Subregion Canaria: Islas Canarias e Islas Salvajes. – Serie Biología/1, Servicio de publicaciones, 130 S., Unversidad de La Laguna.

Rodríguez Rodríguez, A., M. C. González Soto, L. A. Hernández Hernández, C. C. Jiménez Mendoza, M. J. Ortega González, P. A. Padrón Padrón, J. M. Torres Cabrera & G. E. Vargas Chávez (1993): Assessment of soil degradation in the Canary Islands (Spain). – Land Degradation & Rehabilitation 4: 11–20.

Rodríguez-Piñero, J. C., M. del Arco & W. Wildpret de la Torre (1986): Contribución al estudio fitosociológico de los sauzales canarios. *Rubo-Salicetum canariensis* asociación nueva. – Doc. Phytosociol. N. S. 10(1): 379–388.

Rodríguez-Piñero, J. C., W. Wildpret de la Torre & M. del Arco (1987): Contribución al estudio biosistemático de *Salix canariensis* (Salicaceae). – Vieraea 17: 121–142.

Romero-Ruiz, C. (1991): La Erupption de Timanfaya (Lanzerote, 1730–1736). – Secretario de Publicationes de la Universidad de La Laguna, Ser. n°. 30, 136 S., La Laguna.

Rothe, P. (1964): Fossile Straußeneier auf Lanzarote. – Natur u. Museum 94: 175–187.

Rothe, P. (1996): Kanarische Inseln. Lanzarote, Fuerteventura, Gran Canaria, Tenerife, Gomez, La Palma, Hierro. – Sammlung Geographischer Führer 81, 2. Aufl., Borntraeger, 307 S., Berlin, Stuttgart.

Rother, A. & F. Rother (1988):

Die Kanarischen Inseln. – DuMont Landschaftsführer, DuMont, Köln.

Rübel, E. (1930): Pflanzengesellschaften der Erde. – Hans Huber, 464 pp., Berlin.

Rüdiger, O., J. M. Fernandez-Palacios & B. O. Krüsi (2001): Variation in species composition and vegetation structure of succulent scrub on Tenerife in relation to environmental variation. – Journal of Veget. Science 12: 237–248.

Sáenz, C., & S. Rivas-Martínez (1979): Revisión del género *Cheilanthes* (*Sinopteridaceae*) en España. – Lagascalia 8: 215–241.

Saint-Vicent, J. B. B. de (1803): Essais sur les Isles Fortunées et l'antique Atlantide ou Précis de l'Histoire génerale de l'Archipel des Canaries. – Paris.

Salas, M., M. Del Arco & P. L. Perez de Paz (1998): Contribution al estudio fitosociologico del pinar grancanario (Islas Canarias). – Lazaroa 19: 99–117.

Santos Guerra, A. (1973): Algunos aspectos de la vegetación de La Palma. – Proc. I Congr. Int. Pro. Fl. Macaronésica: 93–95.

Santos Guerra, A. (1976): Notas sobre la vegetación potencial de la is la de El Hierro. – Anal. Inst. Bot. Cavanilles 33: 249–261.

Santos Guerra, A. (1980): Contribución al conocimiento de la flora y vegetación de la isla de Hierro (I. Canarias). – Fundación Juan March, Serie Universitaria, 114: 51 pp, Madrid.

Santos Guerra, A. (1982): The canarian ecosystems and its place in the mediterranean world. – Ecología mediterranea 8(1/2): 317–322.

Santos Guerra, A. (1983): Ensayo sintaxonómico de la vegetación de las Islas Canarias. – Proc. II Congr. Int. pro fl. Macaronesica (19–25 de Junho de 1977): 205–220, Funchal.

Santos Guerra, A. (1983): Vegetación de la región Macaronésica. – Proc. II Congr. Int pro fl. Macaronesica (19–25 de Junho de 1977): 185–203, Funchal.

Santos Guerra, A. (1983): Vegetación y flora de La Palma. – Ed. Interinsular Canaria, 348 S., Santa Cruz, Teneriffa.

Santos Guerra, A. (1990): Bosques de Laurisilva en la región macaronésica. Conse jo de Europa. – Colección Naturaleza y Medio Ambiente 49, 79 pp., Estrasburgo.

Santos Guerra, A., & M. Fernández Galván (1983): Vegetación del macizo de Teno Datos para su conservación. – Proc. II Congr. Int. pro fl. Macaronesica (19–25 de Junho de 1977): 385–424, Funchal.

Schaeffer, H. H. (1967): Pflanzen der Kanarischen Inseln. – 2. Aufl., Ratzeburg.

Schenck, H. (1907): Beiträge zur Kenntnis der Vegetation der canarischen Inseln. Mit Einfügung hinterlassener Schriften A. F. W. Schimpers. – Wiss. Ergebn. Deutsch. Tiefsee-Exped. „*Valdivia*" 1898–1899, Bd. II, Teil 1, Nr. 3: 1–181, Jena.

Schimper, A.F.W. (1907): Die canarischen Federbuschgewächse. – In: Schenck, H. (Hrsg.): Beiträge zur Kenntnis der Vegetation der canarischen Inseln: 47–63. – Wiss. Ergebn. Deutsch. Tiefsee-Exped. „*Valdivia*" 1898–1899, Bd. II, Teil I, Nr. 3, Jena

Schmid, E. (1954): Beiträge zur Flora und Vegetation der Kanarischen Inseln. – Ber. Geobot. Inst. Rübel.: 28–49.

Schmincke, H.-U. (1968): Pliozäne, subtropische Vegetation auf Gran Canaria. – Naturwissenschaften 55: 185–186.

Schmincke, H.-U. (2000): Vulkanismus. 2. Aufl. – Wissenschaftl. Buchges., 264 S., Darmstadt.

Schmincke, H.-U. & D. A. Swansson (1967): Laminar viscous flowage structures in ash-flow tuffs from Gran Canaria, Canary Islands. – Journ. Geol. 73(6): 641–664, Chicago.

Scholz, H. & R. Böcker (1996): Ergänzungen und Anmerkungen zur Grasflora (*Poaceae*) der Kanaren. – Willdenowia 25: 571–582.

Scholz, H., C. Stierstorfer & M. v. Gaisberg (2000): *Lolium edwardii* sp. nova (Gramineae) and its relationship with *Schedonorus* sect. *Plantynia* Dumort. – Feddes Repertorium 111(7–8): 561–565.

Schönfelder, P., M. C. León Arencibia & W. Wildpret de la Torre (1993): Catálogo de la flora vascular de la Isla de Tenerife. – Itinera Geobotanica 7: 375–404.

Schönfelder, P. & I. Schönfelder (1994): Kosmos-Atlas Mittelmeer- und Kanarenflora. – Franckh-Kosmos, 304 S., Stuttgart.

Schönfelder, P. & I. Schönfelder (1997): Die Kosmos-Kanarenflora. – Franckh-Kosmos, 319 S., Stuttgart.

Schönfelder, P., & V. Voggenreiter (1994) Zur Abgrenzung und Gliederung der Klassen *Spartocytisetea supranubii* cl. nov. und *Cytiso-Pinetea canariensis* auf Tenerife/ Kanarische

Inseln. – Phytocoenologia 24: 461–493.

SCHROEDER, F. G. (1990): Lehrbuch der Pflanzengeographie. – Quelle & Meyer, 457 S., Heidelberg.

SCHWIDETZKY, I. (1976): The prehistoric population of the Canary Islands. – In: KUNKEL, G. (Hrsg.): Biogeography and ecology in the Canary Islands: 15–36. Junk, The Hague.

SECCIÓN DE PLANIFICACIÓN HIDRÁULICA (1989): Plan hidrológico insular de Tenerife (Avance: Bases para el planeamiento hidrogeológico). – Gobierno de Canarias, Cabildo Insular de Tenerife, 133 S., Santa Cruz de Tenerife.

SEIDEL, D. (1978): Vegetationszonen auf den Kanarischen Inseln. – Biologie in unserer Zeit 8(6): 161–168.

SHMIDA, A. & M.J.A. WERGER (1992): Growth form diversity on the Canary Islands. – Vegetatio 102: 183–199.

SIMONY, O. (1890): Ueber eine naturwissenschaftliche Reise nach der westlichen Gruppe der Canarischen Inseln (mit 16 Phototypien). – Mitt. d. K. K. Geogr. Ges. in Wien 33: 144–231.

SJÖGREN, E. (1972). Vascular plant communities of Madeira. – Boletim do Museu Municipal do Funchal 26(114): 45–125.

SJÖGREN, E. (1973): Recent changes in the vascular flora and vegetation of the Azores Islands. – Mem. Soc. Brot. 22: 1–153.

SLATER, J.G. & C. TAPSCOTT (1979): Die Geschichte des Atlantik. – Spektrum der Wissenschaft: 12–24.

SOCHER PANORAMAS (1995): Tenerife 360°, Gran Canaria 360°. – Litografia A Romero S.A., Tenerife.

SPA-15 (1975): Estudio científico de los recursos de agua en las Islas Canarias. Isla Tenerife: Inventario hidrológico, Hoja 2 (mapa 1:25.000). – Dirección General de Obras Hidráulicas, Cabildo Insular de Tenerife, Santa Cruz de Tenerife.

STEARN, W.T. (1973): Philip Barker Webb and Canarian Botany. – Monogr. Biol. Canar. 4: 15–29.

SUÁREZ RODRÍGUEZ, C. (1994): Estudio de los relictos actuales del monte verde en Gran Canaria. Premio de Investigación „Viera y Clavijo“ (Ciencias de la Natura leza) 1991. – Ediciones del Cabildo Insular de Gran Canaria, Consejería d Política Territorial, Gobierno de Canarias, 617 pp..

SUÁREZ RODRÍGUEZ, C., & P. L. PÉREZ DE PAZ (1982): Contribución al estudio de I flora y vegetación del Barranco Oscuro (Gran Canaria). – Vieraea 11(1–2): 217–250.

SUÁREZ RODRÍGUEZ, C., & P. L. PÉREZ DE PAZ (1993): Validación de *Aeonietum virginii* Suárez & P. Pérez ass. nov. – Itinera Geobotanica 7: 525.

SUNDING, P. (1969): The Vegetation of Gran Canaria. – Thesis, Univ. Oslo, 499 pp., Oslo.

SUNDING, P. (1970): Bibliographia Phytosociologica. The Canary Islands. – Excerpta Botánica, (Sec. B.) 10: 257–268.

SUNDING, P. (1972): The Vegetation of Gran Canaria. –Skrift. Norske Vidensk.-Akad. Oslo. I. Mat.-Naturv. Kl. Ny Ser. 29: 1–186, Oslo.

SUNDING, P. (1979): Origins of the Macaronesian Flora. – In: BRAMWELL, D. (Hrsg.): Plants and Islands: 13–40. Academic Press, London.

SVENTENIUS, E. R. S. (1946): Contribución al conocimiento de la Flora Canaria. Bol. Inst. Nac. Invest. Agronom.15 (79): 175–194.

SVENTENIUS, E. R. S. (1949): Plantas nuevas o poco conocidas de Tenerife. – Bol. Inst. Nac. Invest. Agronóm. Ministerio de Agricultura 20(111): 197–209.

SVENTENIUS, E. R. S. (1950): Specilegium Canariense. I. – Bol. Inst. Nac. Invest. Agronom. Ministerio de Agricultura 22 : 1–8.

SVENTENIUS, E. R. S. (1954): Specilegium Canariense.- Bol. Inst. Nac. Invest. Agronom. 30 (200): 29–41.

SVENTENIUS, E. R. S. (1958): Aspectos fitológicos de la Digital Canaria (*Isoplexis*). – Actas del Symposium de Digitales Canarias: 11–18.

SVENTENIUS, E. R. S. (1960): Las Centaureas de la sección *Cheirolophus* en las Islas Macaronésicas. – An. Estud. Atlánt. 6: 219–236.

SVENTENIUS, E. R. S. (1968): El Género *Sideritis* L. en la Flora Macaronésica. – Collect. Bot. 7: 1121–1158.

SVENTENIUS, E. R. S. (1969): Plantae macaronesienses novae vel minus cognitae II. Index Seminum quae Hortus Aclimatationis Plantarum Arautapae. Agron. Invest. Nat. Hisp. Inst. [Inst. Nat. Invest. Agron.]. Jardín de Aclimatación de Plantas de La Orotava, Puerto de la Cruz, Tenerife. Pars Tertia: 41–43.

SVENTENIUS, E. R .S. & D. BRAMWELL (1971): *Heywoodiella* genus novum. Acta Phytotax. Barcin. 7: 1–8.

SWINSCOW, T. D. V. & H. KROG (1988): Macrolichens of East Africa. – Br tish Museum, 390 S., London.

TENHUNEN, J. D., L. C. TENHUNEN, H. ZIEGLER, W. STICHLER & O. L. LANGE (1982): Variation in carbon isotype ratios of Sempervivoideae species from different habitats of Tenerife in the spring. – Oecologia 55: 217–224.

TURNER, B.L. (1972): Chemosystematic data: Their use in the study of disjunctions. – Ann. Missouri Bot. Gard. 59: 152–164.

VARGAS, P., J. HESS, F. MUÑOZ GARMENDIA & J. KADEREIT (2001): *Olea europaea* ssp. *guanchica* and ssp. *maroccana* (*Oleaceae*), two new names for olive tree relatives. – Anal. jardin Bot. de Madrid 58(2): 360–361.

VÁZQUEZ PADRÓN, C., J. NARANJO BORGES, J. M. GONZALEZ MOLINA & S. CASTRO REINO (1985): La Laurisilva. Estudio sobre conservación forestal. – Monografías ICONA 46: 110 S.

VIERA Y CLAVIJO, J. DE (1866): Diccionario de historia Natural de las Islas Canarias o indice alfabetico descriptivo de sus reinos Animal,Vegetal y Mineral. – Madrid.

VOGGENREITER, V. (1974): Geobotanische Untersuchungen an der natürlichen Vegetation der Kanareninsel Tenerife (Anhang: Vergleiche mit La Palma und Gran Canaria) als Grundlage für den Naturschutz. – Dissertationes Botanicae 26: 1–718. Ed. J.Cramer, Lehre.

VOGGENREITER, V. (1975): Vertikalverbreitung der natürlichen und introduzierten Flora in der zentralen SW Abdachung von Tenerife. (mit Beispielen von Vegetationstypen). – Monogr. Biol. Canar. 6: 5–47.

VOGGENREITER, V. (1976): *Euphorbio canariensis-Pinetum canariensis* ass. nov. y límite inferior del Pinar Canario en Gran Canaria. – Vieraea 6(1): 3–16.

WALTHER, H. (1968): Die Vegetation der Erde in öko-physiologischer Betrachtung. Bd. II: Die gemäßigten und arktischen Breiten. – Jena.

WEBB, P.B. & S. BERTHELOT (1836–1850): Histoire naturelle des Isles Canaries. III. Botanique. – Paris.

WEBER, H. E., J. MORAVEC & J. P. THEURILLAT (2000): International Code of Phytosociological Nomenclature, 3rd ed. – J. of Veget. Science 11(5): 739–768.

WEGENER, A. (1912): Die Entstehung der Kontinente. – Geogr. Rundschau 3: 276–292.

WELSS, W. & R. LINDACHER (1994): Beiträge zur Chorologie und Florenstatistik der Kanarischen Inseln. – Hoppea, Denkschr. Regensb. Bot. Ges. 55: 845–857.

WERGER, M.J.A., H.J. DURING & H. VAN RIJNBERK (1987): Leaf diversity of three vegetation types of Tenerife, Canary Islands. – In: HUISKES, A.H.L. et al. (Hrsg.): Vegetation between land and sea: 107–118. Junk, Dordrecht.

WILDPRET DE LA TORRE, W. (1970): Estudio de las comunidades psamófilas de la Isla de Tenerife. – Vieraea 1: 41–54.

WILDPRET DE LA TORRE, W. (1995): Konflikbereich Tourismus-Vegetation in touristisch beanspruchten Gebieten. Beispiel Kanarische Inseln. – Rintelner Symposium IV Ber. d. Reinhold-Tüxen-Ges. 7: 219–230. Hannover.

WILDPRET DE LA TORRE, W. (2001): La Flora de Gran Canaria vista por el DR. CHILD Y NARANJO. Museo Canario. Homenaje al DR. CHILD Y NARANJO 1831–1901. LVI: 307–328. Las Palmas de Gran Canaria.

WILDPRET DE LA TORRE, W., E. BARQUÍN DÍEZ, E. BELTRÁN TEJERA, B. MÉNDEZ PÉREZ & P .L. PÉREZ DE PAZ (1973): Estudio florístico-ecológico-fitosociológico de las posibles reservas puras de laurisilva y fayal brezal del estrato arbóreo de la isla de Tenerife. Trabajo no publicado. – Cátedra de Botánica, Facultad de Ciencias, 114 pp., Universidad de La Laguna.

WILDPRET DE LA TORRE, W. & M. DEL ARCO AGUILAR (1987): España insular: Las Canarias. – In: PEINADO, M. & S. RIVAS-MARTÍNEZ (Hrsg.): La Vegetación de España: 517–544, Universidad de Alcalá de Henares, Madrid, Colección „Aula Abierta“ 3.

WILDPRET DE LA TORRE, W., M. C. GIL RODRÍGUEZ & J. AFONSO CARRILLO (1987): Cartografía de los campos de algas y praderas de fanerógamas marinas del piso infralitoral del Archipiélago Canario. – Memoria no publicada. Consejería de Agricultura y Pesca, Gobierno de Canarias.

WILDPRET DE LA TORRE, W., S. SOCORRO HERNÁNDEZ & M. C. LEÓN ARENCIBIA (1987): *Mentho-Caricetum calderae*, comunidad higrohigrófila del piso supracanario de Tenerife. (Islas Canarias). – Secret. de Public. Univ. La Laguna Ser. Informes 22: 35–50.

Wildpret de la Torre, W., P. L. Pérez de Paz, M. J . Del Arco Aguilar & A. García Gallo (1988): Contribución al estudio de la clase *Polygono-Poetea annuae* Rivas-Martínez 1975 en las Islas Canarias. – Acta Bot. Barc. 37: 355–361.

Wildpret de la Torre, W., M. Del Arco Aguilar & A. García Gallo (1988): Contribución al estudio de la clase *Onopordetea acanthii* Br. Bl. 1964 em. Riv. Mart. inéd. en las Islas Canarias. *Scolymo-maculati-Cynaretum ferocissimae* ass. nov. – Documents Phytosociologiques N.S. 11: 153–158.

Wildpret de la Torre, W., E. Beltran Tejera, J. M. Gonzalez-Mancebo & A. Centellas Bodas (1995): *Pelargonium capitatum* y *Rumex lunaria*, dos plantas invasoras en el Parqué Nacional de Timanfaya (Lanzarote, Islas Canarias). – Consideraciones ecológicas y fitosociológicas. – Anuario del Instituto de Estudios Canarios 39: 9–16.

Wildpret de la Torre, W., A. Garcia-Gallo & E. Carque Alamo (1996): Crasuláceas endémicas macaronésicas en las communidades pioneras de tejados y muros de huertas en Canarias. – Documents phytosociologiques N.S. 16: 59–68, Cramer, Vaduz .

Wildpret de la Torre, W., E. Beltrán Tejera & M.C. León Arencibia (1997): Flora and vascular vegetation of the Islet of Montaña Clara (Canary Islands). – Proceeding Book IAVS Symposium Tenerife 12–16 April 1993: 237–246, Santa Cruz.

Wildpret de la Torre, W., & V. E. Martín Osorio (1997): Laurel Forest in the Canary Island: Biodiversity, Historical Use and Conservation. – Tropics 6(4): 371–381.

Wildpret de la Torre, W. & V.E. Martín-Osorio (2000): Flora y Vegetación In El Parque Nacional del Teide: 97–142. Ed. Esfagnos. Talavera de la Reina.

Wildpret de la Torre, W. & V. E. Martin-Osorio (2000): Biodiversität der Kanarischen Inseln am Beispiel der Insel Fuerteventura. – Ber. d. Reinh. Tüxen-Ges. 12: 253–262, Hannover.

Wilmanns, O. (1993): Ökologische Pflanzensoziologie. – 5. Aufl. UTB 269, Quelle & Meyer, 479 S., Heidelberg.

Wirth, V. (1980): Flechtenflora. Ökologische Kennzeichnung und Bestimmung der Flechten Südwestdeutschlands und angrenzender Gebiete. – UTB, Ulmer, 552 S., Stuttgart.

Wirth, V. (1995): Die Flechten Baden-Württembergs. Teil 1 und 2. – 2. Aufl., Ulmer, 1006 S., Stuttgart.

Zamora, J. J., J. L. M. Esquivel, N. Z. Pérez & M. Arechavaleta-Hernández (2001): Lista de Especies silvestres de Canarias, Hongos, Plantas y Animales terrestres. – Banco de datos de Biodiversidad del Canarias. 437 S., Gobierno de Canarias, Santa Cruz.

Zippel, E. (1998): Die epiphytische Moosvegetation der Soziologie, Struktur und Ökologie. – Bryophytorum Bibliotheca 52: 149 S., J. Cramer, Berlin, Stuttgart.

Zohlen, A., A. M. González-Rodríguez, M. S. Jiménez, R. Lösch & D. Morales (1995): Transpiración y regulación estomática en árboles de la laurisilva canaria medidos en primavera. – Vieraea 24: 91–104.

Glossar

Aa-Lava Charakteristische Oberflächenformen von Basaltlaven mit unregelmäßig gezackten Blöcken.

Abrasion Abtragung durch die Meeresbrandung.

Adaptation Evolutiver Prozess der Anpassung von Pflanzen und Tieren an ihre Umwelt und der Entwicklung und Ausprägung von Überlebensstrategien.

Adaptive Radiation Stammesgeschichtliche Entwicklung, die von einer Art ausgehend zu vielen verschiedenen, verwandten Arten geführt hat oder immer noch stattfindet.

Allopatrisch Vorfahren und Nachkommen in getrennten Gebieten. Gegensatz: → **sympatrisch**.

Andosol Böden aus vulkanischen Aschen, meist junge Bodenbildungen mit dunkel gefärbten, humusreichen A-Horizonten über vulkanischem Material.

Aquifer Wassergesättigte unterirdische Gesteinsschichten.

Areal Unter einem Areal (lat. „*area*" = Fläche, Gebiet) versteht man das dauerhafte Siedlungsgebiet eines tierischen oder pflanzlichen Organismus. Bei Pflanzen sind die Grenzen eines Areals mehr oder weniger eindeutig und durch Kartierung der Vorkommen festlegbar.

Arthropoden Gliederfüßer.

Astenosphäre Erdrinden-Zone unterhalb der → **Lithosphäre** unter den Ozeanen in einer Tiefe von 20–50 km liegend; unter den Kontinentplatten beginnt sie unterhalb von 150 km und kann bis in 400 km Tiefe reichen. Die A. ist Quellregion der Basaltmagmen im → **Mittelatlantischen Rücken**.

Atlantis Vermutete Landbrücken zwischen der Alten und der Neuen Welt im Bereich des Atlantischen Ozeans. Durch die Theorie der Kontinentalverschiebung und das Konzept der Plattentektonik ist die Vorstellung vom Kontinent Atlantis überholt.

Barranco Enges, schluchtartiges Tal; in der Regel mit trockenem Flussbett, durch → **Erosion** entstanden; meist tiefe Täler, durch Senkung des Meeresspiegels und Hebung der Inseln entstanden.

Beach-rock Bildung von zementähnlichen Konkretionen aus Mg-Calcit oder Aragonit im Einflussbereich des Meerwassers, vor allem im Gezeitenbereich.

Bimssteine Graue bis weiße, stark aufgeschäumte → **Pyroklastika**, die aus gasreichen Magmen bei explosiven Eruptionen entstehen. Ihr Porengehalt kann so hoch sein, dass sie schwimmen.

Biodiversität Sammelbegriff für die biologische Vielfalt eines Raumes hinsichtlich der Artenzahl, der Varietät und der Variabilität der Lebewesen und der Ökosysteme.

Biozönose Lebensgemeinschaft, Teil des Ökosystems, welche mit den nicht-lebenden Bestandteilen zusammen das → **Ökosystem** ergibt.

Brezal Baumheideformation, vorwiegend aus *Erica arborea* und *Myrica faya* gebildet.

Caldera Großräumiger und weitgespannter Kraterkessel, durch Aussprengung oder Einsturz entstanden. Fachausdruck nach der Caldera de Taburiente auf La Palma.

Calima Wetterlage des → **Harmattan** mit viel Saharastaub in der Luft.

Cambisol In der Bodenklassifikation die verlehmten und verbraunten Landböden, zu denen v. a. die Braunerden gehören.

Chasmophyten An Felsen oder in Felsspalten lebende Rosetten-, Polster oder Horstpflanzen, die in verschiedenen Lebensformen unterschiedlich an die extremen Lebensbedingungen angepasst sind.

Cochenille Roter Naturfarbstoff, der aus der Cochenille-Laus (*Dactylopius cacti*) gewonnen wird, welche ausschließlich an Kakteen der Gattung *Opuntia* leben. Die Opuntien waren im 16. Jh. aus Mexiko nach Spanien und auf die Inseln gebracht worden.

Degradation Umwandlung des Bodenaufbaus und ursprünglicher Bodeneigenschaften durch Klimaänderungen oder andere Umwelteinwirkungen sowie durch menschliche Eingriffe. D. kann, muss aber nicht gleichgesetzt sein mit der Störung oder Zerstörung von Boden und Landschaften. Auch menschlicher Einfluss auf die natürliche Vegetation (Waldzerstörung, Überweidung, Kultivierung etc.) führt zu charakteristischen degenerierten Stadien: Bsp.: immergrüner Wald, Baumheide-Buschwald, Kleinstrauchheide, Therophytenflur.

Diques Intrusive Magma, beim Abkühlen auskristallisierte Lava, oftmals deutlich sichtbare Basaltgänge, die dicke Mauern zwischen verschiedenen Eruptionsfeldern bauen können.

Disjunktion Begriff der Arealkunde für auseinanderliegende → **Areale**, die Reste ursprünglich geschlossener Wuchsgebiete sind.

Diversität Sammelbegriff für Vielfalt (von lat. „*diversitas*" = Verschiedenheit, Unterschied [Gegenteil Homogenität, von gr.: *homoi-* = gleichartig, ähnlich]).

Domatium Eine von der Pflanze selbst gelieferte Struktur, die anderen Organismen (meist Milben oder Ameisen) als Wohnraum dient.

Enarenado Trockenfeldbau mit einer 5–10 cm starken Lapilli-Decke. „*enarenar*" heißt „*mit Sand bedecken*"; diese Methode wird dort angewandt, wo nur geringe Bodenmächtigkeit auf dem Lavagestein vorhanden ist.

Enarenado artificial Der gepflügte und gedüngte Mutterboden wird mit Lapilli oder Bimssteinchen bedeckt, wobei die Lapilli alle 10–12 Jahre, der Bimsstein alle 5–6 Jahre erneuert werden muss.

Enarenado natural Es werden runde oder andersgeformte Hohlräume ausgeschachtet oder mit Lavabrocken entsprechende Hohlformen gebaut (besonders Lanzarote).

Endemiten, endemisch Pflanzen- und Tierarten, die nur in eng begrenzten Gebieten vorkommen.

Endolithisch Lebensform von Flechten, Algen und Pilzen, die in Gesteinsspalten oder in Gesteinsschichten leben.

Endorheisch Fließwassersystem (Grund- und Oberflächenwasser), das in einem binnenländischen Endsee oder → **Lagune** ohne Abfluss mündet, oft in den ariden Gebieten der Subtropen verbreitet.

Erosion Vielseitig gebrauchter geomorphologischer Begriff, der generell Abtragung bedeutet.

Epiphytismus Auf anderen Gewächsen, vor allem auf Bäumen wachsende Pflanzen, die an ihren besonderen Standort durch zahlreiche morphologische Merkmale angepasst sind. Die Epiphyten sind vor allem auf günstige Lichtbedingungen angewiesen, die ihren exponierten Standort erklären.

Evapotranspiration Die gesamte Verdunstung der vegetationsbedeckten Erdoberfläche, die mengenmäßig durch die Verdunstung der Pflanzen dominiert wird.

Eulitoral Bis zur unteren Grenze des Pflanzenwachstums reichender Küstenbereich; Lebensraumbegriff.

FFH-Richtline **F**auna-**F**lora-**H**abitat-Richtline nach der Direktive 43/92; eines der für Europa wichtigsten Instrumente des modernen Naturschutzes, führt zum Schutzgebietssystem → **Natura 2000**.

Föhn Warmer Fallwind; entsteht durch Luftmassen, die durch ein Gebirgshindernis zum Auf- oder Absteigen gezwungen werden. Die Abkühlung während des Aufstiegs führt zur Ausregnung. Beim Absteigen der Luftmassen findet eine größtenteils trocken-adiabatische Erwärmung der Luftmassen statt.

Foraminiferen Seit dem Kambrium bekannte Ordnung mariner Urtierchen, die vielgestaltige Kalkschalen aufbauen und oft in Ablagerungen als Leitfossilien auftreten.

Fortunaten Alter Begriff für die Kanarischen Inseln, von PLINIUS in die Literatur eingebracht.

Fumarole Gas- und Wasserdampfaustritt in vulkanischen Gebieten.

Gang Spaltenfüllung aus Mineralien oder Gesteinen in älteren Gesteinen.

Garrigue Ähnlich wie im Mittelmeergebiet ausgebildete Zwergstrauchformation (mediterranoid) auf meist flachgründigen Böden, oft aus degradierten Hartlaubwäldern hervorgegangen.

Gavia (oder Gabia) Niedrig ummauertes oder von kleinen Erdwällen umgrenztes Berieselungsfeld.

Genetische Drift Veränderung der Genfrequenz einer Population. Diese Veränderung kann eine Folge veränderten Selektionsdrucks sein. Sie kann aber auch zufällig, besonders bei kleinen Populationen eines Gebietes erfolgen.

Glacis Flachform im Bereich von Gebirgsfußflächen, die im Unterschied zum Gebirgsfuß aus groben Schottern und Lockersedimenten besteht.

Guanchen Altkanarisches Wort, das „*Söhne Teneriffas*" bedeutet, doch oft fälschlich auf alle Altkanarier des Archipels bezogen wurde.

Harmattan Sehr trockener, heißer und staubreicher Nordostwind des Passatregimes, der aus der Sahara weht.

Hornitos Spitze Felsnadeln, die durch lokale Lavawurffähigkeit auf heißen Lavaströmen entstehen, oder durch vulkanische Gase emporgewölbte Ausbruchsöffnungen.

Hot spot Konvektionsströmungen im unteren festen Mantel der → **Lithosphäre** verursachen lokalen, ortsfesten Aufstieg von heißer Lava, die im oberen Erdmantel hot spots = heiße Stellen bildet, über die die starren Platten der Lithosphäre hinweggleiten. Grund für aufgereihte Vulkangebiete. Auch neuer Begriff für besonderen Artenreichtum in der Biodiversitätsdiskussion.

Humid Klimatische Bezeichnung für Gebiete, in denen die Niederschlagsmenge größer ist als die Verdunstungsmenge.

Ignimbrit Schmelztuff, das sind Tuffe, die aus Glutaschewolken entstanden und durch Hitze verbacken sind.

Interfluvios Berggrate zwischen den → **Barrancos**.

Intrusion Eindringen magmatischer Gesteinsschmelzen in die Erdkruste, wo Intrusivkörper gebildet werden.

Invertebraten Die wirbellosen Tiere (lat. *Vertebra* = Wirbel des Rückgrats) im Gegensatz zu Wirbeltieren.

Islote Lokal auf Lanzarote übliche Bezeichnung für von rezenter Lava umflossene, persistente Oberflächen in Vulkangebieten, die international unter dem Begriff → **Kipuka** geführt werden.

Jable Dünensandkultur aus bis zu 40 cm mächtigen Dünensandschichten, die mit Lapilli vermischt werden.

Kaolinit Das wichtigste Zweischicht-Tonmineral ist aus 1:1-Schichten (je ein Si-O-Tetraeder und ein Al-O-Oktaeder) aufgebaut. Entsteht hydrothermal oder unter wärmeren Klimabedingungen.

Kauliflorie Stammblütigkeit, d. h. das Hervortreten von Blüten und Früchten an verholzten Stammteilen. Die Kauliflorie ist in den tropischen Regenwäldern weit verbreitet und ist eine Anpassung an Fledermaus-, Flughund- oder Vogelbestäubung.

Kipuka Aus der hawaiianischen Sprache übernommener, internationaler Begriff für von rezenter Lava umflossene, persistierende Oberflächen in Vulkangebieten. Kanarische Synonyme sind → **islote** (gebraucht auf Lanzarote) und → **mancha** (gebraucht auf Teneriffa und La Palma).

Konvergenz Begriff für Übereinstimmung der äußeren Gestalt bzw. Form, aber unterschiedlicher funktionaler- oder Entwicklungszusammenhänge. Meist physiognomische Ähnlichkeit systematisch völlig verschiedener Arten unter ähnlichen Umweltbedingungen.

Kryptogamen Verborgengeschlechtliche Pflanzen, die den Phanerogamen gegenüberstehen. Zu den K. gehören vor allem Moose, Farne und Schachtelhalme, deren Entwicklungsgang in der Evolution den Phanerogamen voranging.

Lagune Vom offenen Meer abgeschnittene Binnengewässer, die begrifflich oft verschieden gesehen werden, meist werden Wasserflächen innerhalb von Korallenriffen damit gemeint, gelegentlich aber auch im mediterranen Raum die Süßwasserflächen in Küstennähe.

Laijales Lavafelder mit vergleichsweise glatter Oberfläche aus dünnflüssiger Lava erkaltet im Gegensatz zu → **Malpaises**.

Lapilli Kleine Lavapartikel bzw. hasel- bis walnussgroßes vulkanisches Auswurfmaterial. Lapilli erwärmen sich tagsüber und kühlen nachts schnell ab und bewirken dadurch eine Kondensation der bodennahen Luft. Da sie porös sind, speichern sie das Kondenswasser, das sie am nächsten Tag an die Pflanzen abgeben. Als Schicht über den Mutterboden aufgetragen, fangen sie die Sonnenstrahlung ab und schützen die Erde vor allzu starker Austrocknung.

Las Cañadas Gebiet des alten Hauptkraters des Teide-Massivs in ca. 2000 m Höhe, aus dem sich die beiden jüngeren Vulkangipfel Pico del Teide und Pico Viejo erheben (span.: *"Die Sandwege"*).

Laurisilva Lorbeerwald (immergrün).

Lava Glutflüssige Gesteinsschmelze, also → **Magma**, die mit Temperaturen von über 1000 °C bei Vulkanausbrüchen an der Erdoberfläche austritt.

Lithosphäre Fester Gesteinsmantel der Erde; Erdkruste und der aller oberste Erdmantel sind mechanisch gekoppelt und werden zusammen als Lithosphäre bezeichnet. Diese obersten Platten stellt man sich als kalte, starre, langlebige äußere Schalen der Erde vor, die nach unten von der beweglichen, schwächeren → **Astenosphäre** begrenzt werden.

Magma Glutflüssige, gashaltige Gesteinsschmelze mit Temperaturen um 1000 °C in den tieferen Teilen der Erdkruste.

Makaronesisches Florengebiet Teil des holarktischen Florenreiches, für das Inselgebiet von den Azoren, Madeiras, der Kanaren und Kapverden in der Literatur so beschrieben.

Malakophylle Pflanzen Zu den → **Xerophyten** gehörende Pflanzen. Sie zeichnen sich durch Filz von Haaren auf Blättern oder Stängeln aus, um die Verdunstung herabzusetzen. Dabei entsteht zwischen Spaltöffnungen und Außenluft ein wasserdampfgesättigter und windstiller Übergangsbereich.

Malpaises Span. „*schlechtes Land*", meist grobblockige Lavafelder; meist von Vulkankegeln ausgehende Felder von → **Aa-Lava**.

Mancha Lokal auf Teneriffa und La Palma übliche Bezeichnung für von rezenter Lava umflossene, persistente Oberflächen in Vulkangebieten, die international unter dem Begriff → **Kipuka** geführt werden.

Mesas Tischförmige, tafelbergähnliche Vulkane, durch Erosion so geformt.

Messinianische Periode Rückgang des Mittelmeeres im Endtertiär, 5,8 bis 5,4 Mio. Jahre vor heute.

Miozän Eine der älteren Abteilungen des Tertiärs, die von 23,5 bis 5 Mio. Jahre vor heute dauerte.

Mittelatlantischer Rücken Tektonisch aktive Zone im Ozeanboden des Atlantik durch das Auseinanderdriften der Kontinentalplatten von Südamerika und Afrika.

Mollusken (zu lat. *Mollis* = weich), wissenschaftlicher Name als Sammelbegriff der Weichtiere (Muscheln, Schnecken u.a.).

Monteverde Sammelbegriff für Lorbeerwälder und Baumheideformationen auf den Kanarischen Inseln, zum ersten Mal von V. Clavijo eingeführt.

Monteverde seco Lorbeerwald an seiner Trockengrenze, meist die Pflanzengesellschaft des *Visneo-Arbutetum canariensis* umfassend.

Mycorrhiza Wurzelsymbiose höherer Pflanzen mit Pilzen, vor allem bei den Bäumen stark ausgeprägt, zur verbesserten Versorgung mit Stickstoff und Phosphat.

Nationalpark Eine großräumig abgegrenzte Natur- oder Kulturlandschaft, die strengen Schutzbestimmungen unterliegt.

Natura 2000 Schutzgebietssystem der Europäischen Gemeinschaft, das als Zielkategorie über die im Jahr 1992 verabschiedete → **FFH-Richtlinie** definiert ist. Ziel ist ein europaweites internationales Netz von geschützten landschaftstypischen Gebieten.

Nebka-Düne Kleine Sand-Düne im maximal Dekameterbereich, die sich an Hindernissen bilden kann.

Neoendemit Neuentwicklung einer Art an einem isolierten Standort (progressiver Endemismus oder Neoendemismus).

Neophyten Neubürger oder Einwanderer einer Pflanzenart, die in historischer Zeit eingeschleppt wurde und die sich an natürlichen Standorten unter einheimischen Pflanzen ansiedeln und einbürgern konnte.

Oligozän Abteilung des Tertiärs, die von 37,5 bis 23,5 Mio. Jahre vor heute dauerte.

Olivin-Basalt Olivfarbenes, aus Eisen, Magnesium, Silicium und Sauerstoff bestehendes Mineral.

Orogenese Geotektonischer Prozess einer Gebirgsbildung.

Ozeanische Inseln Im Gegensatz zu kontinentalen Inseln (alte Festlandsreste) Inseln ausschließlich vulkanischen Ursprungs.

Pahoehoe-Lava Mit glatter, oft wulstiger Oberfläche aus erstarrter dünnflüssiger Lava, durch Zusammenschieben der noch zähflüssigen Erstarrungshaut oft seilartig verformt (= Seil- oder Stricklava).

Paläoendemit Reliktpflanze als Überrest eines früher größeren Areals (regressiver Endemismus oder Paläoendemismus).

Paläotropis Eines der Bioreiche der Erde von Afrika südlich der Sahara mit Madagaskar über Indien bis in die indo-malaischen Inselwelt.

Passat Die durch das Luftdruckgefälle vom subtropischen Hochdruckgürtel zum Äquator in Gang gesetzten konstanten Nordostwinde auf der Nordhalbkugel bzw. Südwinde auf der Südhalbkugel.

Passatinversion Durch die Absinktendenz der Luft im Bereich der Passate in einer Höhe von 1–2,5 km entstehende Temperaturumkehrschicht.

Phonolith Tertiäres, hartes, grau-grünes Ergussgestein, das meist in Säulen- oder Plattenform erkaltet und beim Anschlagen klingt (Klingstein).

Phreatomagmatisch Vulkanischer Prozess einer explosiven Eruption beim Zusammentritt von Magma und Grundwasser, beispielsweise in einem → **Aquifer**.

Picón, Picones Kanarischer Name für die basaltischen → **Lapilli**, die besonders auf der trockenen Kanareninsel Lanzarote auf die Felder gebracht werden, wo sie die Taufeuchtigkeit aufnehmen und nur langsam wieder abgeben.

Pillow-Lava So genannte Kissenlava aus eumarinen (d.h. untermeerischen) Ergüssen; diese besteht aus rundlichen bis länglichen, nierenförmigen oder blumenkohlartigen Gebilden von 0,5 bis 1 m Durchmesser in Wechsellagerung mit marinen Sedimenten. Die Kissen sind Querschnitte von Schlauch- oder Röhrenlaven.

Plattentektonik Geotektonische Theorie über den Krustenbau der Erde sowie die Entwicklung der Kontinente und Ozeane, der vor allem die Phänomene der Kontinentalverschiebung zugrunde liegen. Demnach ist die Erdkruste in verschieden große, relativ starre Platten von bis zu 100 km Dicke gegliedert, die mit vielen Grenzzonen entlang ozeanischer Rücken und Gräben aneinander stoßen und sich aufgrund von Strömungsprozessen im Erdinneren bewegen.

Pleistozän Eiszeitalter, ca. 2,3 Mio. Jahre vor heute im Anschluss an das Pliozän des Tertiärs beginnender Zeitraum, der bis 10 000 Jahre vor heute andauerte, als das Holozän begann. Das Pleistozän ist durch einen mehrfachen weltweiten Temperaturrückgang gekennzeichnet mit mächtigen Vereisungen und der Folge, dass während maximaler Eisausdehnungen der Meeresspiegel global um mindestens 100 m abgesenkt war.

Pliozän Jüngste Abteilung des Tertiärs, die von etwa 5 bis 1,8 Mio. Jahre vor heute dauerte.

Pozzolanschichten Wissenschaftliche Bezeichnung für hellgefärbte vulkanische Aschen, Lapilli, Schlacken und Bimssteine, so genannte → **Pyroklastika** (aus griech. *Pyros* = Feuer und *klasis* = zerbrechen), vor allem gelbgraue trachytische Aschen, benannt nach der Eruption des Vesuvs bei Pozzuoli in Italien, die seit der frühesten Antike als Baumaterial benutzt wurden. Sie bilden vor allem im Süden Teneriffas mächtige Ablagerungen aus dem Cañadas-Vulkanismus, die oft verfestigt sind und als Konkretionen als → **tosca blanca** bezeichnet werden.

Psammohalophil Salztolerante Pflanzen, die Sandstandorte bevorzugen.

Purpurarien Altertümlicher Begriff für die östlichen Kanareninseln Lanzarote und Fuerteventura, wo schon die Phönizier in vorchristlicher Zeit die Purpurflechten der Gattung *Roccella* kannten, von Carl Bolle wieder eingeführt.

Pyroklastika Lavagesteine, die bei Glutlawinen entstehen, oft Bimsströme und Aschenströme. Sammelbegriff für vulkanische Lockerprodukte.

Pyroklastite Bei der Eruption zerstörtes Magma, das in der Eruptionssäule aufsteigt oder als ballistische Fragmente niederfällt (Aschen, Lapilli, Bomben, Bimssteine, Schlacken).

Radiolarien Rädertierchen, die in größerer Tiefe der Ozeane leben. Marine Ablagerungen mit überdauernden Kieselsäureskeletten sind rote tonige Radiolarienschlämme, aus denen bei Verfestigung Kieselschiefer entstehen kann.

Regosol Neuere Bezeichnung für Rohböden auf Lockergesteinen.

Rhyolith Feinkörniges vulkanisches Gestein von granitischer Zusammensetzung. Rhyolith und Granit unterscheiden sich hinsichtlich ihres Gefüges.

Rock-pools Wannenartige, biogene Hohlformen im Gezeitenbereich der Ozeane.

Rofe Auf Lanzarote gebräuchlicher Begriff für den Trockenfeldbau mit Lapilli (→ **picón**).

Roque Eine mehr oder weniger spitz auslaufende Vulkanschlotfüllung, die die abgetragene Umgebung als wuchtiger Fels überragt.

Roques Erosionsreste von domartigen → **Intrusionen**, Lavapfropfen oder Ganggesteinen.

Saladares Pflanzenbestände an der Meeresküste in Salzwannen.

Schlotfüllung Die im Eruptionskanal eines Vulkans erstarrte Gesteinsschmelze.

Seafloor-spreading Charakteristischer Prozess bei Bewegungen der Plattentektonik, wobei sich infolge Auseinanderrücken der verschiedenen ozeanischen Platten ein tektonischer Graben durch Spreizen des Tiefseebodens bildet. Ursache für das Aufsteigen von Magmakonvektionsströmen in der → **Astenosphäre**.

Sebadales Untermeerische Wasserpflanzengesellschaften aus Seegräsern der Gattung *Cymodocea*.

Secano Trockenfeldbau der Kanaren unter Verwendung basaltischer → **Lapilli** (Steinchen, kanarisch: → **Picones**).

Selektion Wesentlicher Evolutionsfaktor durch natürliche Auslese.

Solfatare Vulkanische Aushauchungen schwefelhaltiger Dämpfe mit hohen Temperaturen sind Anzeichen abklingender vulkanischer Aktivität.

Somma-Vulkan Vulkantyp, benannt nach dem Monte Somma als Vorläufer des Vesuvs, der den Rest einer → **Caldera**, eines → **Stratovulkans** darstellt, bei welchem mehrere Vulkankegel und damit Krater bzw. Kraterreste ineinander verschachtelt sind.

Stratovulkan Schichtvulkan, aus gemischten Eruptions- (Aschen- und Schlackenauswurf) und Ergussvorgängen (Lavaausfluss) entstandener Vulkan. Dabei entstehen meist charakteristische Vulkankegel. Meist steile Kegel, die von Laven und → **Pyroklastiden** aufgebaut werden.

Submarin Untermeerisch, z.B. submariner Vulkanismus, Lavaförderung am Meeresgrund.

Sukkulente An Trockenheit extrem angepasste Pflanzen, die über wasserspeichernde Gewebe in Blättern, Sprossen oder Wurzeln verfügen. Nach der Lokalisierung der Wasserspeicherung werden Blatt-, Stamm- und Wurzelsukkulente unterschieden.

Sukzession Abfolge von mehreren Stadien in der zeitlichen Vegetationsentwicklung.

Supralitoral Gezeitenbereich des Meeres mit Spritzwasserzone; Lebensraumbegriff.

Sympatrisch Vorfahren und Nachkommen leben im selben Gebiet. Bei sympatrischer Speziation entstehen neue Arten im Wuchsgebiet der Elternarten. Gegensatz: → **allopatrisch**.

Tarajales Vegetationsformation der Strände aus Kanarischen Tamarisken an Barranco-Mündungen oder an Küstenstreifen mit Grundwasseraustritt.

Tertiär Erdgeschichtliche Periode vor ca. 65 Mio. bis ca. 1,8 Mio. Jahre vor heute. Während des Tertiärs waren tropische Floren und Faunen in klimazonalen Ausprägungen auch auf der Nordhalbkugel verbreitet. Am Ende des Tertiärs wanderten die subtropisch-tropischen Florenelemente im Zuge des allmählichen Klimawandels in äquatoriale Breiten ab.

Tethys Großes, erdumspannendes *„Mittelmeer"*, das vom Paläozoikum bis in das Tertiär bestand und sich von Europa über Nordafrika bis nach Südostasien erstreckte.

Tosca blanca Pyroklastische Konkretionen aus hellgefärbten vulkanischen Eruptionsgesteinen, die feste Verwitterungskrusten bilden.

Trachyt, Trachitisch Nach der griech. Bezeichnung *trachys* = rau, so nach Beschaffenheit bezeichnetes helles vulkanisches Gestein mit Einspreng-lingen von Alkalifeldspat. Es gibt auch gasreiche Trachyte und Trachyt-Bimssteine.

Vertebratenfauna Wirbeltier-Lebewesen.

Vikarianz Verbreitung nahe verwandter Tier- oder Pflanzensippen, die wegen unterschiedlicher ökologischer oder physiologischer Ansprüche nicht am gleichen Standort gemeinsam vorkommen können. Spezialfall der Bildungen von Arealsystemen, wobei sich Arten gegenseitig ausschließen.

Vulkanismus Sammelbezeichnung für Vorgänge und Erscheinungen, die mit dem an die Erdoberfläche dringenden Magma zusammenhängen. Seine wichtigste sichtbare Erscheinungsform sind Vulkane.

Xerophyten, Xerophile Pflanzen Pflanzen klimatisch oder edaphisch trockener Standorte mit zahlreichen morphologischen und physiologischen Anpassungsmerkmalen und verschiedenen Formen wasserspeichernder Gewebe.

Bildquellen

Alle Fotos stammen, sofern nicht anders erwähnt, von den Autoren.

Abb. 22: dpa.

Verzeichnis der Tier- und Pflanzennamen sowie der Pflanzengesellschaften

Personenregister

Ortsregister

Sachregister

Sachregister